# Inhaltsverzeichnis

## A Kopiervorlagen



## B Projektaufgaben



## C Programmsammlung

14 Berechnungsprogramme auf einer $5\frac{1}{4}$"-Diskette
mit Installationshinweisen




© Springer Fachmedien Wiesbaden 1993
Ursprünglich erschienen bei Friedr. Vieweg & Sohn Verlagsgesellschaft mbH, Braunschweig/Wiesbaden 1993.

Umschlaggestaltung: Klaus Birk, Wiesbaden

Gedruckt auf säurefreiem Papier


ISBN 978-3-663-16324-4      ISBN 978-3-663-16323-7 (eBook)
DOI 10.1007/978-3-663-16323-7

# Allgemeine Grundlagen

Anwendung der Normzahlen

Getriebebaureihe (Werkbild Flender)

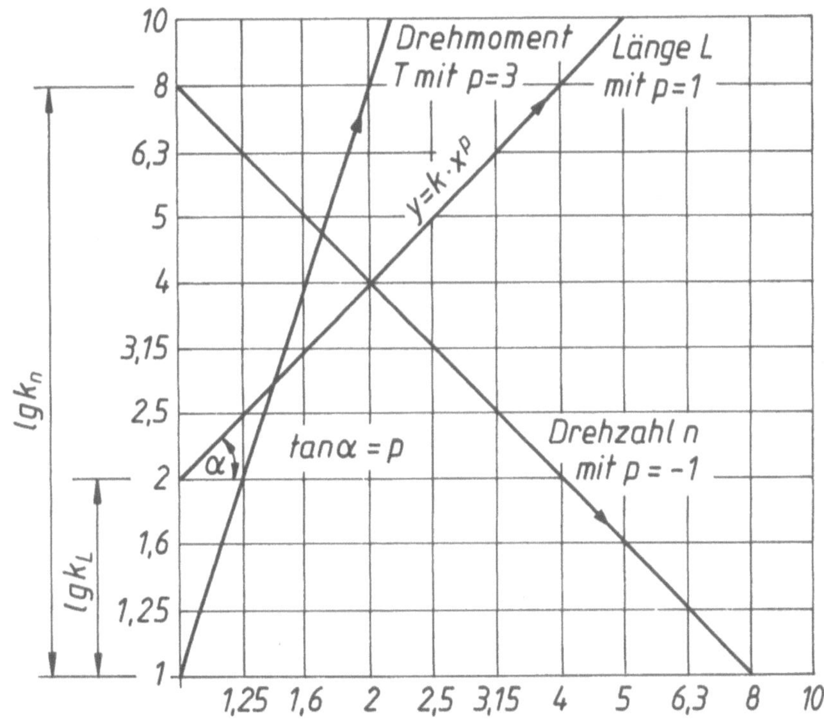


Beziehungen im NZ-Diagramm

# Allgemeine Grundlagen

## Normzahlen nach DIN 323

| Hauptwerte | | | | Rundwerte | | | | | | nahe liegende Werte |
| Grundreihen | | | | Rundwertreihen | | | | | | |
| R5 | R10 | R20 | R40 | R″5 | R′10 | R″10 | R′20 | R″20 | R′40 | |
|---|---|---|---|---|---|---|---|---|---|---|
| 1,00 | 1,00 | 1,00 | 1,00<br>1,06 | 1,00 | 1,00 | 1,00 | 1,00 | 1,00 | 1,00<br>1,05 | |
| | | 1,12 | 1,12<br>1,18 | | | | 1,10 | 1,10 | 1,10<br>1,20 | |
| | 1,25 | 1,25 | 1,25<br>1,32 | | 1,25 | (1,20) | 1,25 | (1,20) | 1,25<br>1,30 | $\sqrt[3]{2}$ |
| | | 1,40 | 1,40<br>1,50 | | | | 1,40 | 1,40 | 1,40<br>1,50 | $\sqrt{2}$ |
| 1,60 | 1,60 | 1,60 | 1,60<br>1,70 | (1,50) | 1,60 | (1,50) | 1,60 | 1,60 | 1,60<br>1,70 | $\sqrt[3]{4}$ |
| | | 1,80 | 1,80<br>1,90 | | | | 1,80 | 1,80 | 1,80<br>1,90 | |
| | 2,00 | 2,00 | 2,00<br>2,12 | | 2,00 | 2,00 | 2,00 | 2,00 | 2,00<br>2,10 | |
| | | 2,24 | 2,24<br>2,36 | | | | 2,20 | 2,20 | 2,20<br>2,40 | |
| 2,50 | 2,50 | 2,50 | 2,50<br>2,65 | 2,50 | 2,50 | 2,50 | 2,50 | 2,50 | 2,50<br>2,60 | $\dfrac{mm}{Inch} \approx 25$ |
| | | 2,80 | 2,80<br>3,00 | | | | 2,80 | 2,80 | 2,80<br>3,00 | |
| | 3,15 | 3,15 | 3,15<br>3,35 | | 3,20 | (3,00) | 3,20 | (3,00) | 3,20<br>3,40 | $\pi, \sqrt{10}$ |
| | | 3,55 | 3,55<br>3,75 | | | | 3,60 | (3,50) | 3,60<br>3,80 | |
| 4,00 | 4,00 | 4,00 | 4,00<br>4,25 | 4,00 | 4,00 | 4,00 | 4,00 | 4,00 | 4,00<br>4,20 | $\dfrac{\pi}{8} \approx 0,4$ |
| | | 4,50 | 4,50<br>4,75 | | | | 4,50 | 4,50 | 4,50<br>4,80 | |
| | 5,00 | 5,00 | 5,00<br>5,30 | | 5,00 | 5,00 | 5,00 | 5,00 | 5,00<br>5,30 | |
| | | 5,60 | 5,60<br>6,00 | | | | 5,60 | (5,50) | 5,60<br>6,00 | |
| 6,30 | 6,30 | 6,30 | 6,30<br>6,70 | (6,00) | 6,30 | (6,00) | 6,30 | (6,00) | 6,30<br>6,70 | $2\pi$ |
| | | 7,10 | 7,10<br>7,50 | | | | 7,10 | (7,00) | 7,10<br>7,50 | |
| | 8,00 | 8,00 | 8,00<br>8,50 | | 8,00 | 8,00 | 8,00 | 8,00 | 8,00<br>8,50 | $\dfrac{\pi}{4} \approx 0,8$ |
| | | 9,00 | 9,00<br>9,50 | | | | 9,00 | 9,00 | 9,00<br>9,50 | |
| 10,00 | 10,00 | 10,00 | 10,00 | 10,00 | 10,00 | 10,00 | 10,00 | 10,00 | 10,00 | $\pi^2, g$ |

# Toleranzen, Passungen, Oberflächenbeschaffenheit

## Lage der Toleranzfelder
Lage der Toleranzfelder

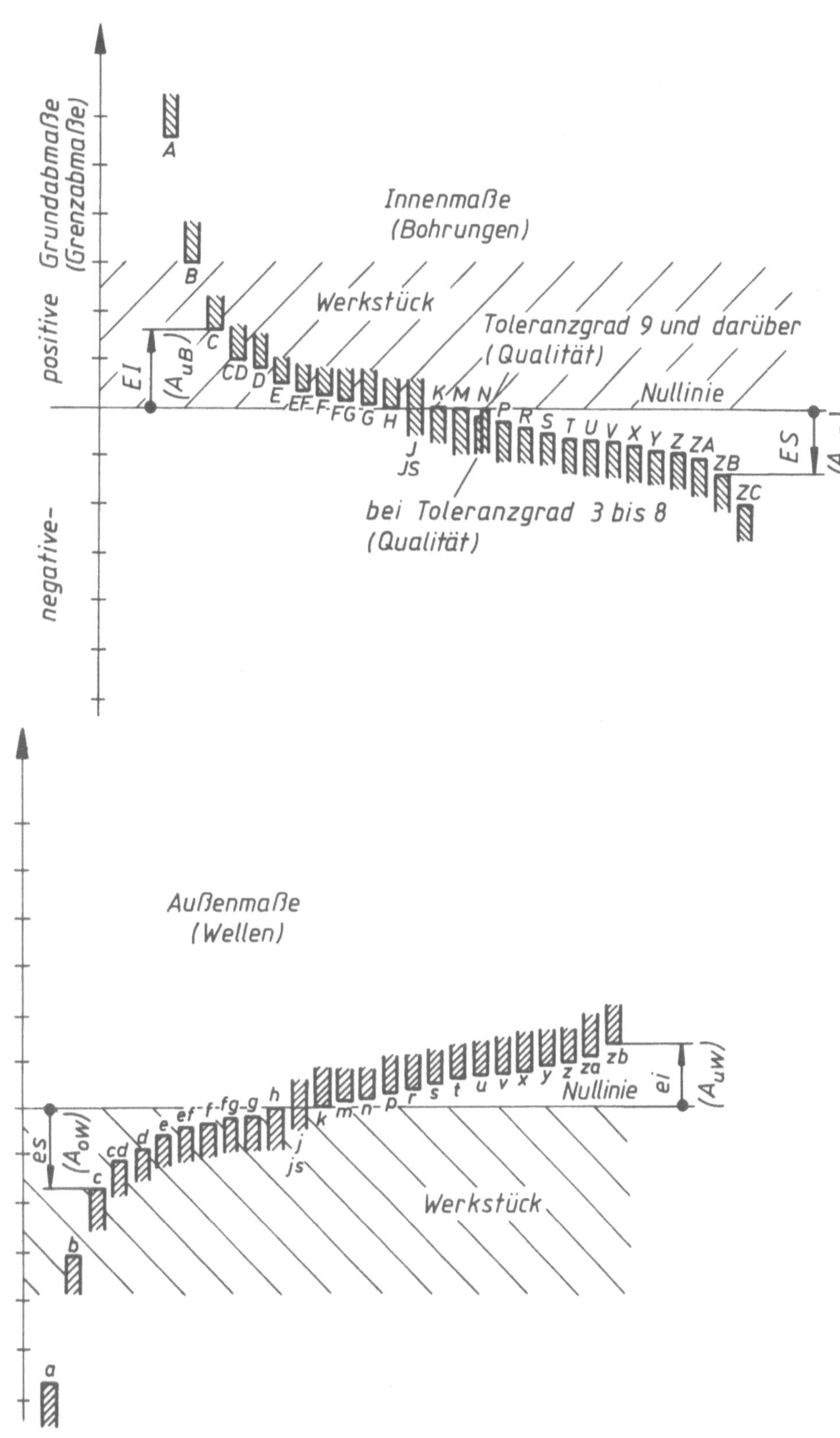







2-1

# Toleranzen, Passungen, Oberflächenbeschaffenheit

Toleranz- und Paßtoleranzfelder

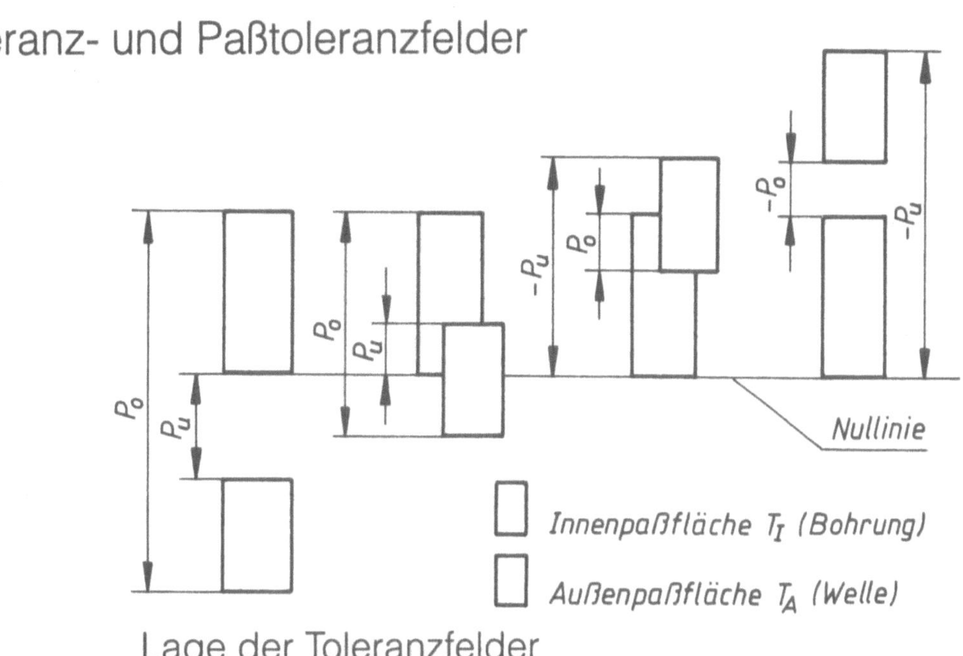


Lage der Toleranzfelder

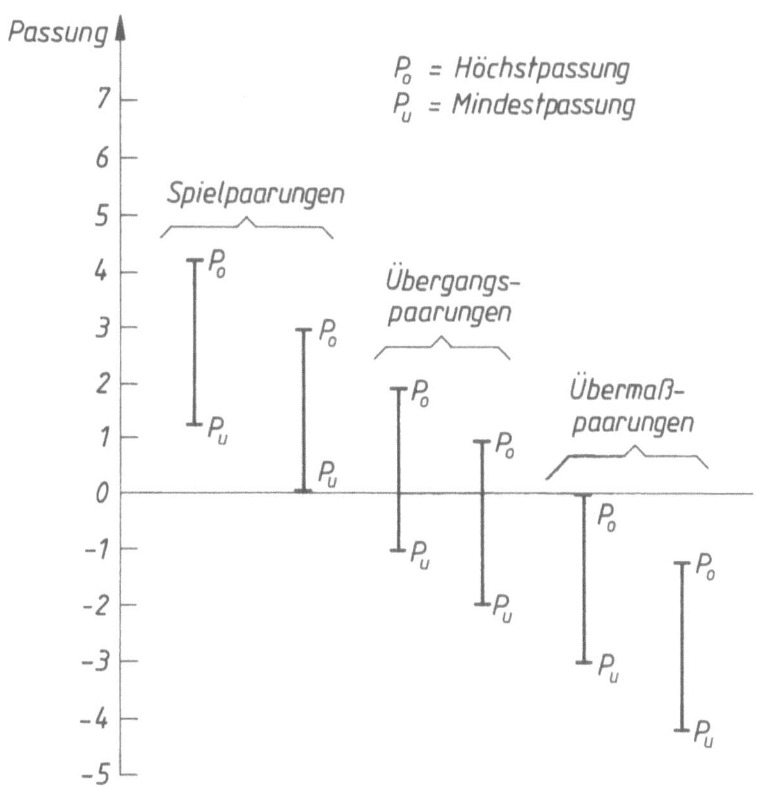


Mögliche Lagen von Paßtoleranzfeldern

# Toleranzen, Passungen, Oberflächenbeschaffenheit

## Schematische Darstellung der ISO-Paßsysteme

System Einheitsbohrung

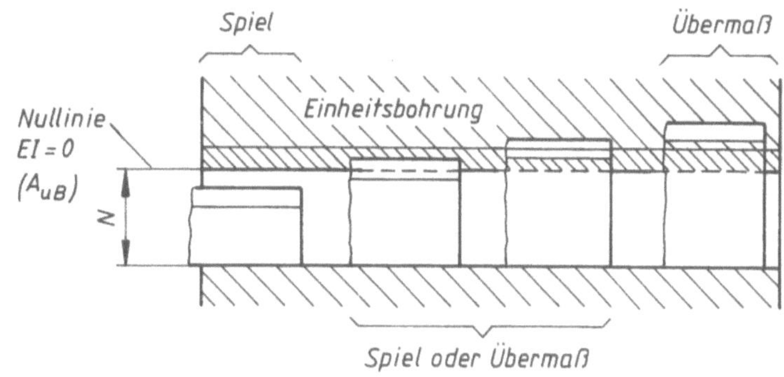


System Einheitswelle

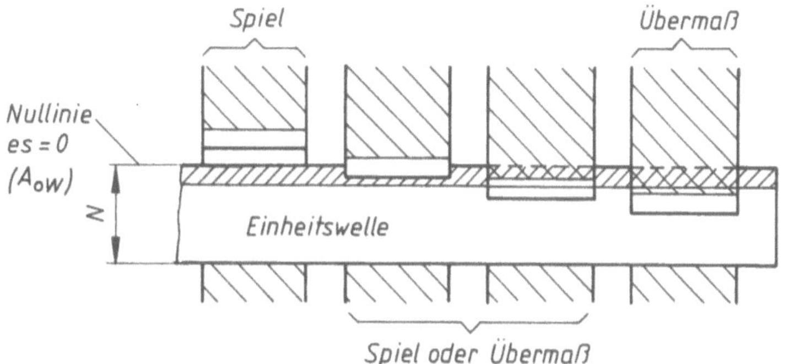


## Passungsauswahl für das System *EB*, dargestellt für das Nennmaß *N* = 50 mm

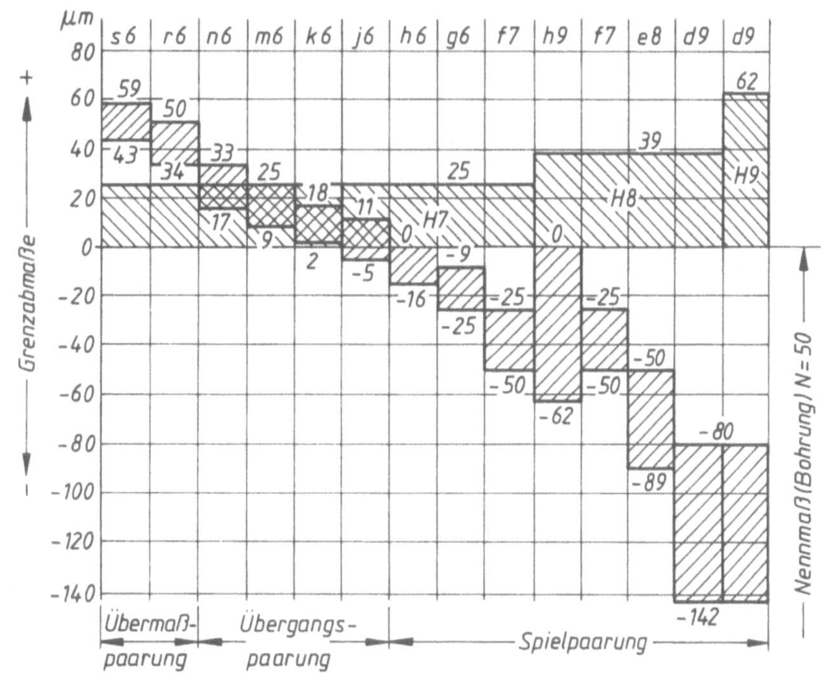

# Toleranzen, Passungen, Oberflächenbeschaffenheit

## Oberflächenschnitte

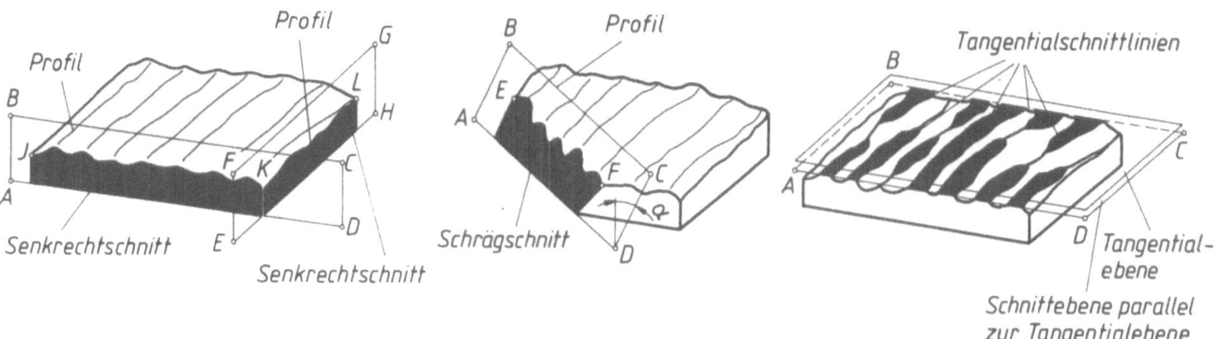



## Bestimmungsgrößen von Oberflächen

Darstellung der Rauhtiefe $R_{max}$ und des Mittenrauhwertes $R_a$

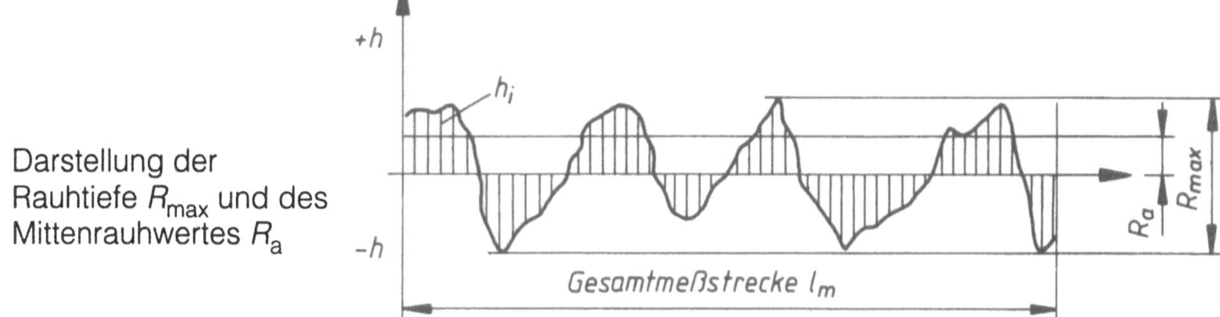



Ermittlung der gemittelten Rauhtiefe $R_z$

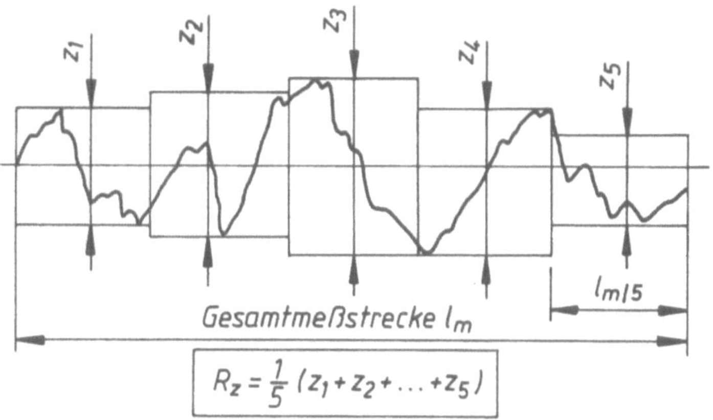



$$R_z = \frac{1}{5}\,(z_1 + z_2 + \ldots + z_5)$$

Welligkeit

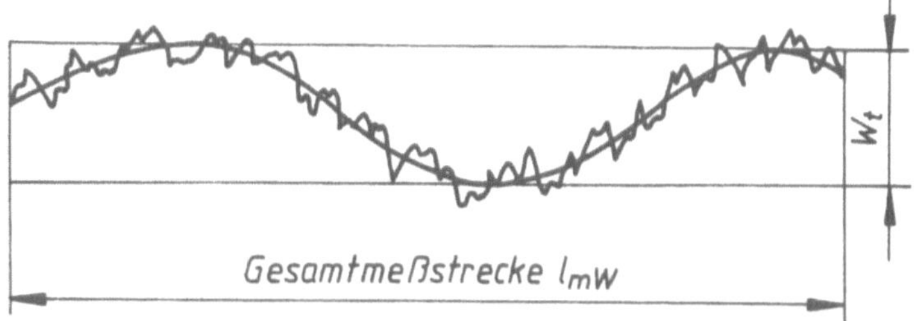

# Toleranzen, Passungen, Oberflächenbeschaffenheit

## Empfehlung zur Festlegung der Rauhtiefe $R_z$

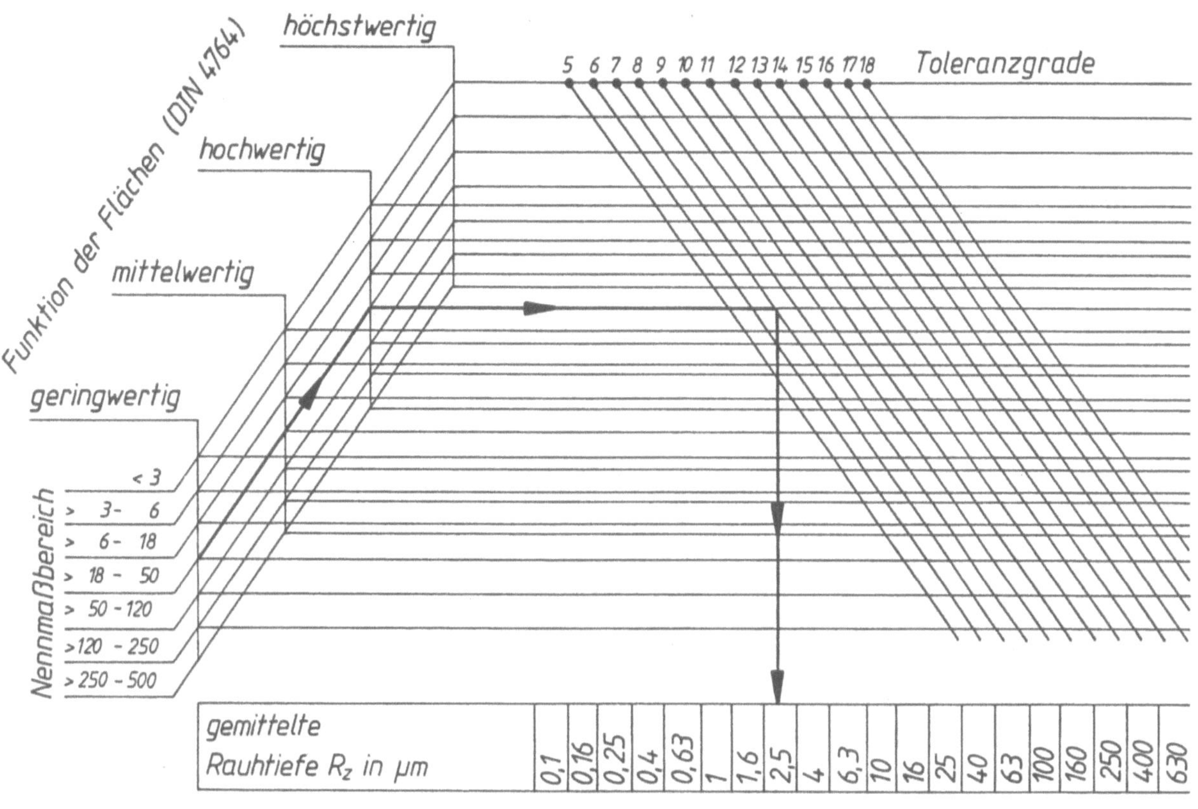


## Erreichbare gemittelte Rauhtiefe $R_z$ (Beispiele)

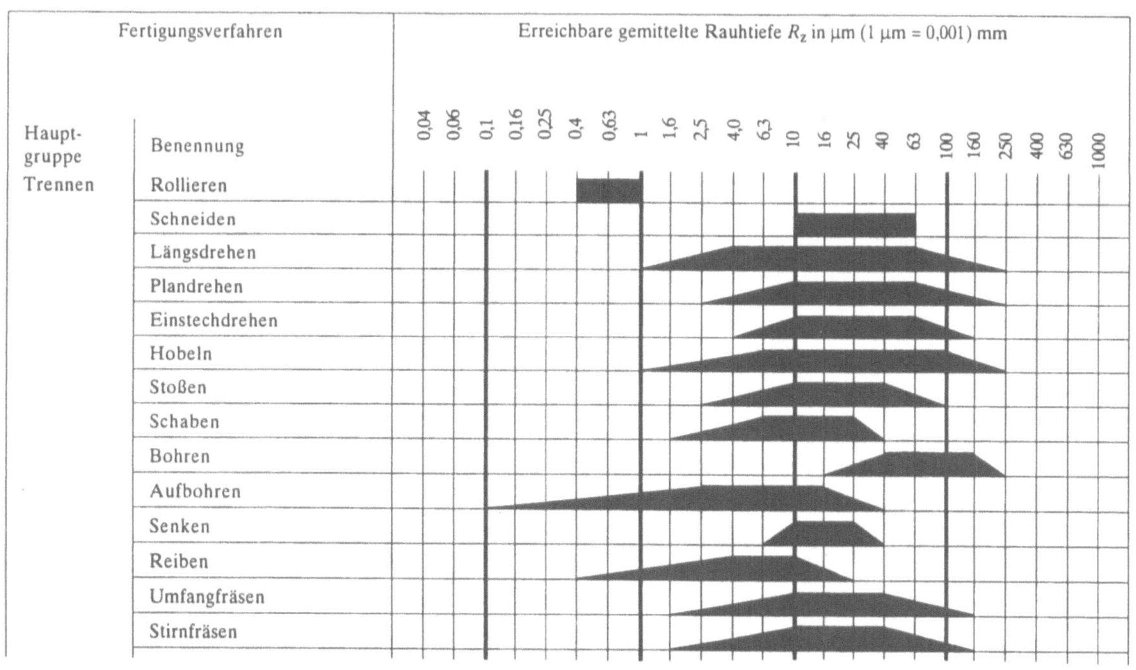

# Festigkeit und zulässige Spannung

Ablaufplan für den allgemeinen Festigkeitsnachweis

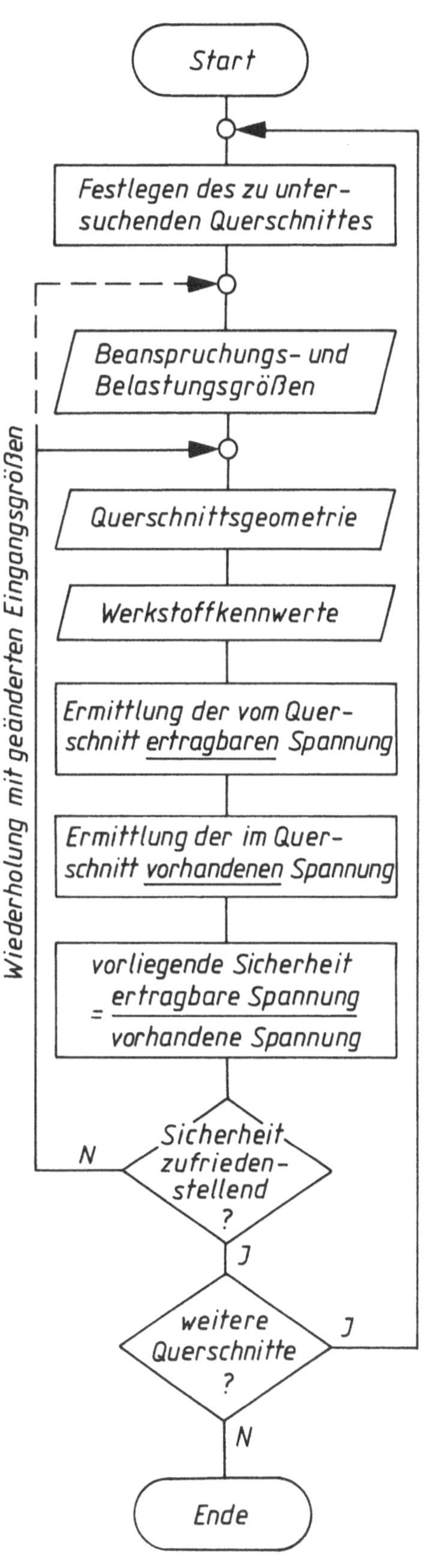

# Festigkeit und zulässige Spannung

Zeitlicher Verlauf der Beanspruchung

Zeitlicher Verlauf des Drehmomentes einer
Antriebswelle (schematisch)

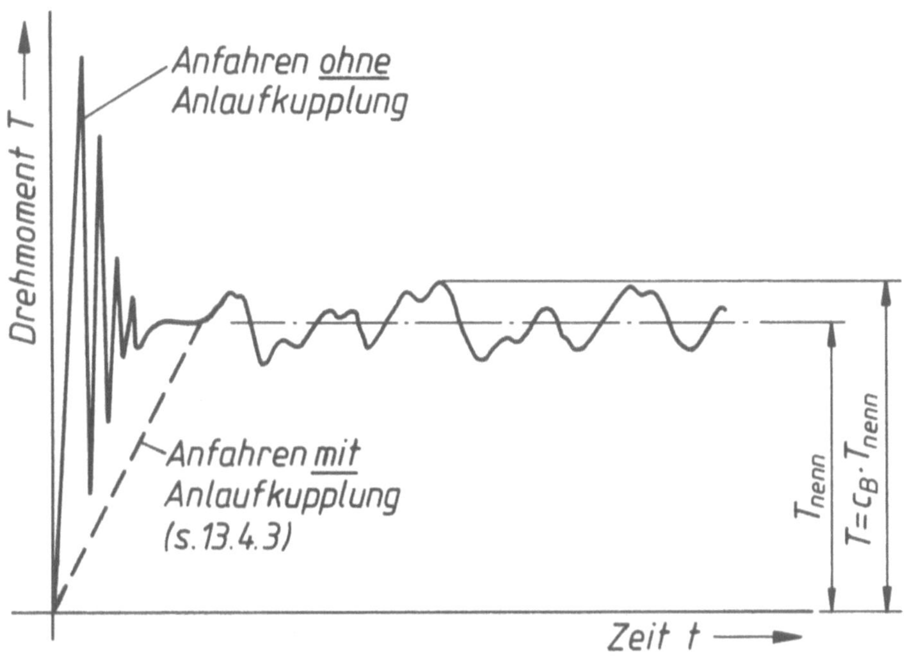


Beanspruchungsfälle, Beanspruchungsbereiche

| Beanspruchungsart | | | | |
|---|---|---|---|---|
| statisch | dynamisch schwellend | | dynamisch wechselnd | |
| Fall I | allgemein | Fall II | allgemein | Fall III |
| $\varkappa = 1$ | $1 > \varkappa \geq 0$ | $\varkappa = 0$ | $0 > \varkappa \geq -1$ | $\varkappa = -1$ |
| | | Kenngrößen | | |
| $\sigma_a = 0$ | $\sigma_u > 0$ | $\sigma_u = 0$ | $\sigma_m > 0$ | $\sigma_m = 0$ |
| $\sigma_o = \sigma_u = \sigma_m$ | $\sigma_o = \sigma_u + 2\sigma_a$ | $\sigma_o = 2\sigma_a$ | $\sigma_o = \sigma_m + \sigma_a$ | $|\sigma_o| = |\sigma_u| = |\sigma_a|$ |
| $\sigma = konst.$ | $\sigma_m = \sigma_u + \sigma_a$ | $\sigma_m = \sigma_a = \sigma_{o/2}$ | $\sigma_u = \sigma_m - \sigma_a$ | $\sigma_u = -\sigma_a$ |

# Festigkeit und zulässige Spannung

Kenngrößen eines Schwingspiels

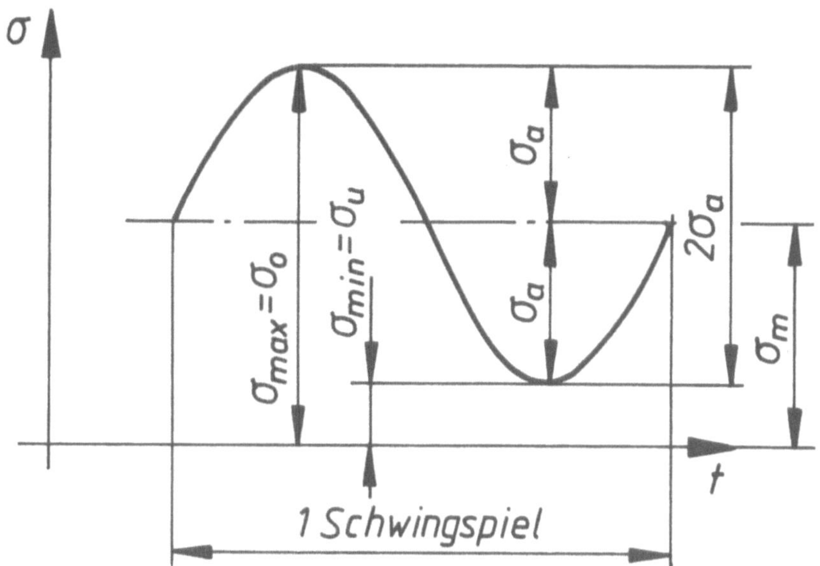


$\sigma_o$ = Oberspannung ($\sigma_{max}$ = Maximalspannung)

$\sigma_u$ = Unterspannung ($\sigma_{min}$ = Minimalspannung)

$\sigma_a$ = Spannungsamplitude

$\sigma_m$ = Mittelspannung

$$\sigma_a = \frac{\sigma_o - \sigma_u}{2} \; ; \qquad \sigma_m = \frac{\sigma_o + \sigma_u}{2}$$

# Festigkeit und zulässige Spannung

Spannungs-Dehnungs-Verhalten von Werkstoffen

Spannungs-Dehnungs-Diagramm (schematisch) bei Stählen mit ausgeprägter Fließgrenze

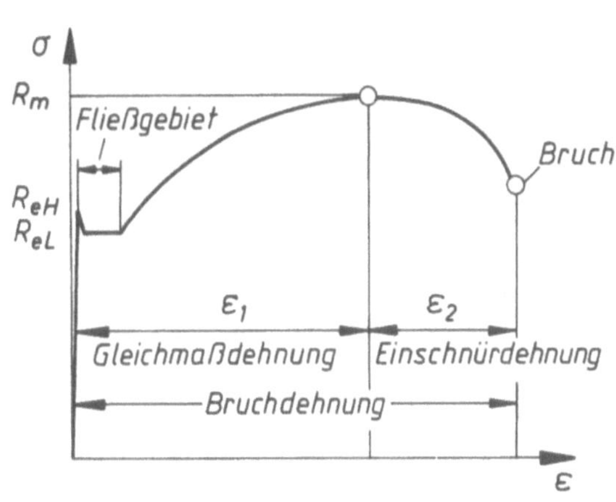


Spannungs-Dehnungs-Diagramm (schematisch) bei Stählen mit nicht ausgeprägter Fließgrenze

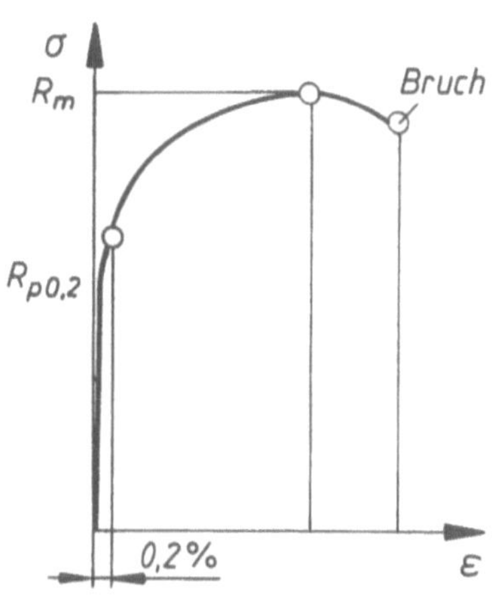


Spannungs-Dehnungs-Verlauf für unterschiedlich scharf gekerbte Prüflinge (schematisch)

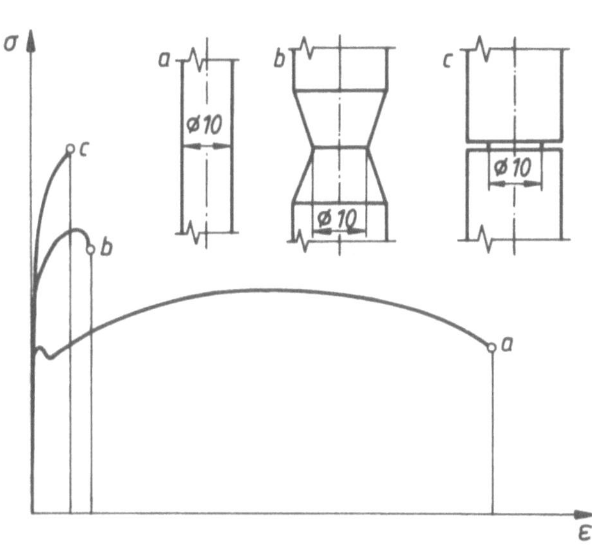

# Festigkeit und zulässige Spannung

## Art der Schwingfestigkeit

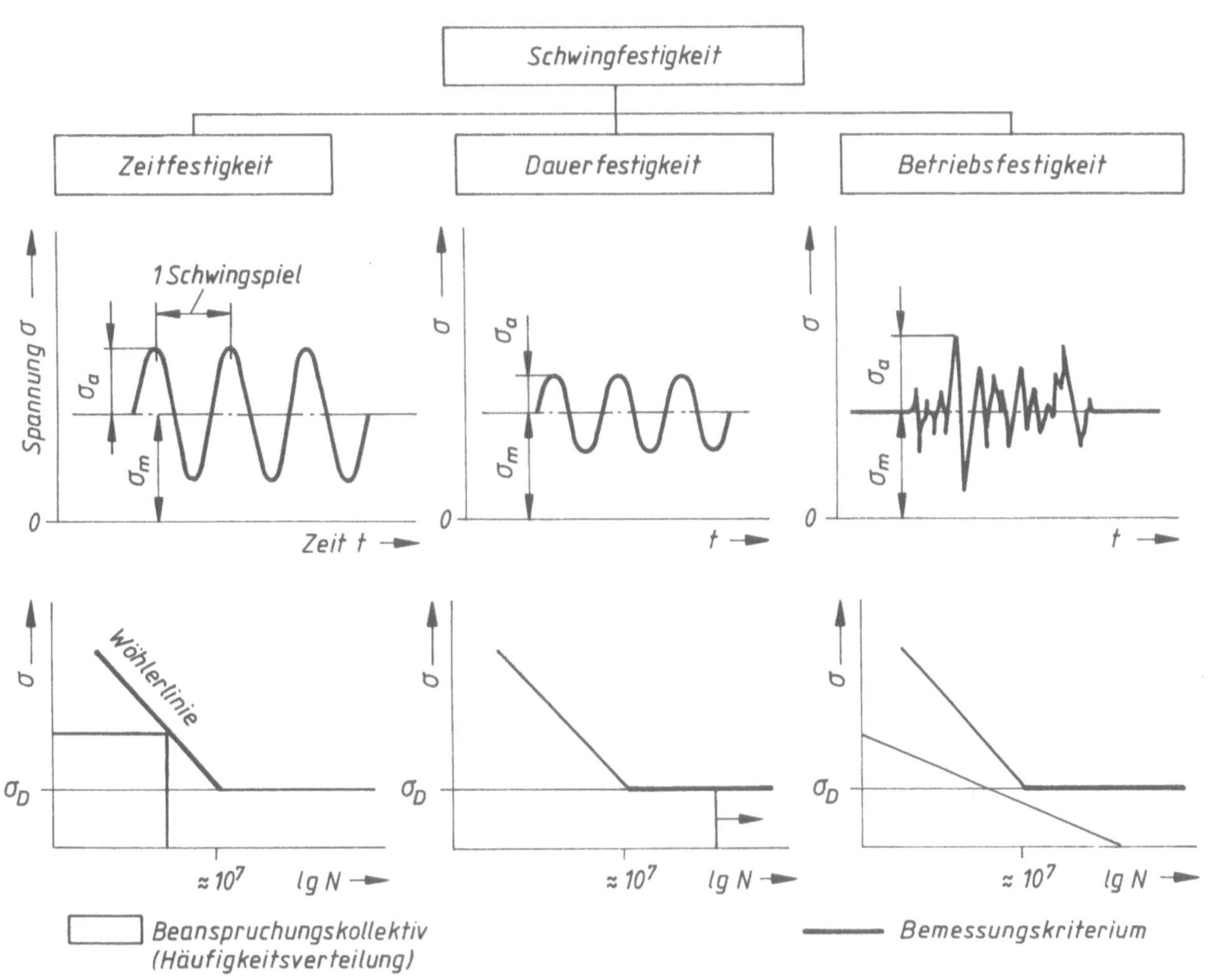

# Festigkeit und zulässige Spannung

Dauerfestigkeitsschaubilder

nach Smith

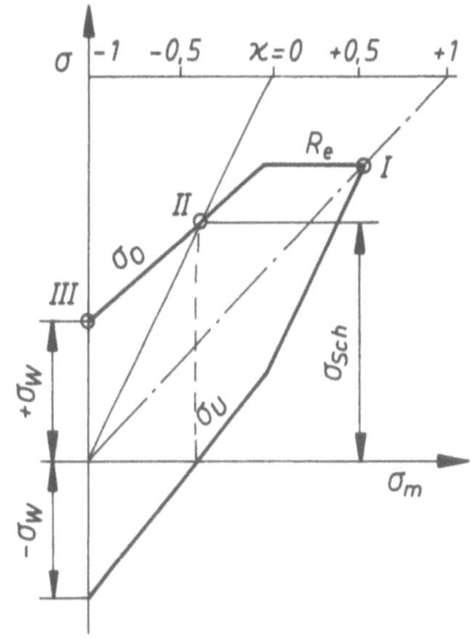


nach Haigh

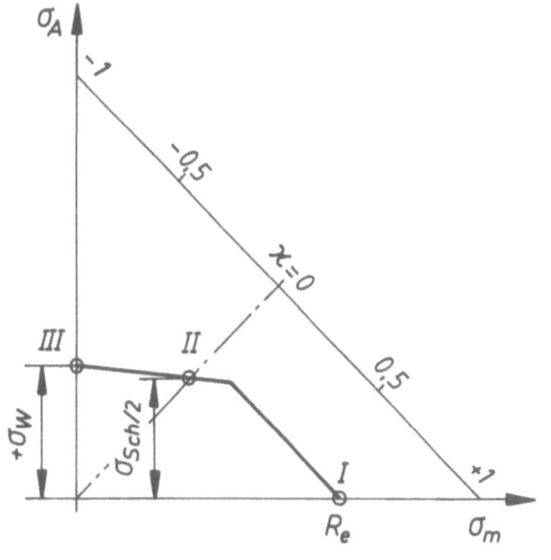


nach Moore-Kommers-Jasper

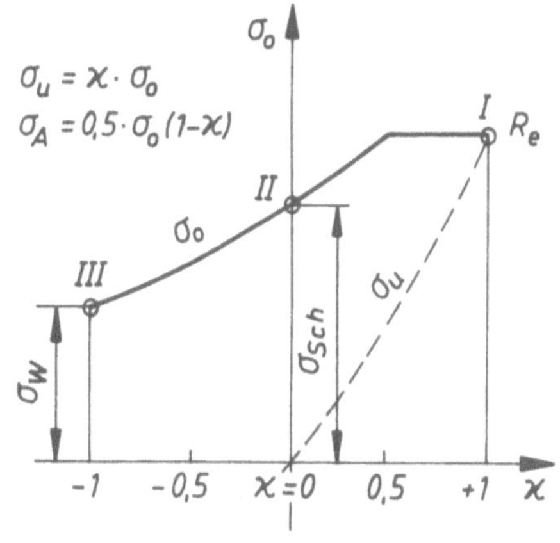

# Festigkeit und zulässige Spannung

## Dauerfestigkeitsschaubild

Konstruktion des DFK's für Zug/Druck-Beanspruchung

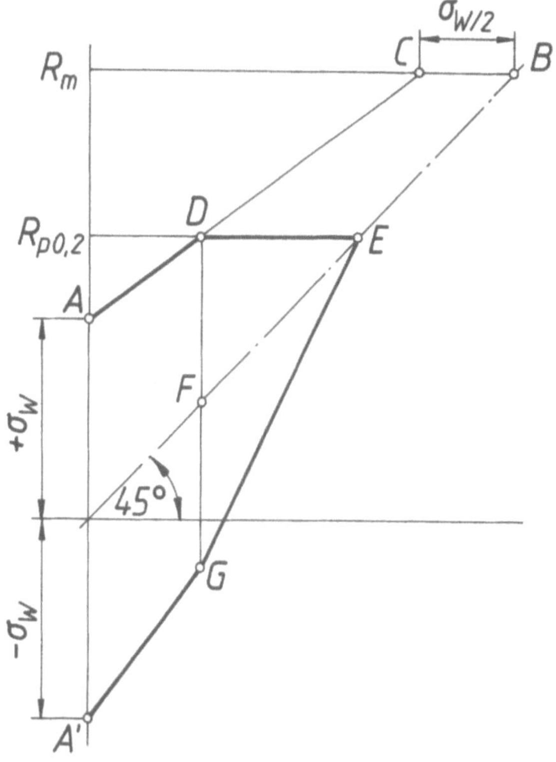


DFK-Schaubild für St 50-2, ermittelt mit den Verhältniswerten $K_1$, $K_2$ nach TB 3-1

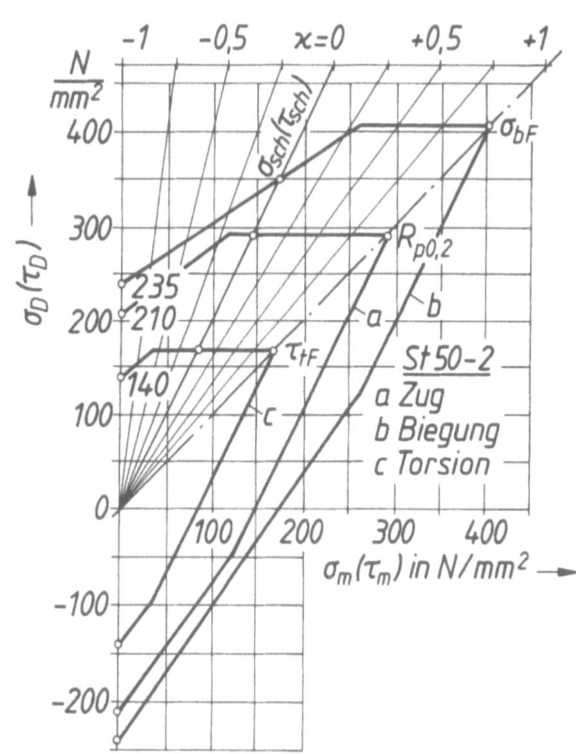

# Festigkeit und zulässige Spannung

Gestaltfestigkeit – Einfluß der Kerbform

spitze Kerbe

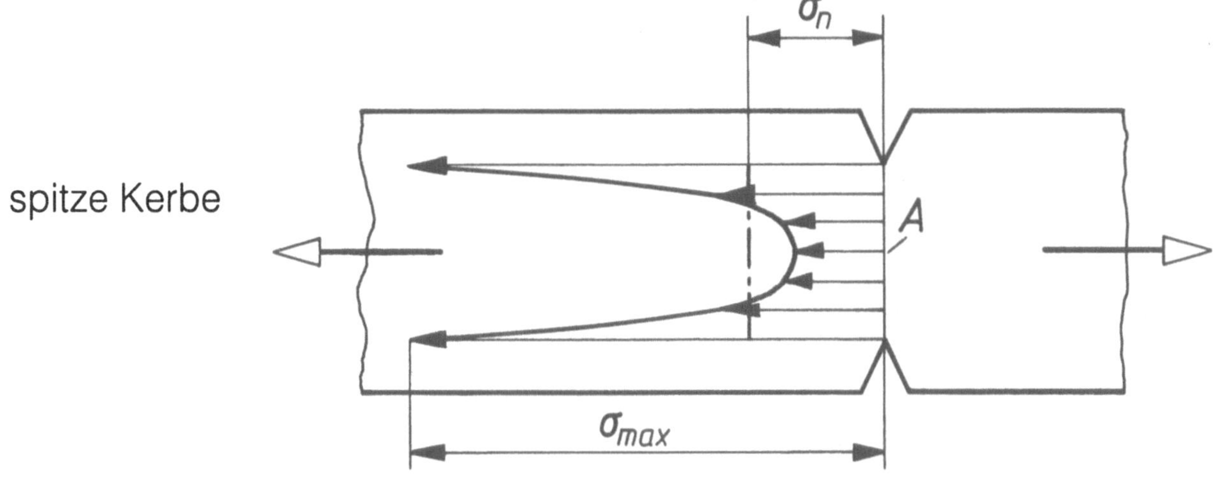


eckige Kerbe

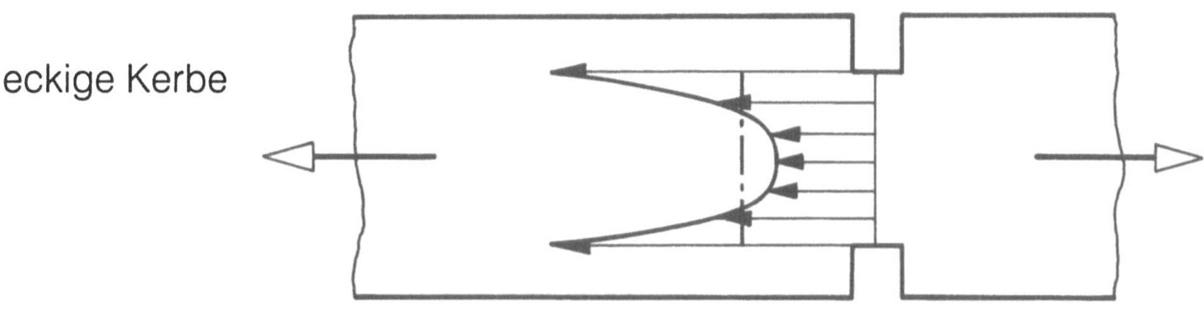

runde Kerbe

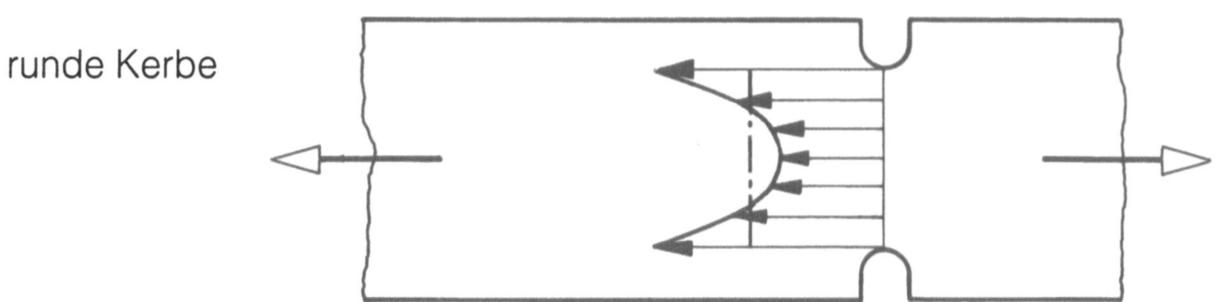

# Festigkeit und zulässige Spannung

Dauerfestigkeitsschaubilder

DFS eines gekerbten
Probestabes
(schematisch)

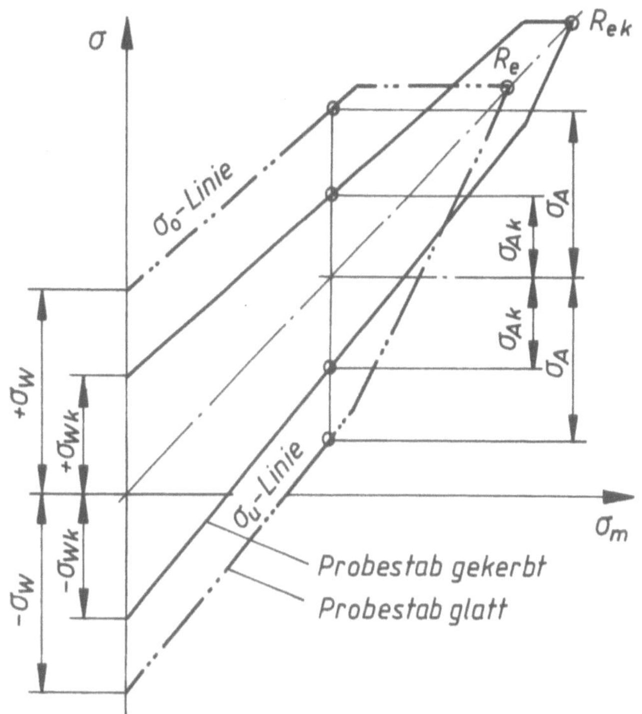


Gestaltfestigkeitsschaubild

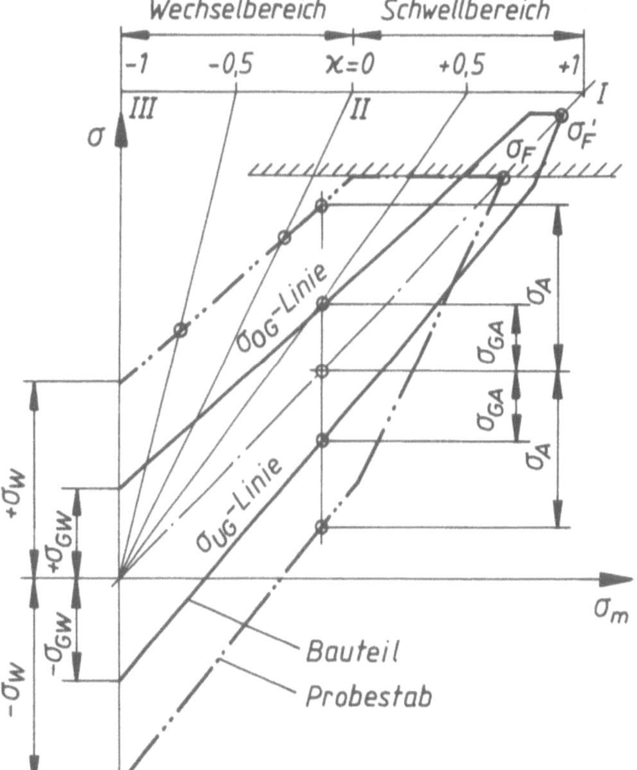






**3-9**

# Festigkeit und zulässige Spannung

Diagramm nach Richter-Ohlendorf zum Ermitteln von Betriebsfaktoren

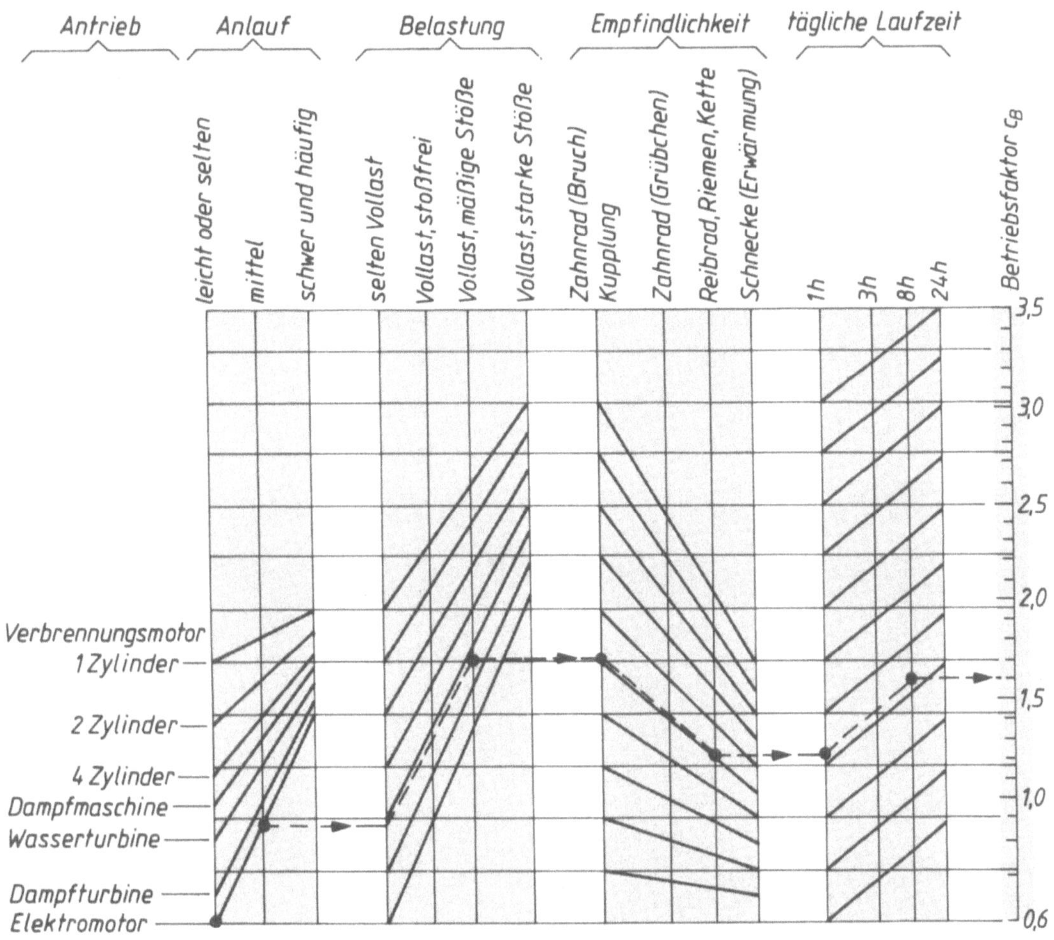

# Festigkeit und zulässige Spannung

Kerbwirkungszahlen

abgesetzte Rundstäbe

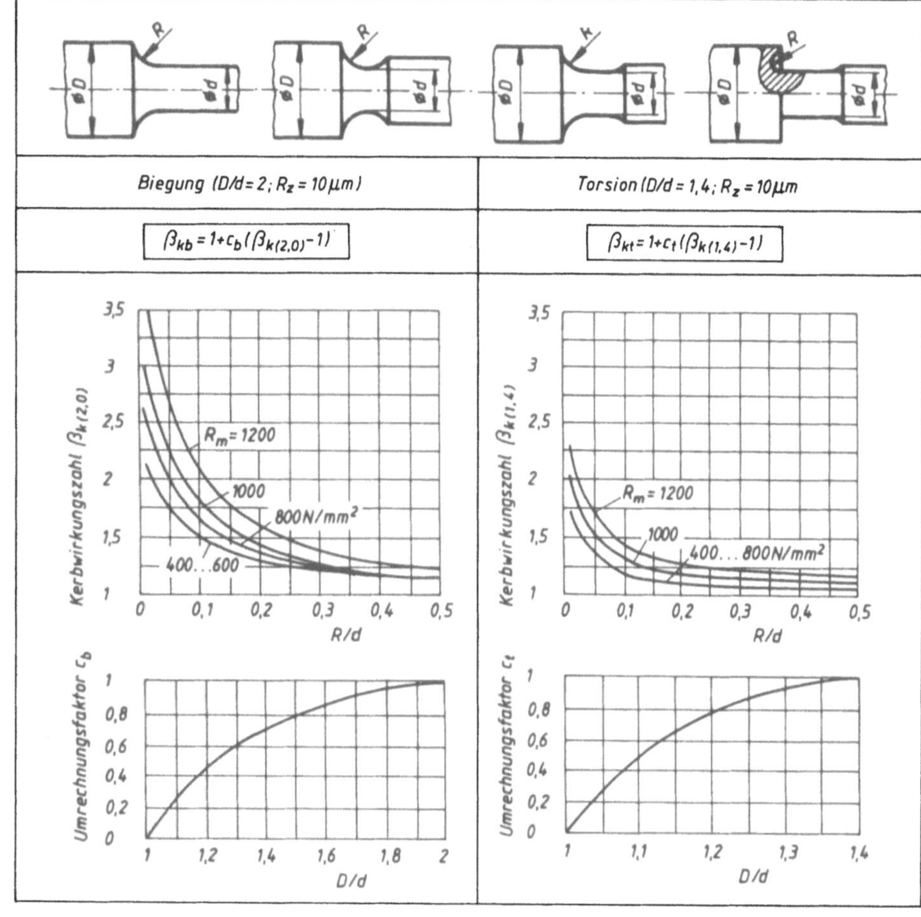



Wellen-Naben-Verbindungen

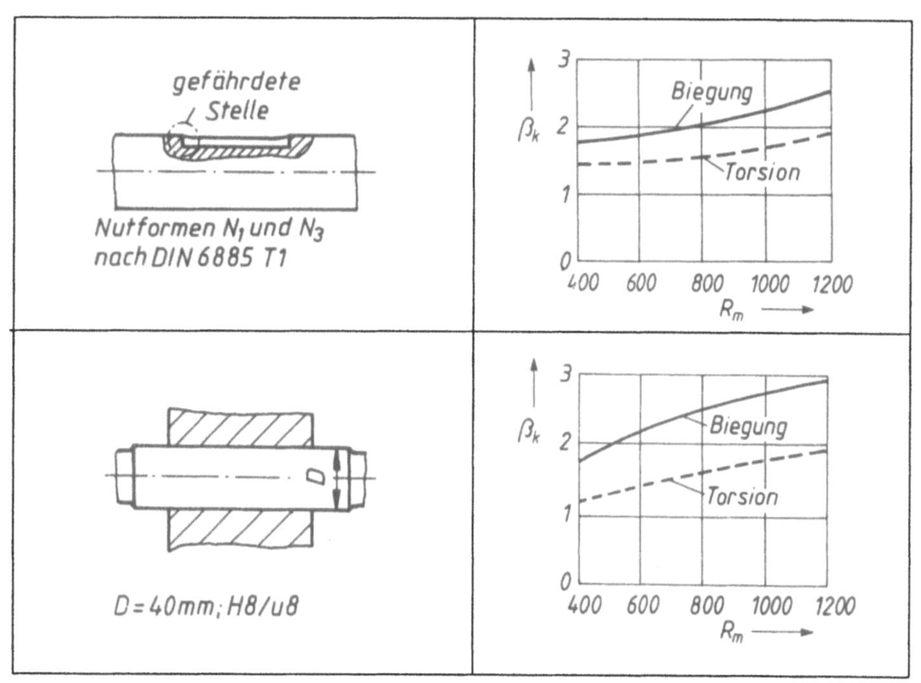

# Klebverbindungen

Physikalische Kräfte in der Klebverbindung
(schematisch)

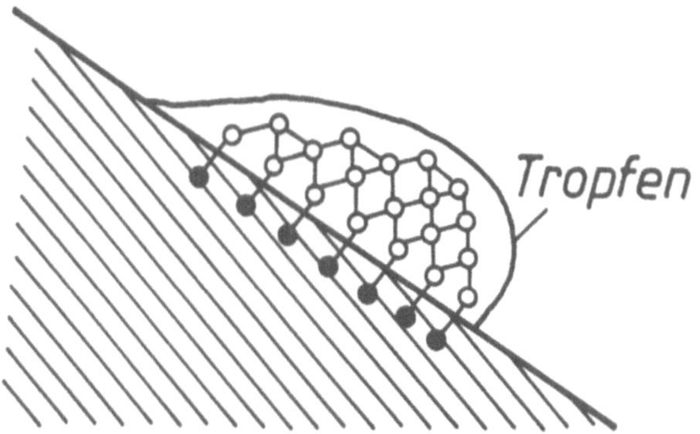


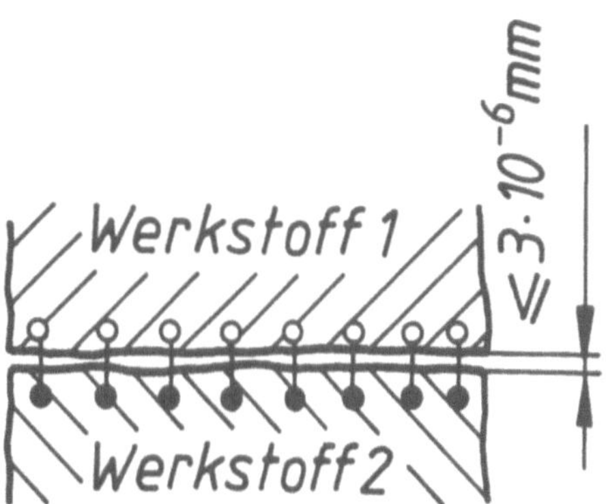


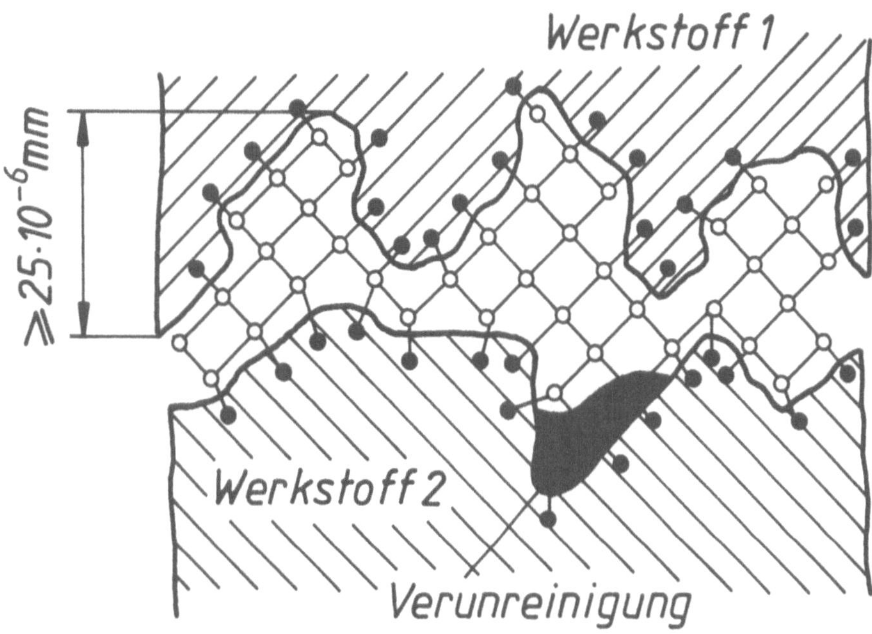

# Klebverbindungen

Spannungsverlauf in der Klebstoffschicht beim Überlappstoß (schematisch)

Verbindung unbelastet

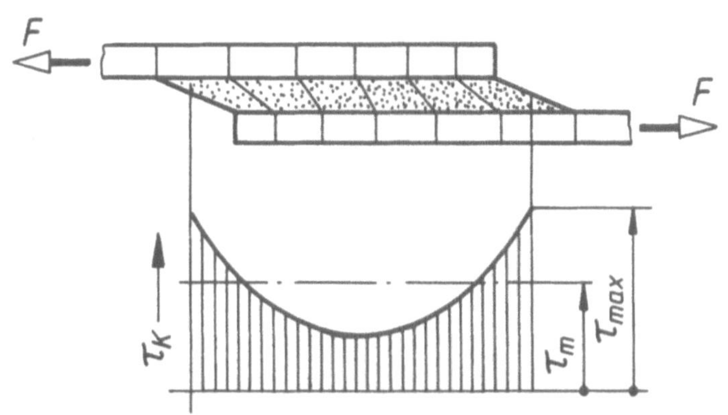


Schubspannungsverlauf bei biegesteifen Bauteilen

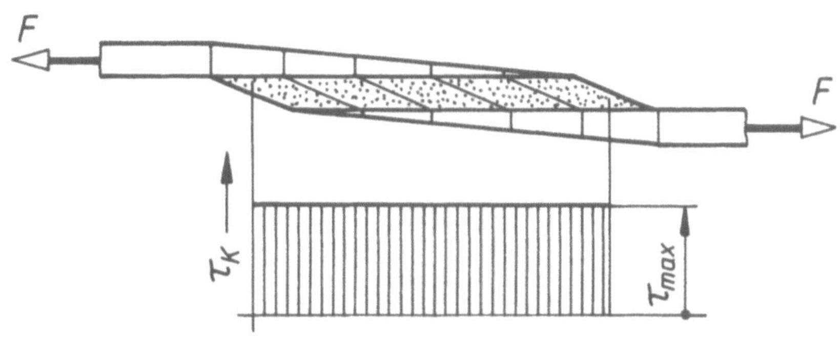


Schubspannungsverlauf bei angeschrägten Bauteilen

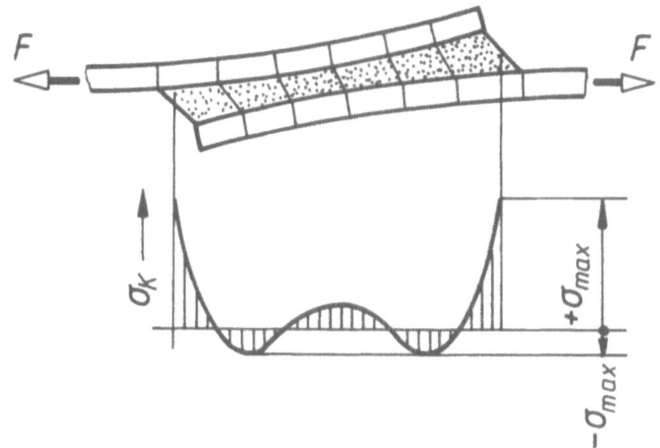


Normalspannungsverlauf bei biegeweichen Bauteilen



**4-2**

# Klebverbindungen

Beanspruchungsfälle der Klebschicht

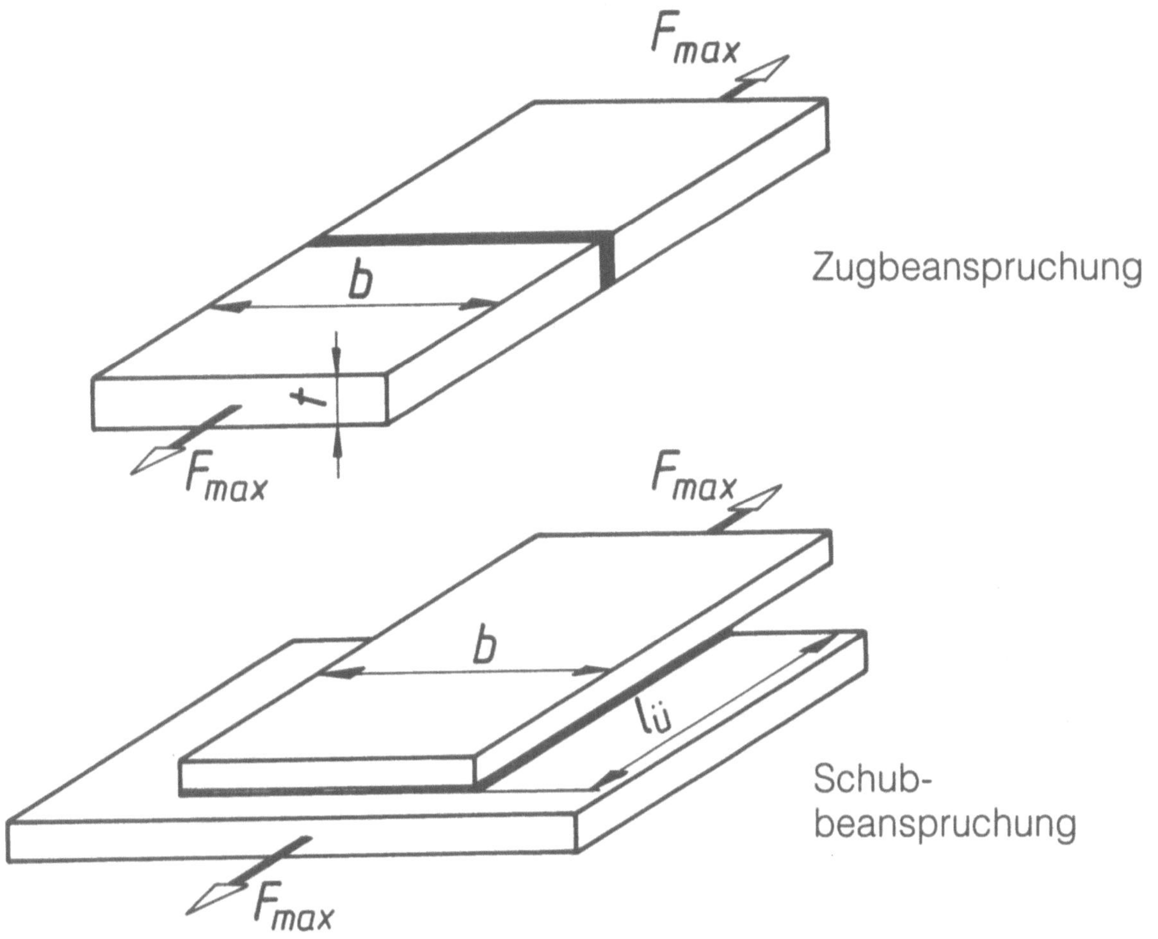


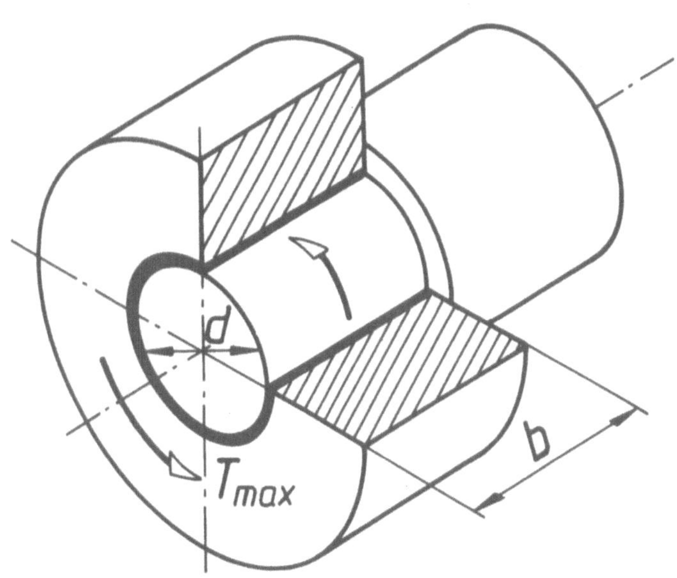

# Lötverbindungen

## Lötgerechte Gestaltung

### Lötspalt- und Lötflußverhalten

| unzweckmäßig | zweckmäßig |
| --- | --- |

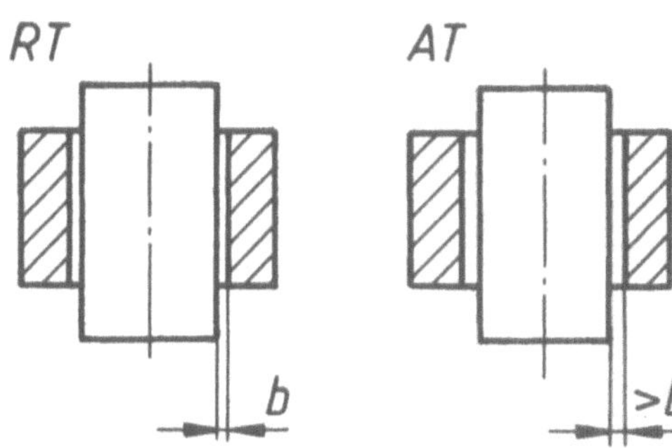


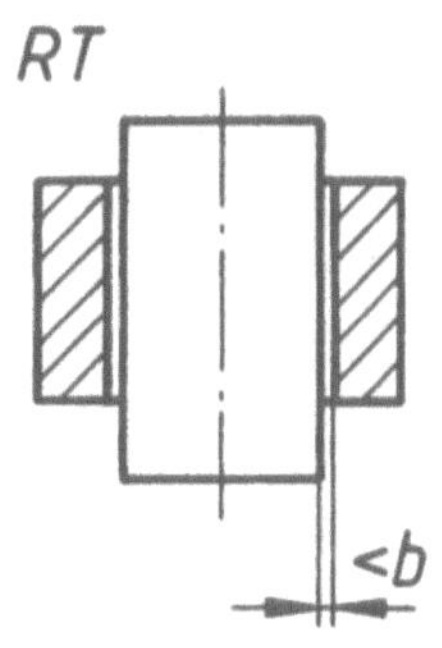
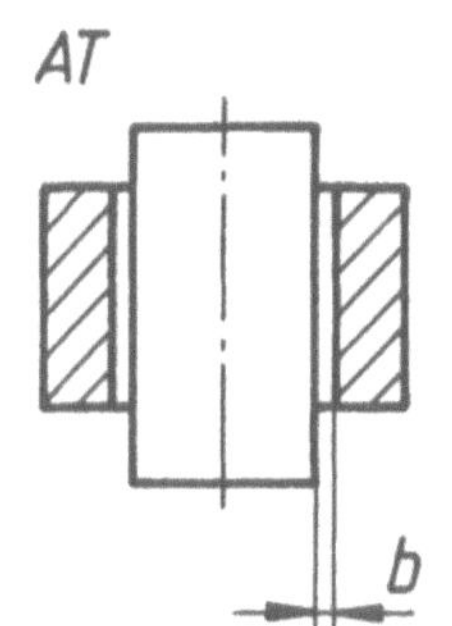


RT = Raumtemperatur

AT = Arbeitstemperatur

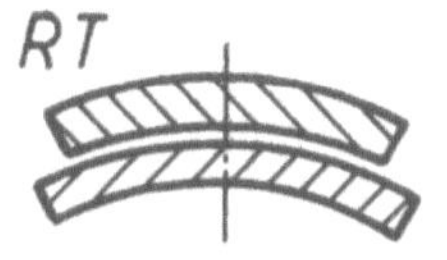

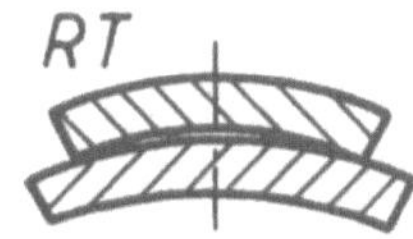
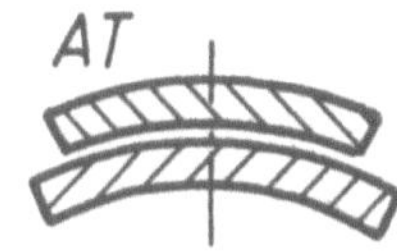


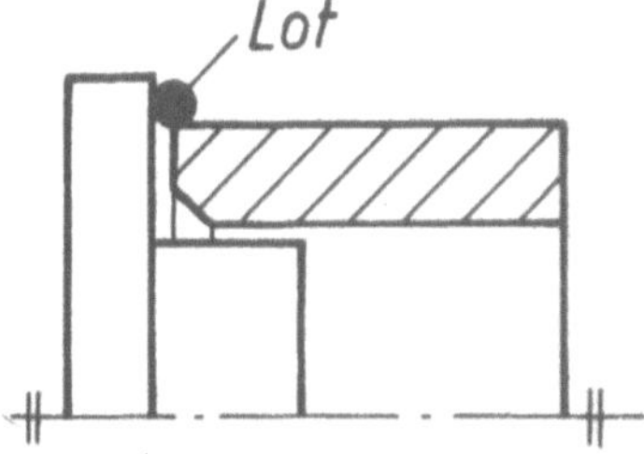


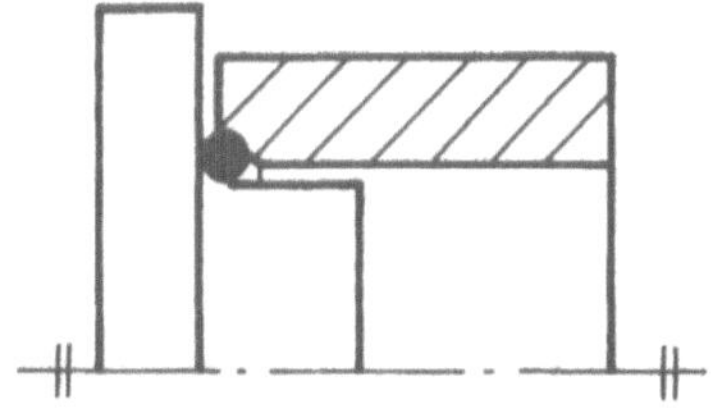

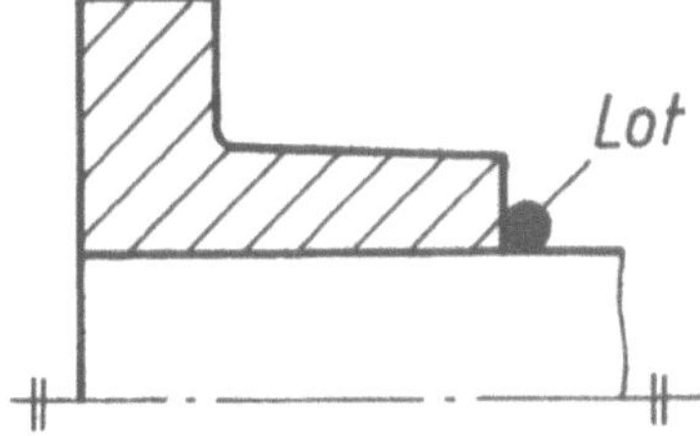


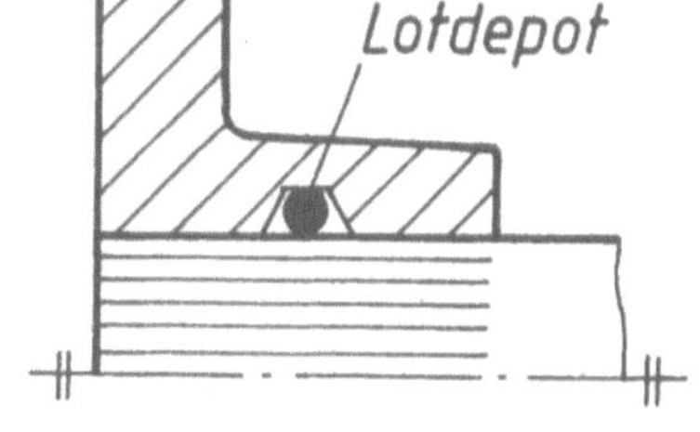


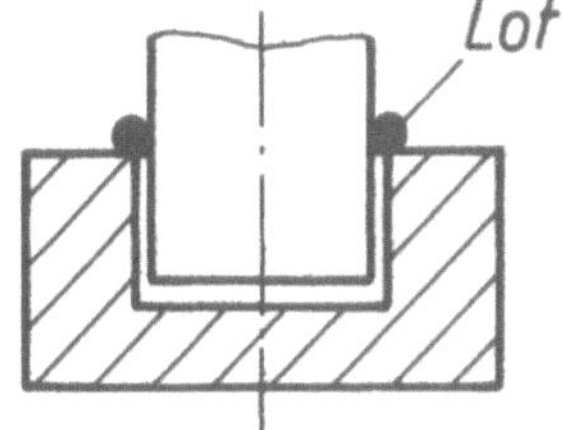


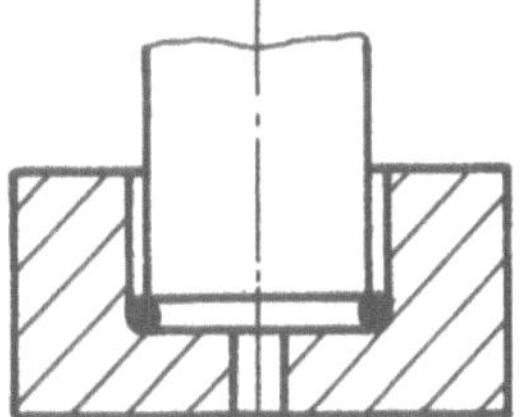

# Lötverbindungen

Lötgerechte Gestaltung (Fortsetzung)

Kraftübertragung

| unzweckmäßig | zweckmäßig |
|:---:|:---:|
| 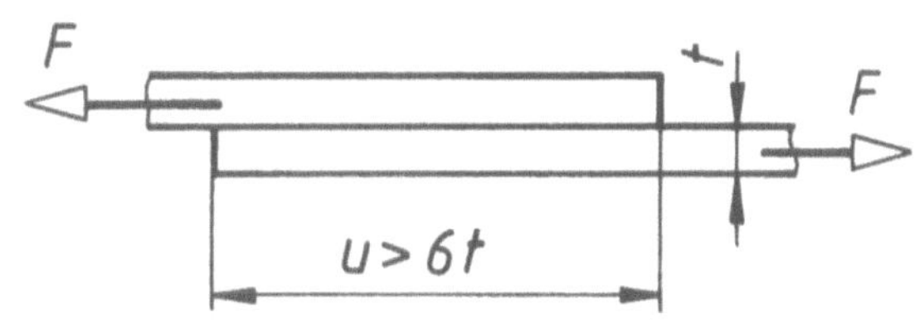 | 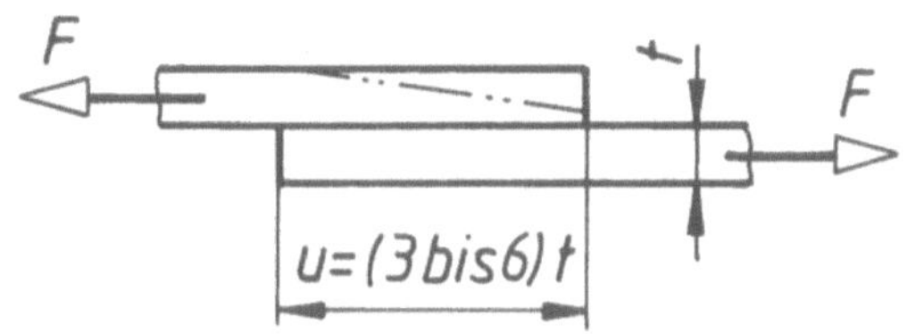 |
| 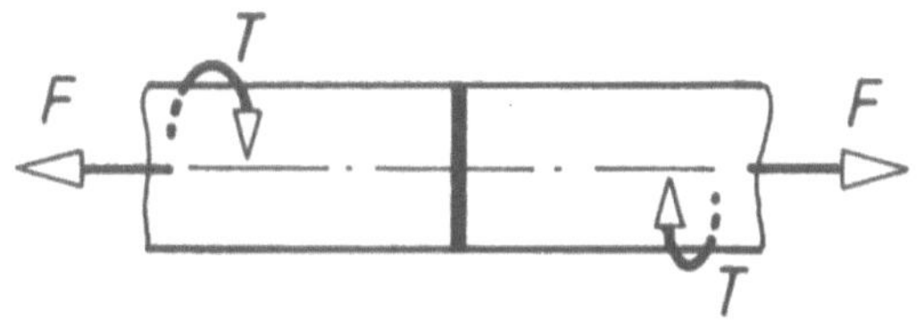 | 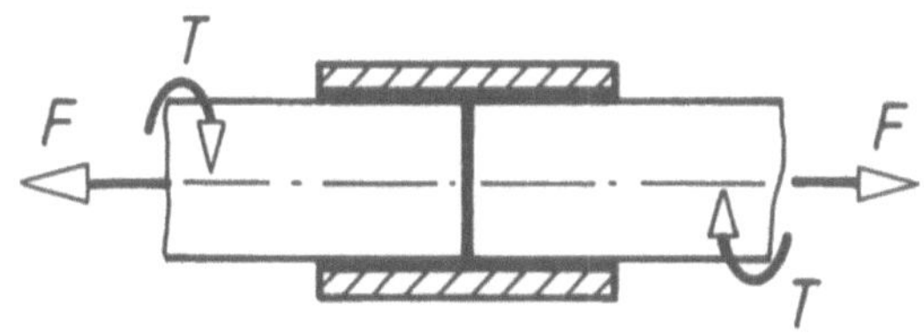 |
| 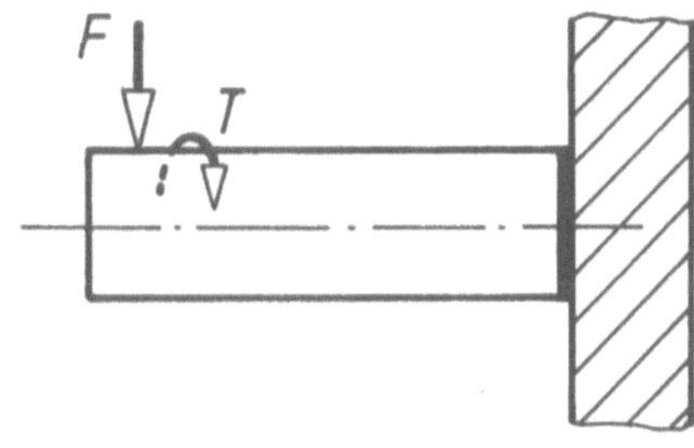 | 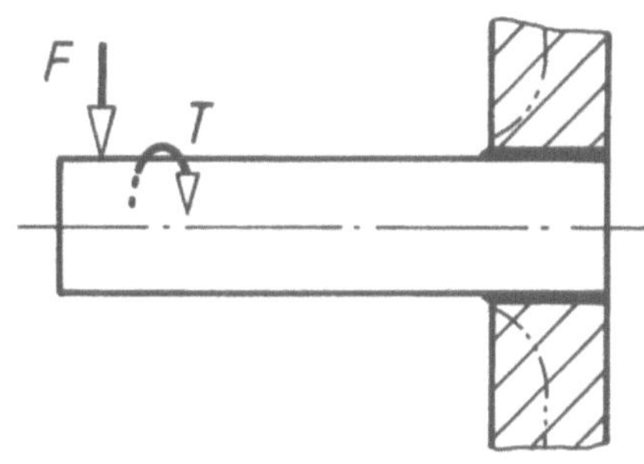 |
| 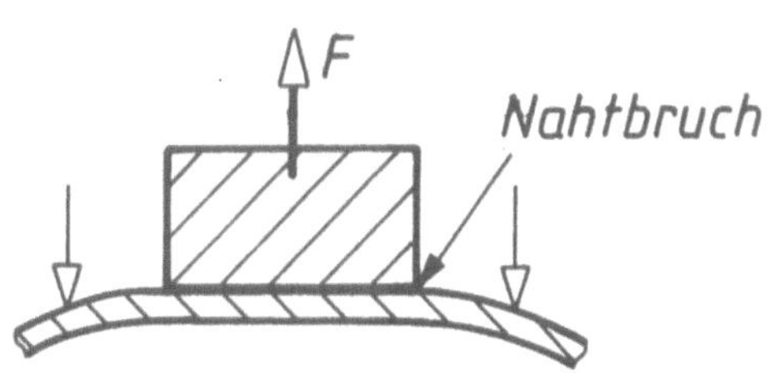 | 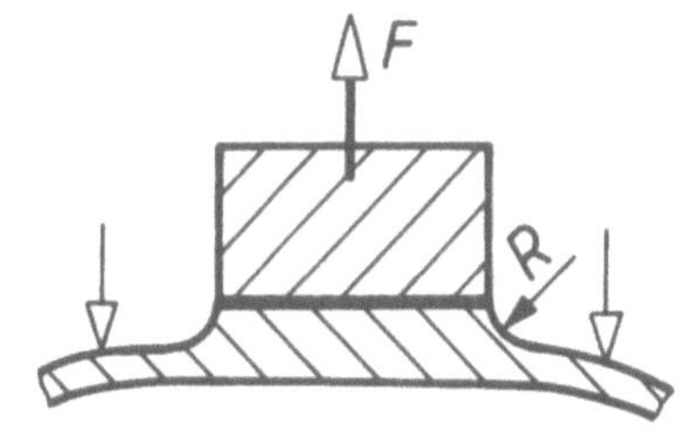 |

# Lötverbindungen

Lötgerechte Gestaltung (Fortsetzung)

Entlastung und Fertigungserleichterung

| unzweckmäßig | zweckmäßig |
| --- | --- |
| 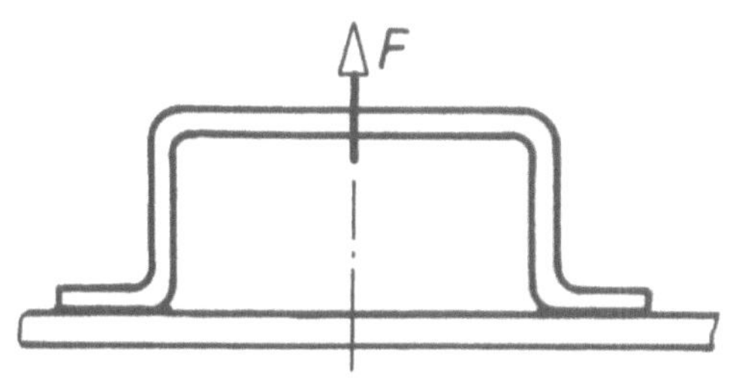 | 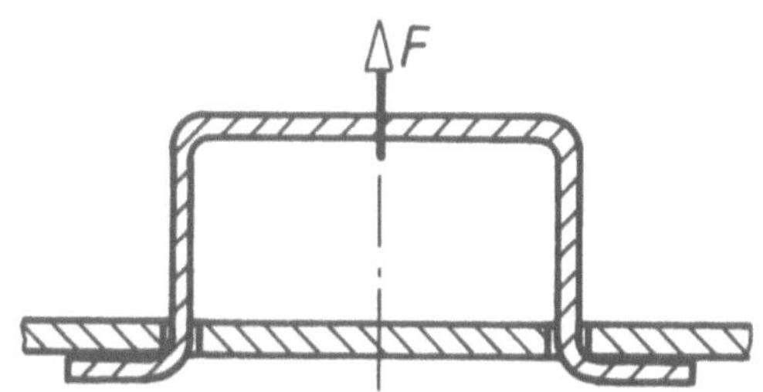 |
| 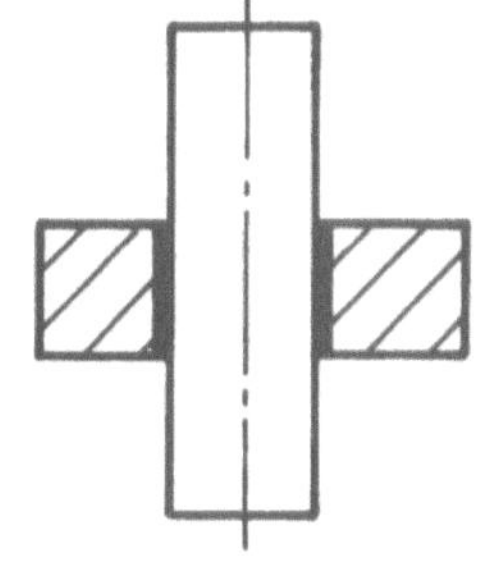 | 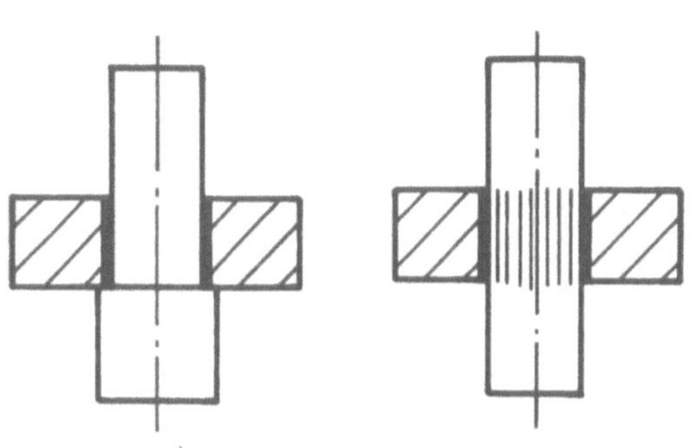 |

# Schweißverbindungen

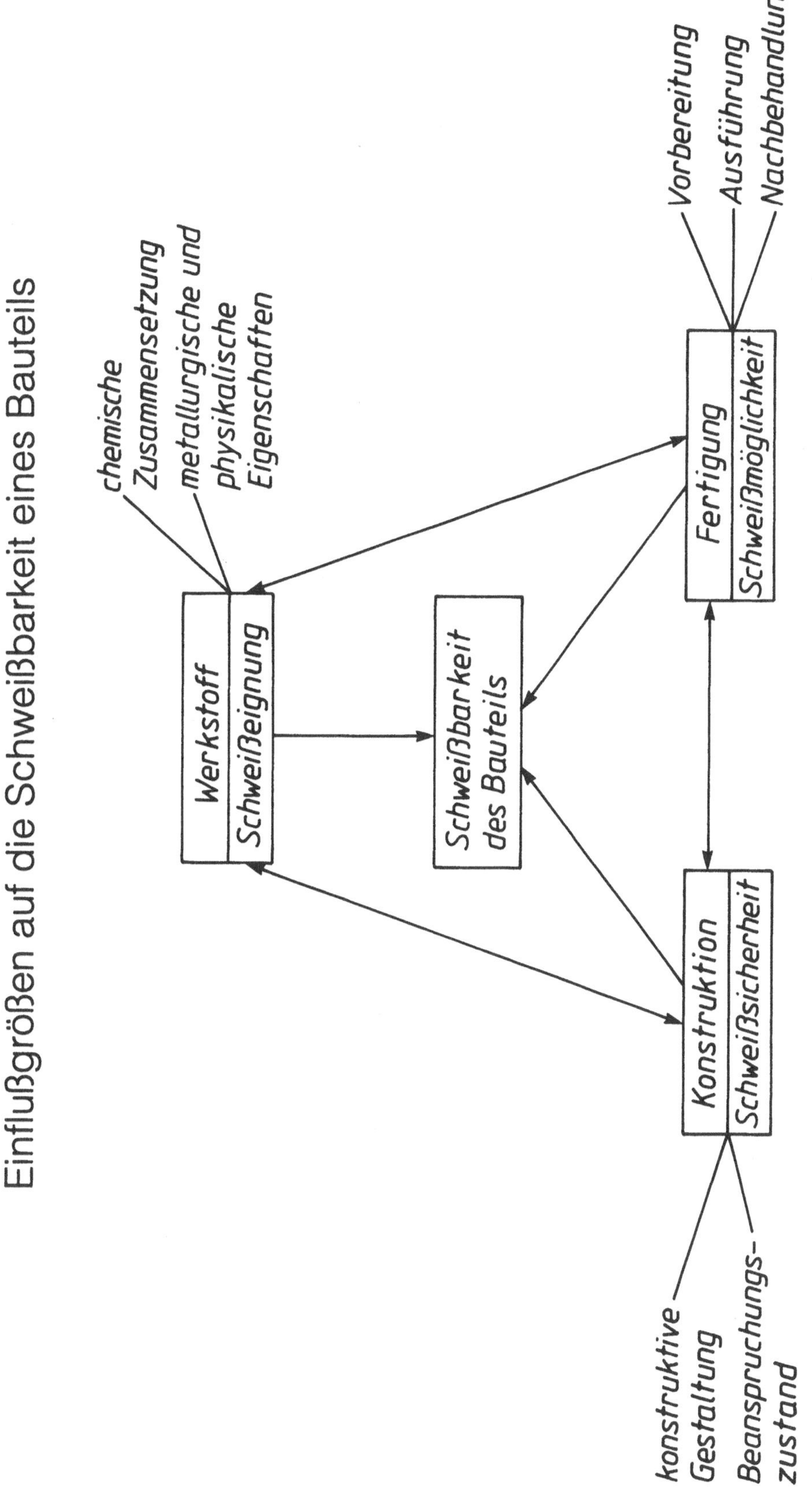

# Schweißverbindungen

Nahtdicke und Spannungsverteilung bei Kehlnähten

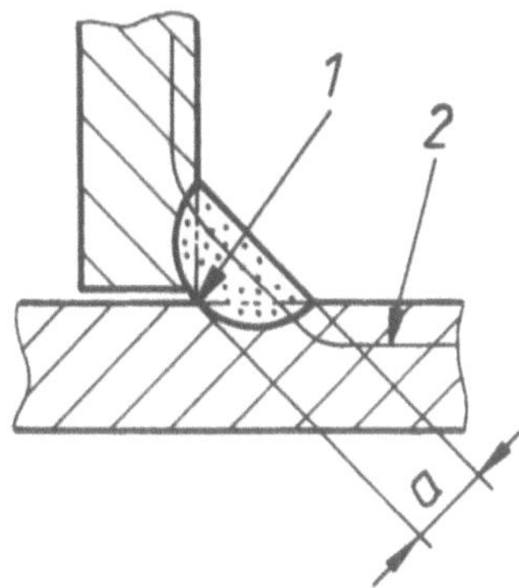
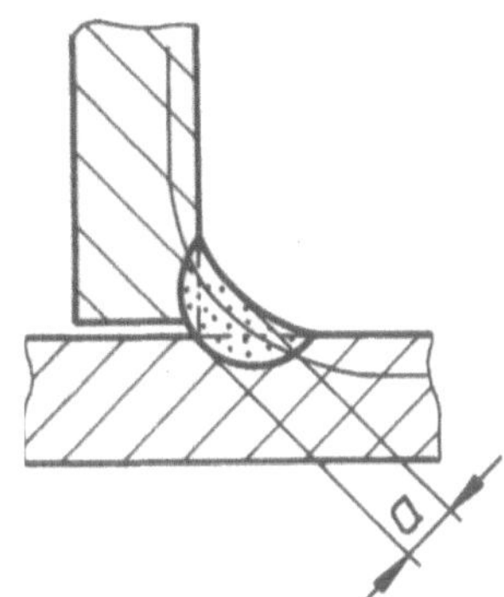
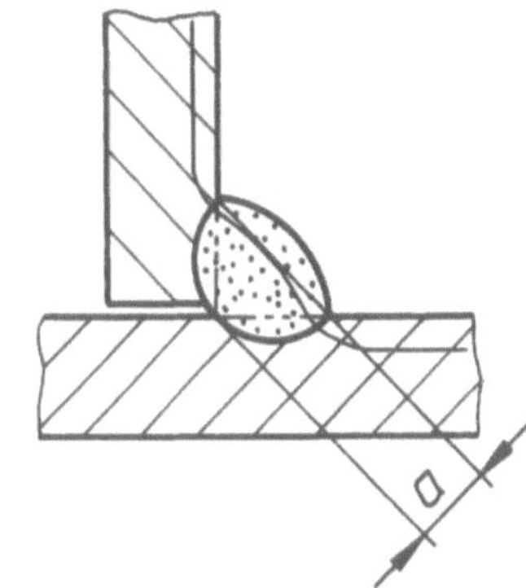

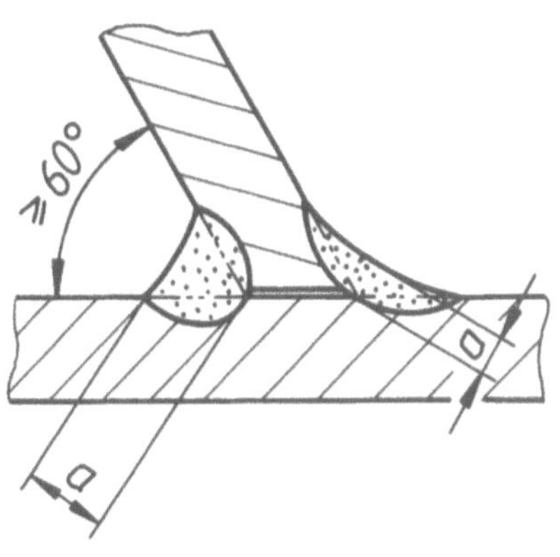
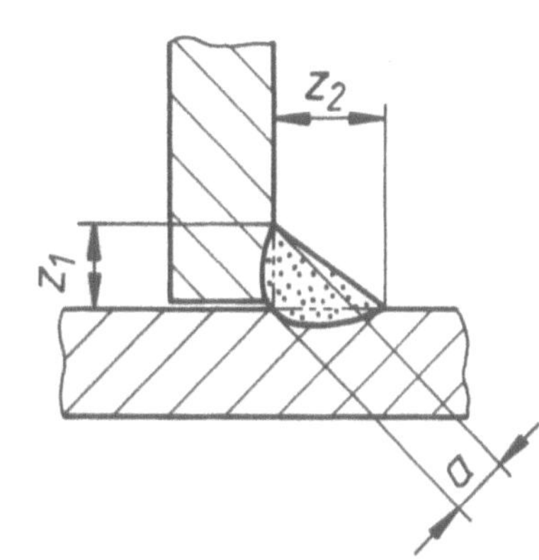
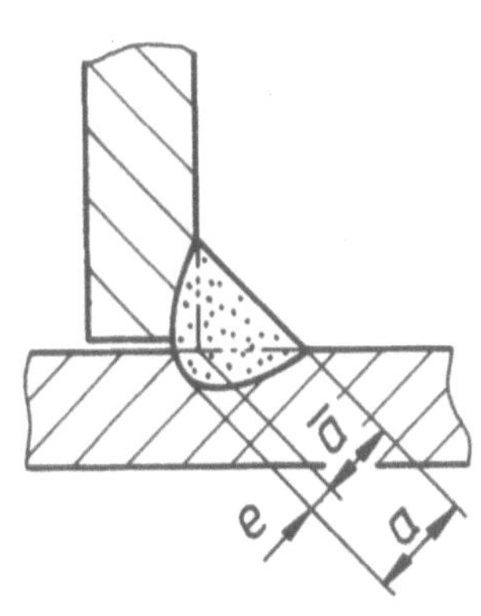

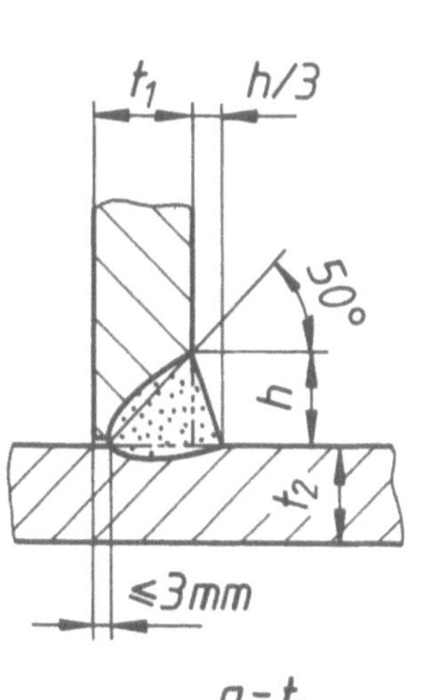
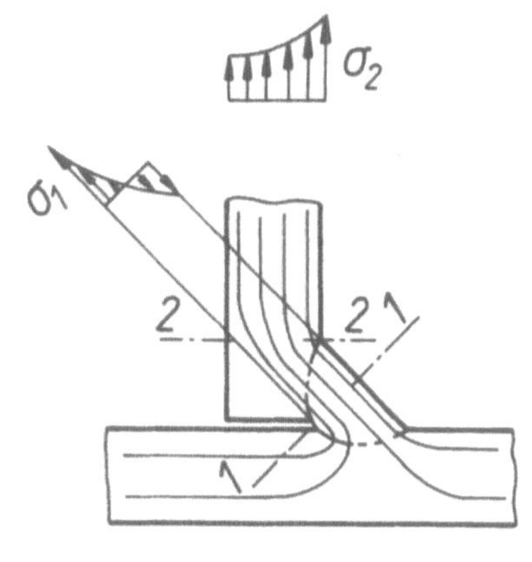
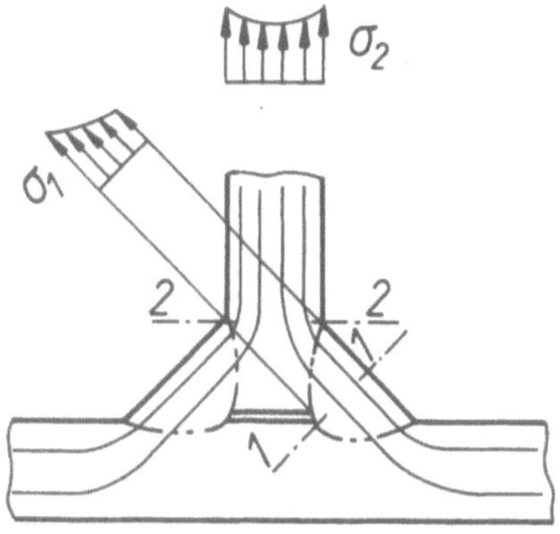

# Schweißverbindungen

Gestaltungsbeispiele für Schweißkonstruktionen

| ungünstig | besser |
| --- | --- |

Dickenwechsel

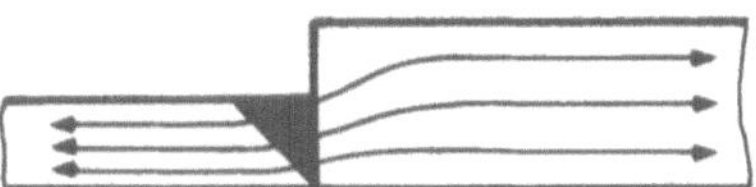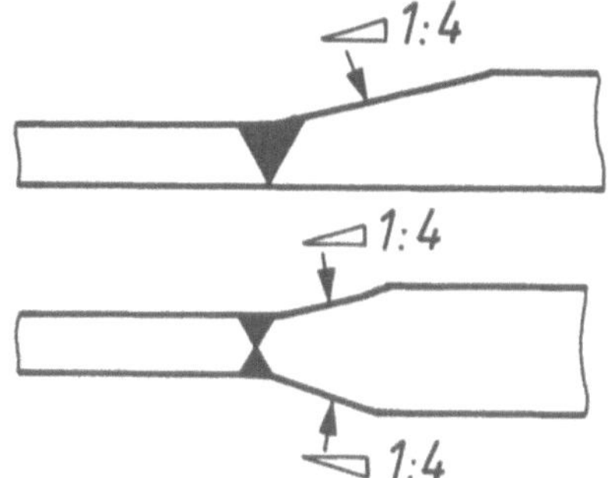

Querzugbeanspruchung

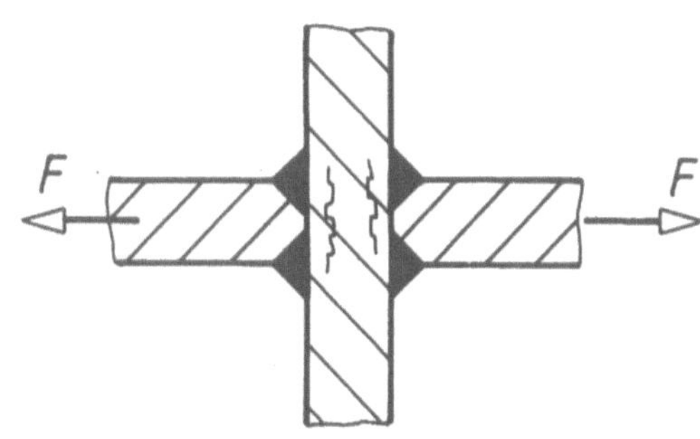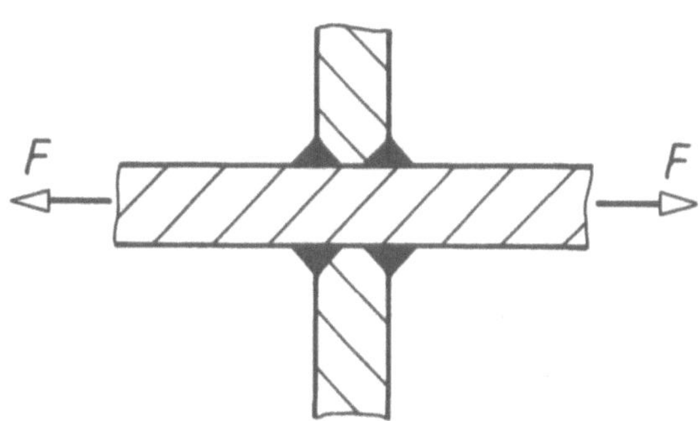

Bearbeitungsflächen

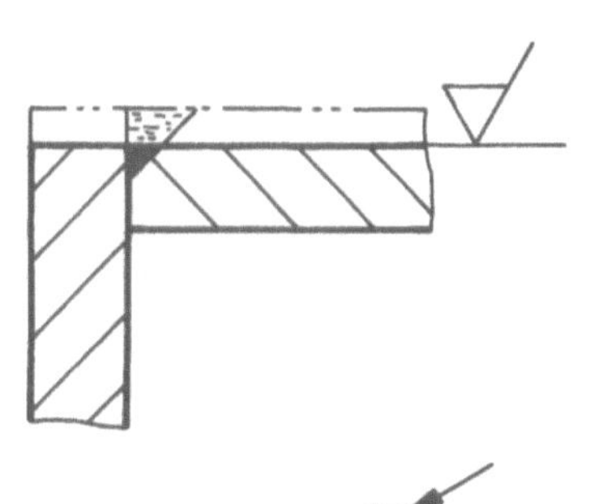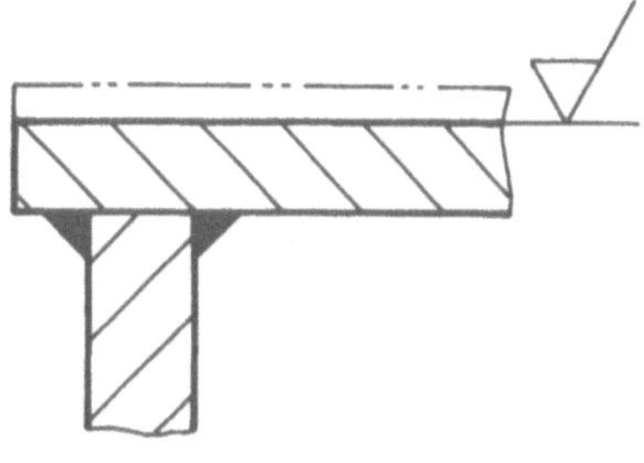

Rippen

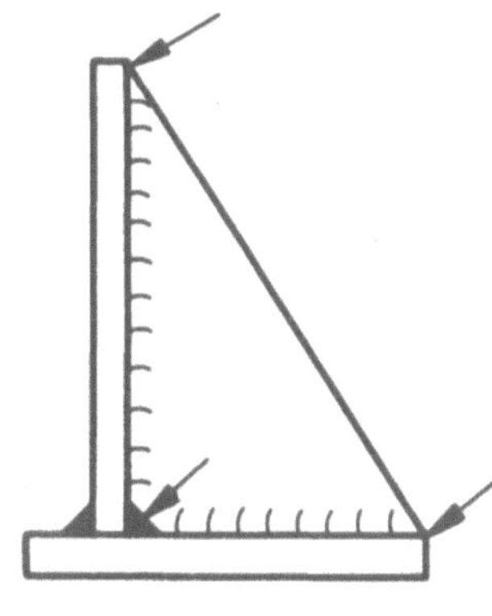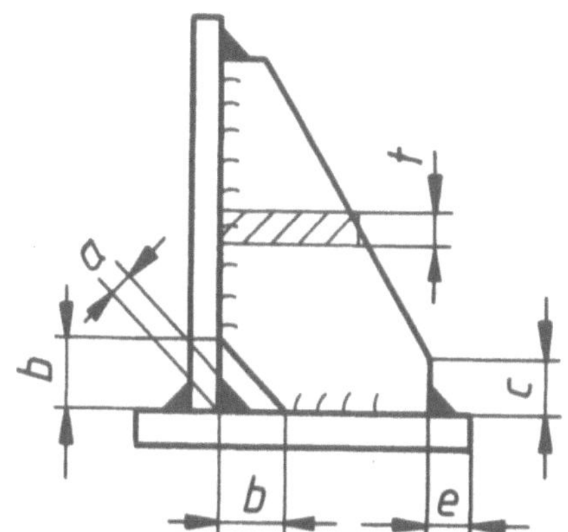

# Schweißverbindungen

Zugstäbe

Doppelwinkel,
mittig angeschlossen

U-Stahl,
außermittig
angeschlossen

Spannungsverlauf
im U-Stahl

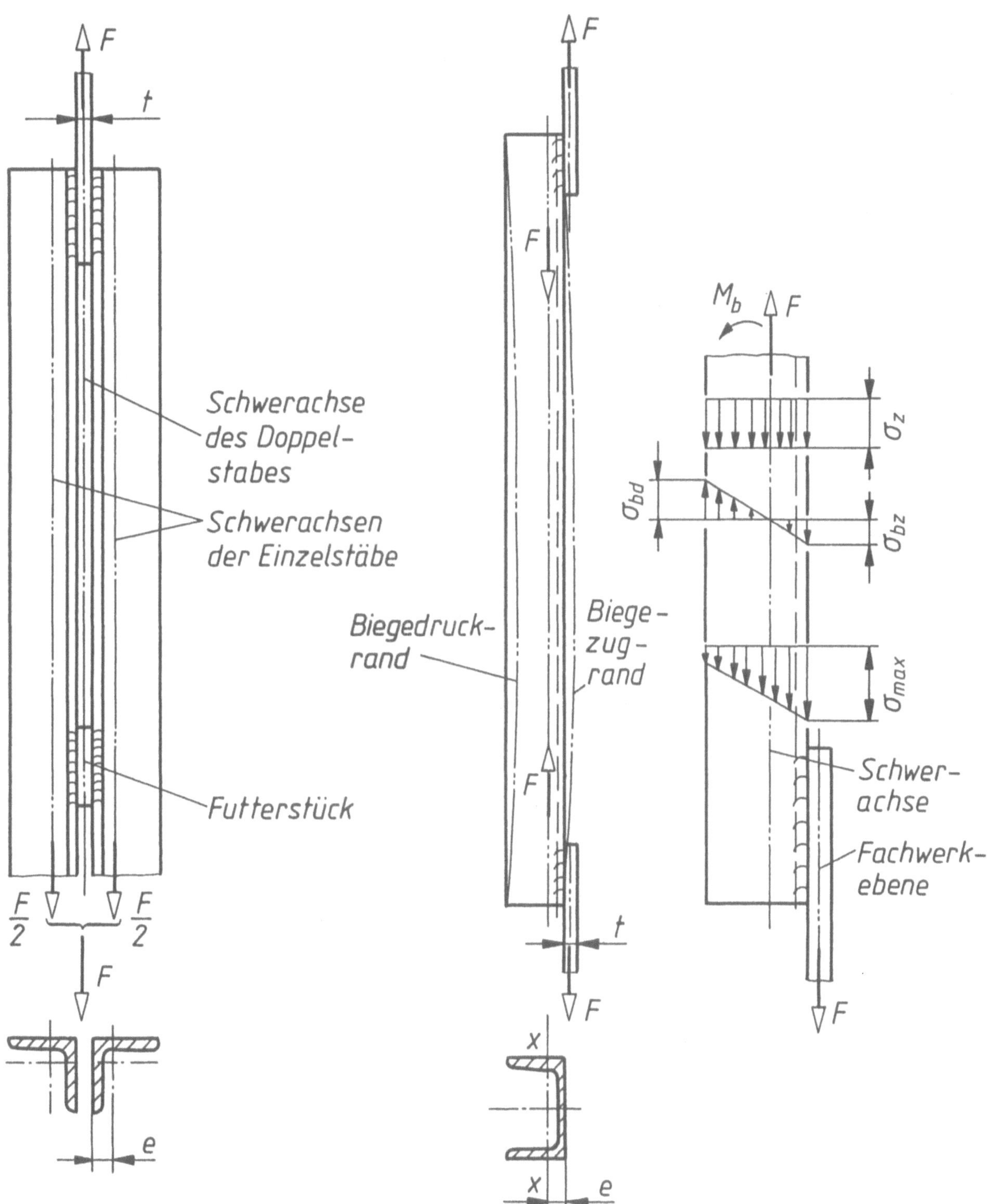

# Schweißverbindungen

Rechnerische Schweißnahtlängen $\Sigma l$ bei unmittelbaren Stabanschlüssen

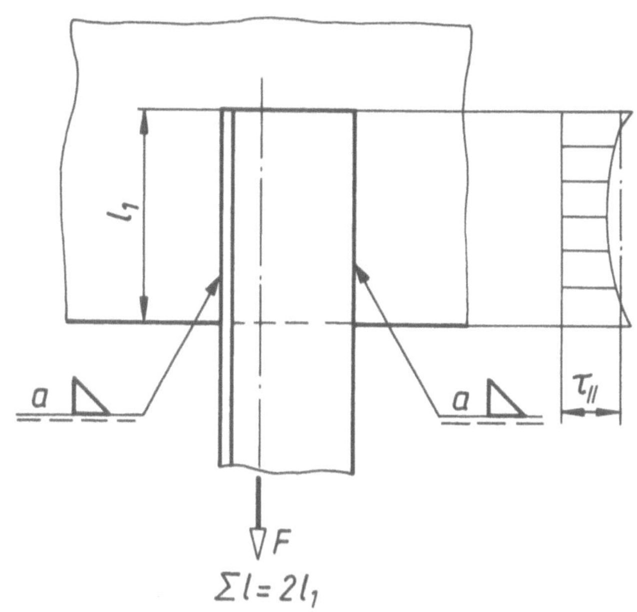


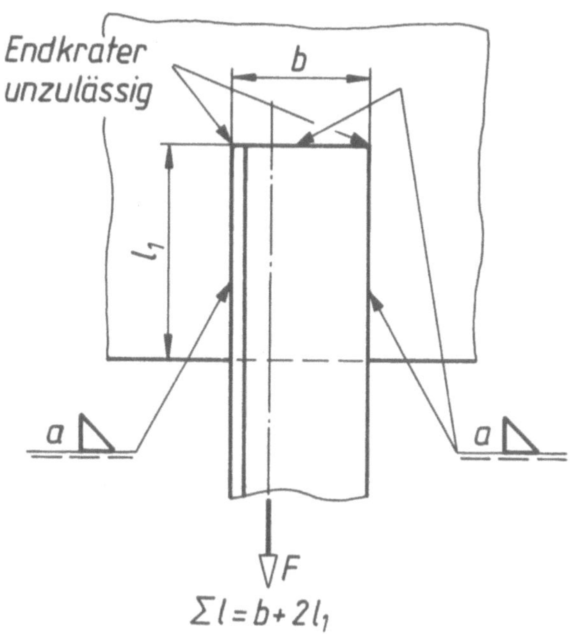


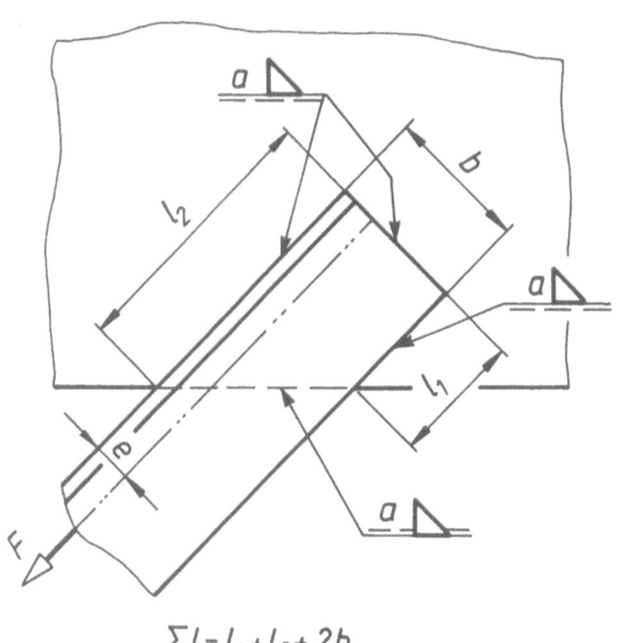


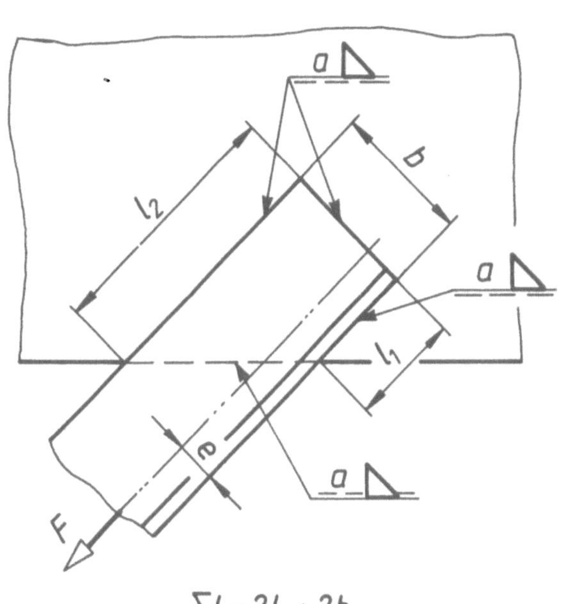

# Schweißverbindungen

Kennzeichnung der Schweißnahtspannungen

in Stumpfnähten           in Kehlnähten

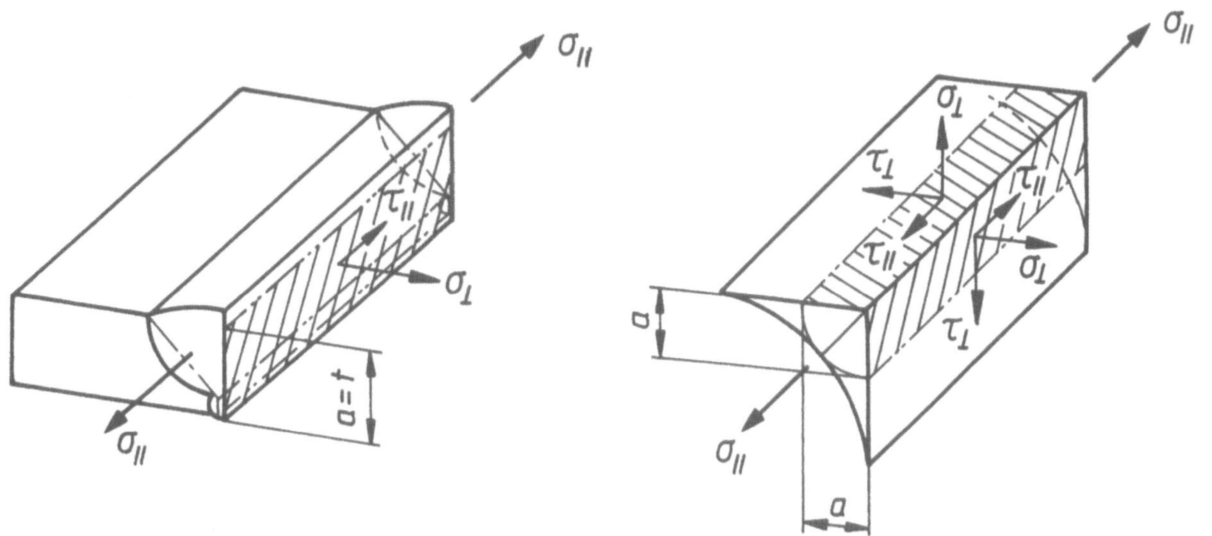



Kehlnahtdicken an Stab- und Formstählen

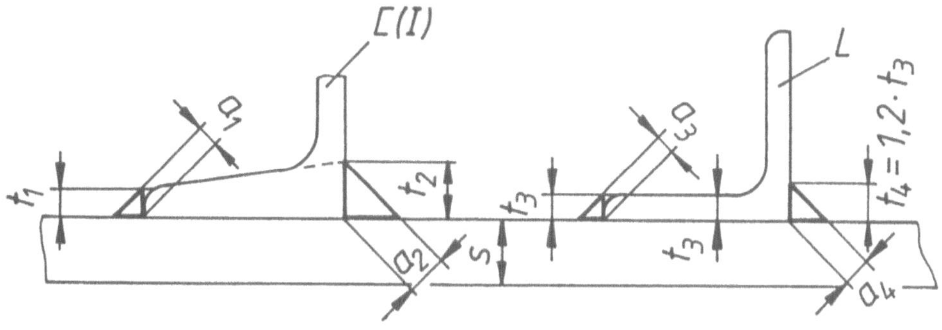



*allgemein:* $a \leq 0{,}7\,t\;(t < s)$      $a_1(a_3) \leq 0{,}5\,t_1(t_3)$

# Schweißverbindungen

Druckbehälter

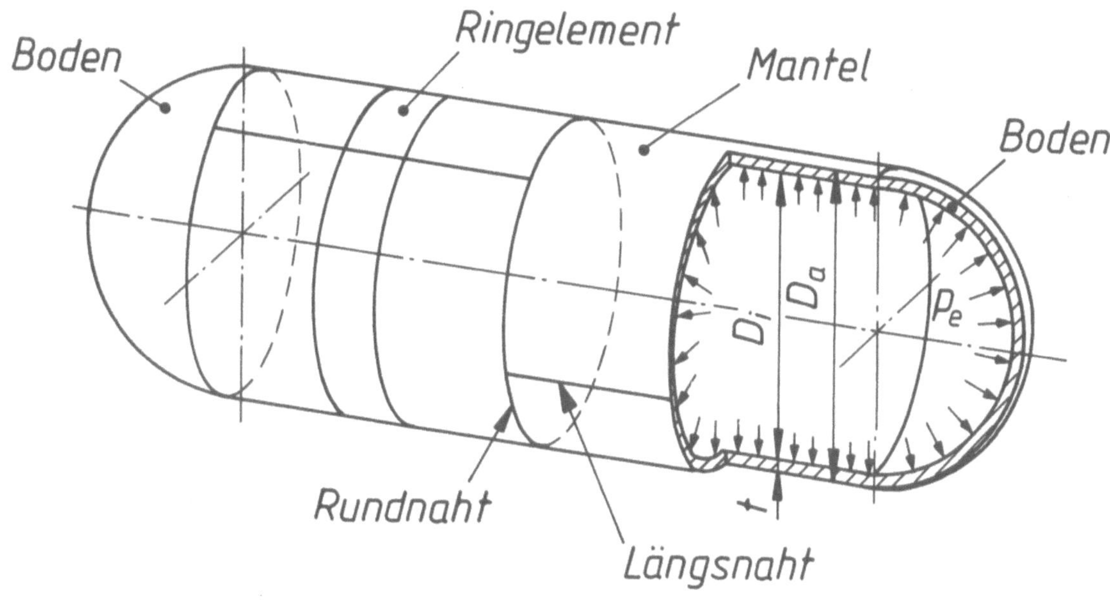


Tangential-, Längs- und Radialspannungen am Ringelement

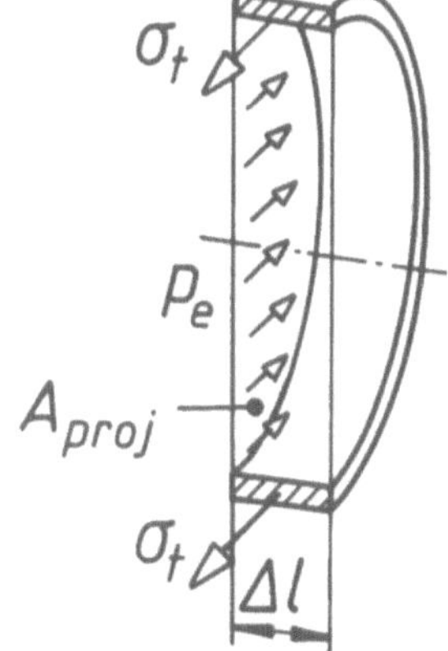


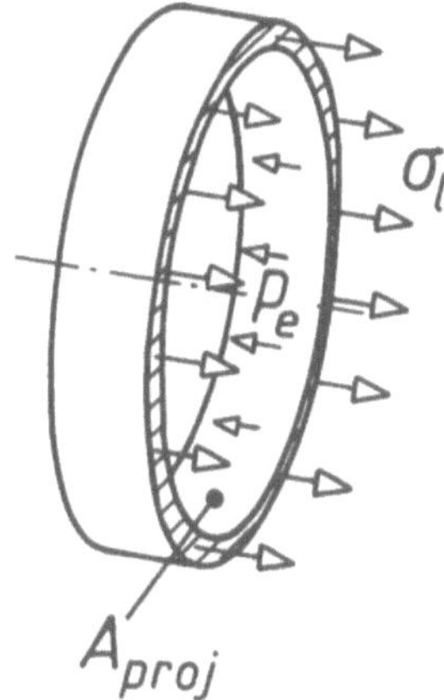


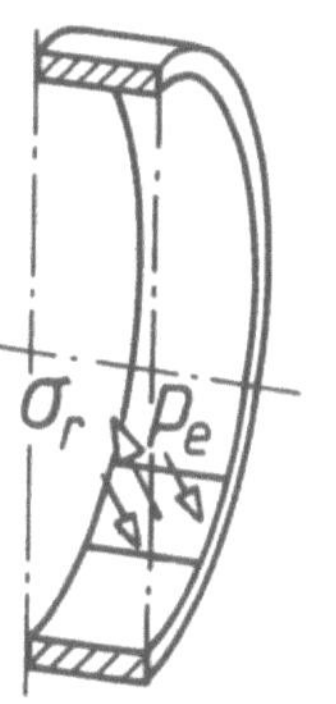

# Schweißverbindungen



## Gewölbte Böden

Böden
mit gleichem
Durchmesser

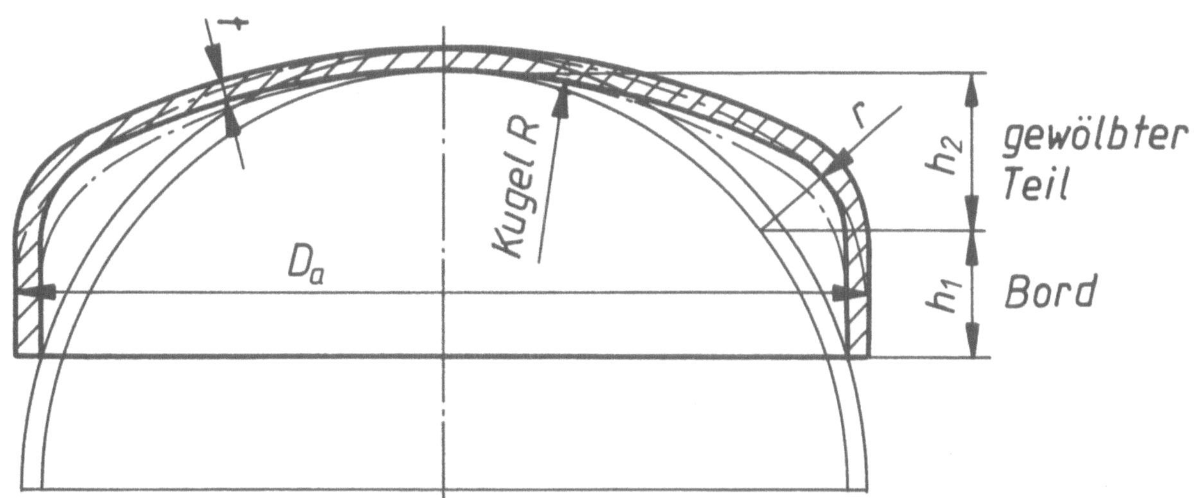


## Boden mit Stutzen

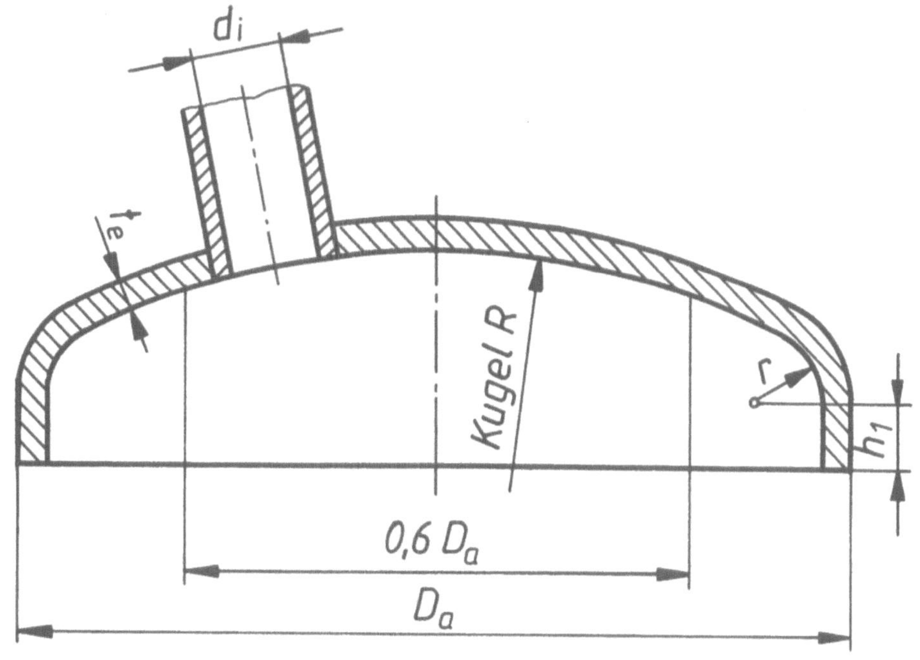

# Schweißverbindungen

## Geschweißter Wellenzapfen
beansprucht durch $F_q$, $F_N$ und $T$

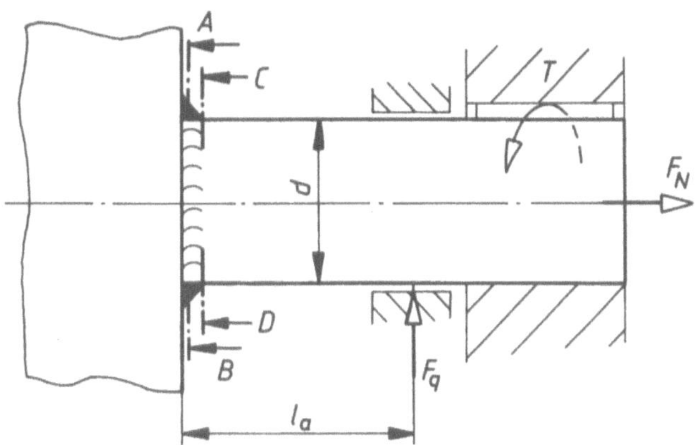

## Spannungen im Anschlußquerschnitt des Bauteils

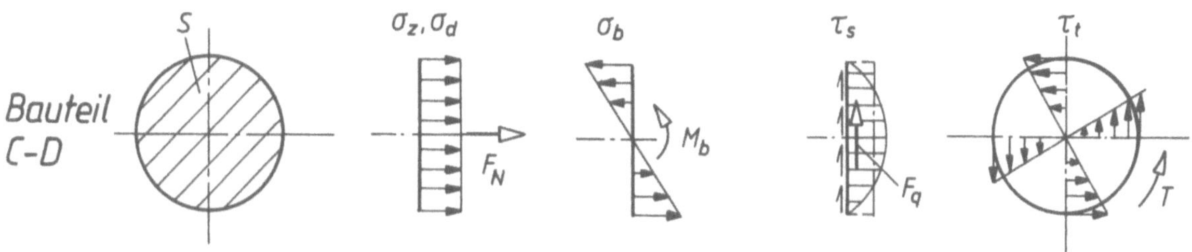


## Maßgebende Spannungen in der Kehlnaht

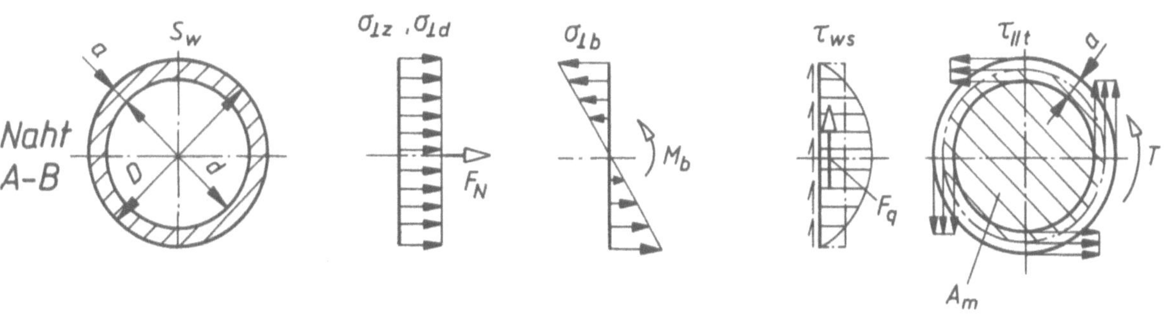





**6-9**

# Schweißverbindungen

Beispiele für die Ausführung von Schweißverbindungen im Maschinenbau (Kerbfälle nach DS 952)

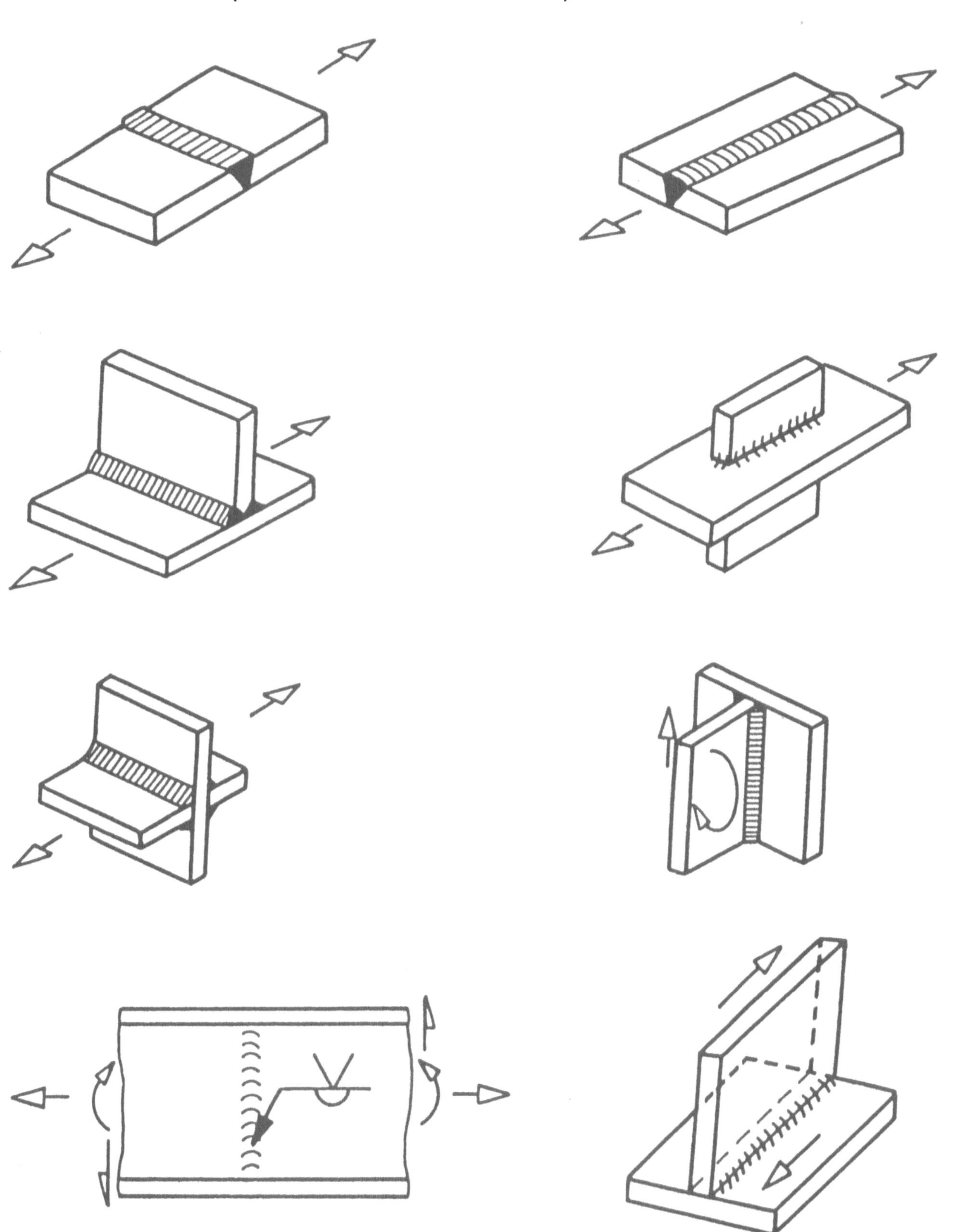

# Schweißverbindungen

Zulässige Spannungen im Maschinenbau nach DS 952

a) für Bauteile aus RSt 37-2 und RSt 37-3

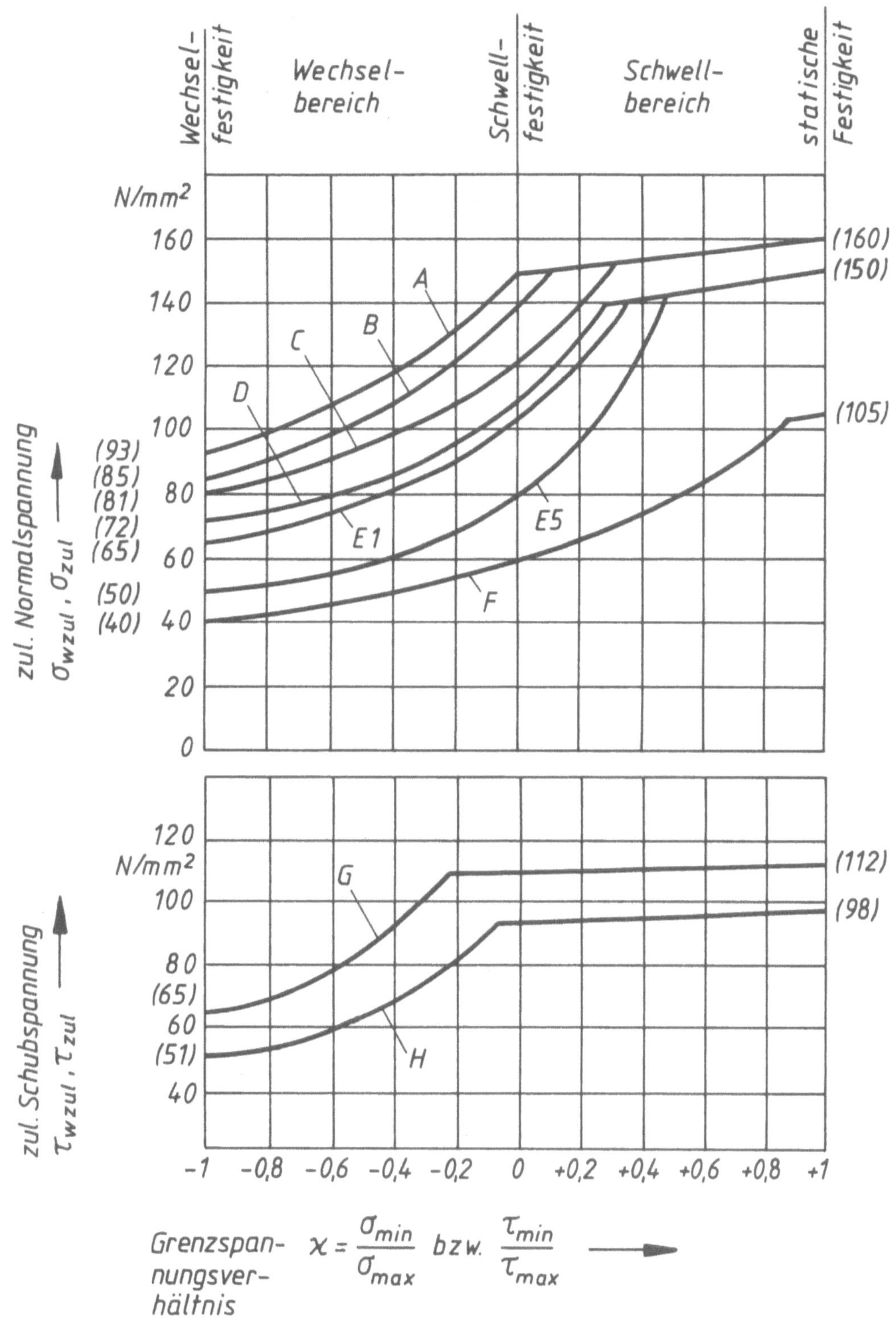


$$\text{Grenzspannungsverhältnis} \quad \varkappa = \frac{\sigma_{min}}{\sigma_{max}} \quad bzw. \quad \frac{\tau_{min}}{\tau_{max}} \longrightarrow$$

# Schweißverbindungen

Zulässige Spannungen im Maschinenbau nach DS 952

b) für Bauteile aus St 52-3

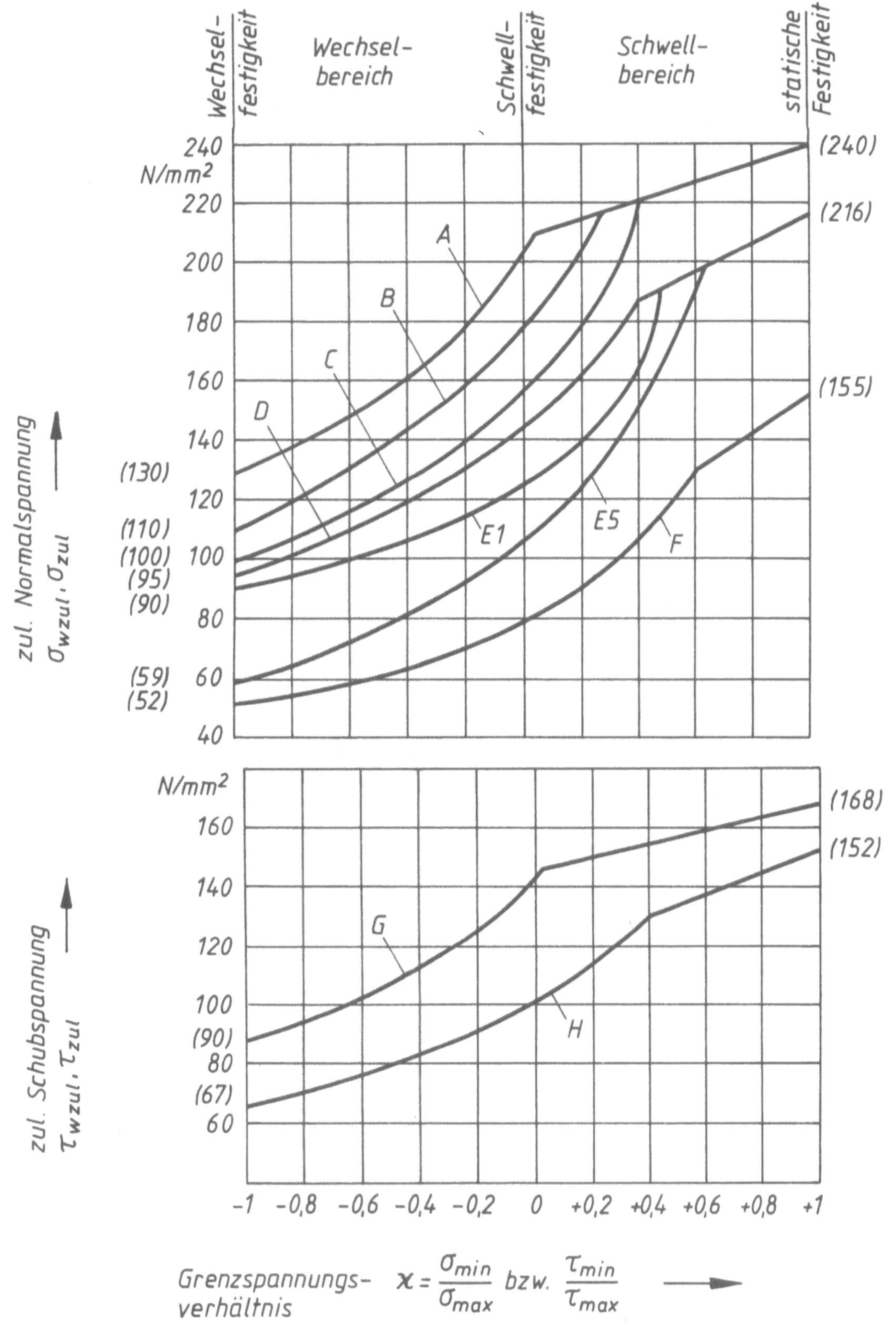

# Nietverbindungen



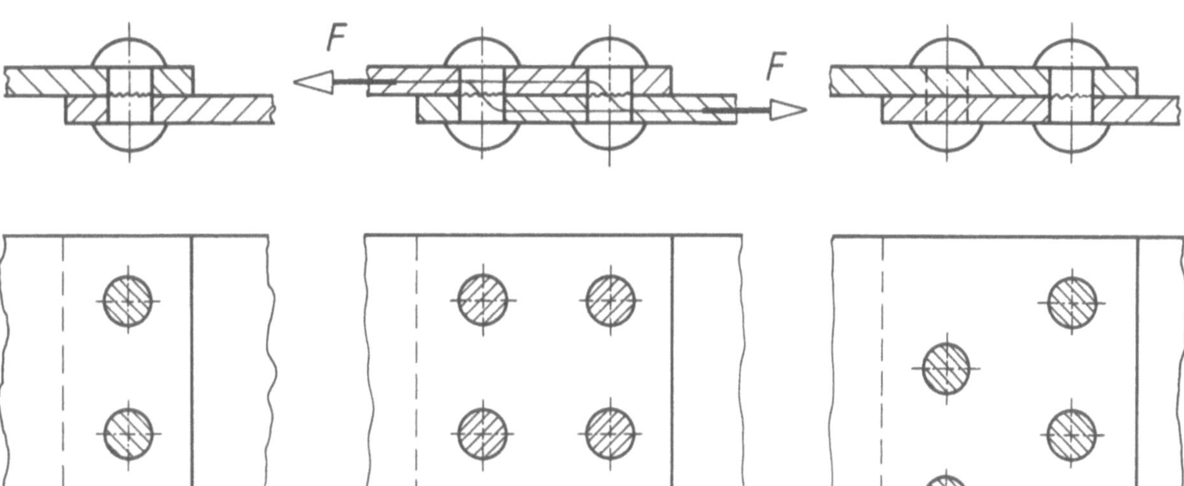

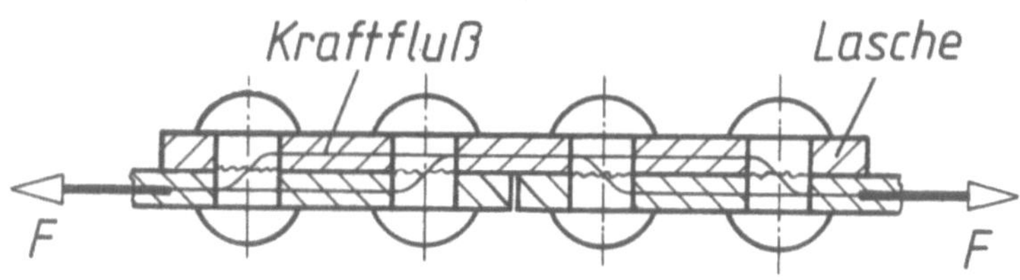

# Nietverbindungen

Beanspruchung einer einschnittigen Nietverbindung

### Spannungsverlauf

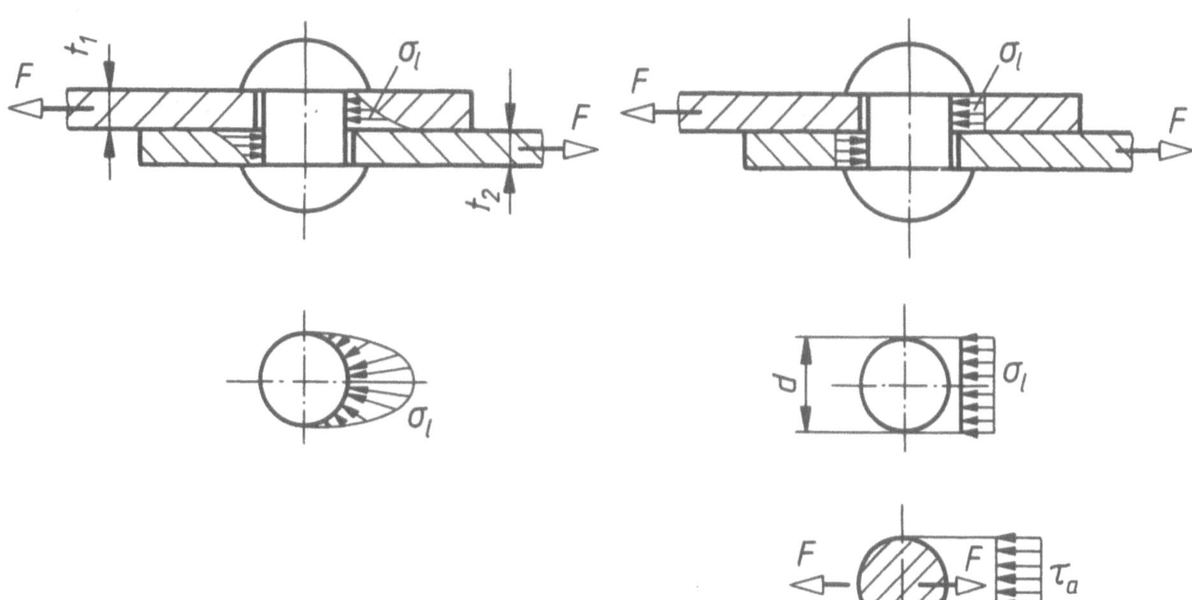



Verformung (schematisch)

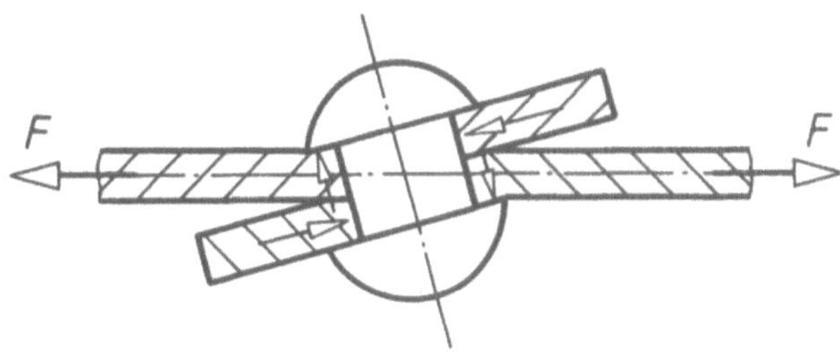

# Schraubenverbindungen

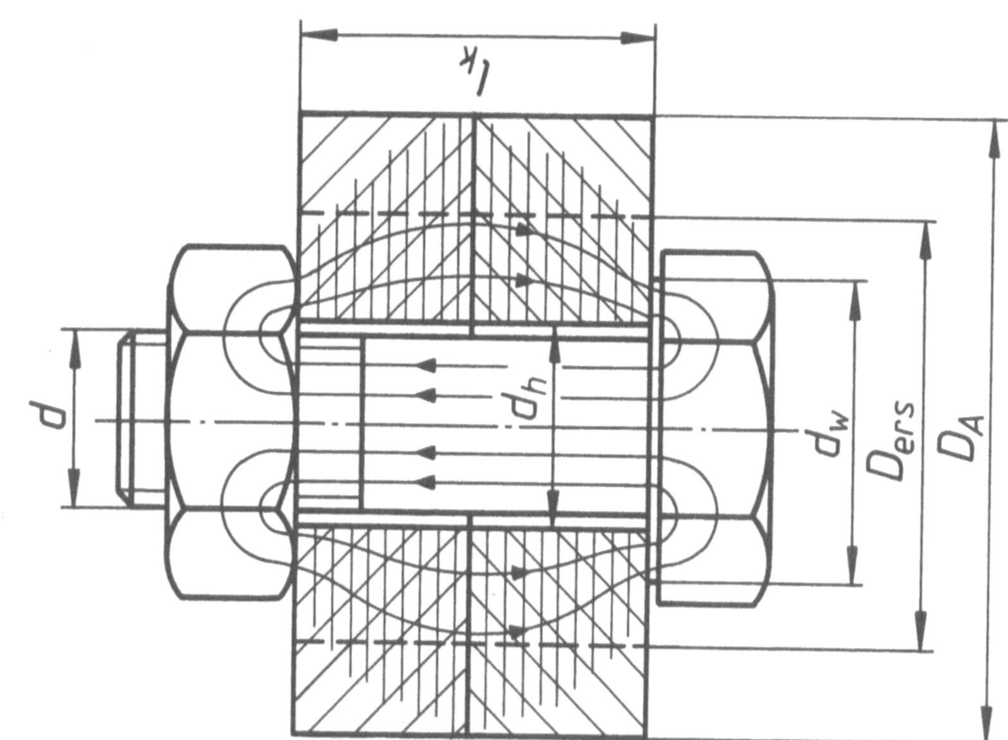



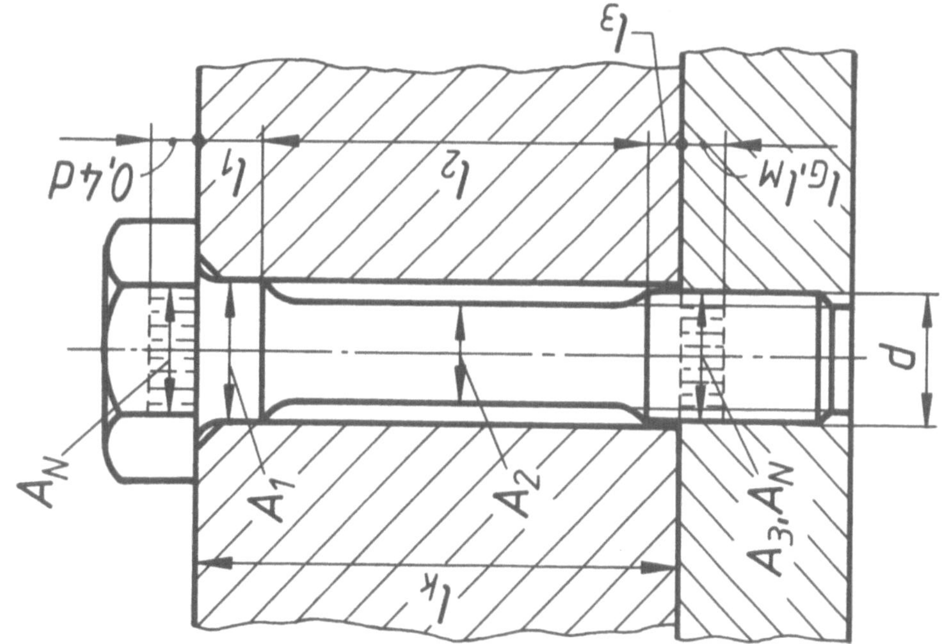

# Schraubenverbindungen

## Vorgespannte Schraubenverbindung

Montagezustand          Betriebszustand

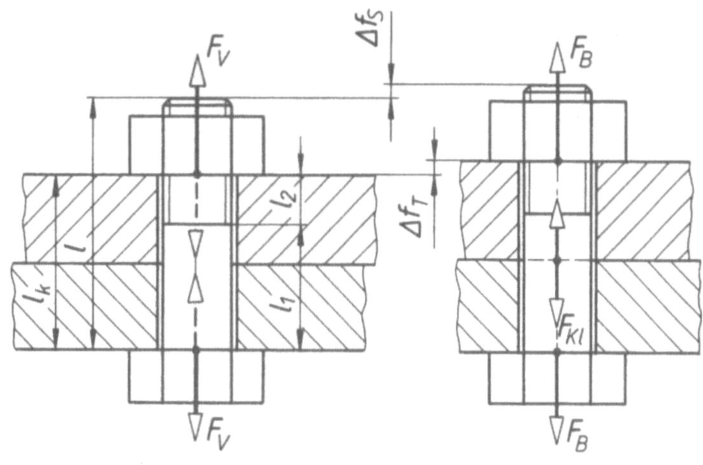

Verspannungsschaubild

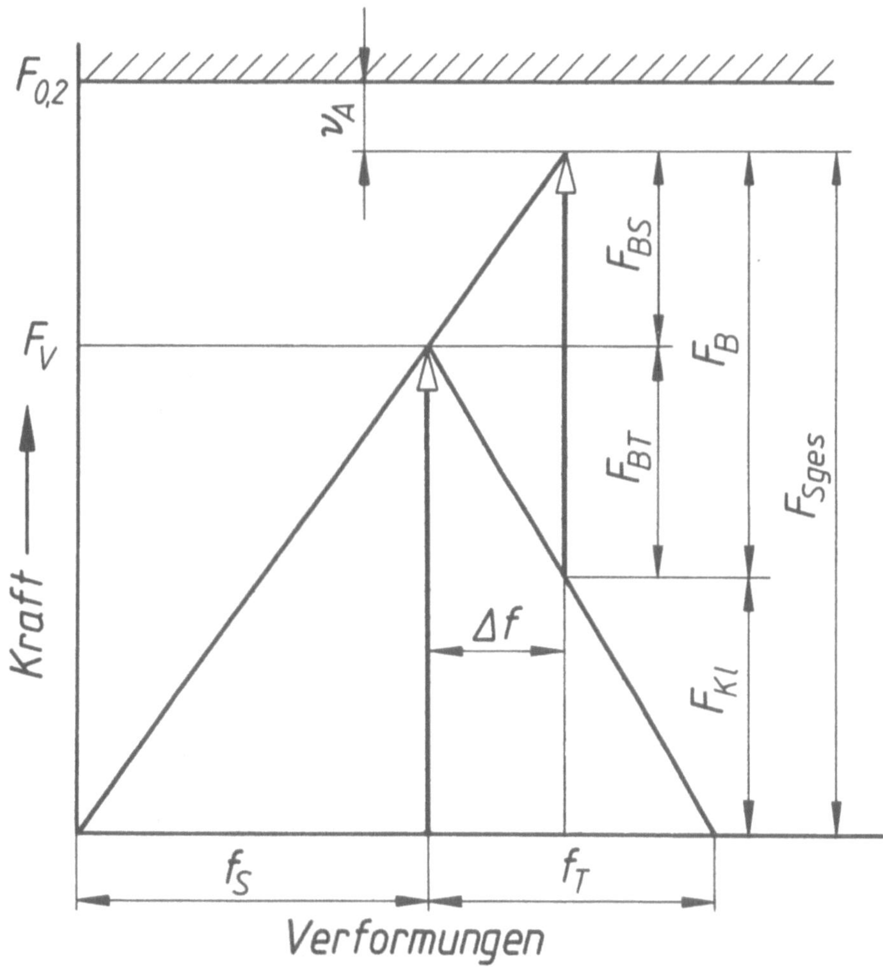

# Schraubenverbindungen

Krafteinleitung in die Schraubenverbindung

Durch die äußeren Ebenen (Kopf- und Mutterauflage) der verspannten Teile (vereinfachter Fall)

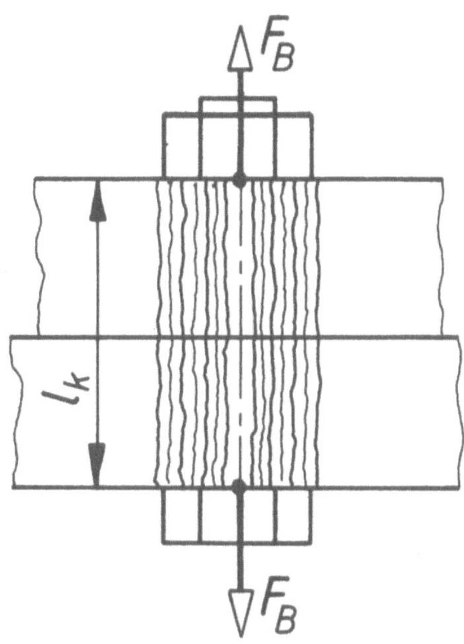

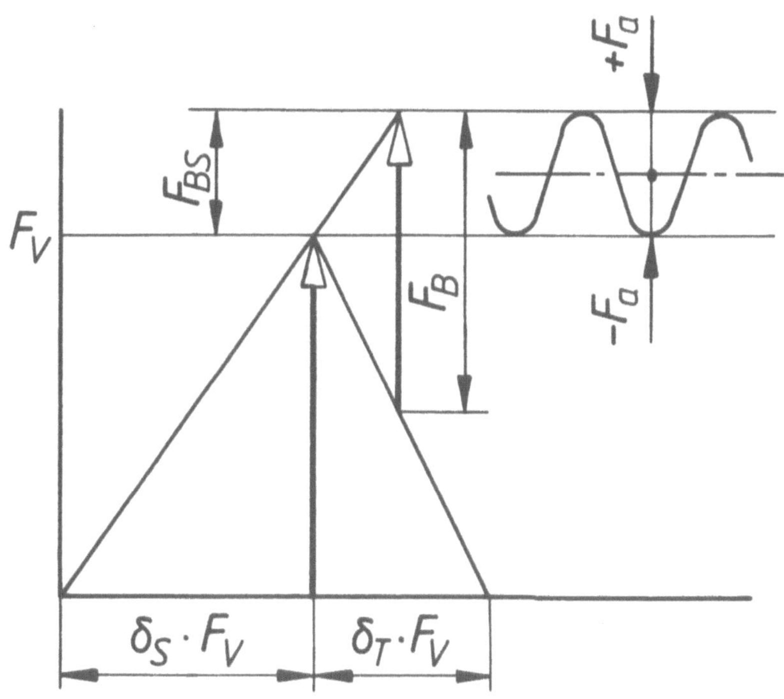

# Schraubenverbindungen

Krafteinleitung in die Schraubenverbindung

Innerhalb der verspannten Teile (Normalfall)

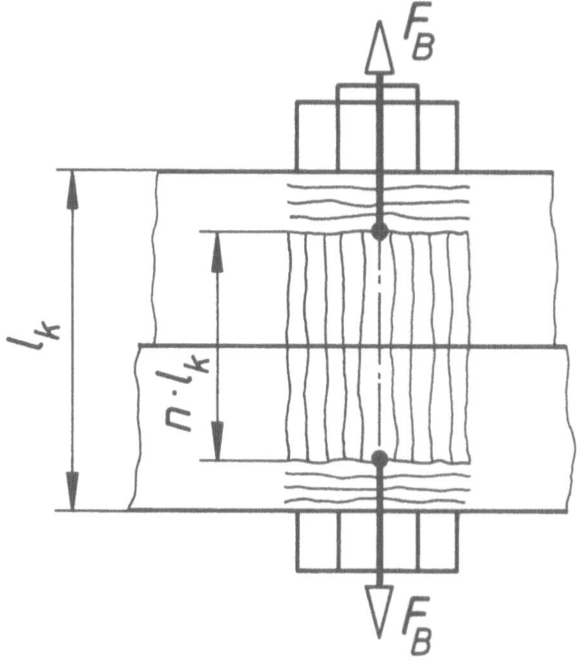



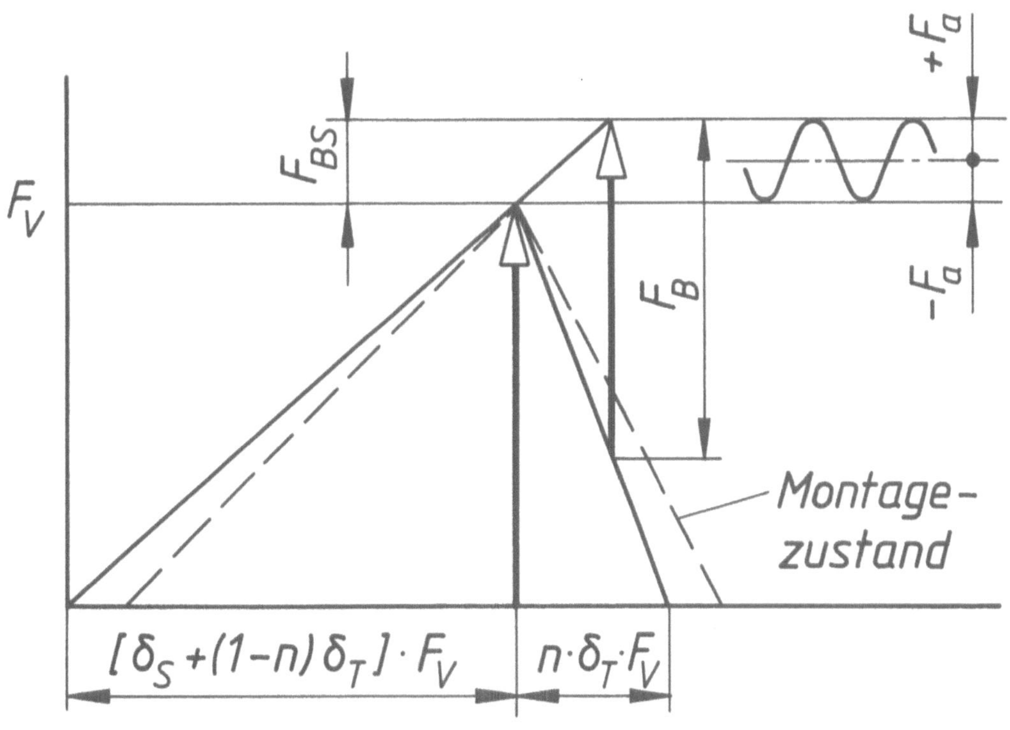

# Schraubenverbindungen

Verspannungsschaubild mit Hauptdimensionierungsgrößen

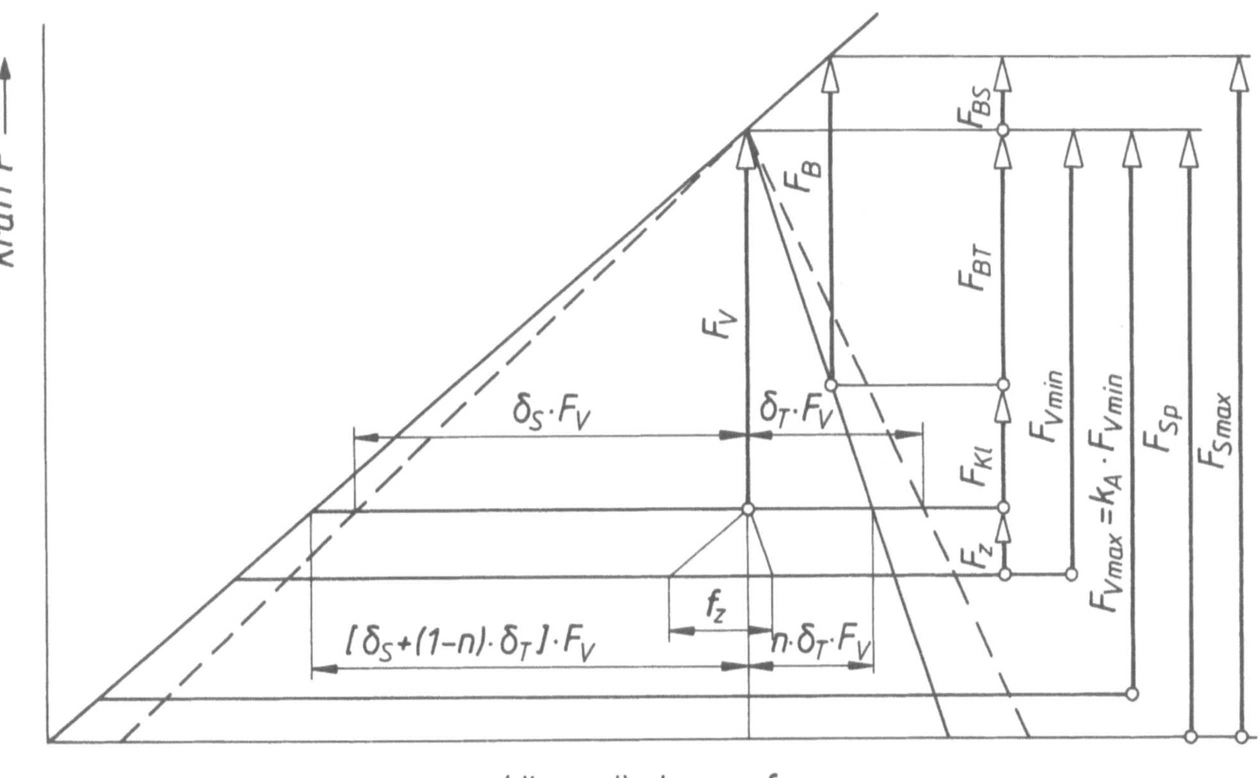

# Schraubenverbindungen

## Lastverteilung bei Schraube-Mutter-Verbindungen

### Druckmutter (ungünstig)

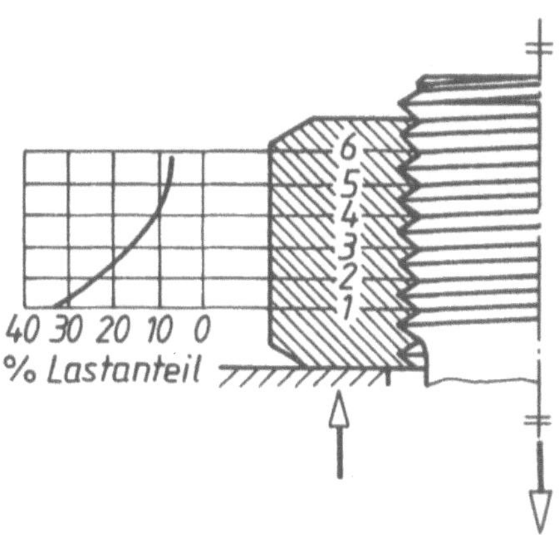


### Zugmutter

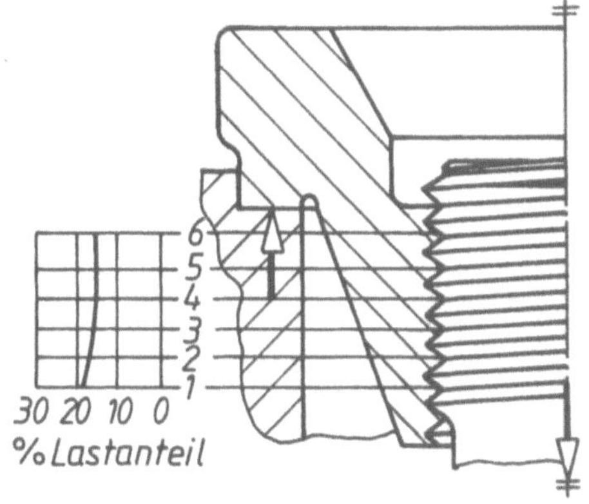


### Stulpmutter

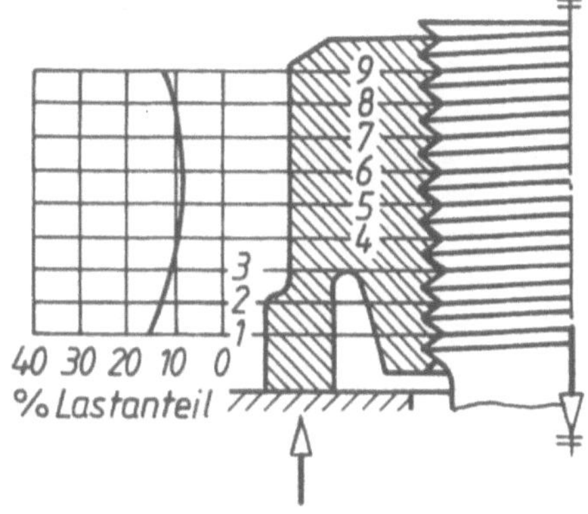


### Mutter mit Soltgewinde

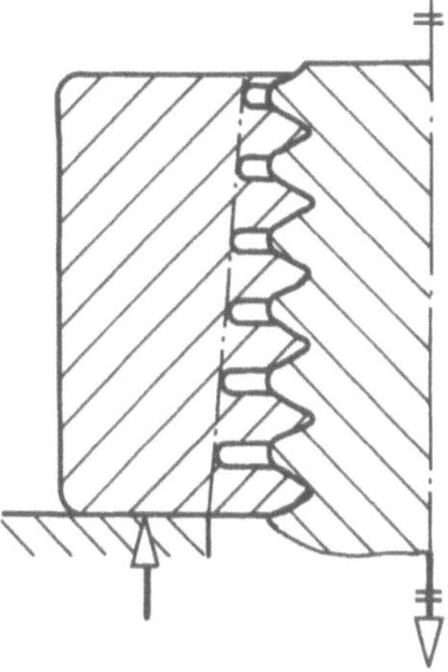

### Mutter mit konisch ausgesenktem Gewinde

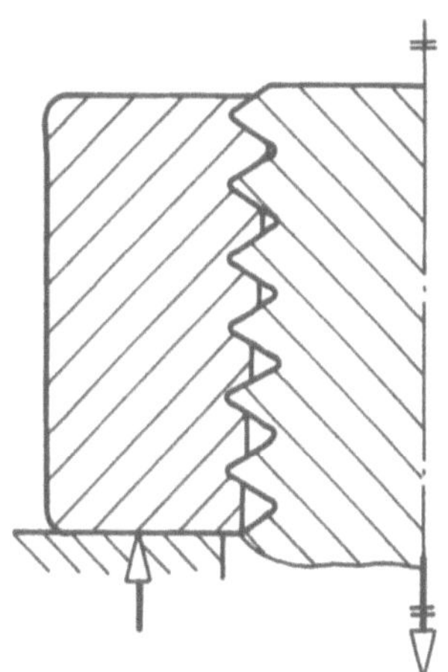

# Schraubenverbindungen

Gestaltung der Kopf- und Mutterauflagefläche

| ungünstig | günstig |
| --- | --- |

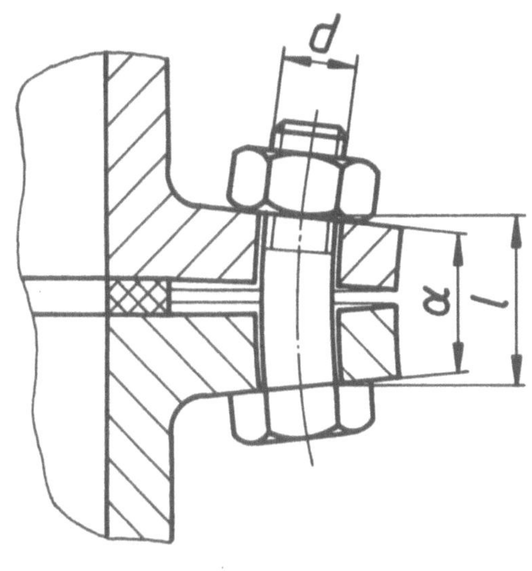 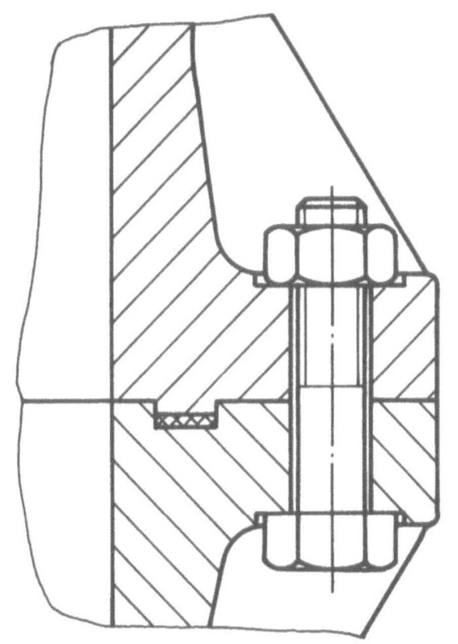

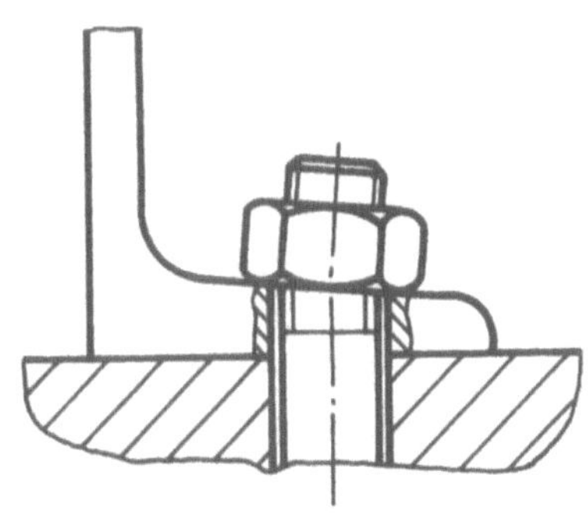 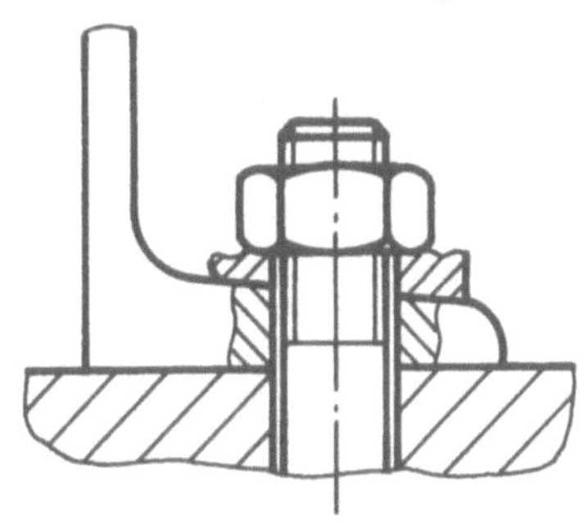

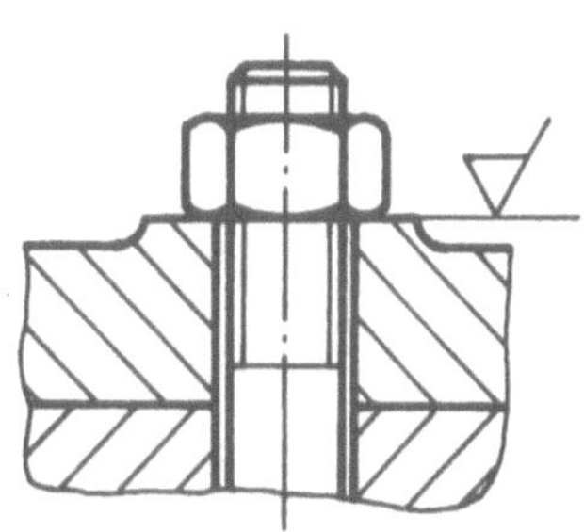

# Schraubenverbindungen

Gestaltungsrichtlinien für Balken- und Flanschverbindungen

| ungünstig | günstig |
|---|---|

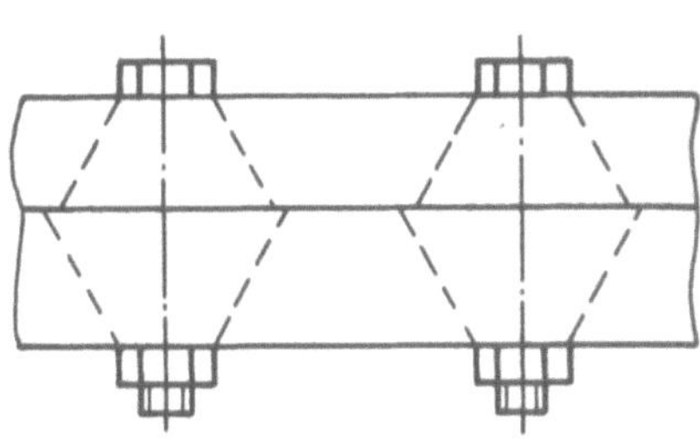

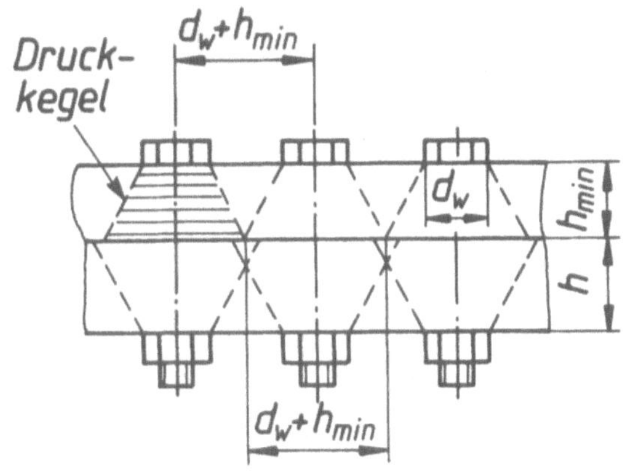



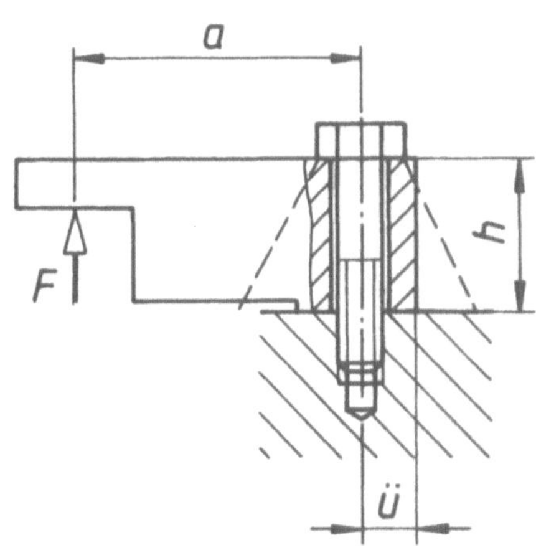



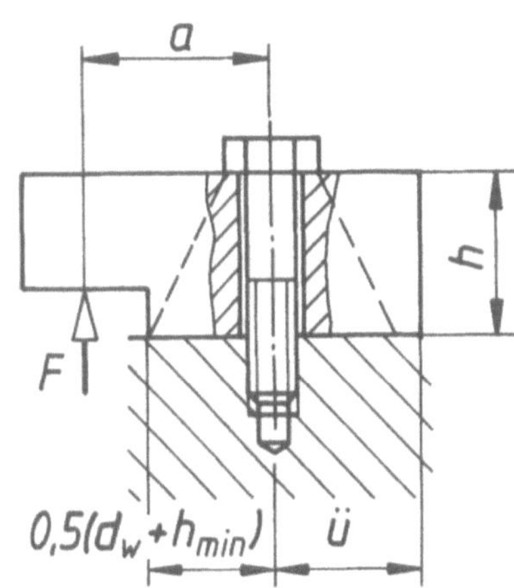



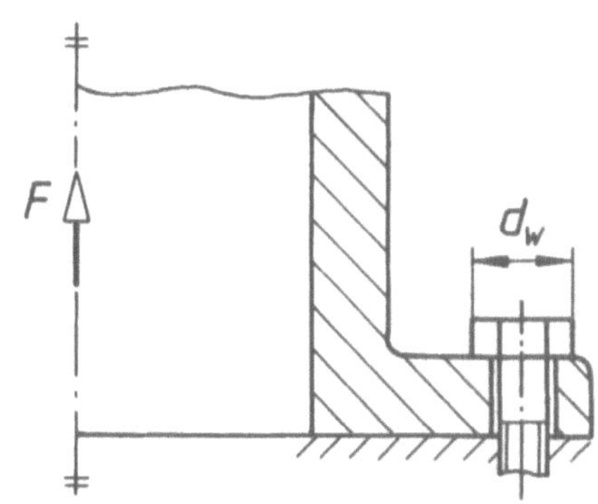



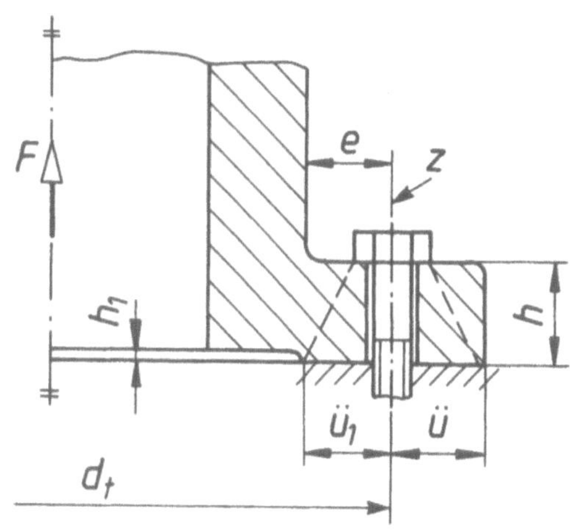

# Bolzenverbindungen

## Kraftwirkungen am Bolzen

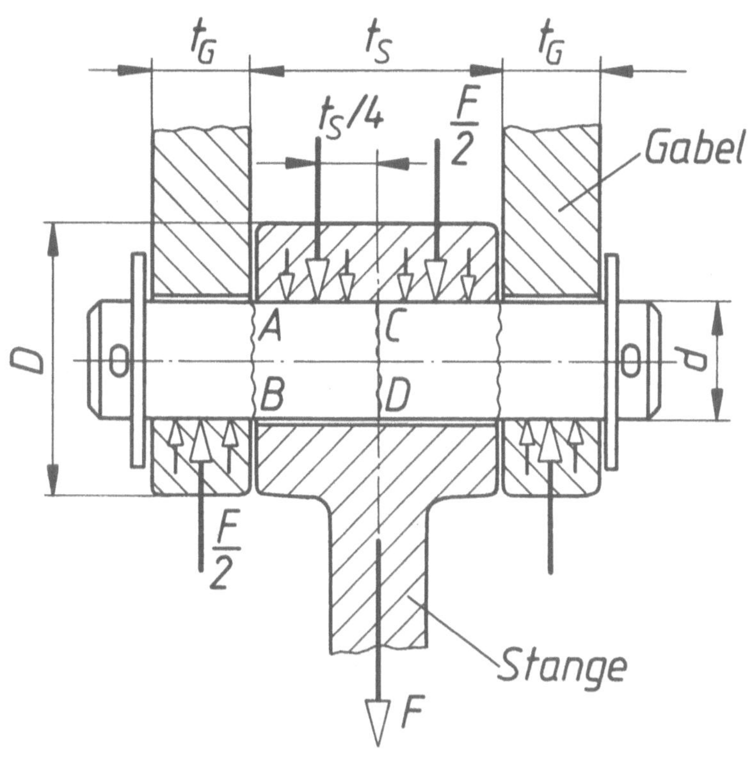



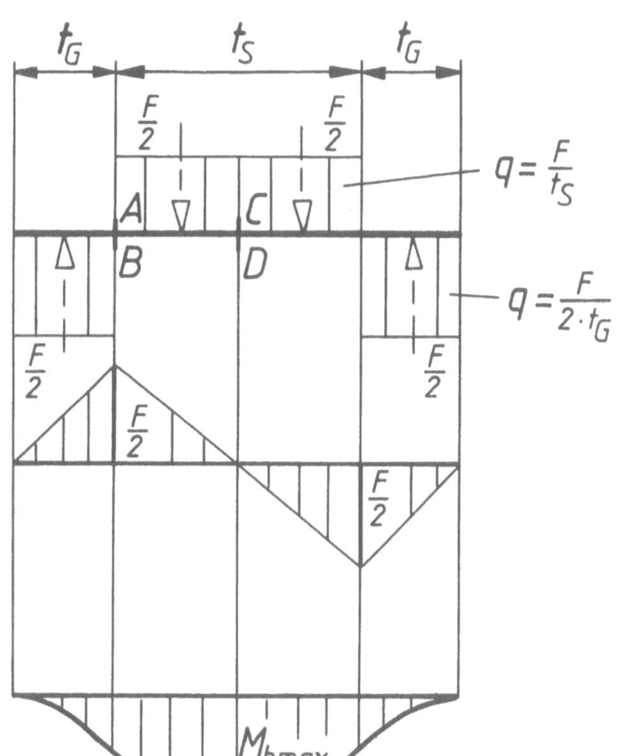



Einbaufall 1

Bolzen als frei aufliegender Träger

Querkraftfläche

Momentenfläche

# Bolzenverbindungen

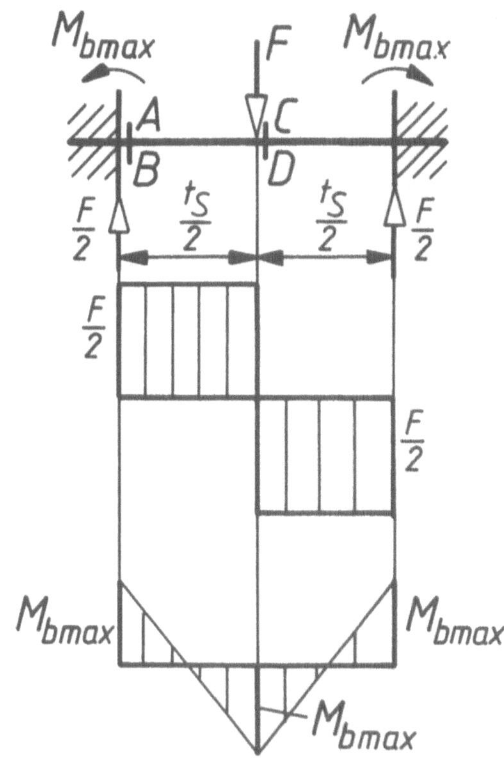



Einbaufall 2

Bolzen als beidseitig ein-
gespannter Träger

Querkraftfläche

Momentenfläche

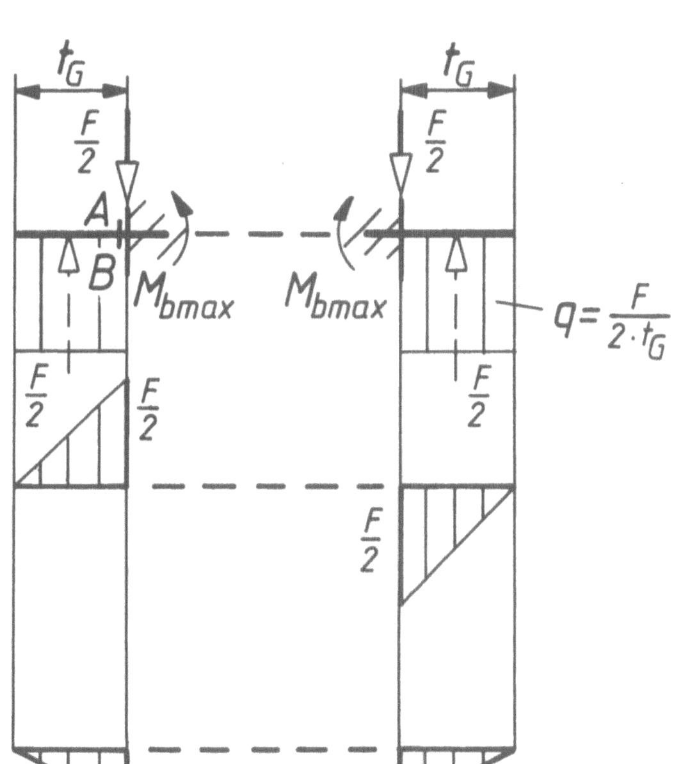



Einbaufall 3

Bolzen als mittig ein-
gespannter Träger

Querkraftfläche

Momentenfläche

# Bolzenverbindungen

## Kräfte an Stiftverbindungen

### Querstiftverbindung

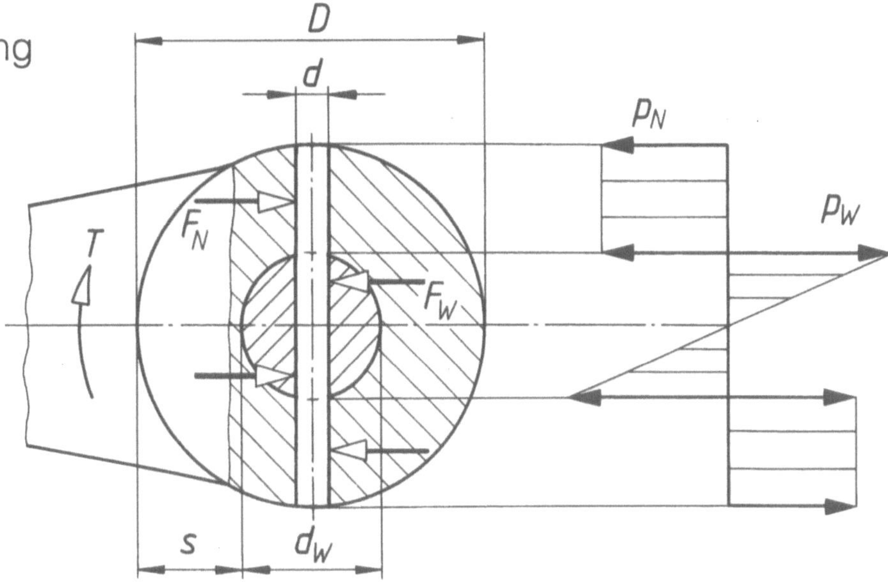

### Steckstiftverbindung

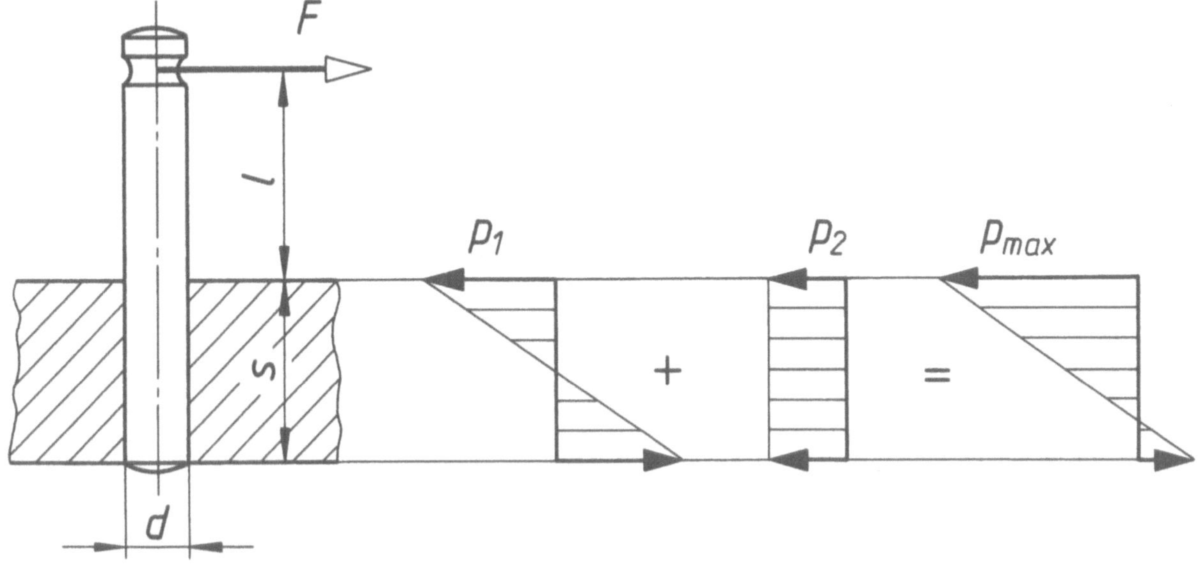

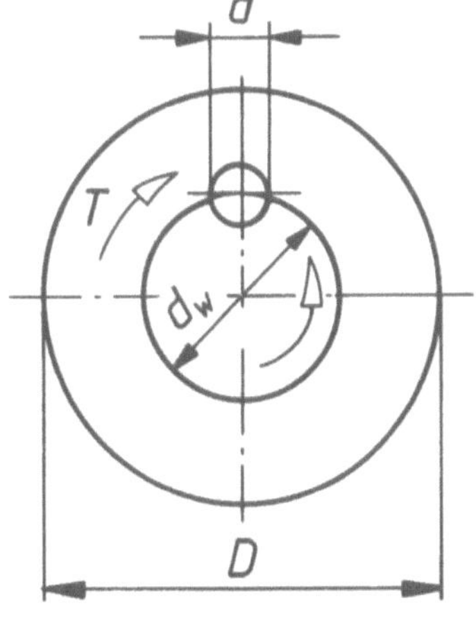

# Elastische Federn

## Kennlinienarten

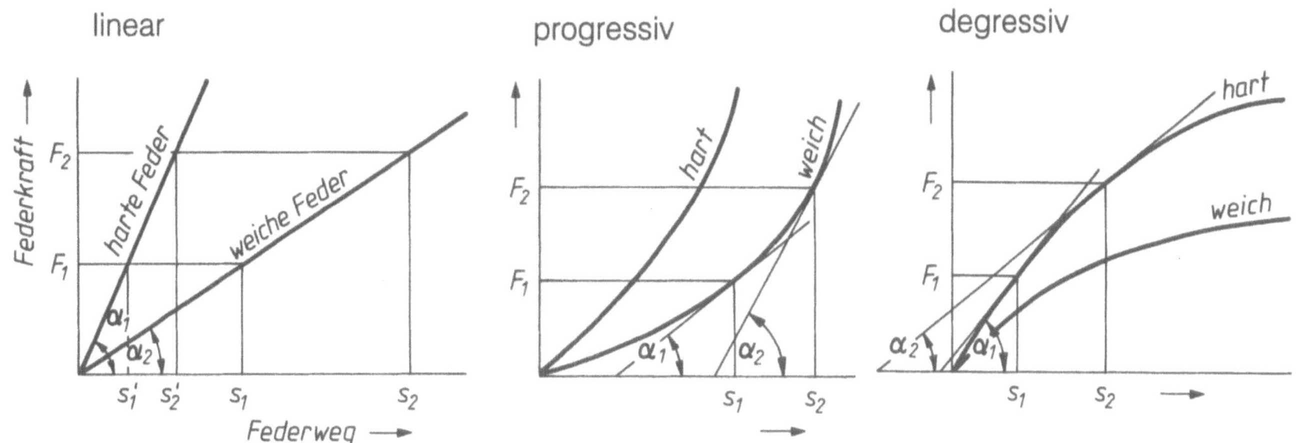



## Federarbeit mit Reibungs-Hysterese

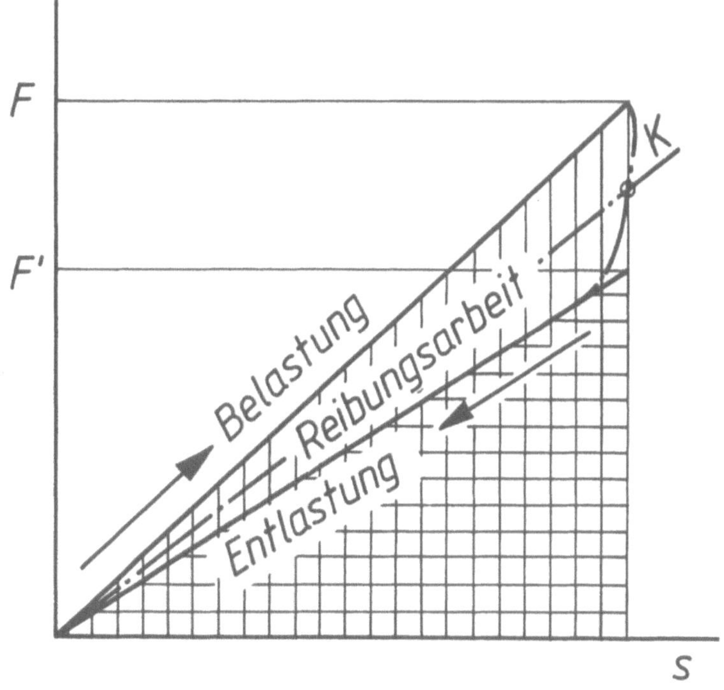

# Elastische Federn

## Geschichtete Blattfedern mit gleichlangen Federarmen

gedankliche Entstehung aus der Trapezfeder

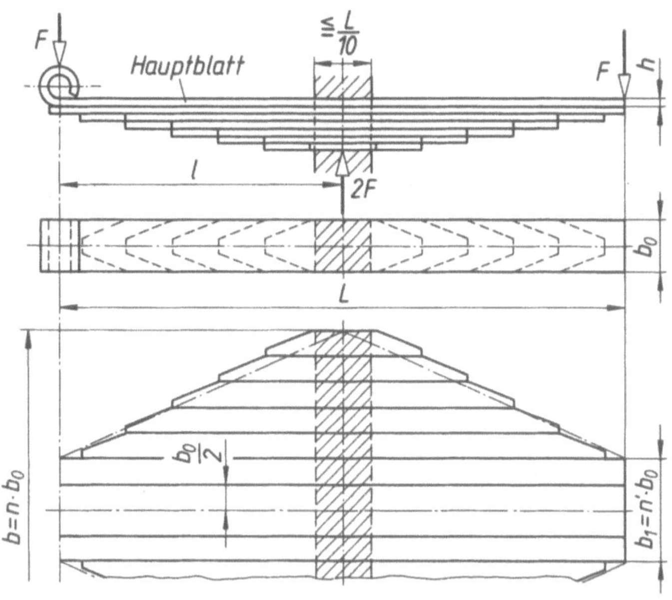

Ausführungsformen von Federklammern

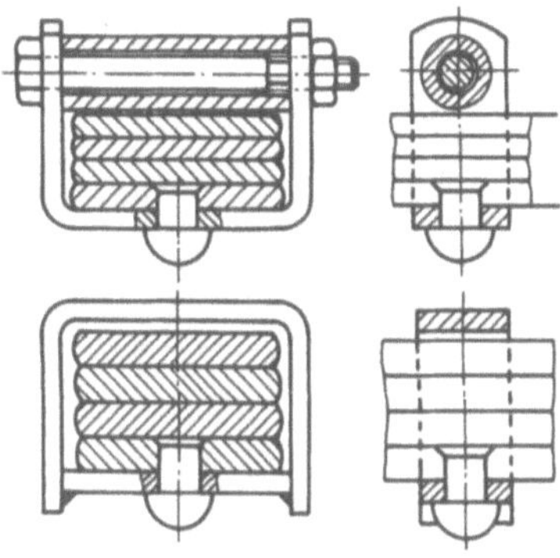

zweistufige Parabelfeder

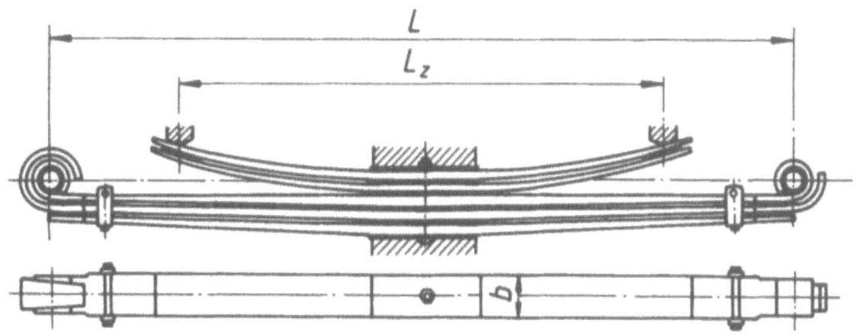

# Elastische Federn

## Drehfedern

### mit kurzen tangentialen Schenkeln

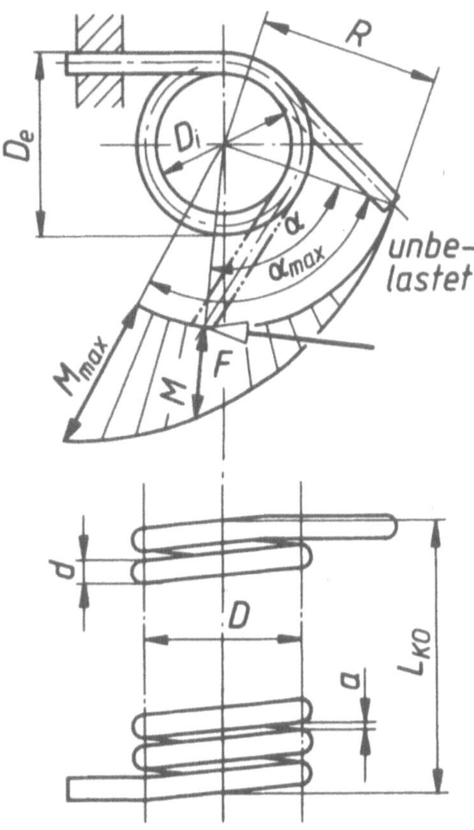

## Anwendungsbeispiel

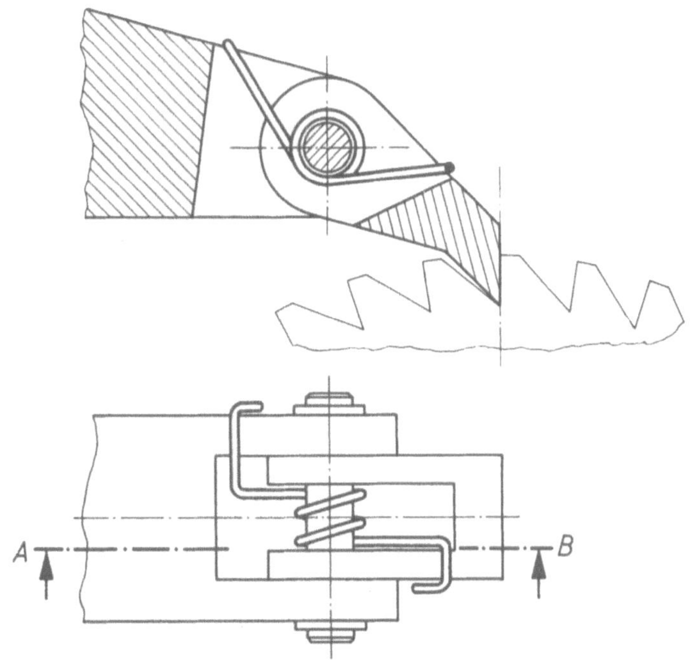

# Elastische Federn

Kennlinienverlauf bei Tellerfederkombinationen

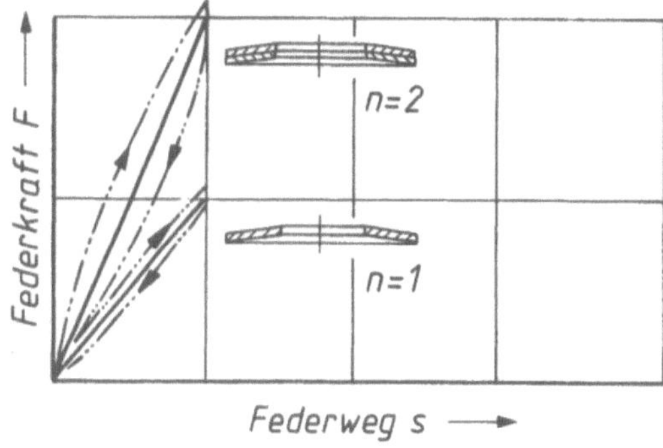


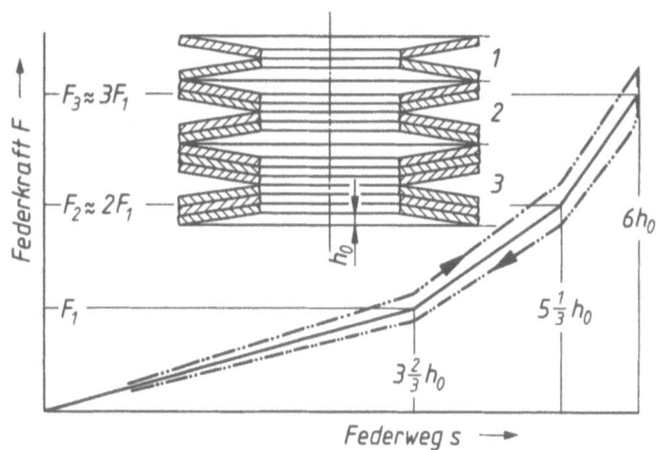


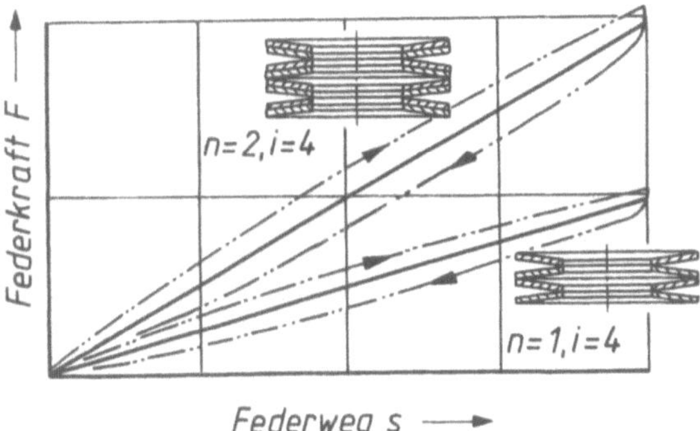


tatsächlicher Verlauf der Kennlinie

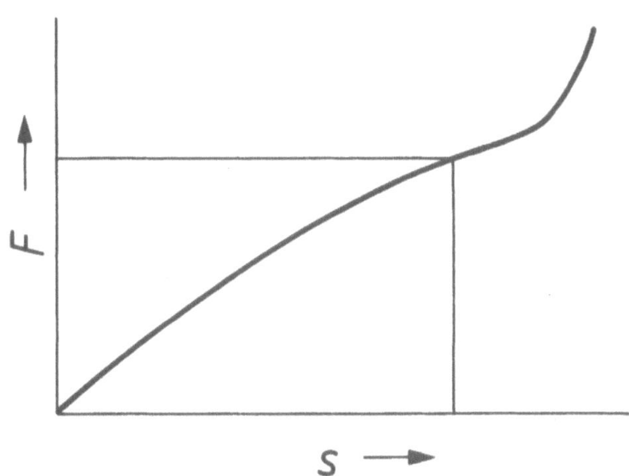





**10-4**

# Elastische Federn

Feder- und Spannungskennlinie von Tellerfedern

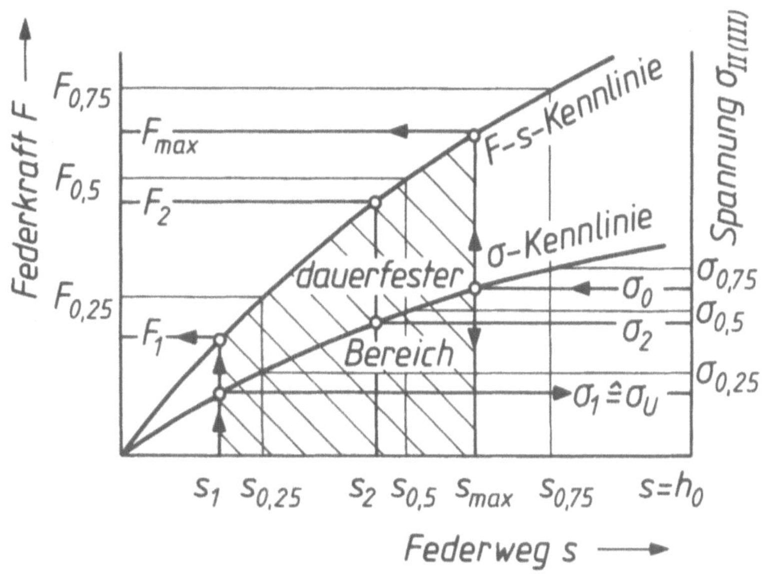


Dauerfestigkeitsschaubild für Tellerfedern für $N = 5 \cdot 10^5$ Lastspiele

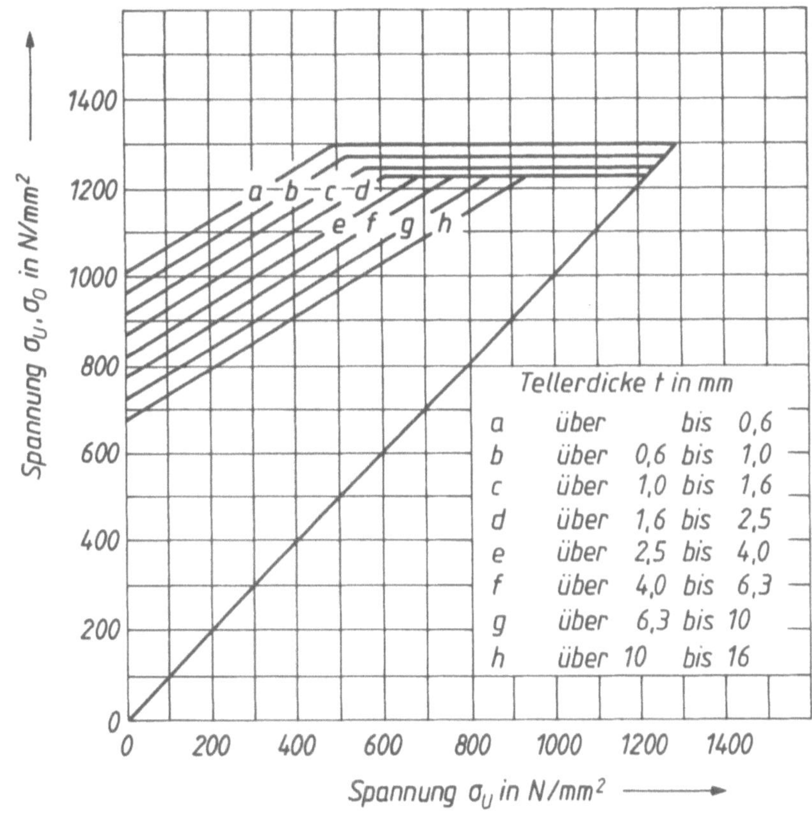

# Elastische Federn

## Schraubendruckfeder mit Belastungsdiagramm

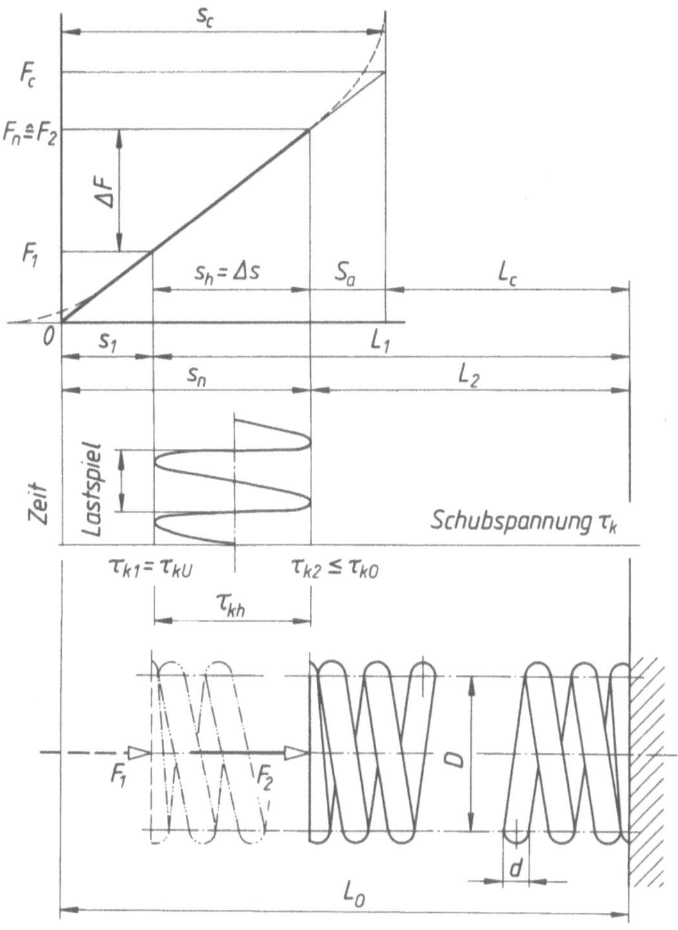


## Schraubenzugfeder mit Belastungsdiagramm

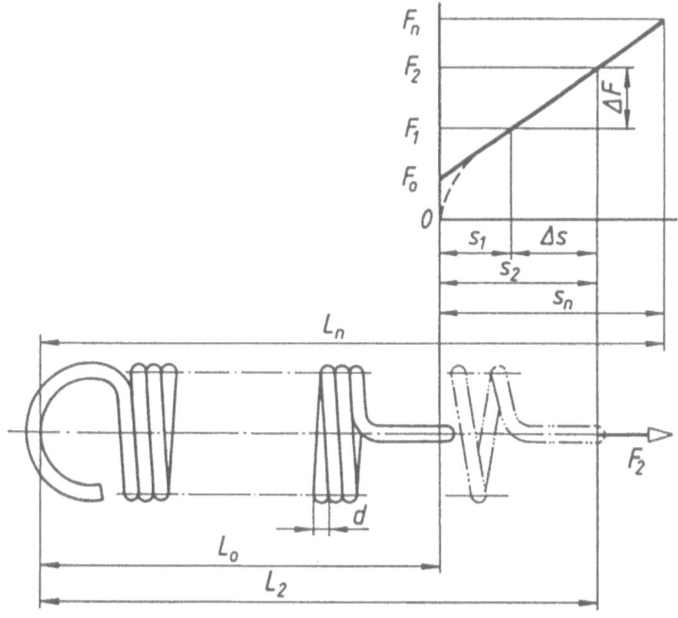

# Elastische Federn

## Gummifederelemente

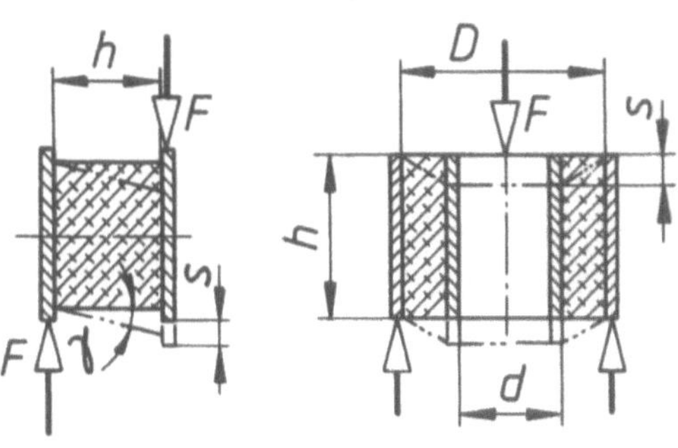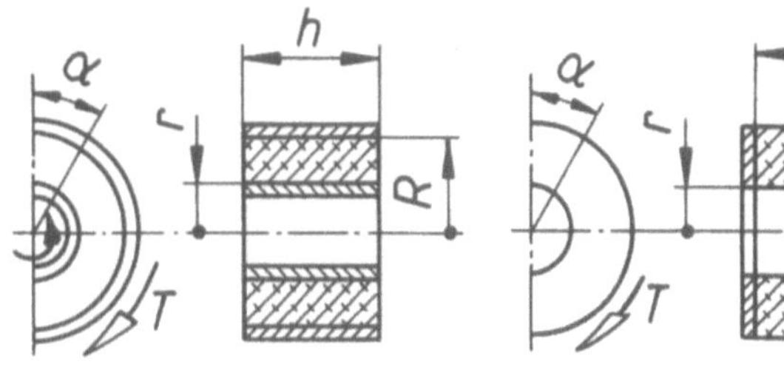

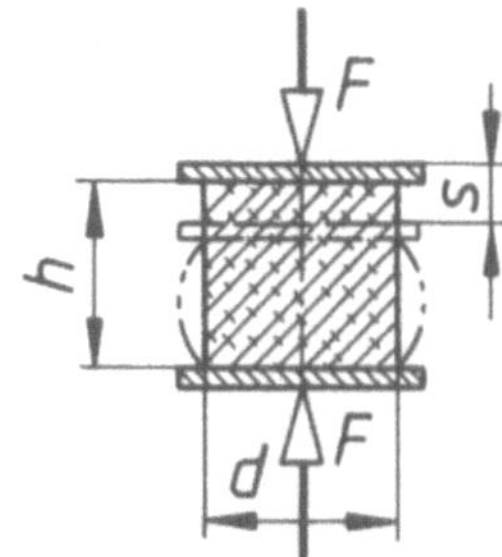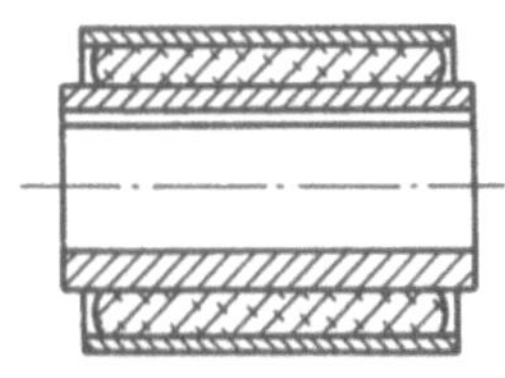

## Elastizitäts- und Gleitmodul von Gummi

## Federkennlinie für Gummi

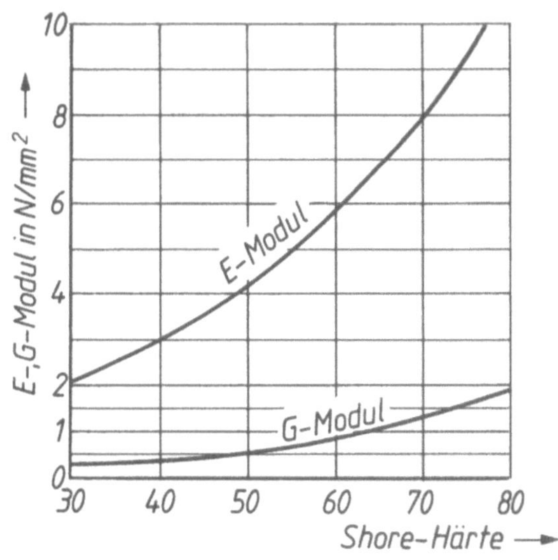


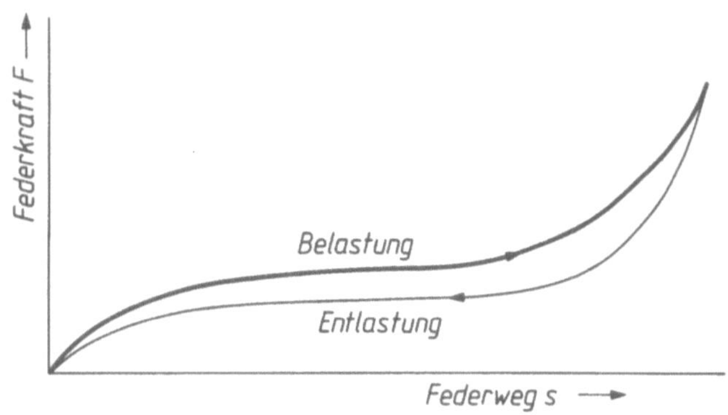

# Elastische Federn

Anwendungsbeispiele für Gummifederelemente

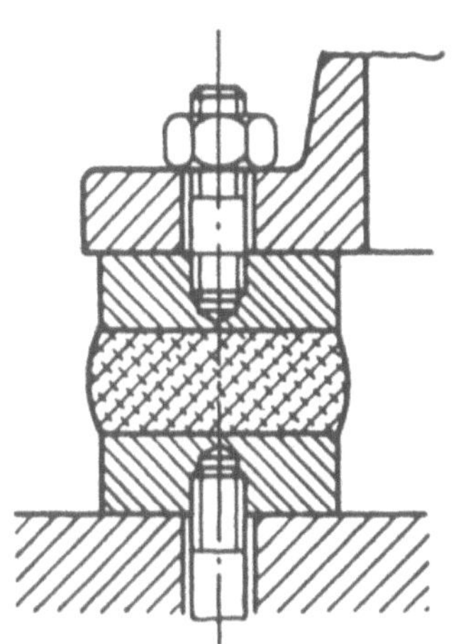

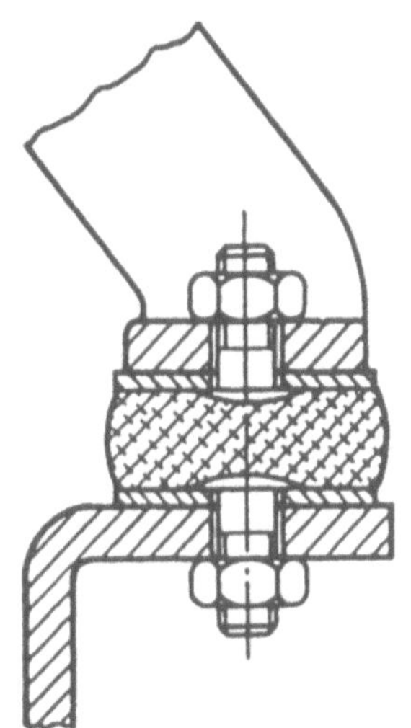

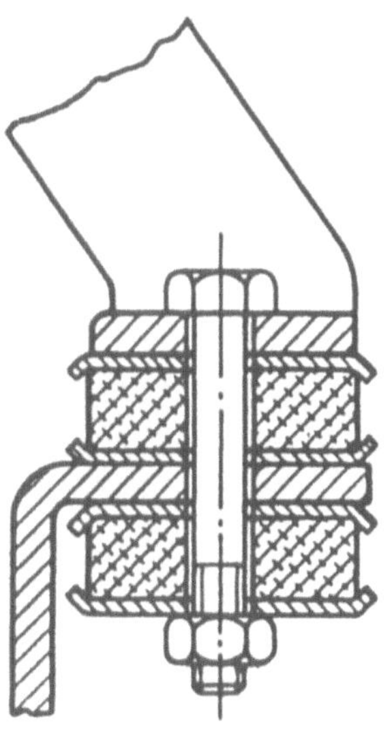

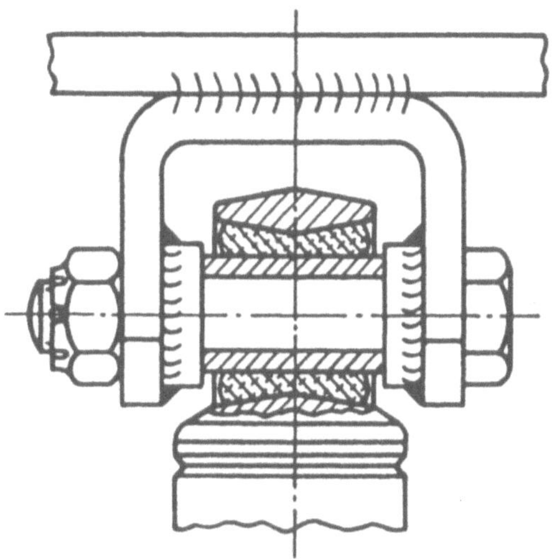

# Achsen, Wellen, Zapfen

Ablaufplan zur Berechnung von Achsen und Wellen

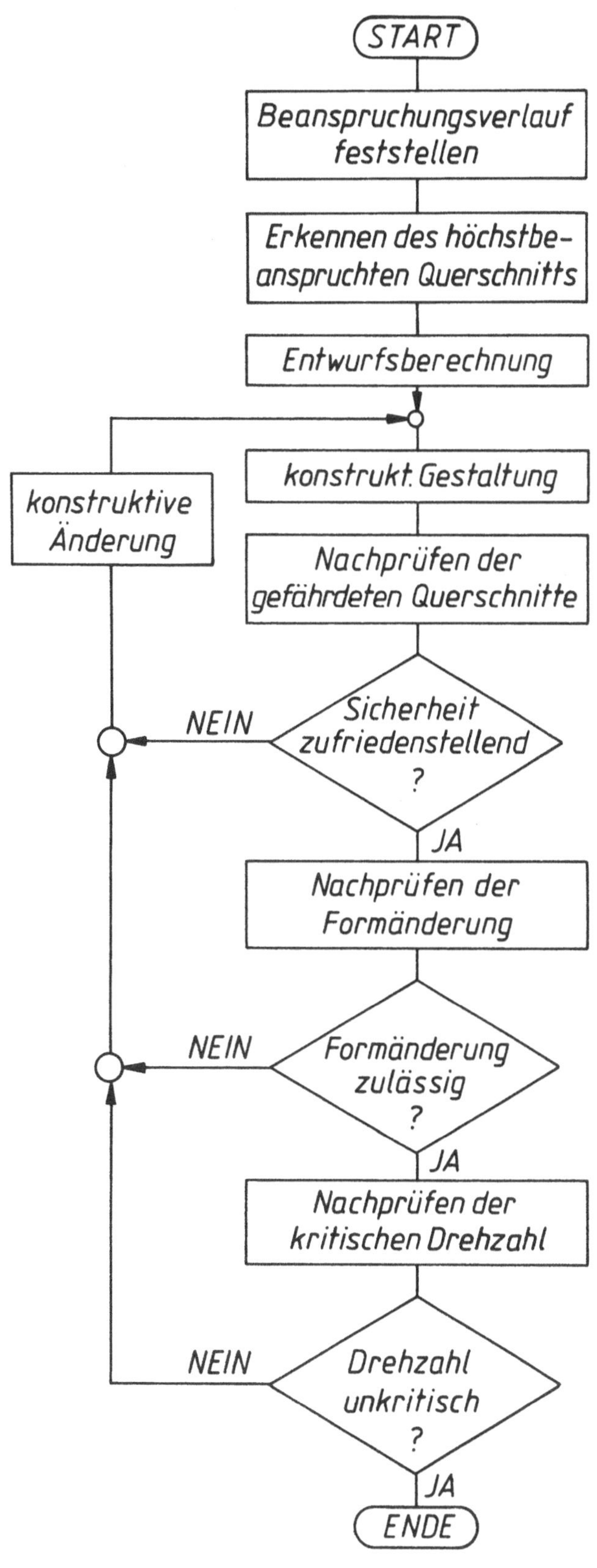

# Achsen, Wellen, Zapfen

Ermittlung des $F_q$-, M- und T-Verlaufs für eine Welle

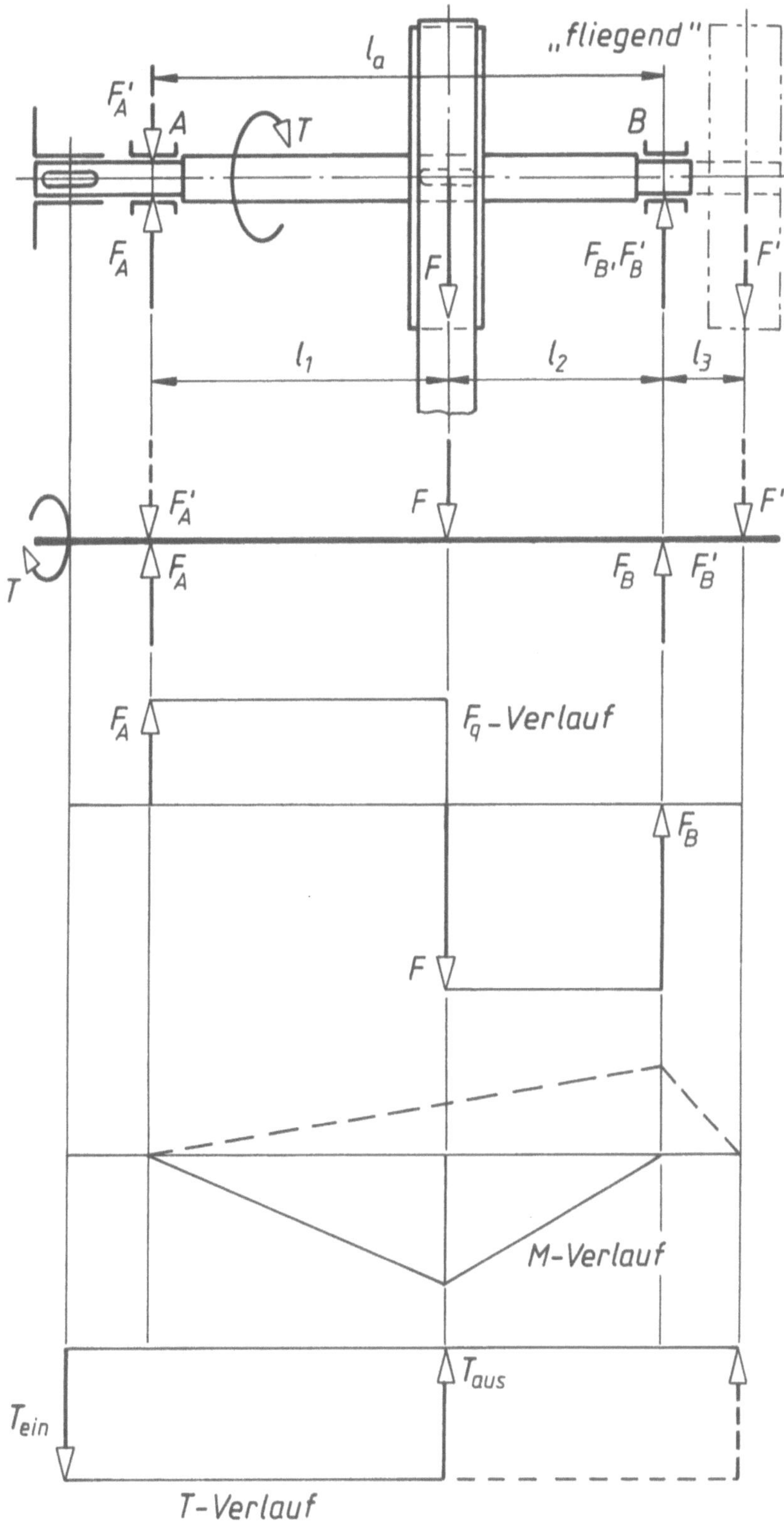

# Achsen, Wellen, Zapfen

Lagerkräfte und Biegemomente an einer Welle mit zwei Stirnrädern

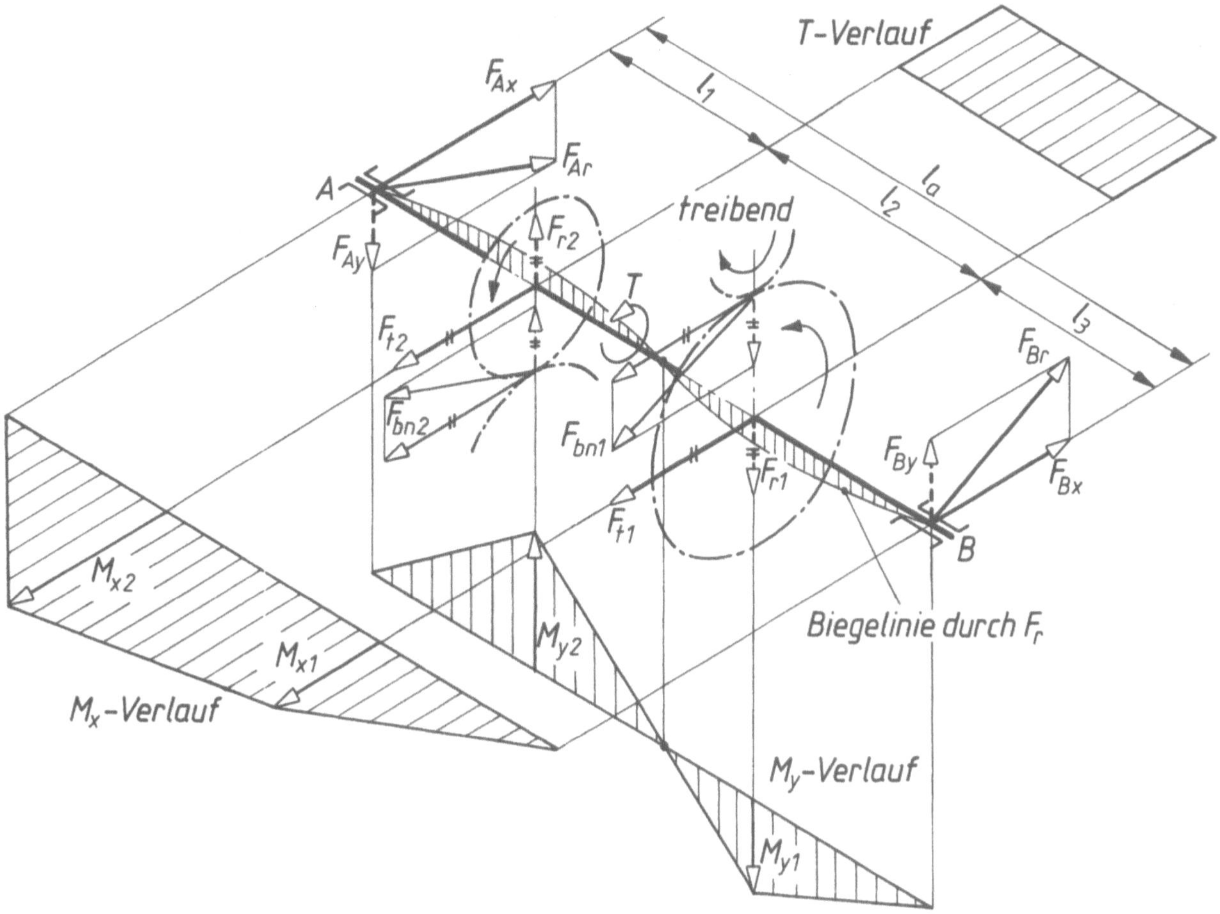

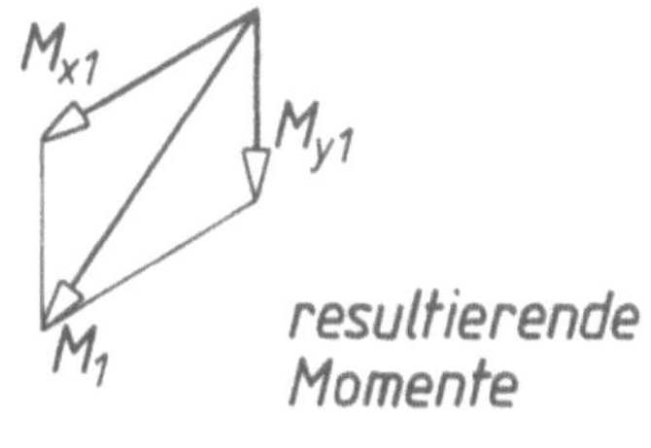



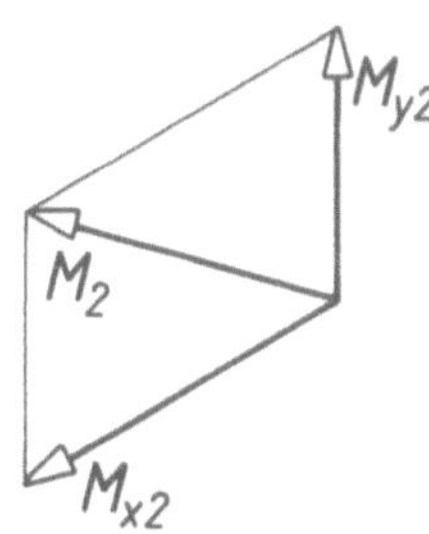

# Achsen, Wellen, Zapfen

Lagerkräfte und Biegemomente an einer Welle mit einem Schrägstirnrad

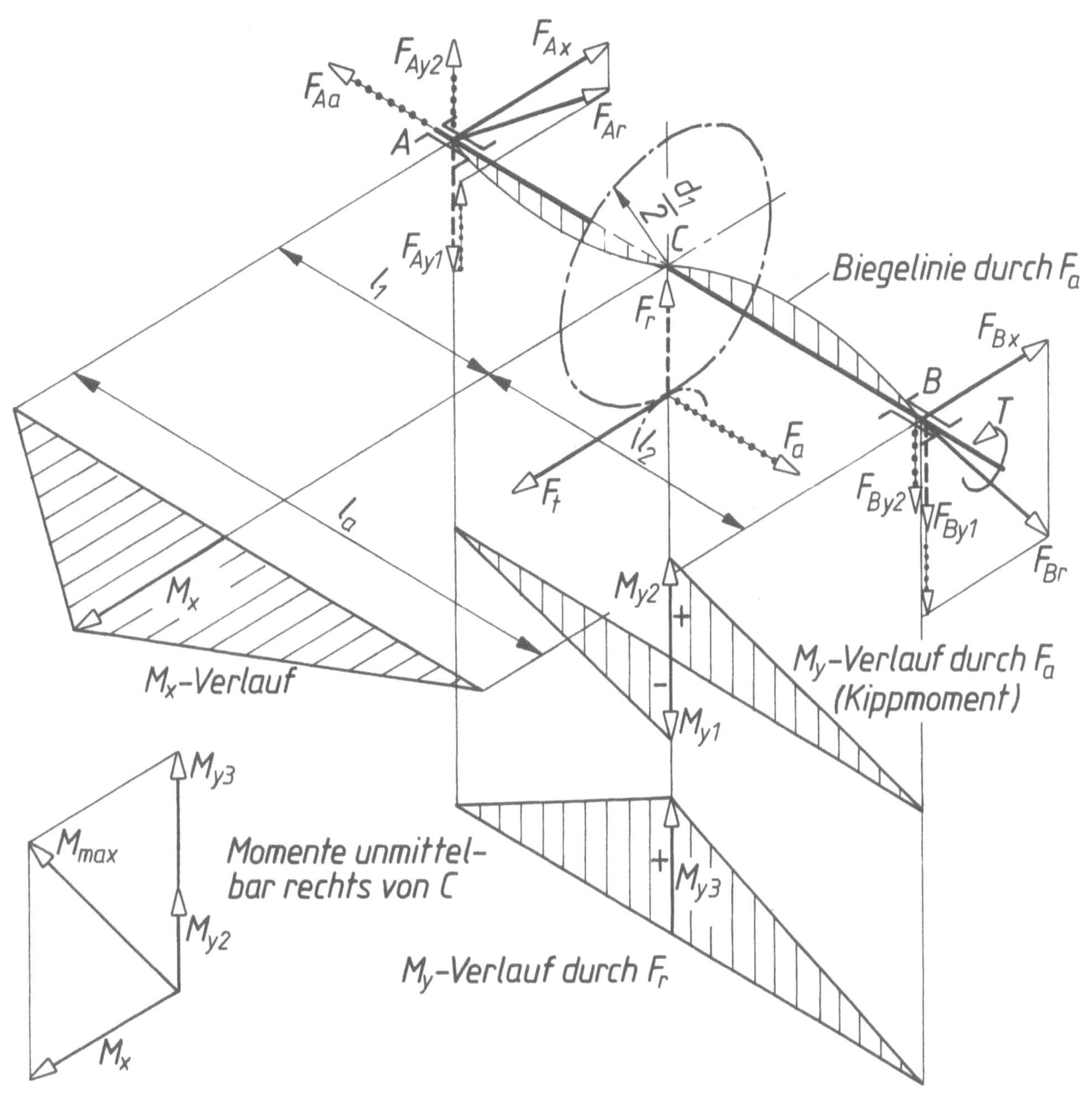

# Elemente zum Verbinden von Wellen und Naben

Kräfte an der Paßfederverbindung

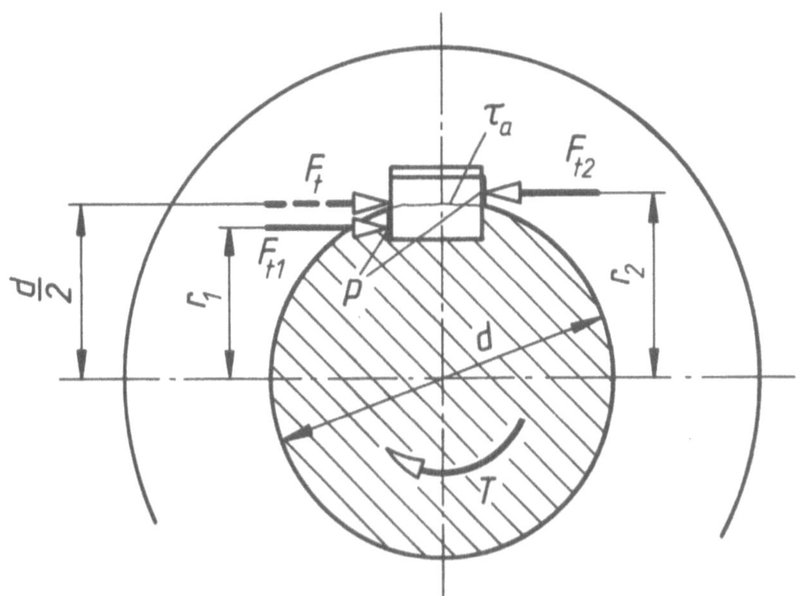

Kraftverteilung bei unterschiedlicher Nabenausführung

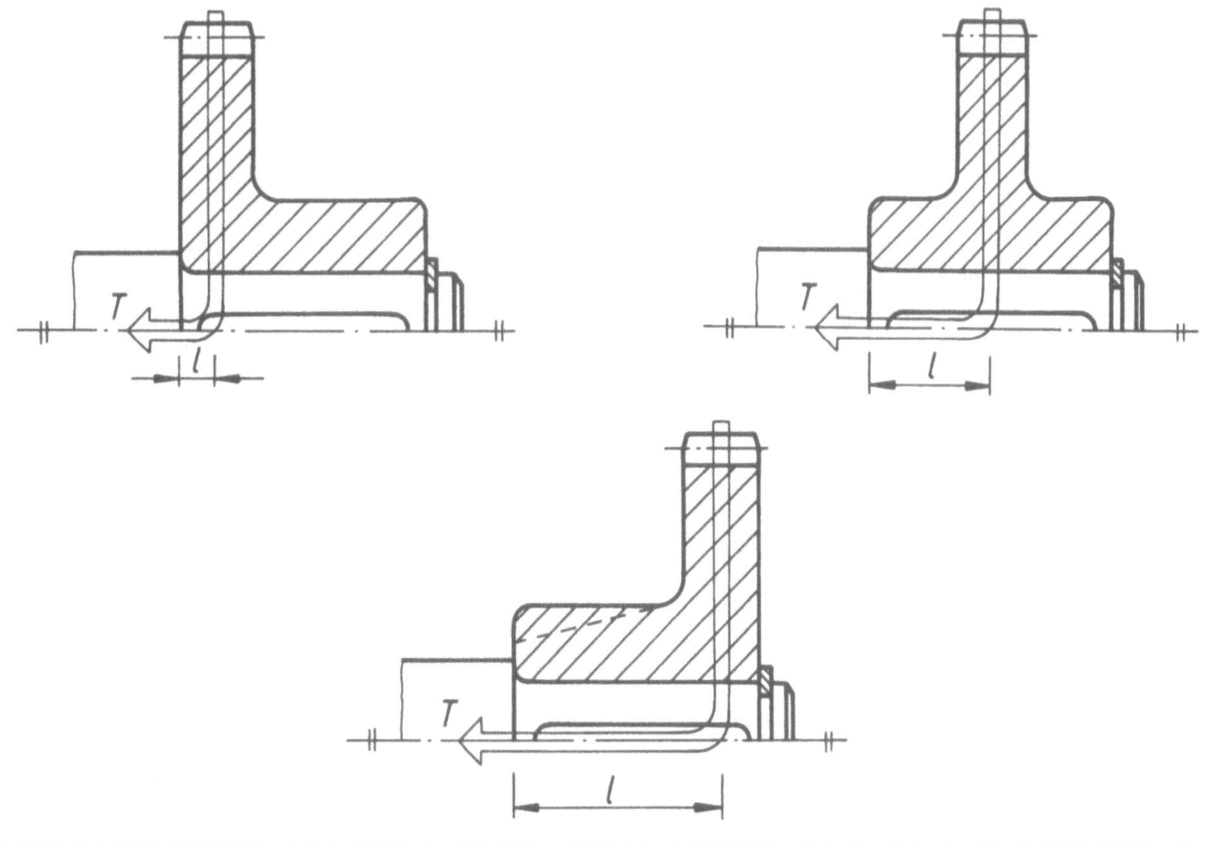

# Elemente zum Verbinden von Wellen und Naben

## Keilwellenverbindung

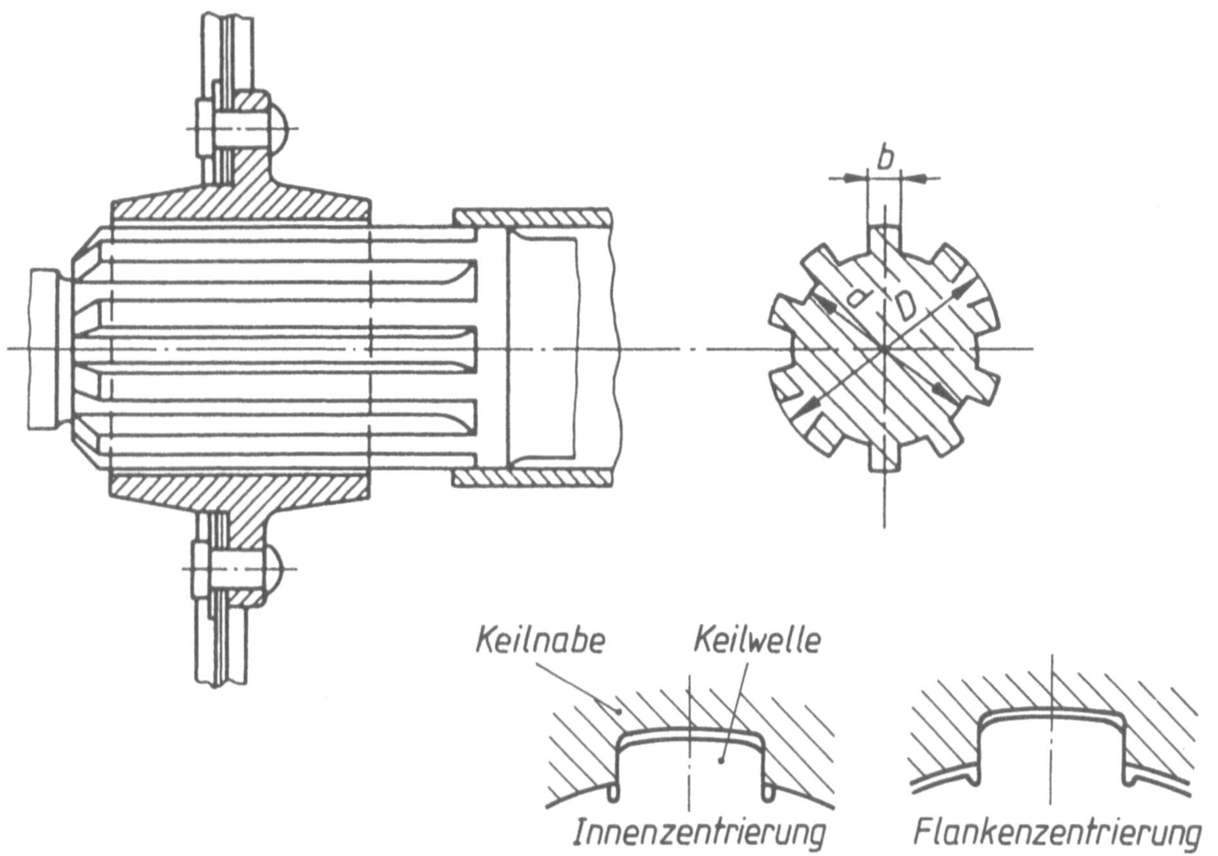


## Zahnwellenprofile

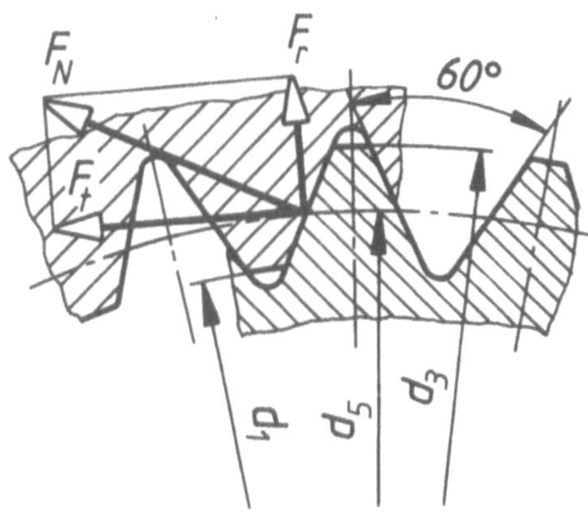


Kerbzahnprofil

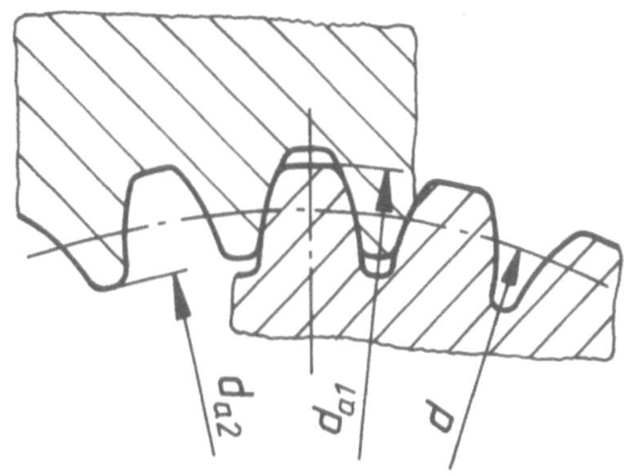


Evolventenzahnprofil

# Elemente zum Verbinden von Wellen und Naben

Preßverbände

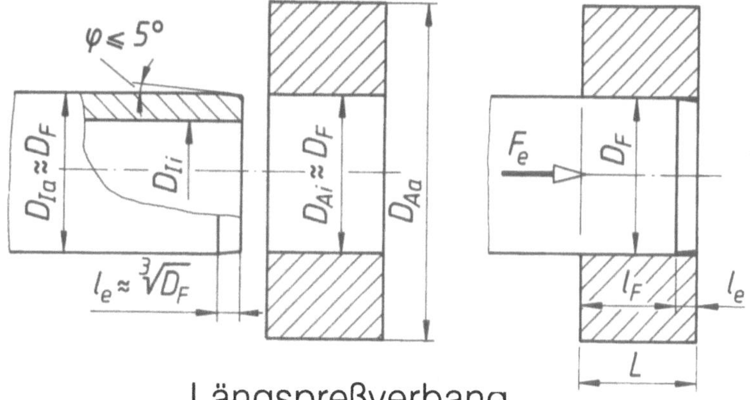

Längspreßverband

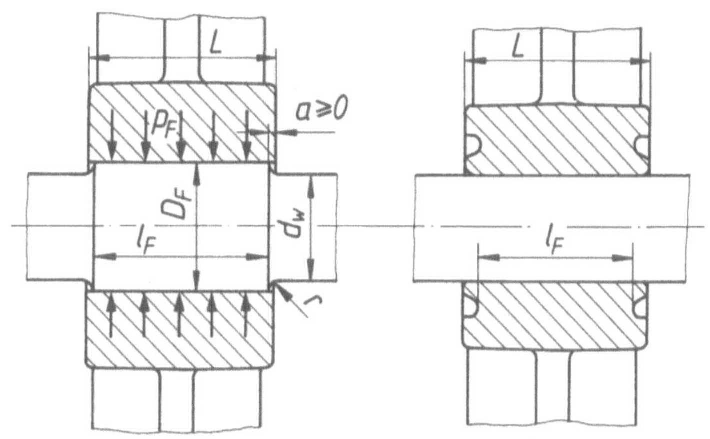

Querpreßverband

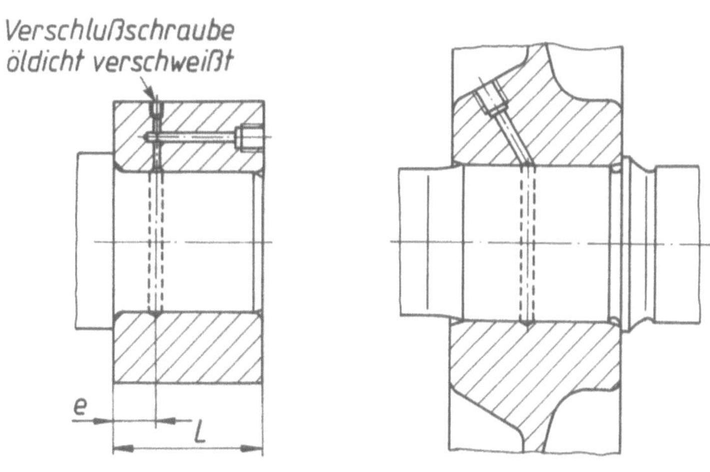



Ölpreßverband

# Elemente zum Verbinden von Wellen und Naben

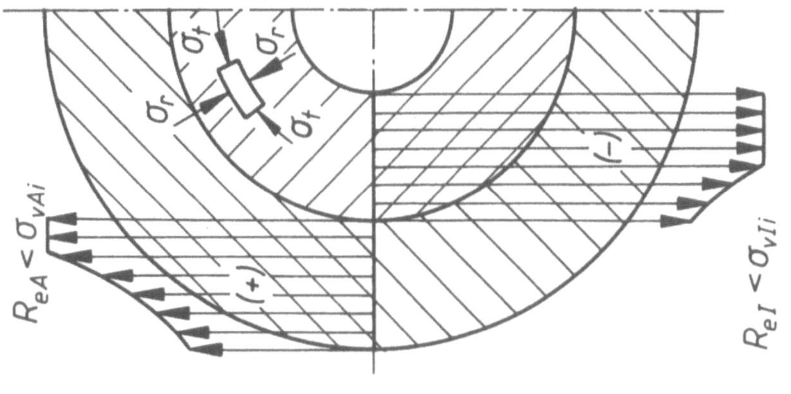

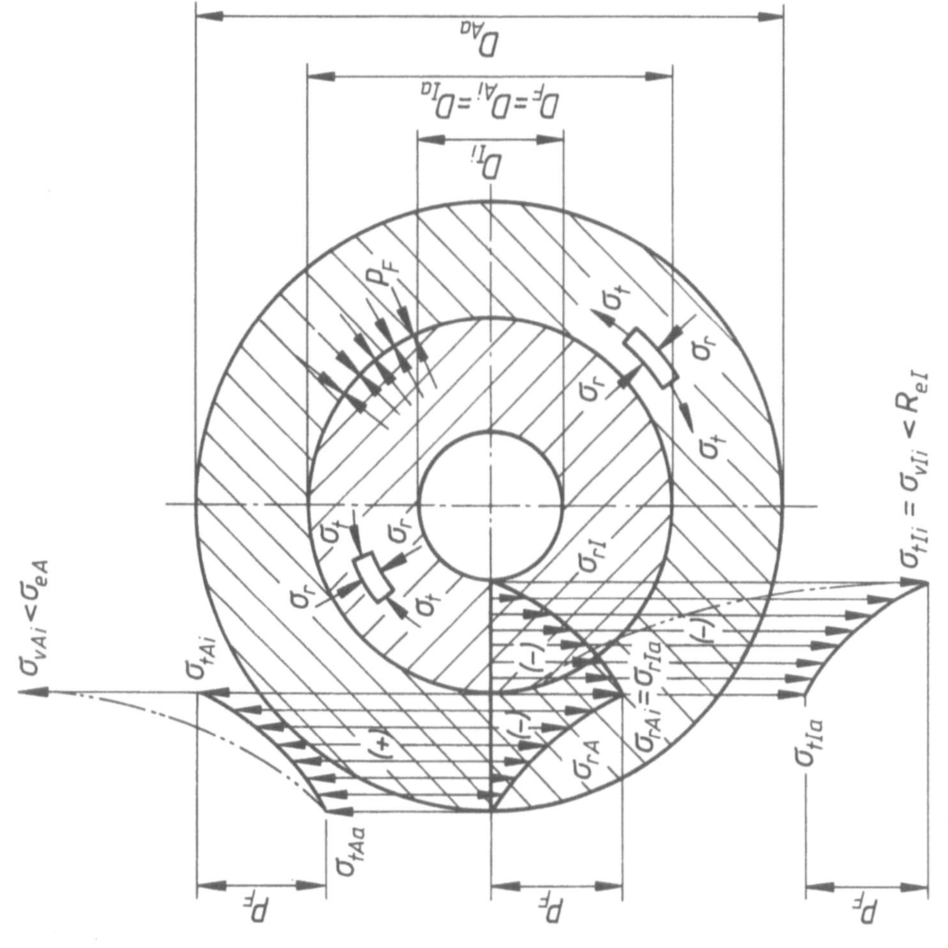

# Elemente zum Verbinden von Wellen und Naben

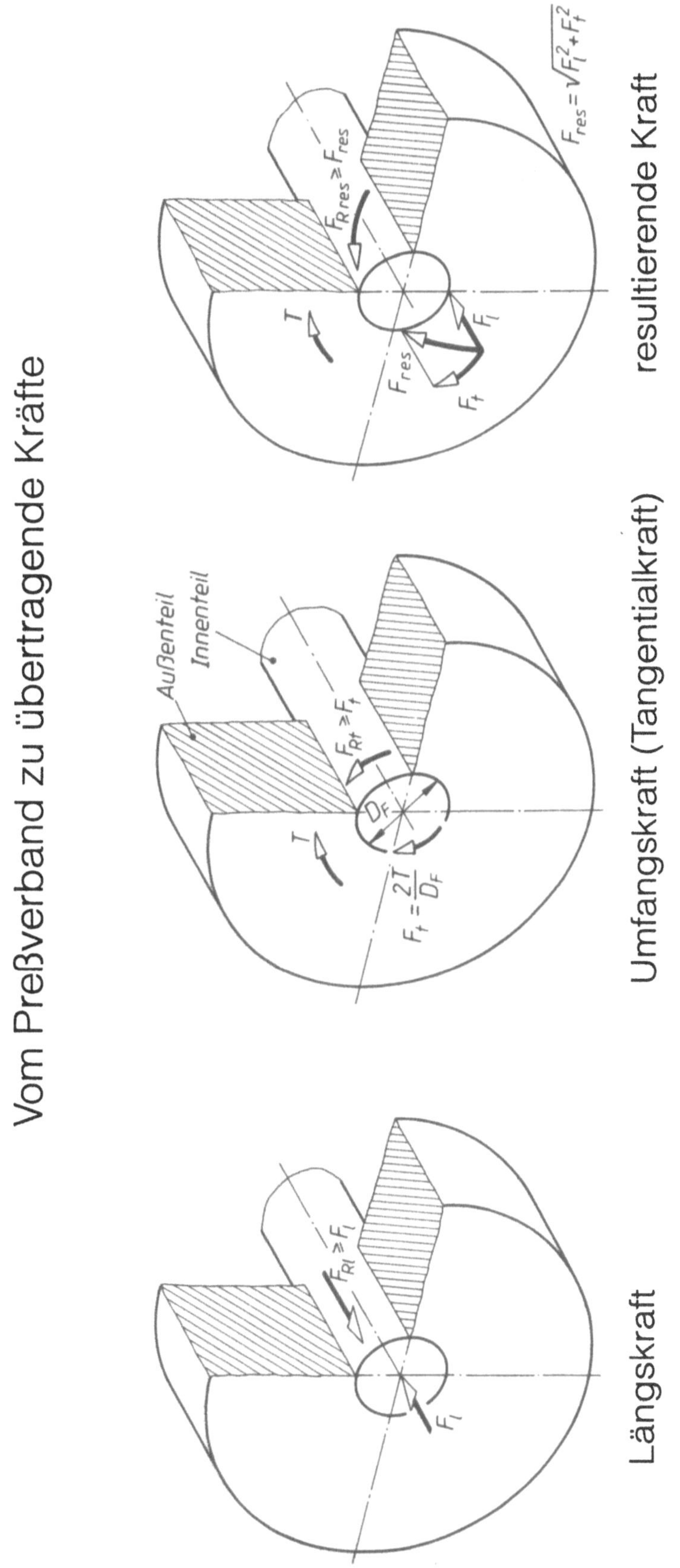

# Elemente zum Verbinden von Wellen und Naben

## Kegelverbindungen

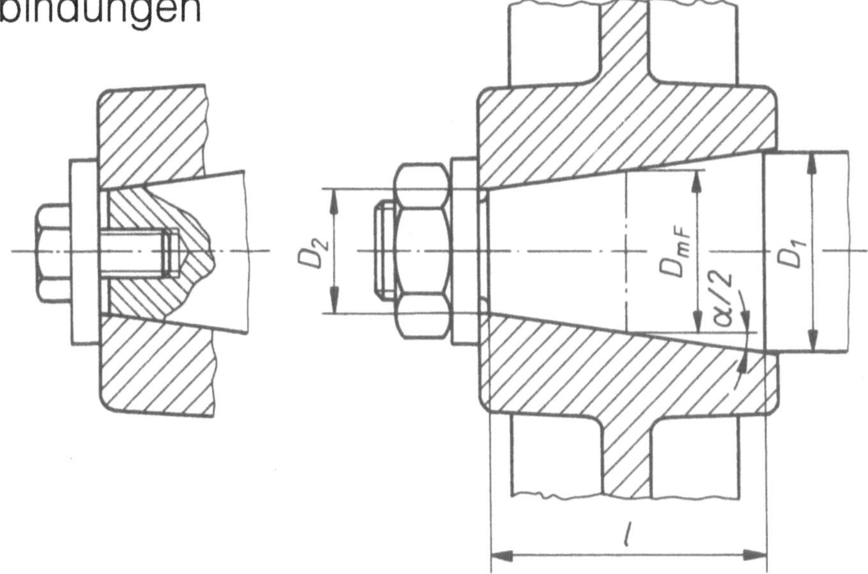

## Verschiebeweg a zum Erzeugen des erforderlichen Fugendruckes

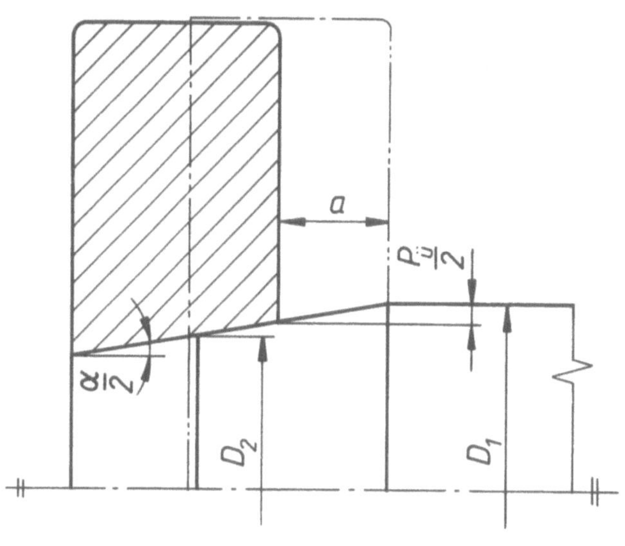

## Kräfte am Kegel

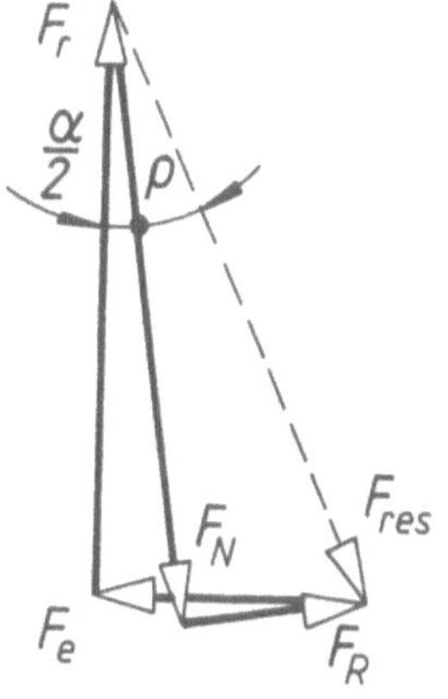
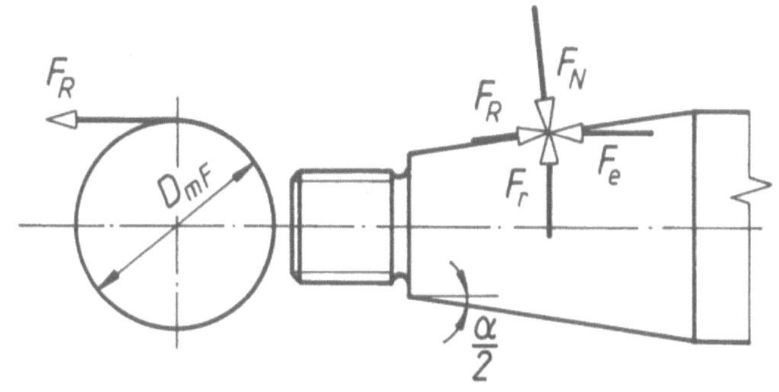

# Elemente zum Verbinden von Wellen und Naben

Entwicklung des Kegel-Spannelementes

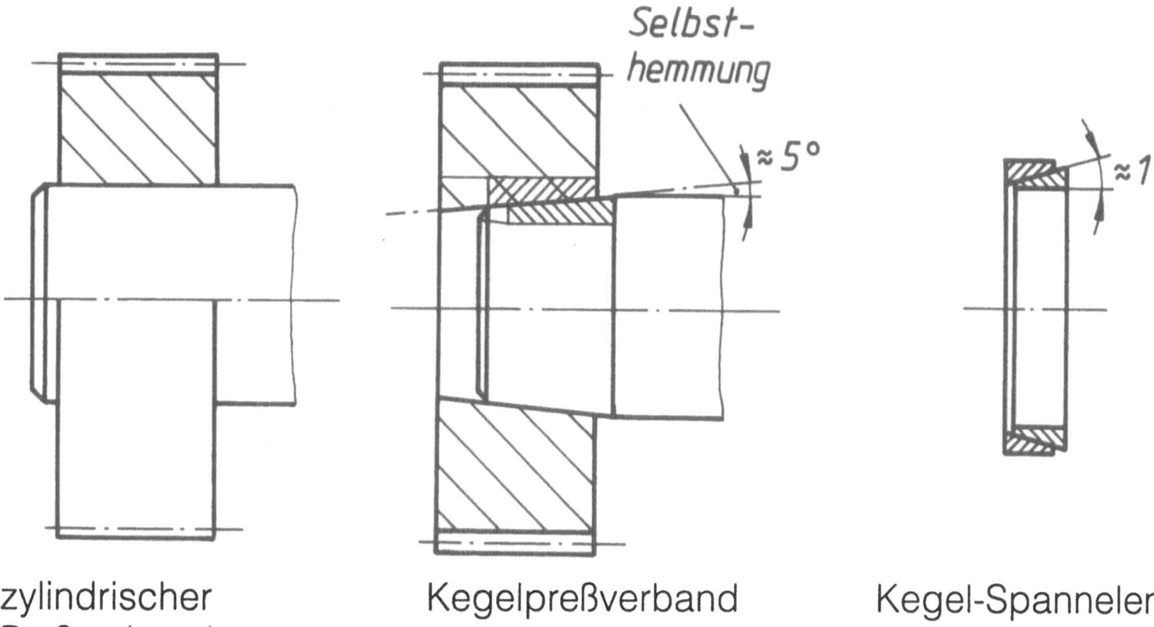



Beispiele für Kegel-Spannverbindungen

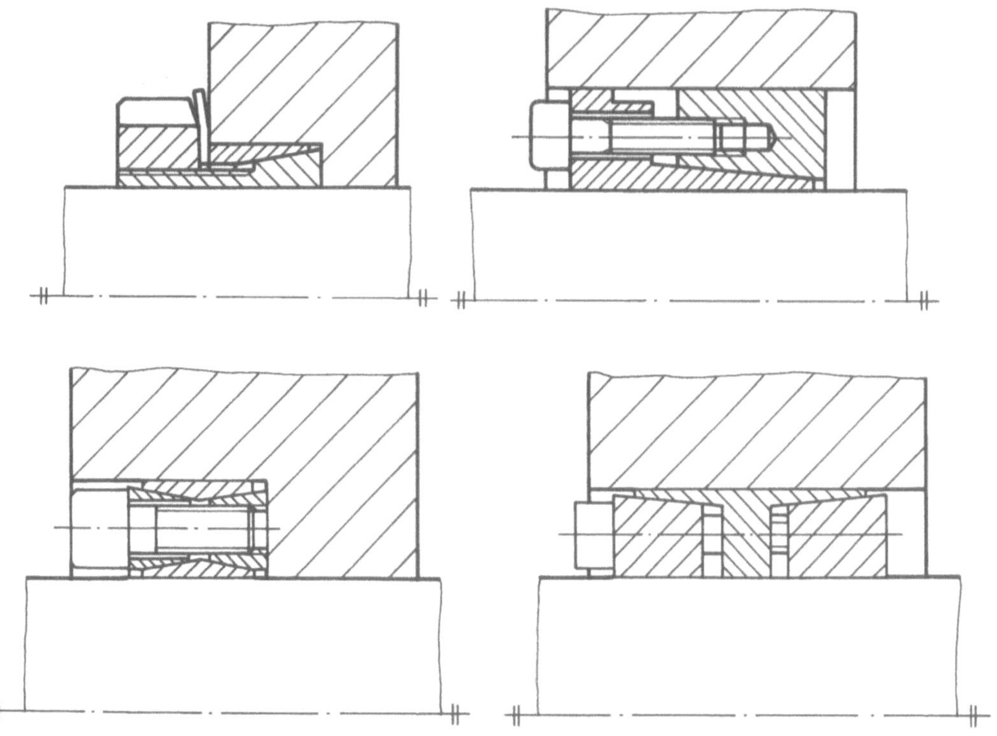

# Elemente zum Verbinden von Wellen und Naben

## Kräfte in der Spannverbindung

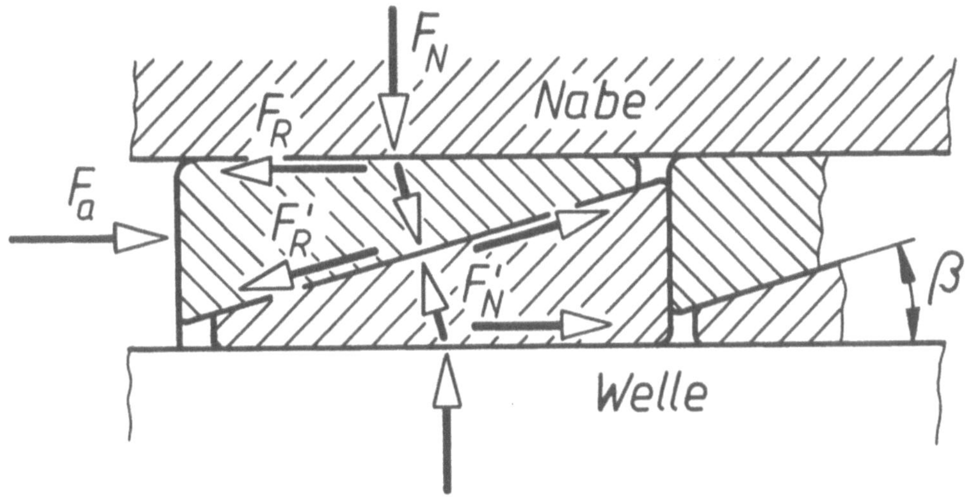



Kräfte am Spannelement

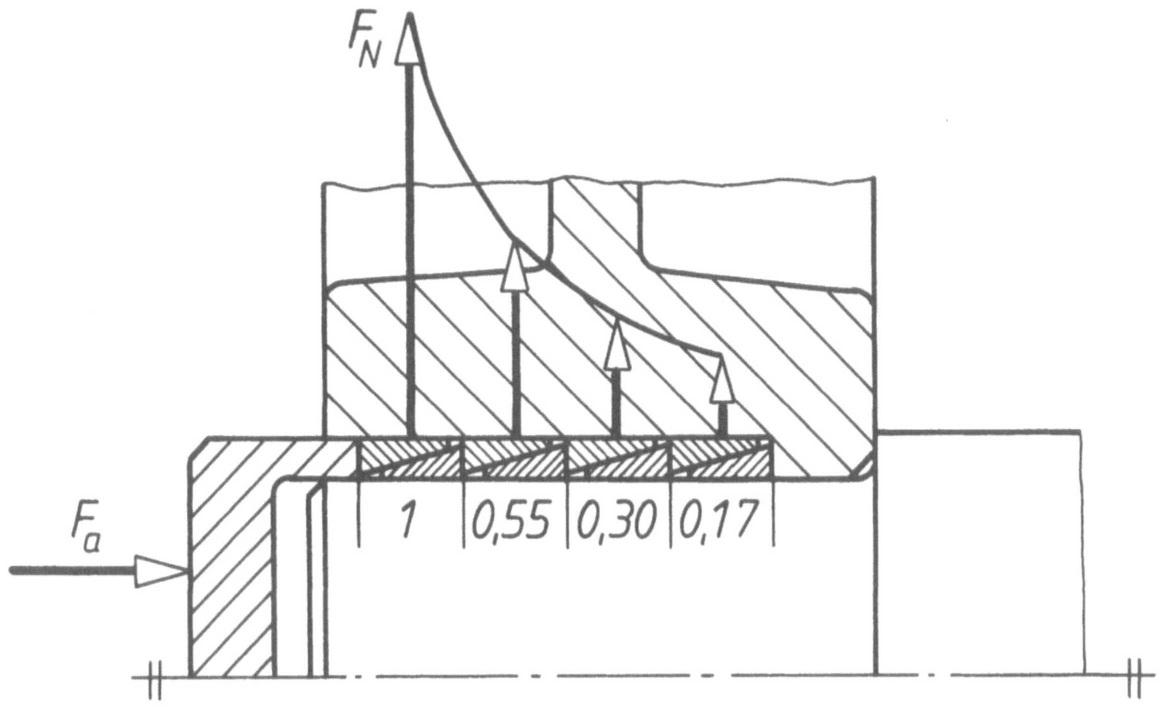



Verteilung der Anpreßkräfte

# Kupplungen

## Systematische Einteilung der Kupplungen

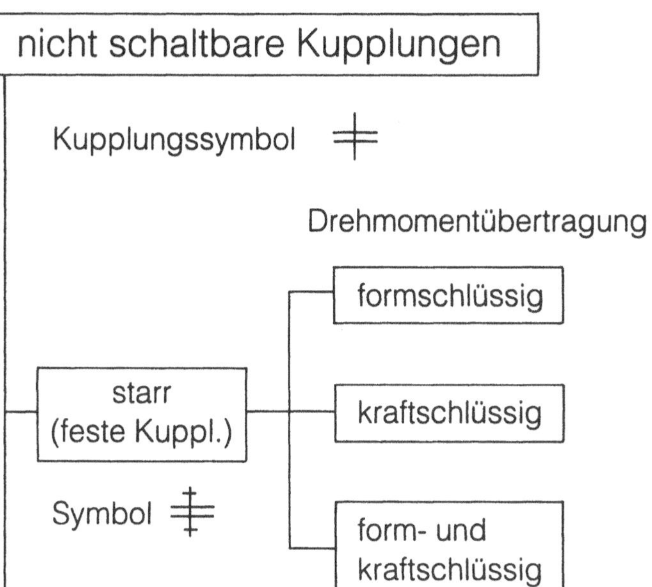


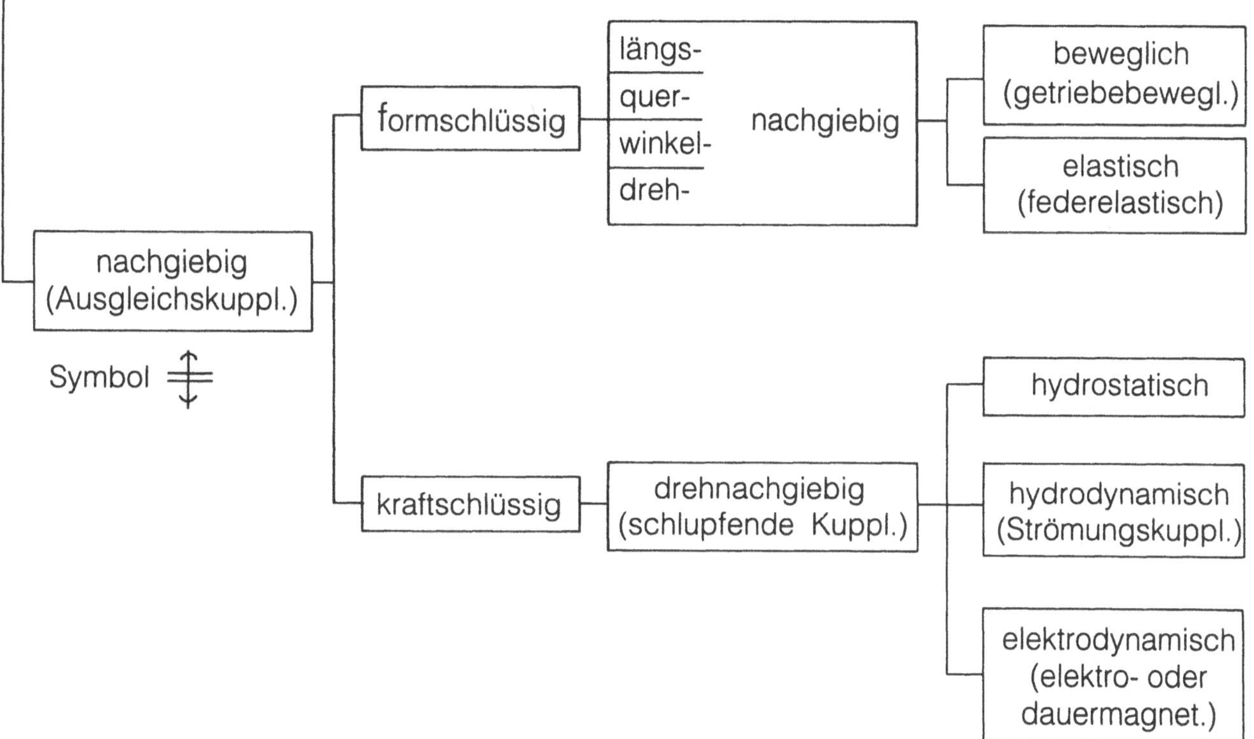

# Kupplungen

## Systematische Einteilung der Kupplungen

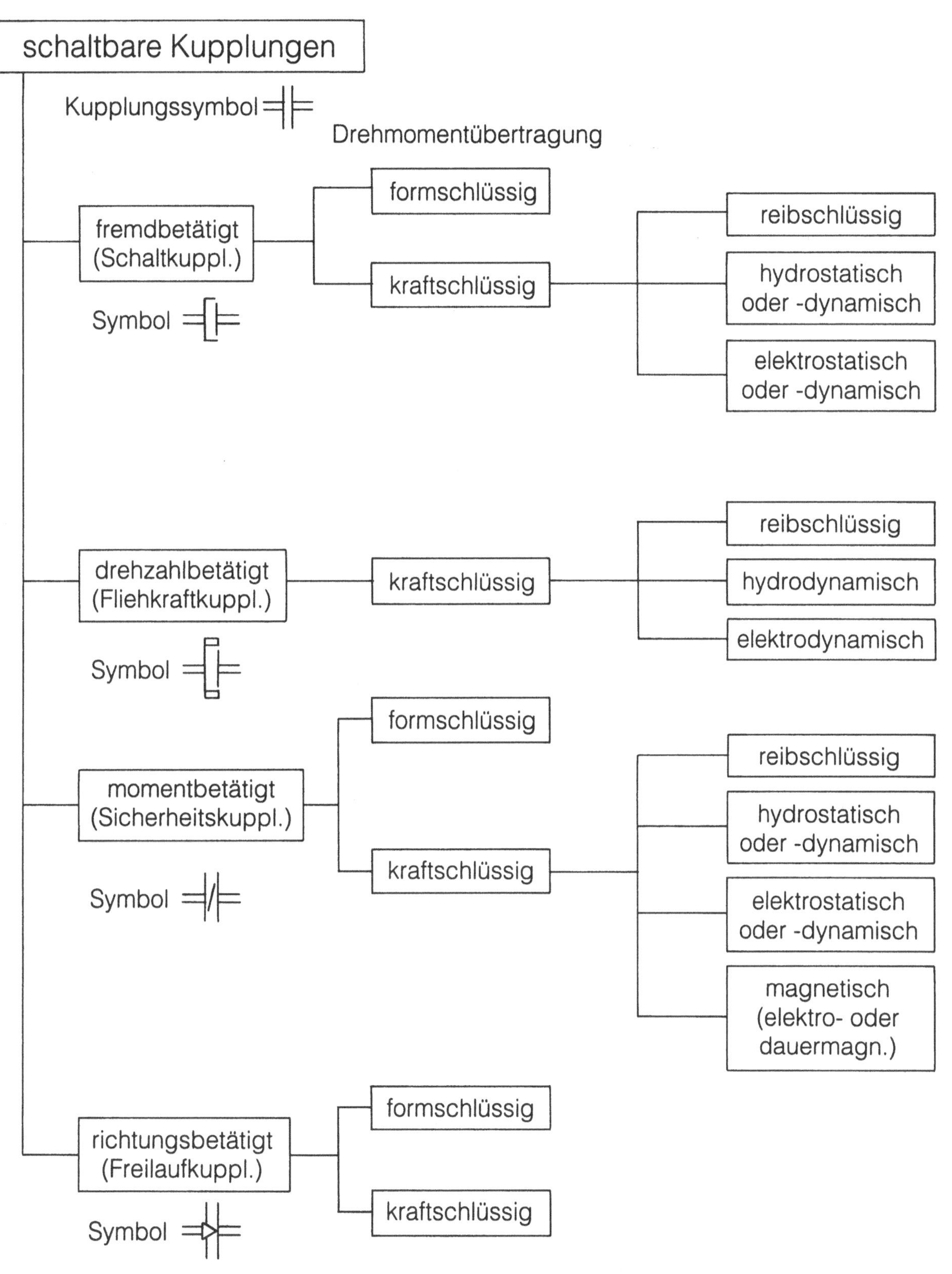

# Kupplungen

## Betriebsverhalten von Arbeits- und Antriebsmaschinen

Drehmoment-Drehzahl-Kennlinien von Elektromotoren (E) und
Arbeitsmaschinen (A)

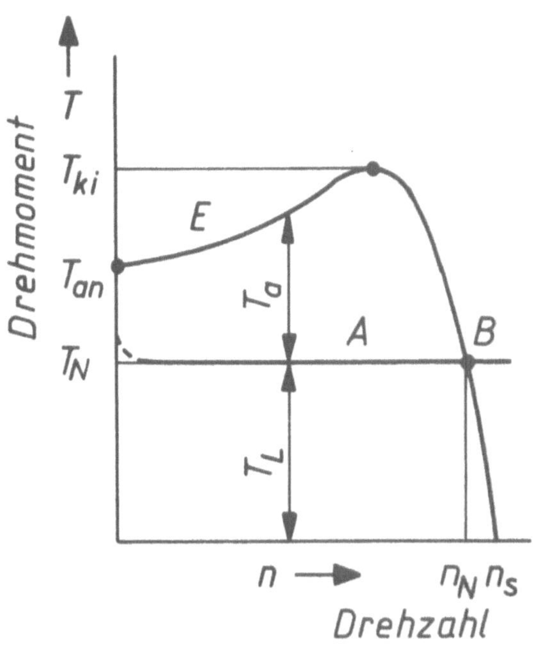


Drehstrom-Nebenschlußmotor
mit Käfigläufer und Fördermaschine



Drehstrom-Nebenschlußmotor
mit Schleifringläufer und Lüfter

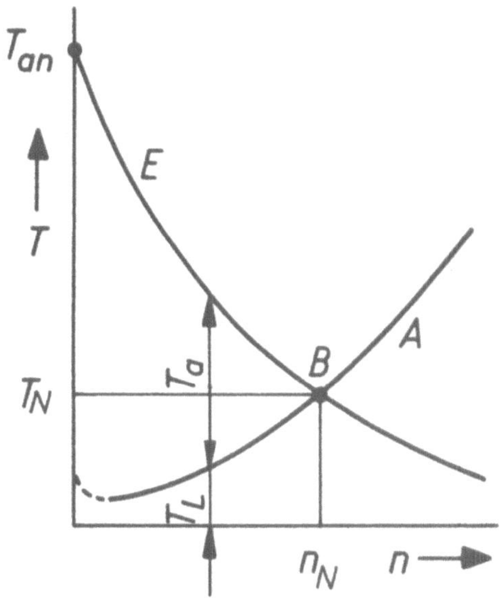


Wechselstrom-Reihenschlußmotor
und Kreiselpumpe

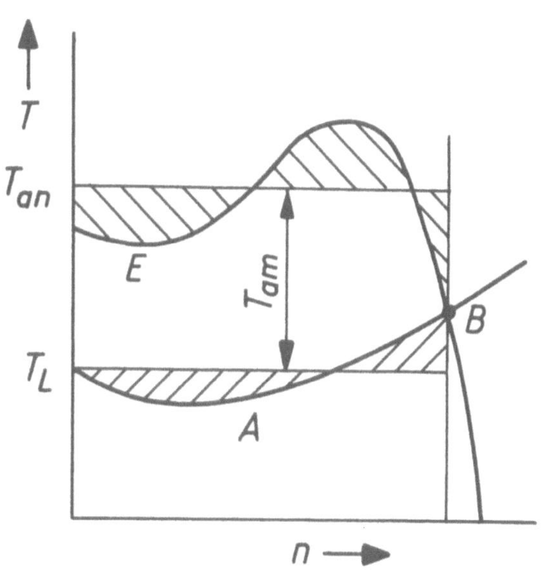


Bestimmung des mittleren
Beschleunigungsdrehmoments

# Kupplungen

Schaltvorgang einer Asynchron-Schaltkupplung
(Reibungsschluß)

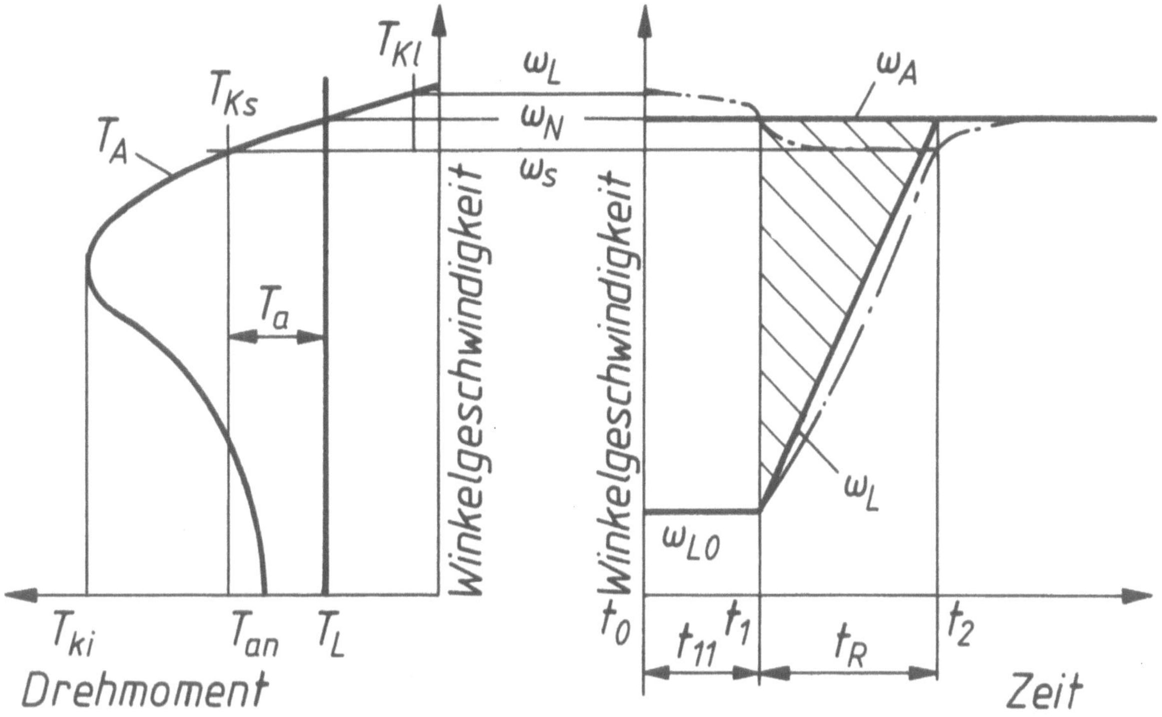


T-Verlauf von Antriebsmaschine,
Kupplung und Arbeitsmaschine

Hochlaufverhalten
des Antriebs

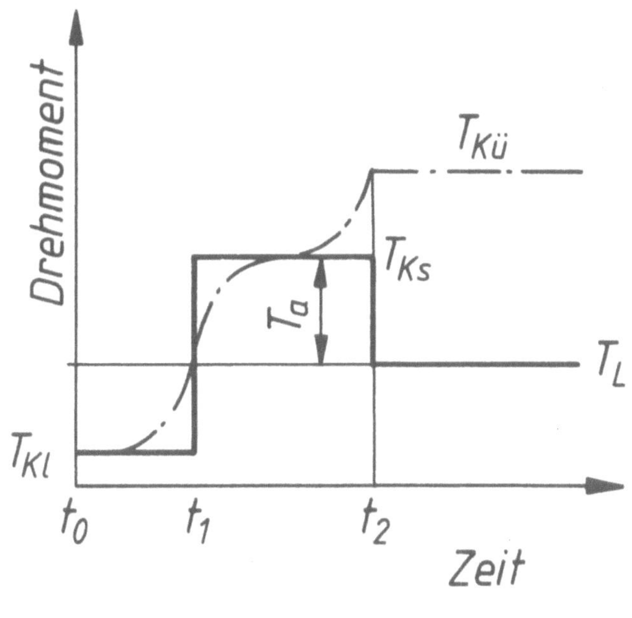


zeitlicher Verlauf des
Kupplungsdrehmoments

annähernd wirklicher
Verlauf

# Kupplungen

Möglicher Versatz der Kupplungshälften nachgiebiger Kupplungen

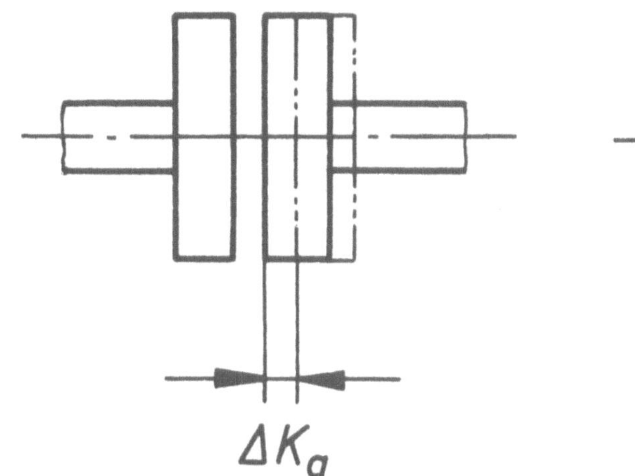

axiale Nachgiebigkeit
$\Delta K_a$

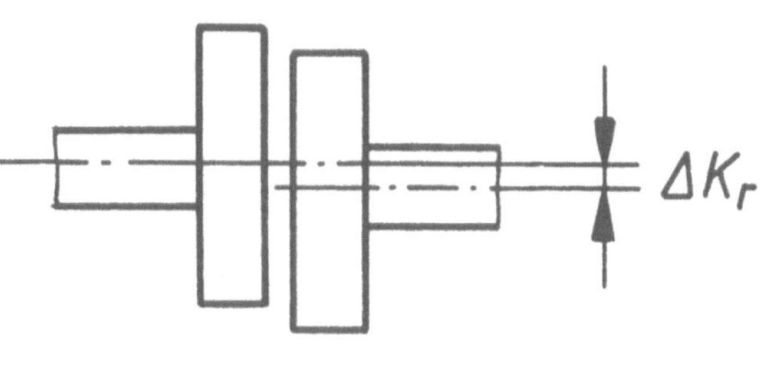

radiale Nachgiebigkeit
$\Delta K_r$

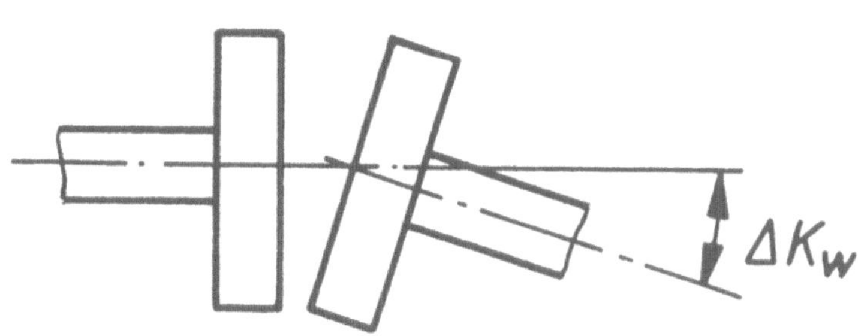

winklige Nachgiebigkeit
$\Delta K_w$

# Kupplungen

Balligzahn-Kupplung

## Versatzmöglichkeiten

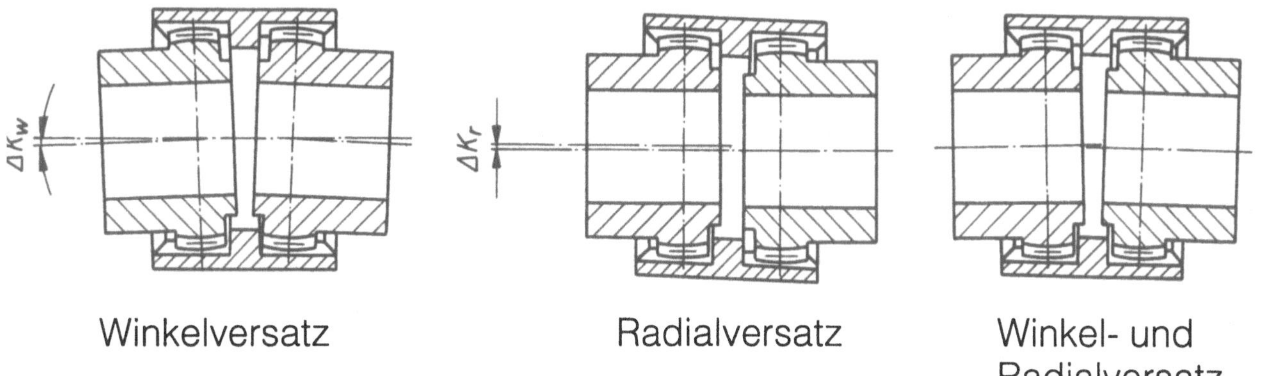

Winkelversatz      Radialversatz      Winkel- und Radialversatz

## Zahnausbildung

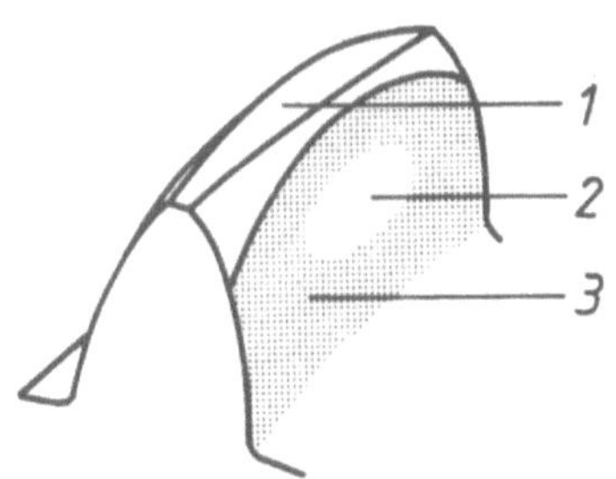

1 kugeliger Zahnkopf
2 Kontaktfläche
3 ballige Zahnflanke

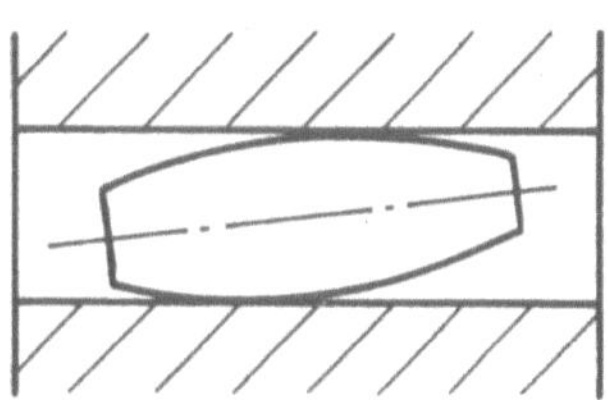

Stellung der Zähne bei winklig verlagerten Wellen

# Kupplungen

## Winkelgeschwindigkeitsverhalten an Kreuzgelenken (Kardanfehler)

Einfaches Kreuzgelenk (schematisch)
1 treibende Welle
2 Zwischenglied (Kreuz)
3 getriebene Welle
$\omega_1$, $\omega_2$ Winkelgeschwindigkeiten der An- bzw. Abtriebswelle; $\alpha$ Ablenkungswinkel; $\varphi_1$, $\varphi_2$ Drehwinkel der An- bzw. Abtriebswelle

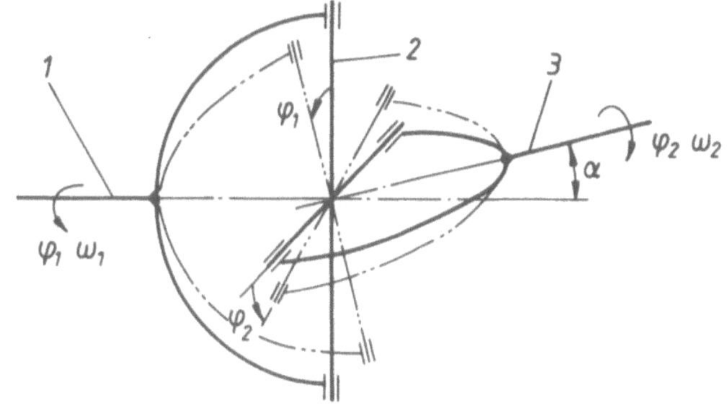


Verlauf des Differenzwinkels $\Delta \varphi = \varphi_2 - \varphi_1$

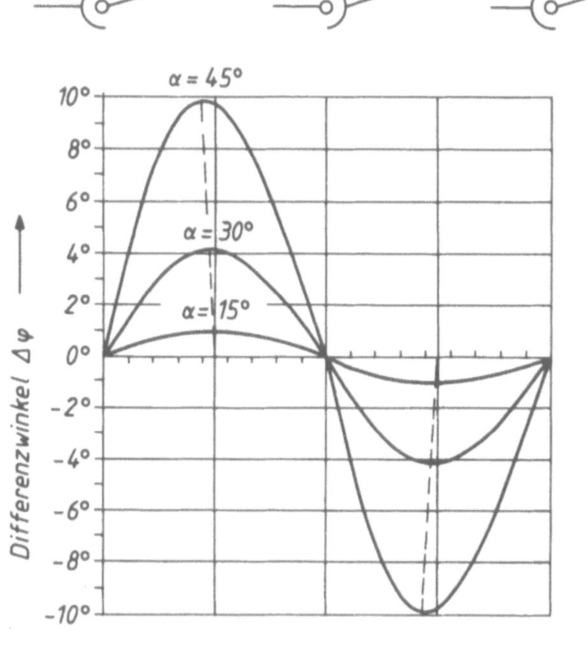


der Winkelgeschwindigkeit $\omega_2$

# Kupplungen

Größtwerte der leistungslosen Biegemomente und Lagerkräfte
bei Kreuzgelenkwellen (schematisch)

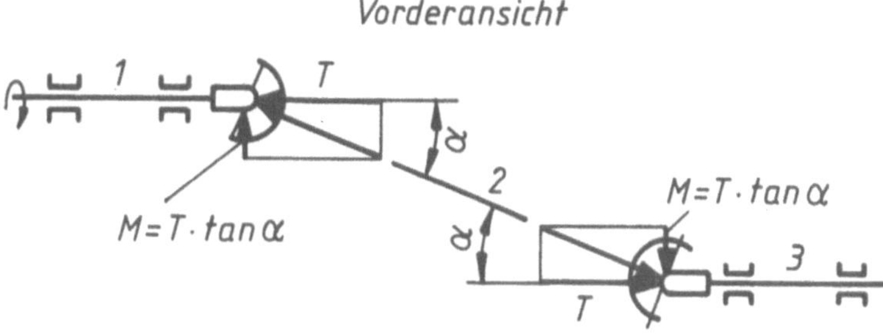


bei *Z*-Anordnung

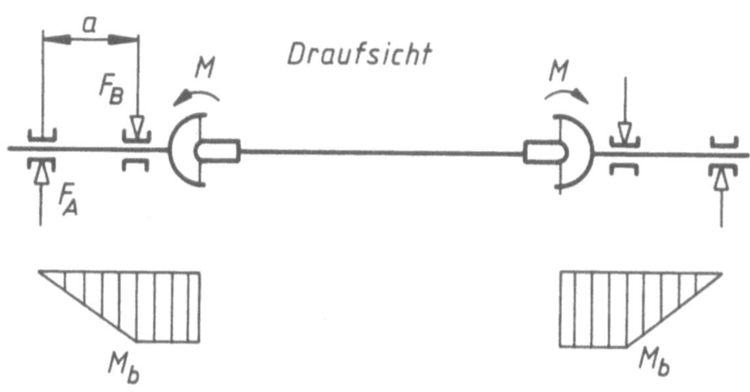


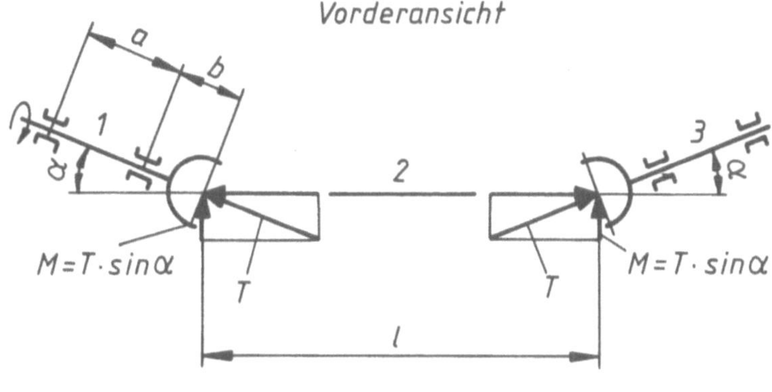


bei *W*-Anordnung

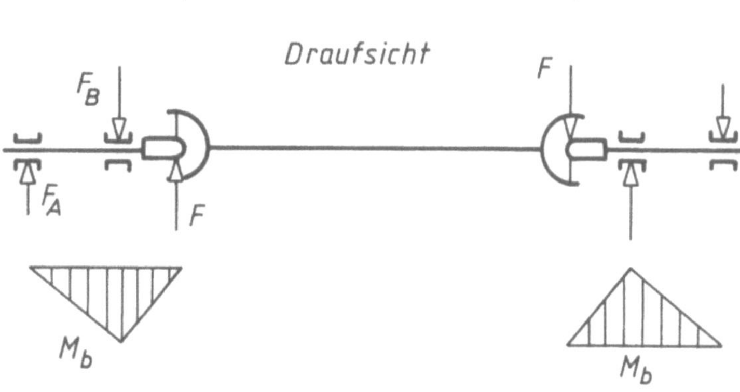

# Kupplungen

## Asynchron-Schaltkupplungen

Mechanisch betätigte
Lamellenkupplung mit
Nabengehäuse

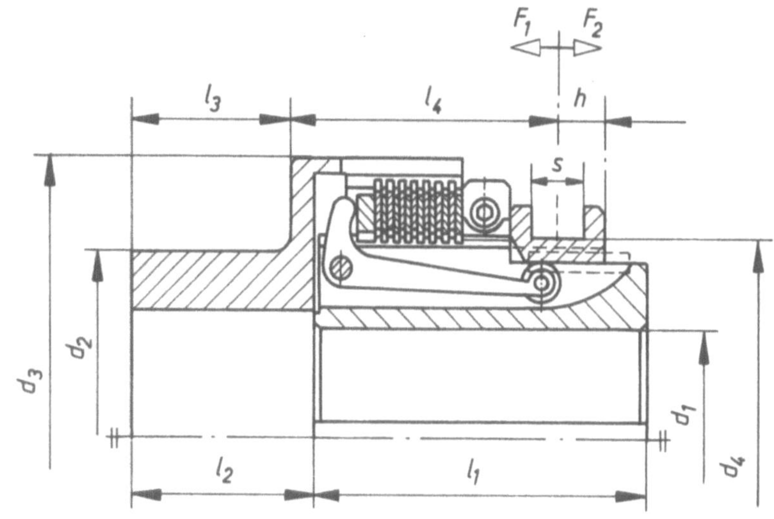


Elektromagnetisch
betätigte Lamellen-
kupplung mit
magnetisch nicht
durchfluteten Lamellen
und Schleifring

— · — Magnetfluß
— — — Kraftfluß

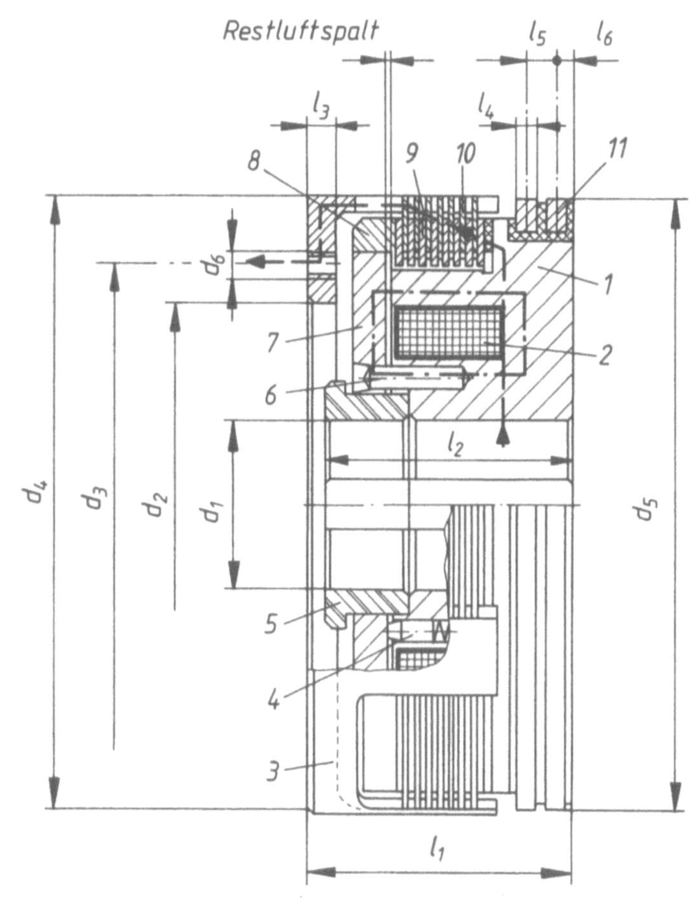

# Kupplungen

## Prinzip der Klemmfreilaufkupplungen

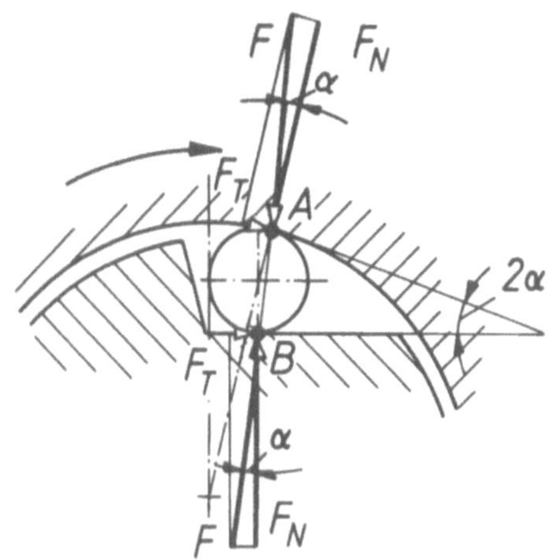
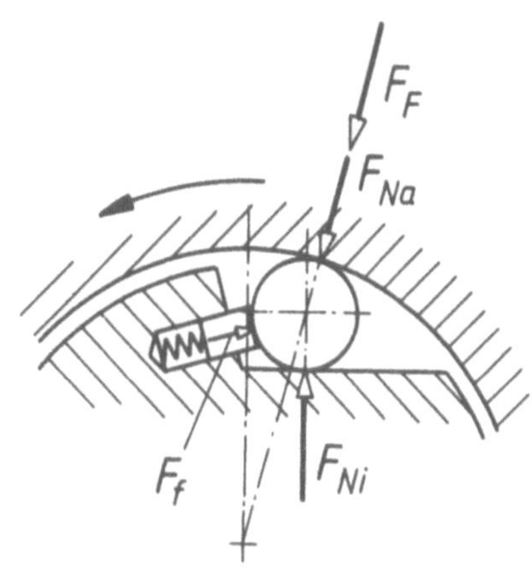


Klemmrollenfreilauf im Sperr- (links) bzw. Leerlaufzustand (rechts)

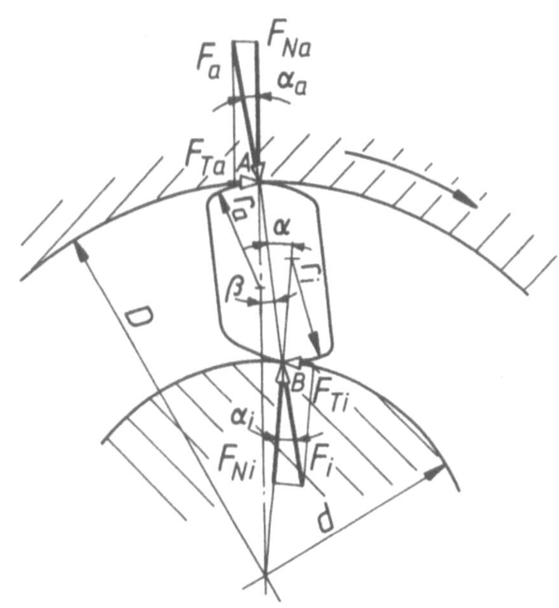


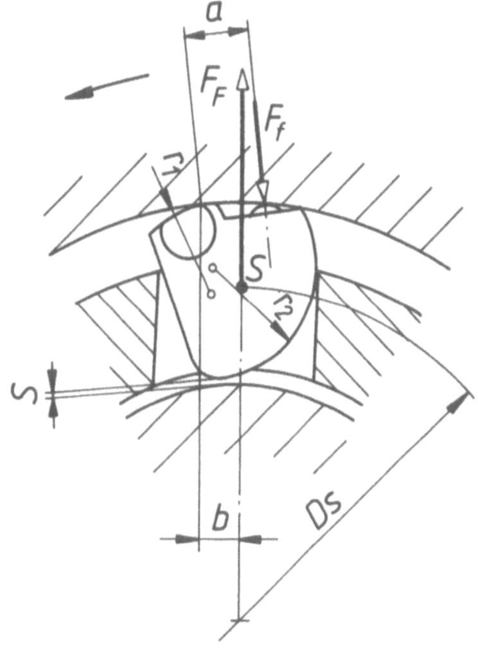


Klemmkörperfreilauf

fliehkraftabhebender
Klemmkörperfreilauf

# Lager

## Prinzip der Gleit- und Wälzlagerung

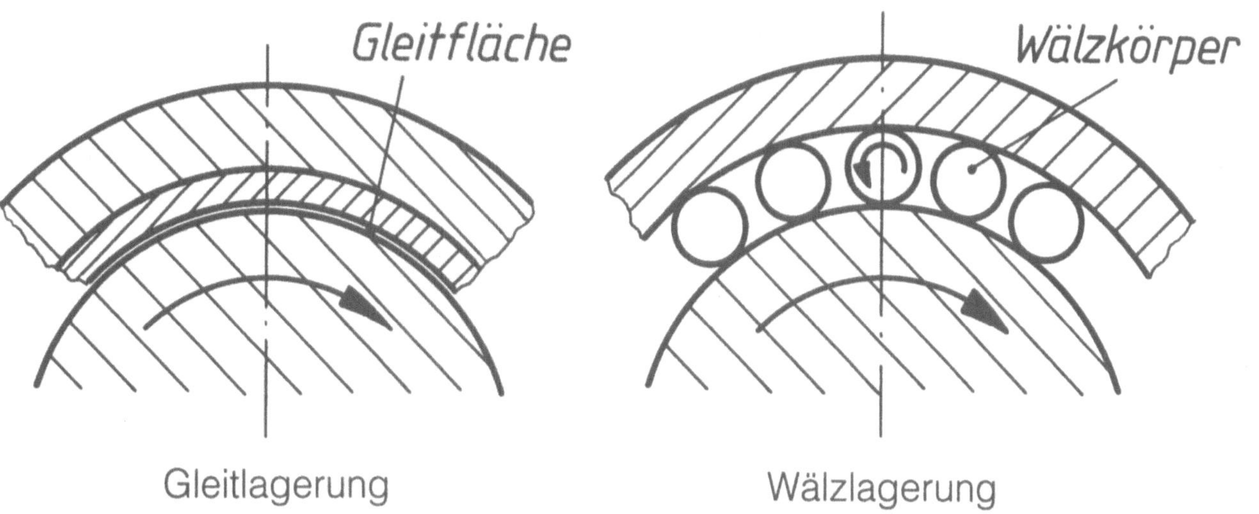



## Grundformen der Lager

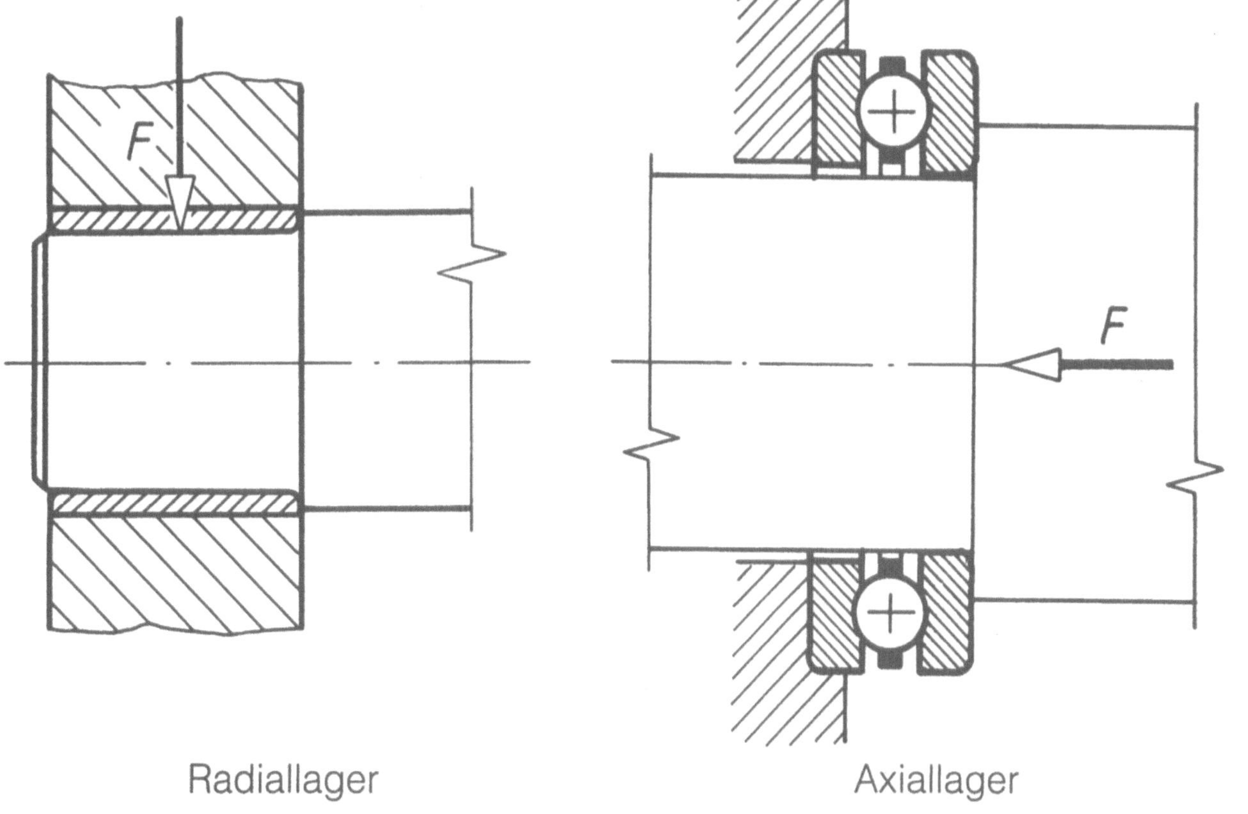

# Lager

## Aufbau der Wälzlager

**(Radial-) Rillenkugellager**

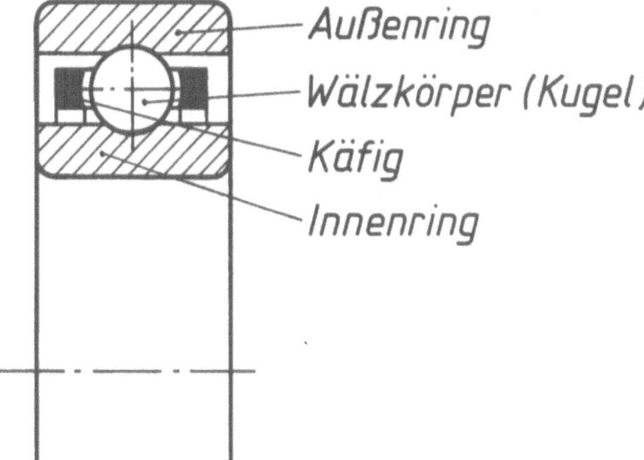



**Axial-Rillenkugellager**

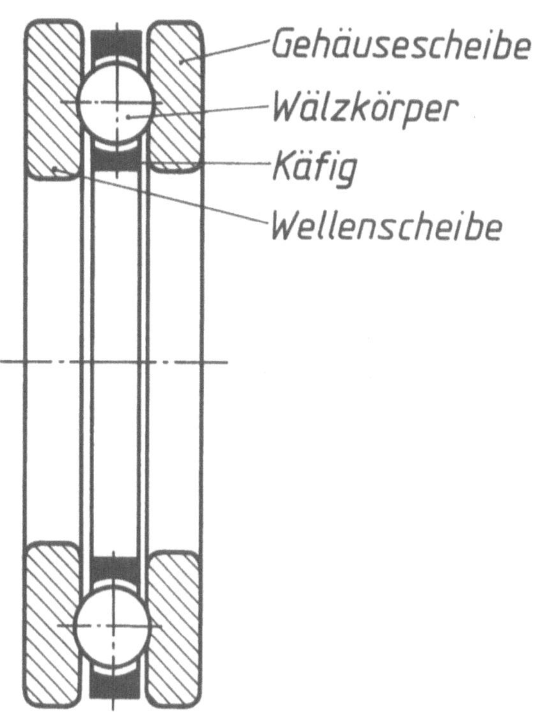



| Wälzkörperformen | |
|---|---|
| Kugel | |
| Zylinderrolle | |
| Kegelrolle | |
| Tonnenrolle | |
| Nadel | |

# Lager

## Kugel- und Zylinderrollenlager

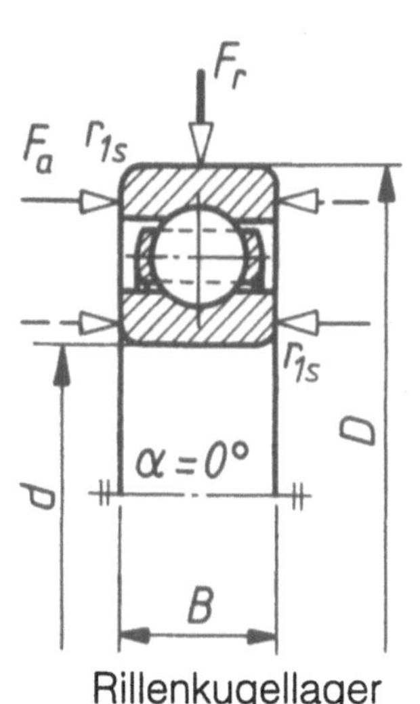


Rillenkugellager

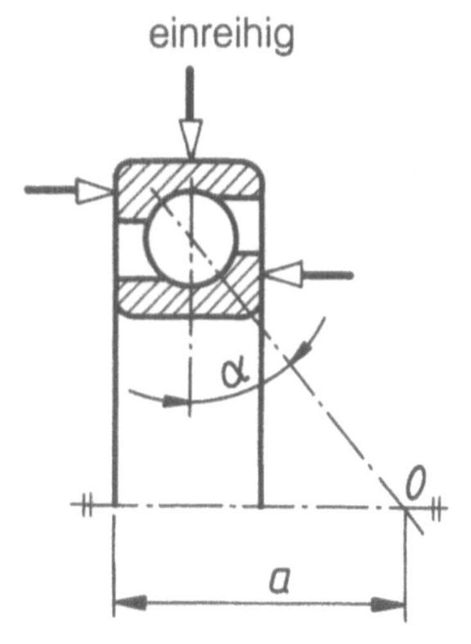


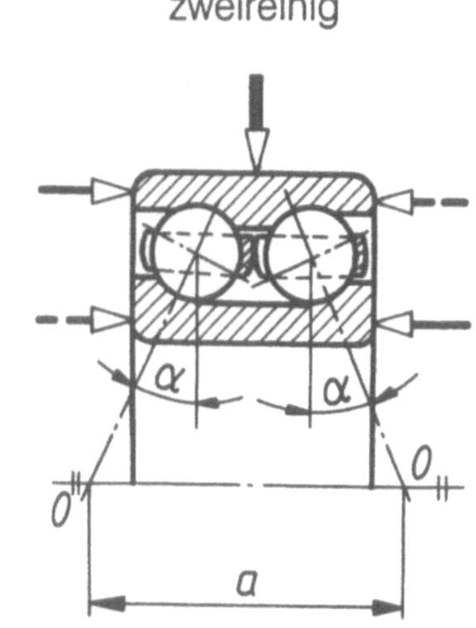


Schrägkugellager

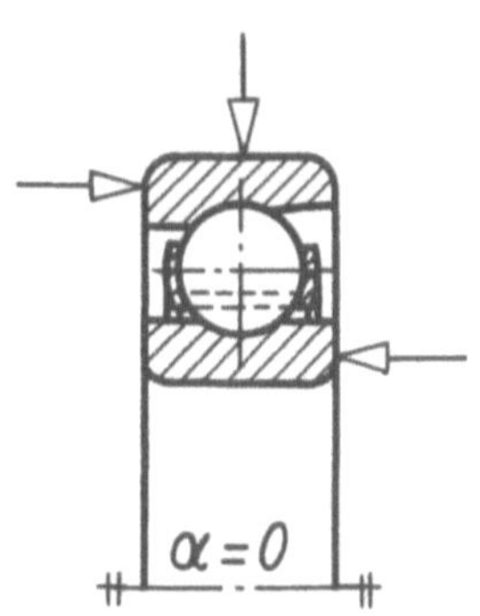


Schulterkugellager

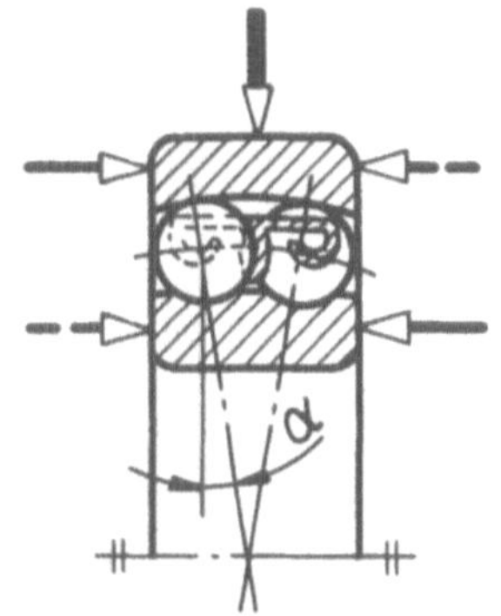


Pendelkugellager

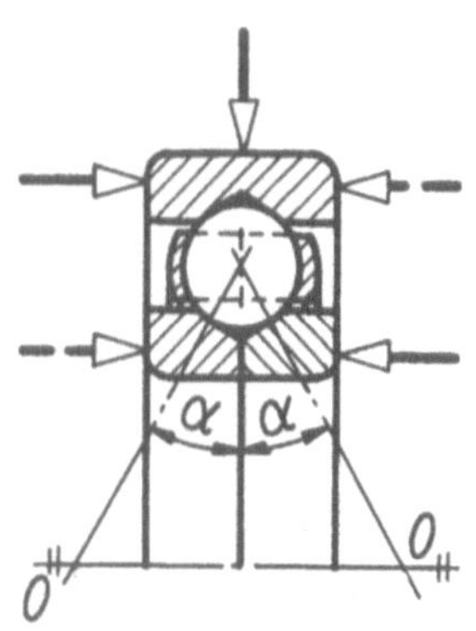


Vierpunktkugellager

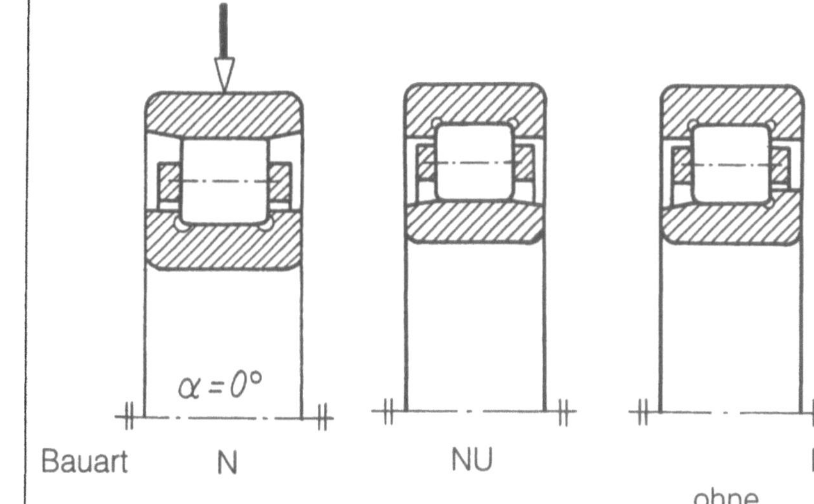


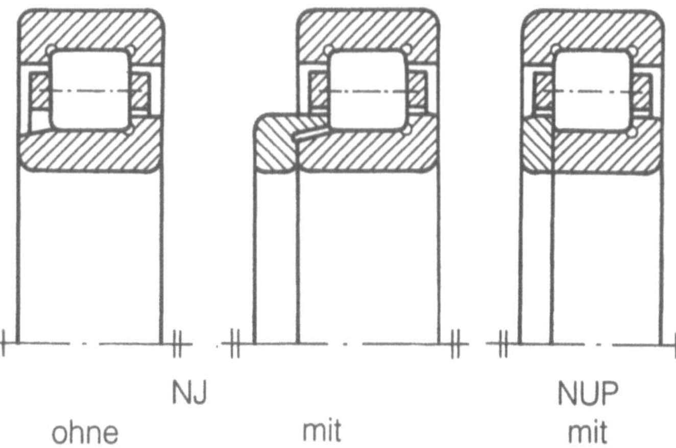


| Bauart | N | NU | NJ | | NUP |
|---|---|---|---|---|---|
| | | | ohne | mit | mit |
| | | | Winkelring | | Bordscheibe |

# Lager

## Nadel-, Kegelrollen-, Tonnen- und Pendelrollenlager

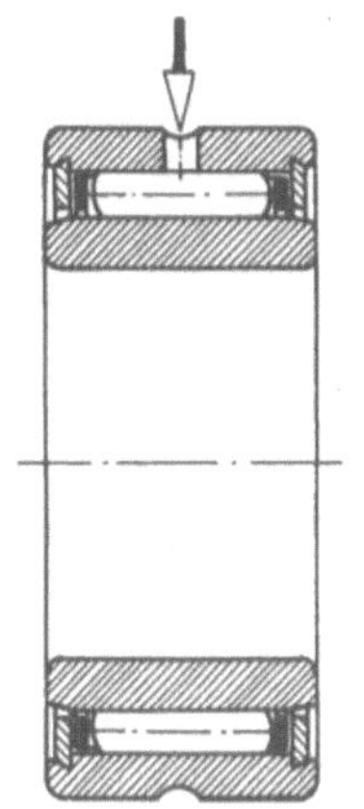

Nadellager (Normal)

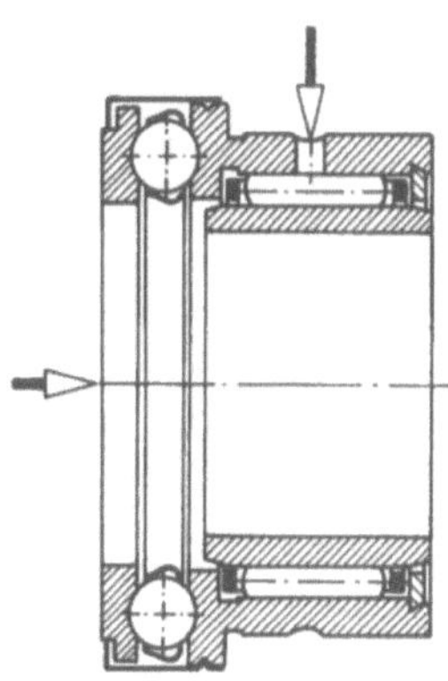

kombiniertes Nadel- und Axialkugellager

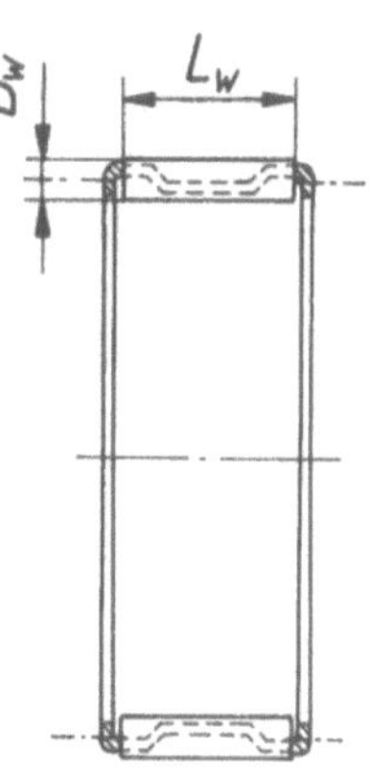

Nadelkranz, einreihig

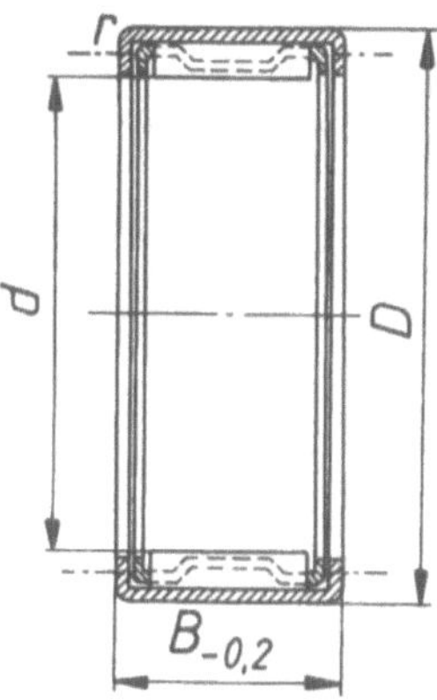

Nadelhülse

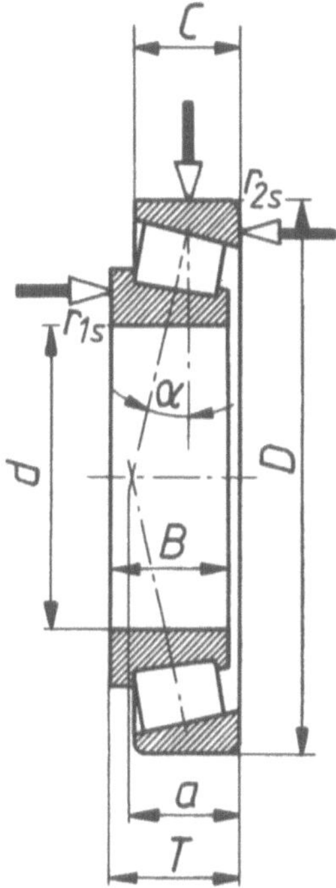

Kegelrollenlager

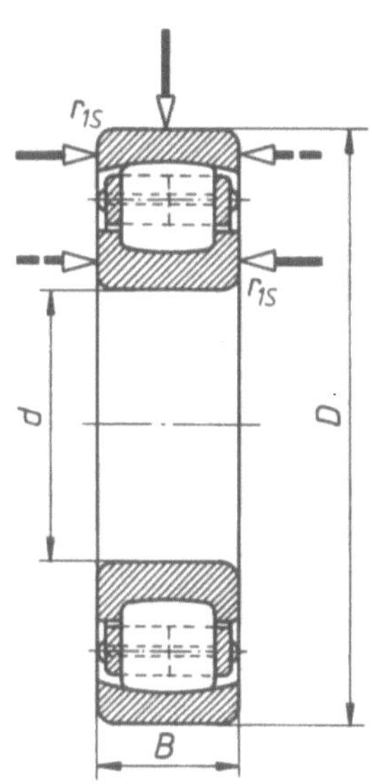

Tonnenlager

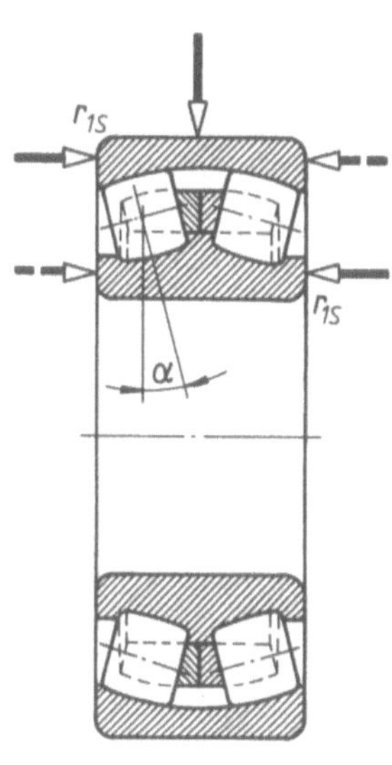

Pendelrollenlager

## Axial-Rillenkugellager

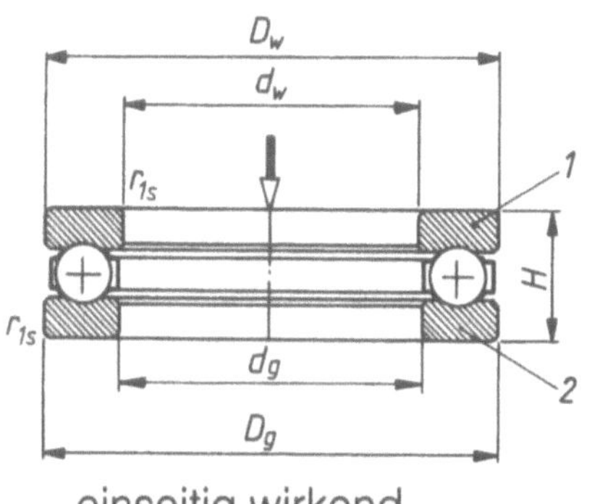

einseitig wirkend

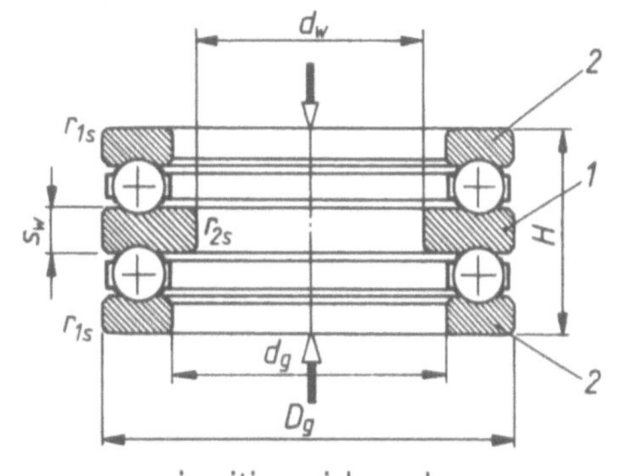

zweiseitig wirkend

1 Wellenscheibe
2 Gehäusescheibe

# Lager

## Lagerkräfte bei Schrägkugellagern

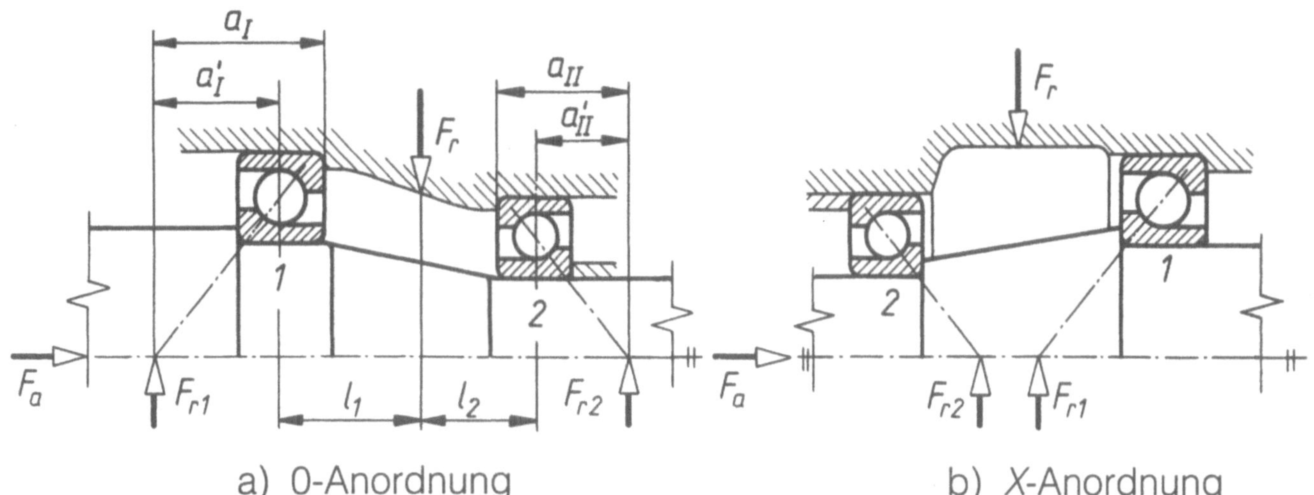



| Kräfteverhältnisse | bei Berechnung einzusetzende Axialkräfte $F_{a1}$ und $F_{a2}$ | |
| --- | --- | --- |
| | Lager 1 | Lager 2 |
| 1. $\dfrac{F_{r1}}{Y_1} \leq \dfrac{F_{r2}}{Y_2};\ F_a \geq 0$ | $F_{a1} = F_a + 0{,}5\,\dfrac{F_{r2}}{Y_2}$ | – |
| 2. $\dfrac{F_{r1}}{Y_1} > \dfrac{F_{r2}}{Y_2};\ F_a > 0{,}5\left(\dfrac{F_{r1}}{Y_1} - \dfrac{F_{r2}}{Y_2}\right)$ | $F_{a1} = F_a + 0{,}5 \cdot \dfrac{F_{r2}}{Y_2}$ | – |
| 3. $\dfrac{F_{r1}}{Y_1} > \dfrac{F_{r2}}{Y_2};\ F_a \leq 0{,}5\left(\dfrac{F_{r1}}{Y_1} - \dfrac{F_{r2}}{Y_2}\right)$ | – | $F_{a2} = 0{,}5 \cdot \dfrac{F_{r1}}{Y_1} - F_a$ |

# Lager

Befestigungen von Wälzlagern auf Wellen und Achsen

a) Sicherung durch Kraftschluß

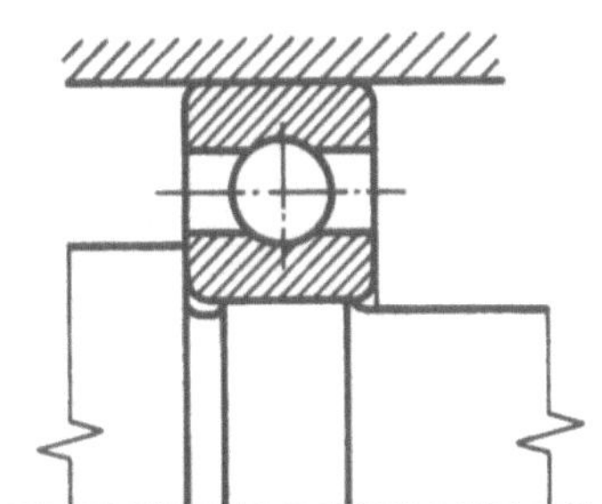

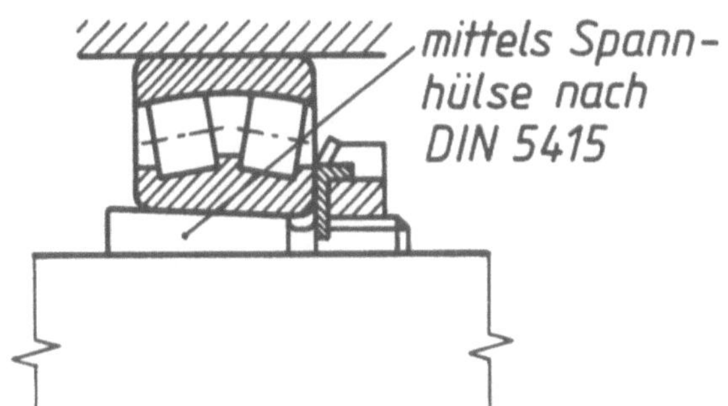


b) Sicherung durch verspannten Formschluß

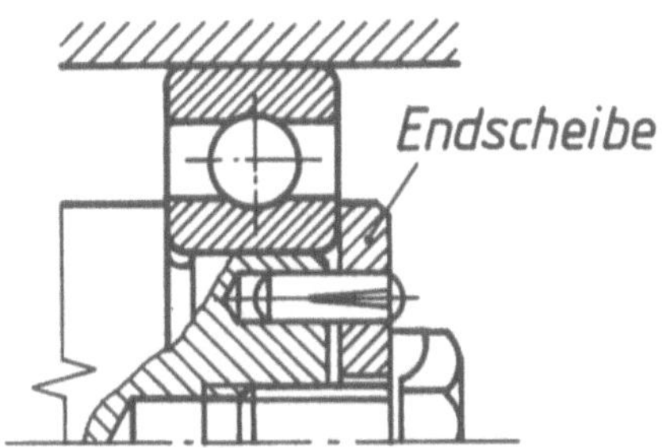


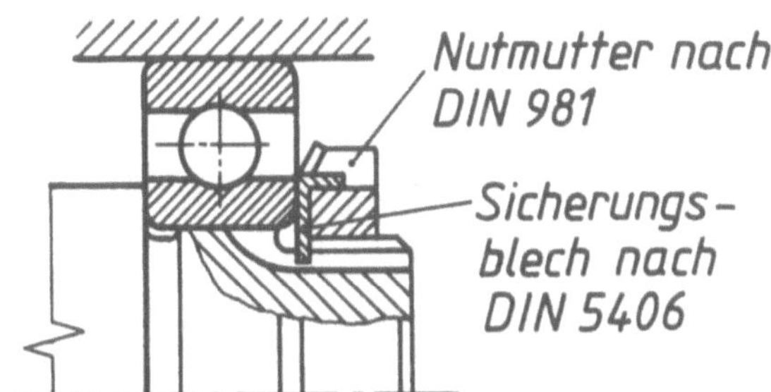


c) Sicherung durch unverspannten Formschluß

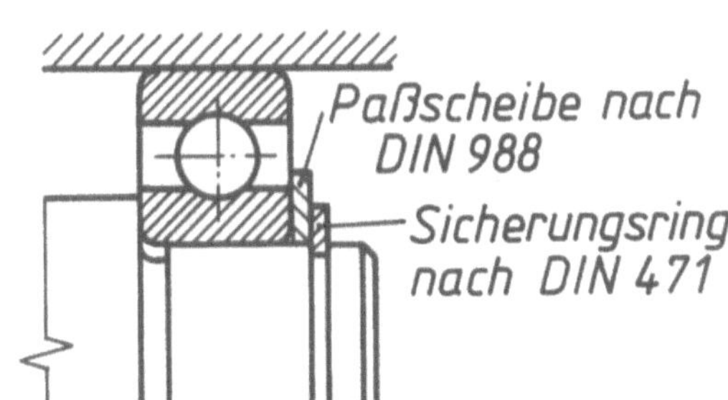


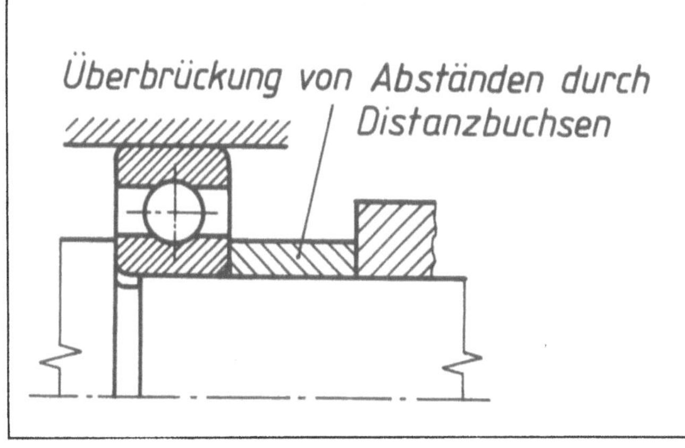


Befestigungen von Wälzlagern in Gehäusen

a) durch verspannten Formschluß

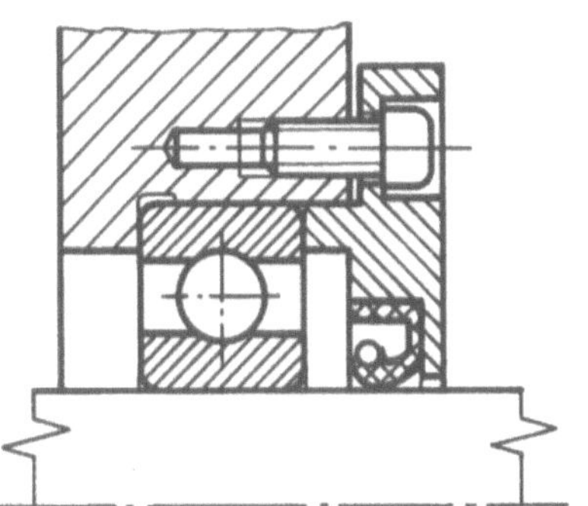

b) unverspannten Formschluß

# Lager

## Nicht schleifende Dichtungen

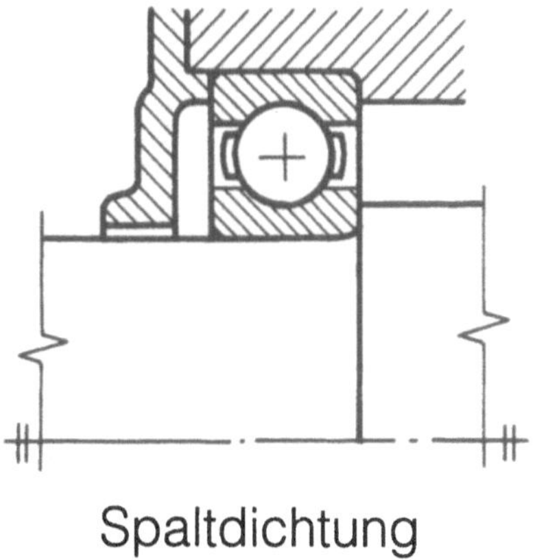

Spaltdichtung

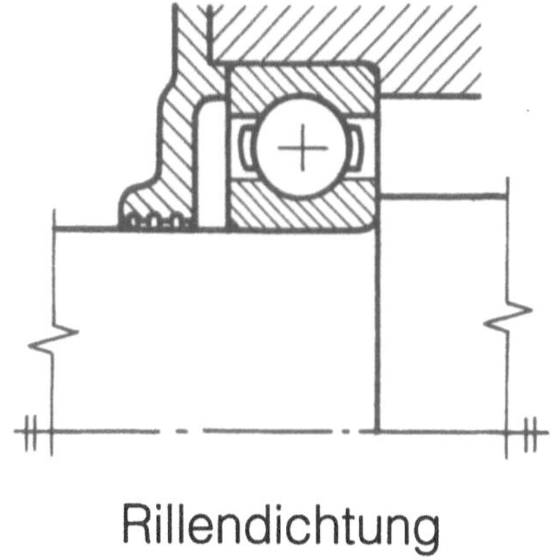

Rillendichtung

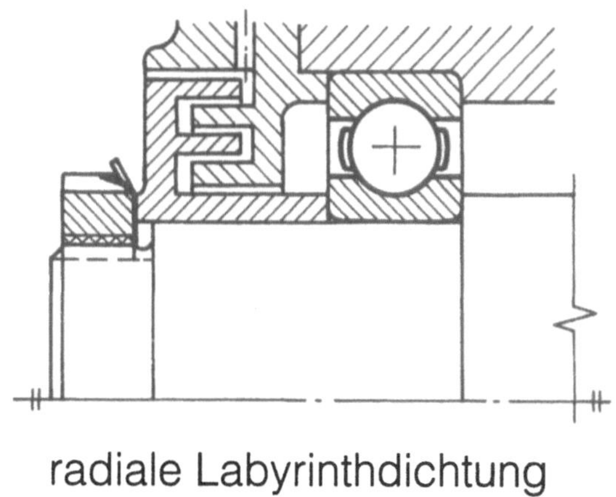

radiale Labyrinthdichtung

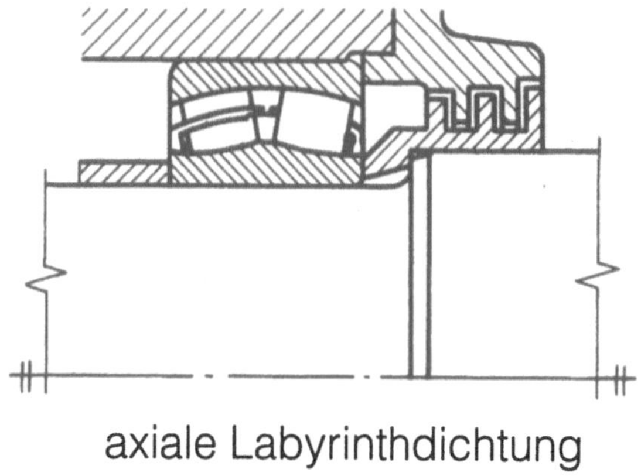

axiale Labyrinthdichtung

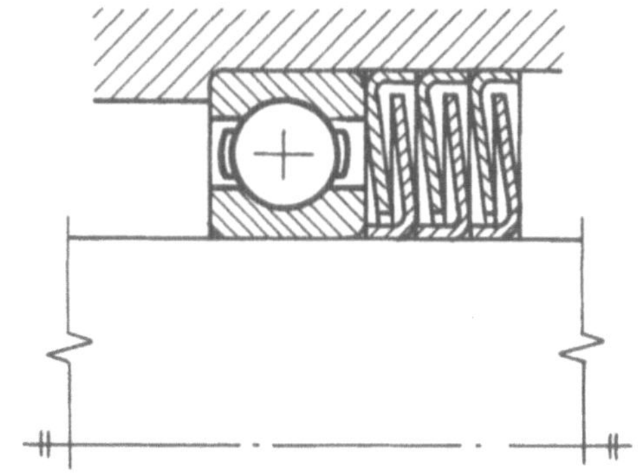

Labyrinth mit Dichtungslamellen

# Lager

## Schleifende Dichtungen

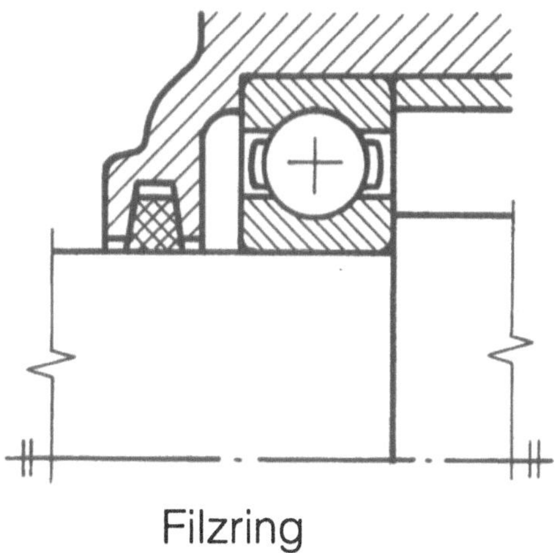

Filzring

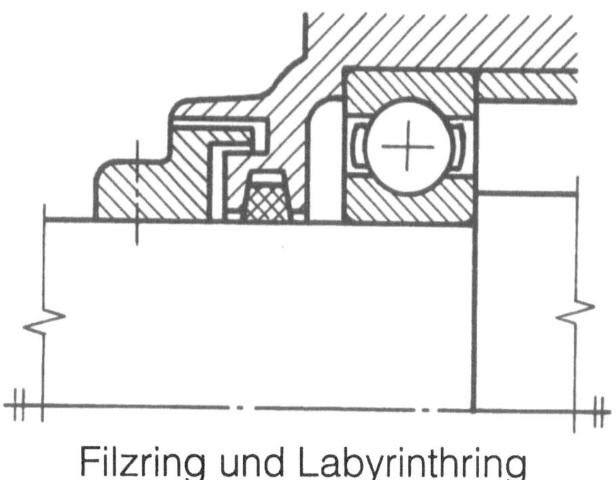

Filzring und Labyrinthring

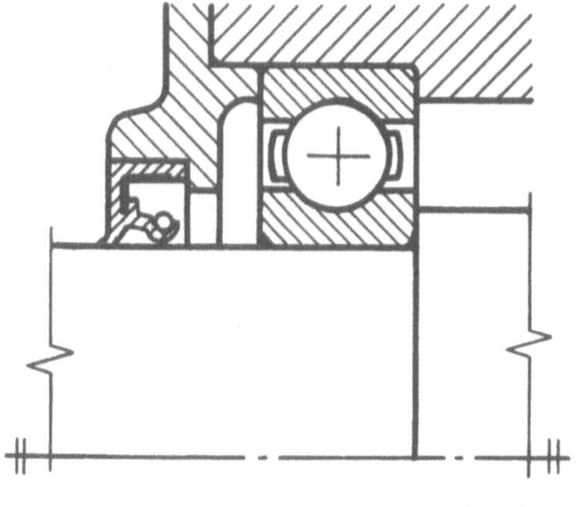

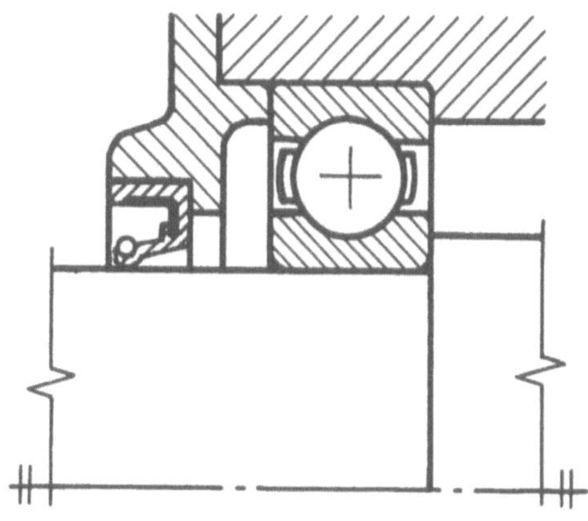

Radial-Wellendichtringe

# Lager

## Wälzlagerungen – Einbaubeispiele

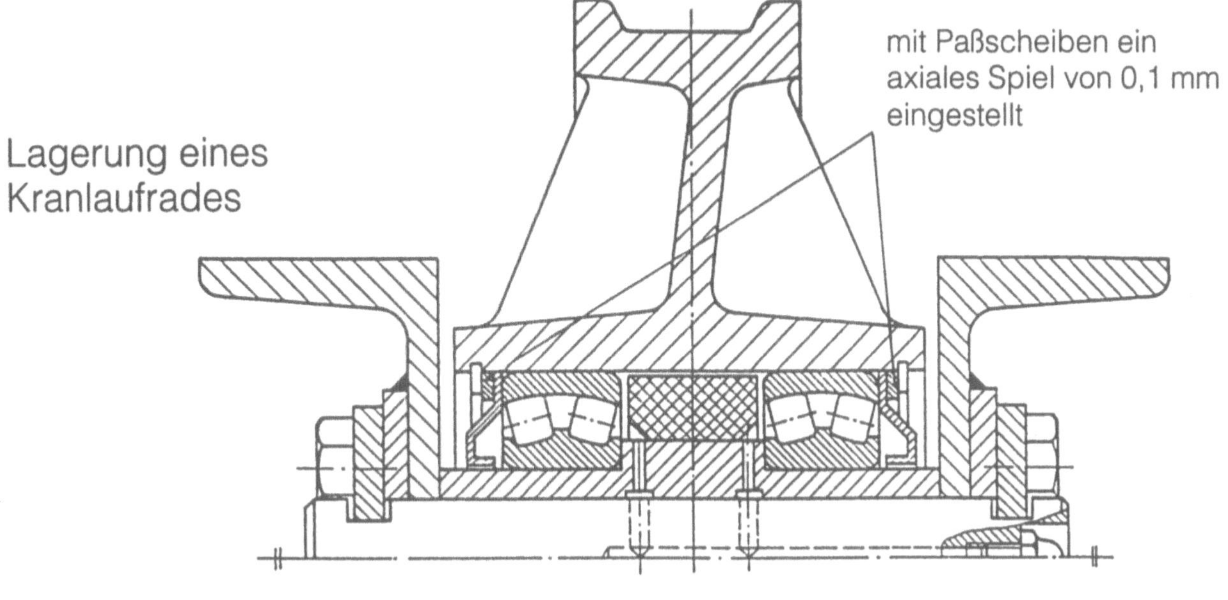



Lagerung eines
Kranlaufrades

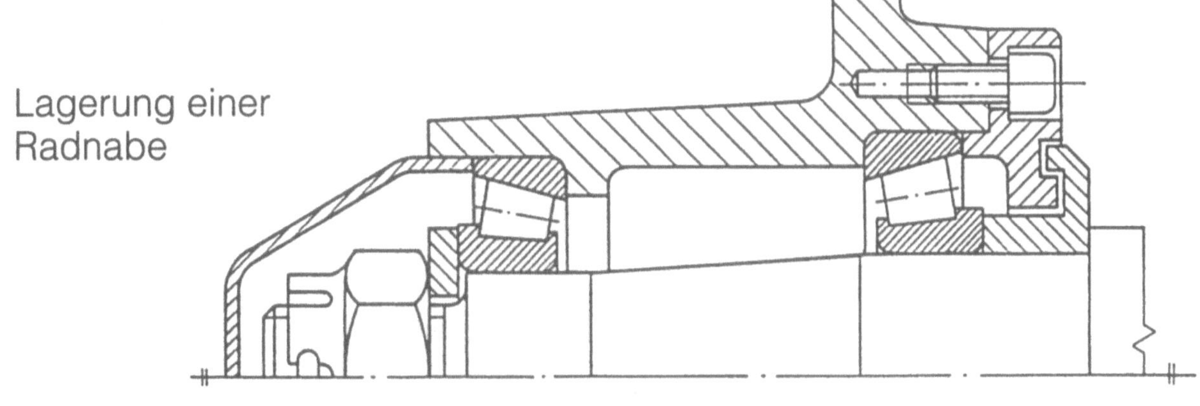

Lagerung einer
Radnabe

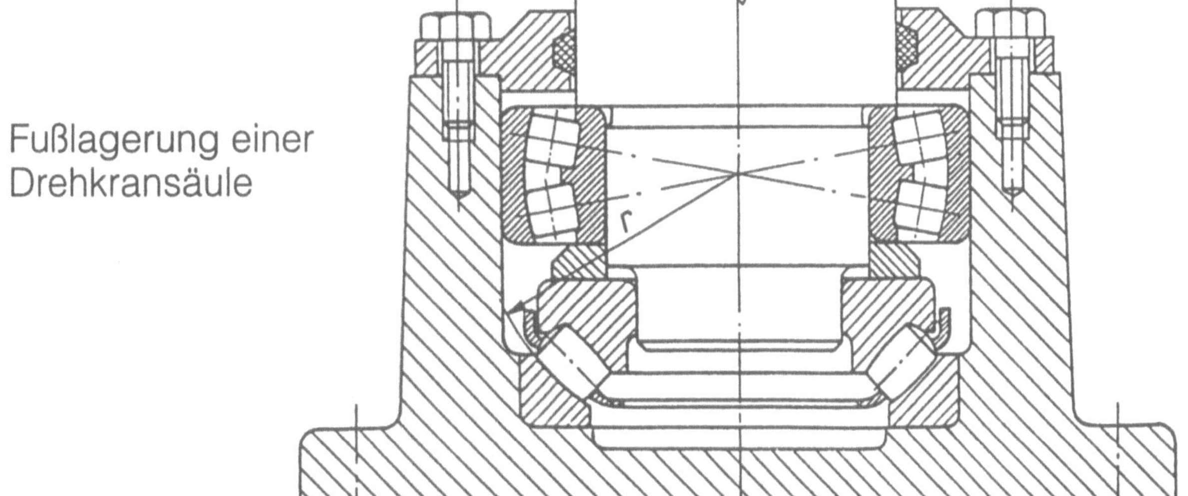

Fußlagerung einer
Drehkransäule

# Lager



## Wälzlagerungen – Einbaubeispiele

### Lagerung einer Schneckenwelle

an der Schnecke wirken große Axialkräfte

andere Variante des Festlagers

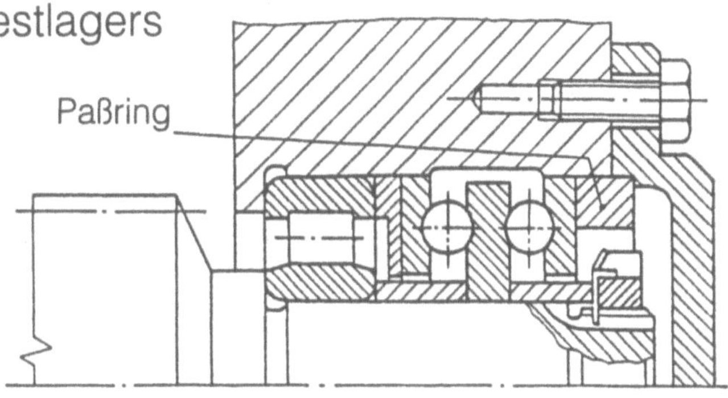



Länge des Paßringes bei Montage so festlegen, daß Spielfreiheit des Axial-Rillenkugellagers vorhanden ist.

### Lagerung einer Schneckenradwelle

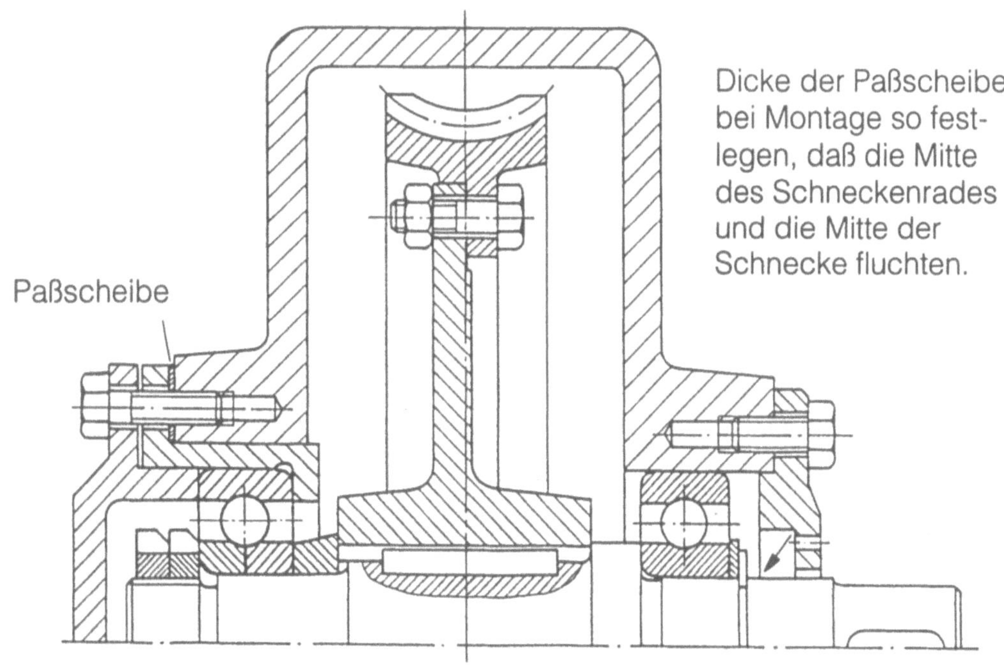



Dicke der Paßscheibe bei Montage so festlegen, daß die Mitte des Schneckenrades und die Mitte der Schnecke fluchten.

# Lager

## Wälzlagerungen – Einbaubeispiel

### Kegelrad-Stirnrad-Getriebe

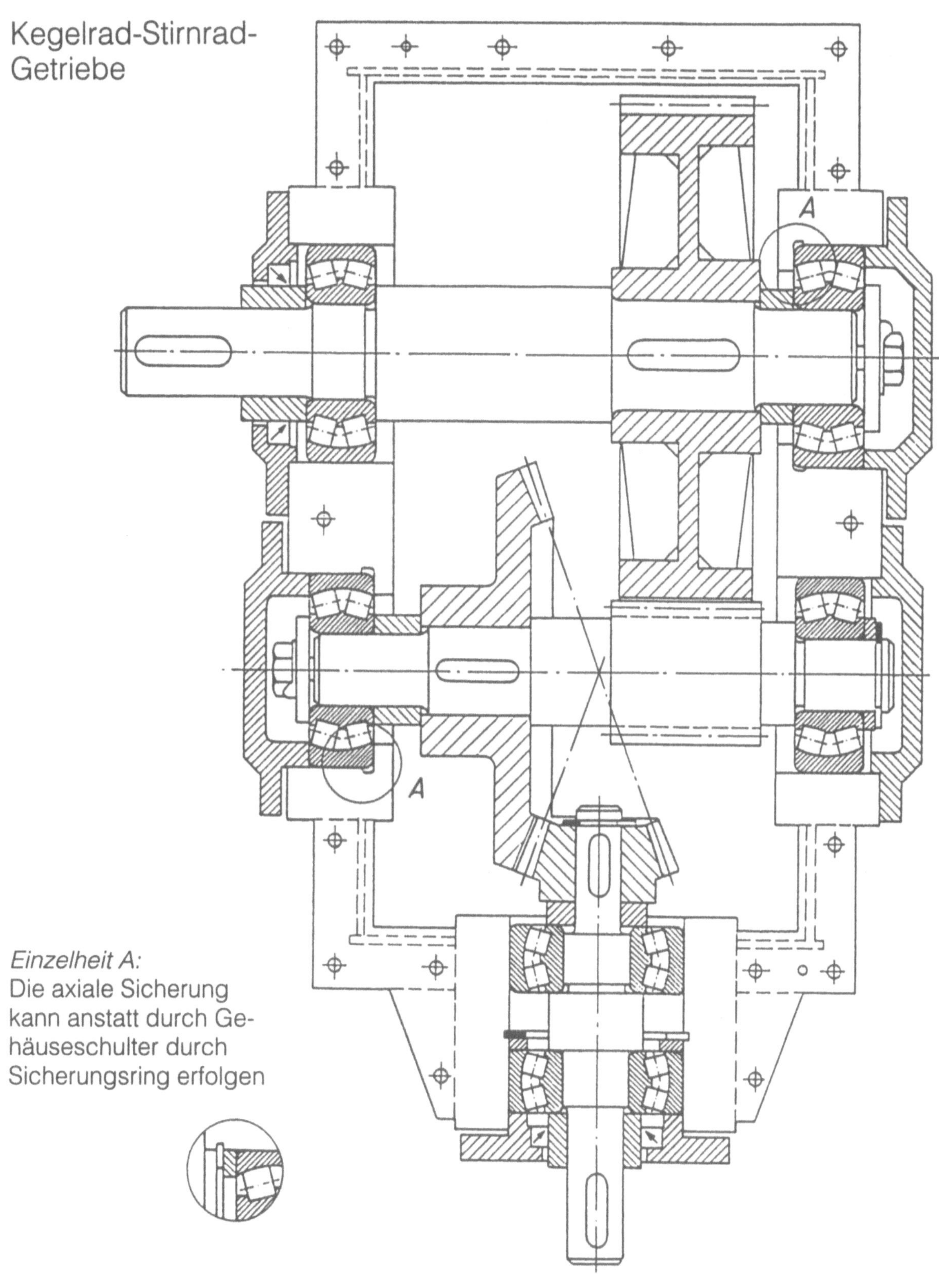

*Einzelheit A:*
Die axiale Sicherung
kann anstatt durch Ge-
häuseschulter durch
Sicherungsring erfolgen

# Lager

## Berechnung der Wälzlager

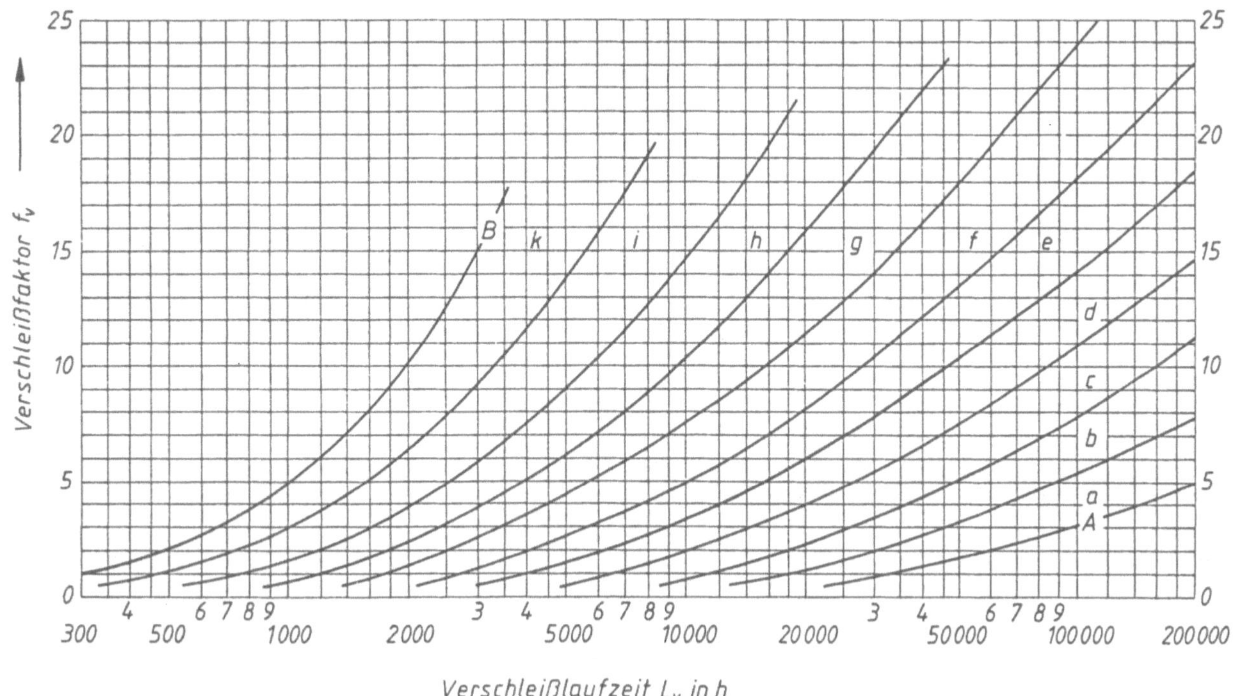


Schaubild zum Abschätzen der Verschleißlaufzeit $L_v$ (nach Kugelfischer)

# Lager

## Gleitlagerungen – Hydrodynamische Schmierung

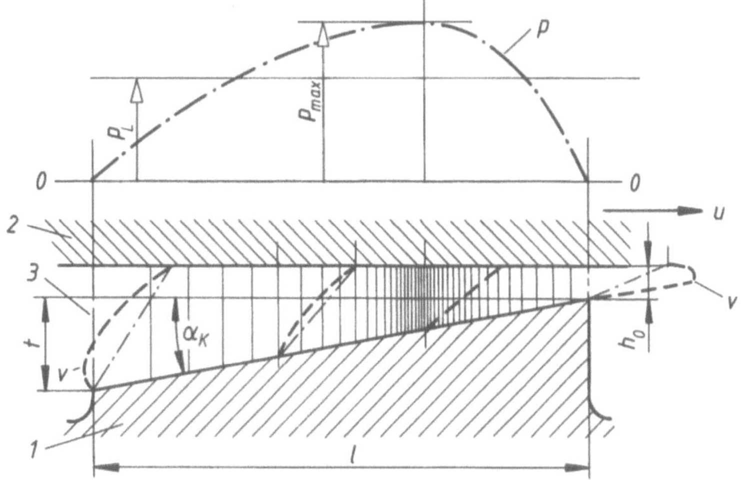

Hydrodynamische Druck- und Geschwindigkeitsverteilung

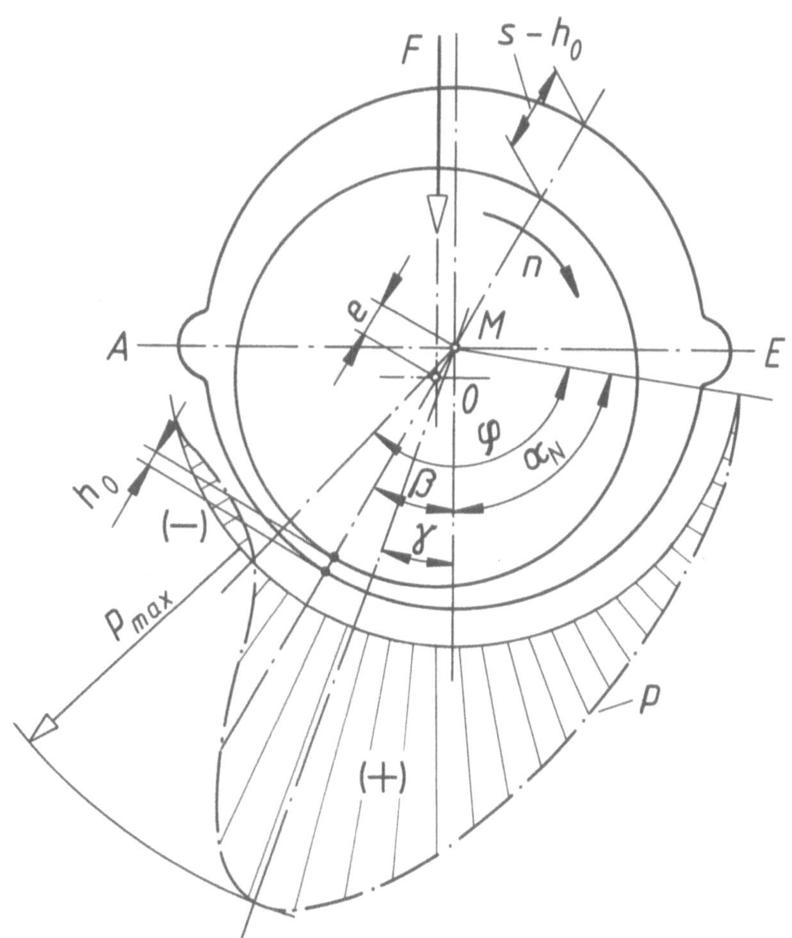

Druckverteilung am Umfang des Radiallagers bei konstanter Kraftrichtung $F$ (schematisch)



**14-13**

# Lager

## Schmierfilmausbildung

**Phase 1:**
Drehzahl $n = 0$

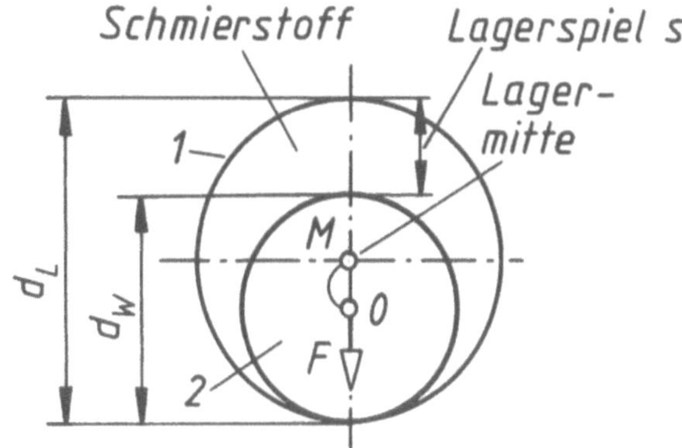


**Phase 2:**
Drehzahl $n$ = klein

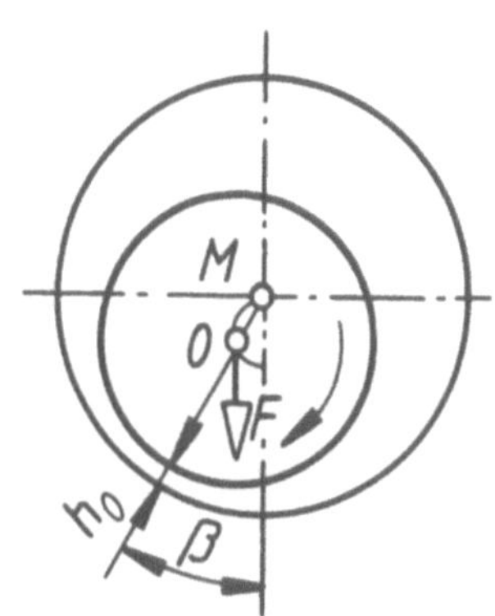


**Phase 3:**
Drehzahl $n$ = groß

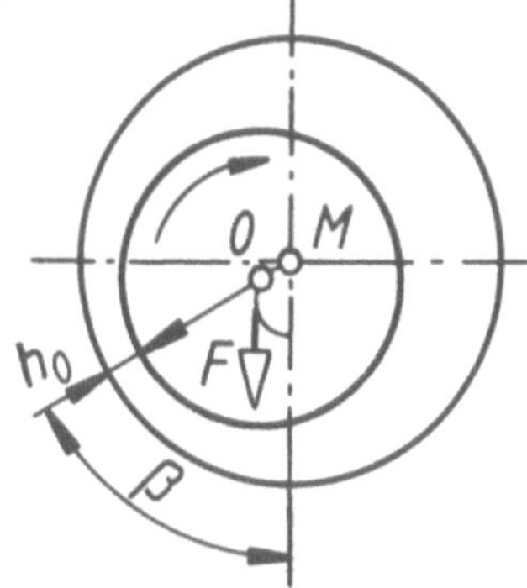


**Grenzfall:**
Drehzahl $n = \infty$

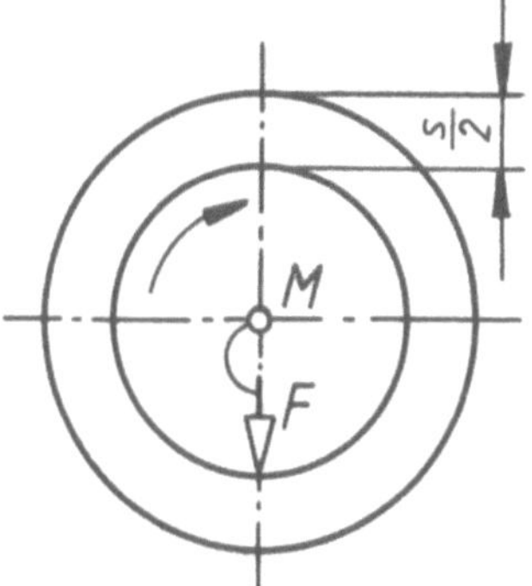

# Lager

## Reibungskurven von Gleitlagern

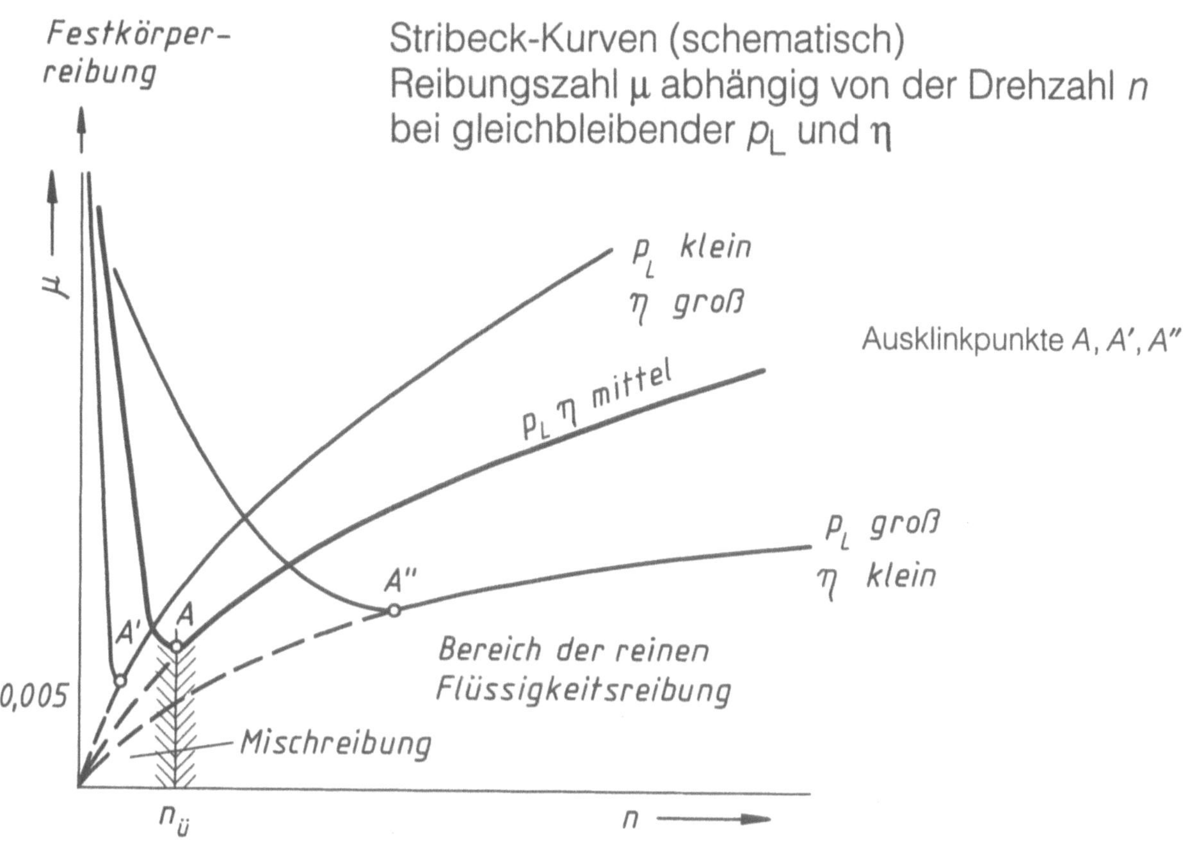


## Reibungszustände

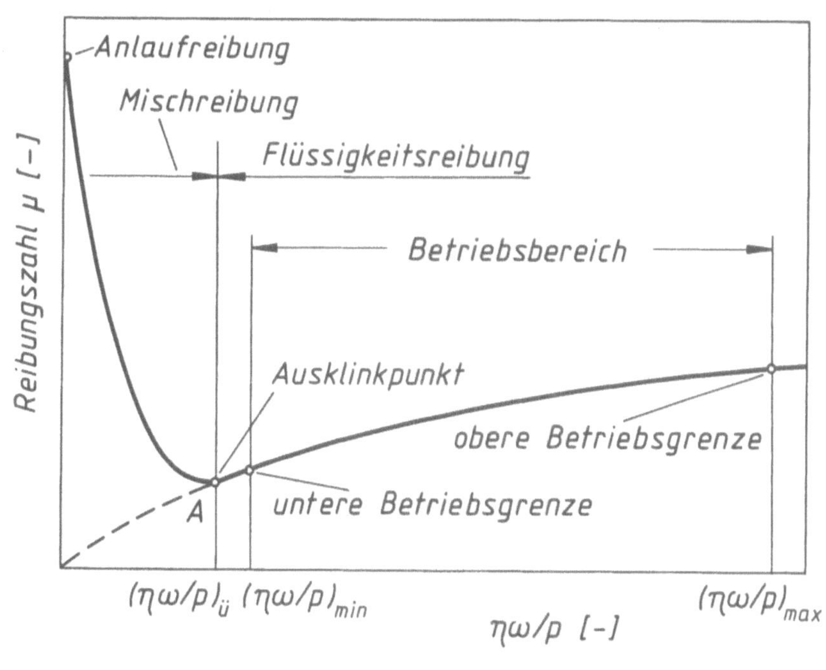


Betriebsbereich
eines
Gleitlagers
(schematisch)

# Lager

## Viskositäts-Temperatur-Diagramm nach DIN 51519 gültig für VI = 50

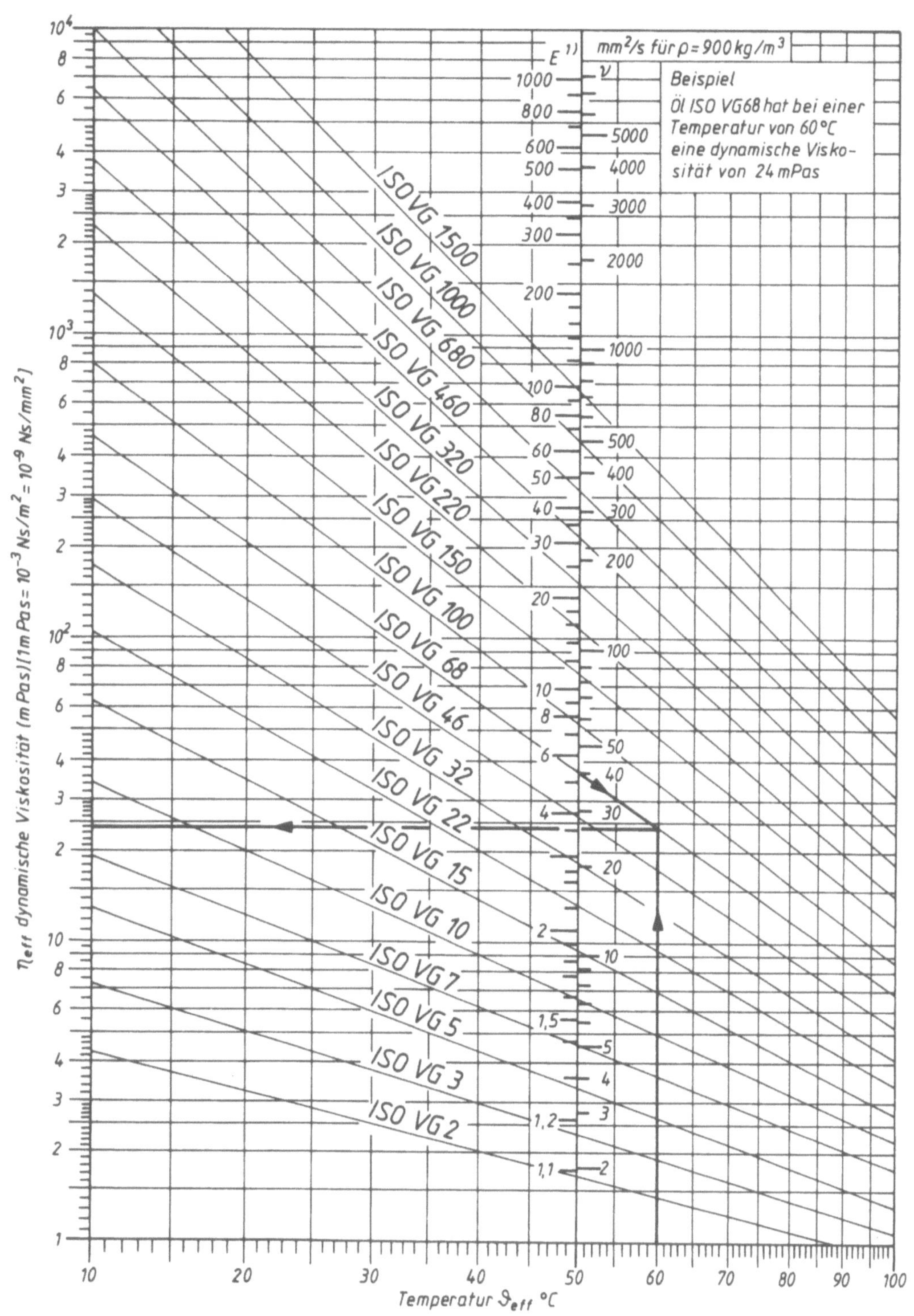


<sup>1</sup>) 1 E = 1 Englergrad, früher übliches Viskositätsmaß im Handel (DIN 51 560) bei 50 °C

# Zahnräder und Zahnradgetriebe

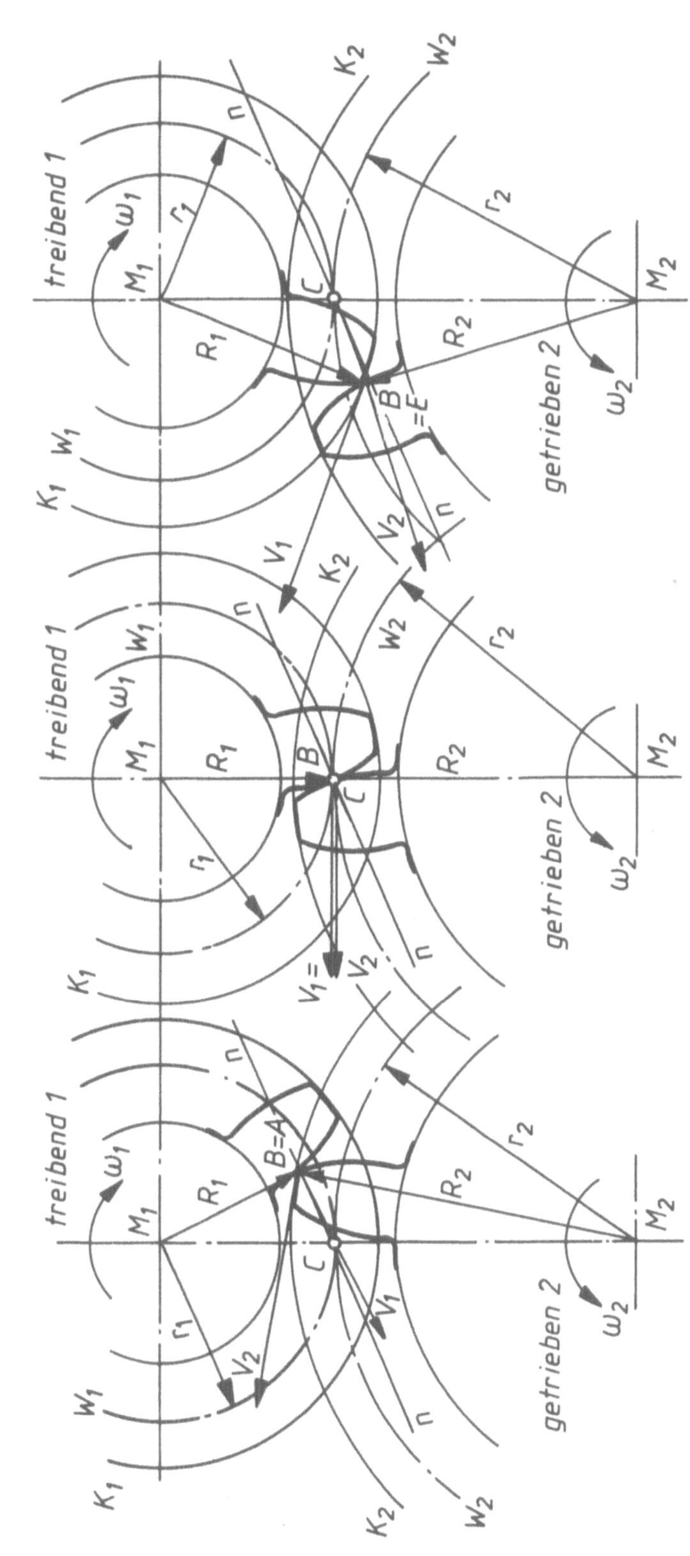

# Zahnräder und Zahnradgetriebe

Zykloiden

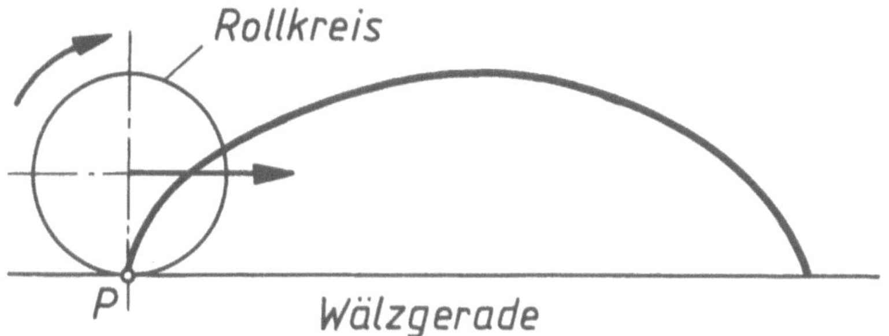



Orthozykloide

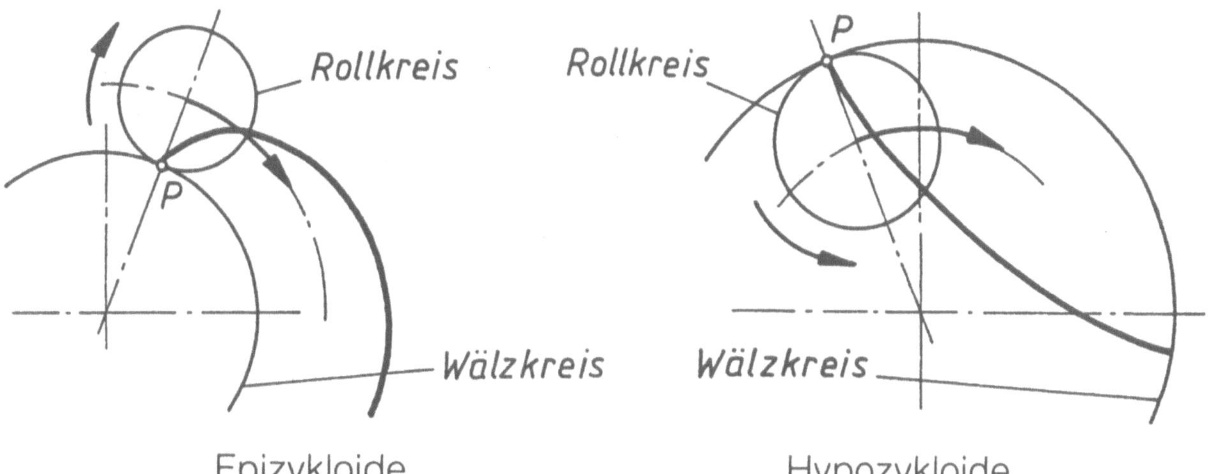



Epizykloide                    Hypozykloide

# Zahnräder und Zahnradgetriebe

Zykloidenverzahnung

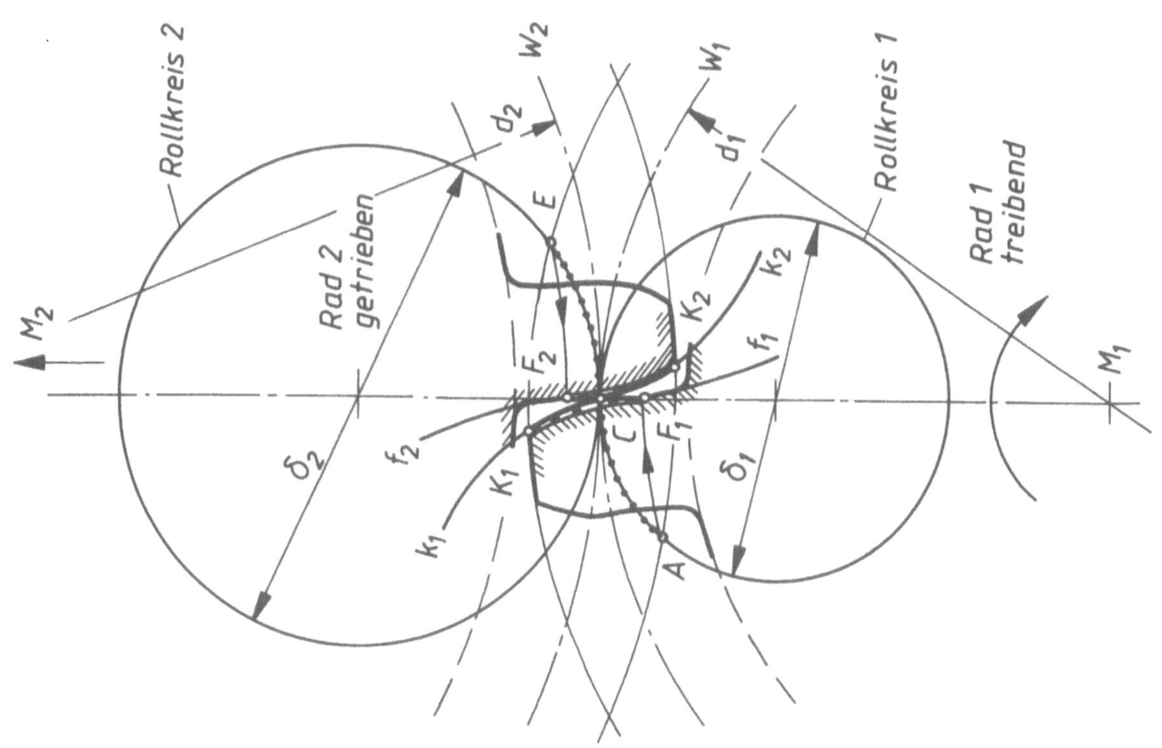

# Zahnräder und Zahnradgetriebe

Evolventenverzahnung

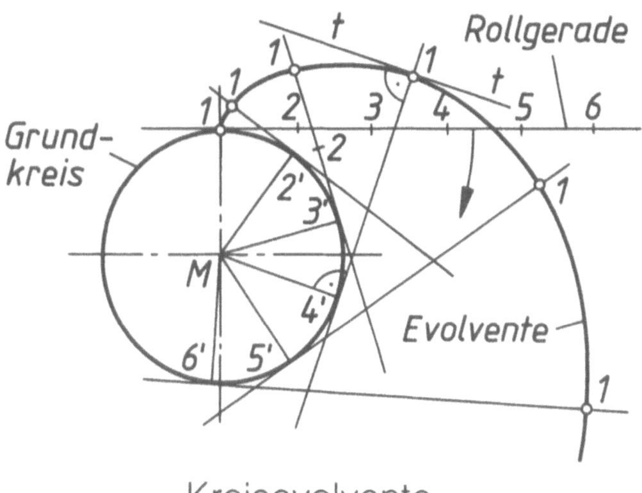



Kreisevolvente

Evolventen am Stirnrad

Bezugsprofil mit Gegenprofil für Stirnräder;
Werkzeugprofil mit Index 0

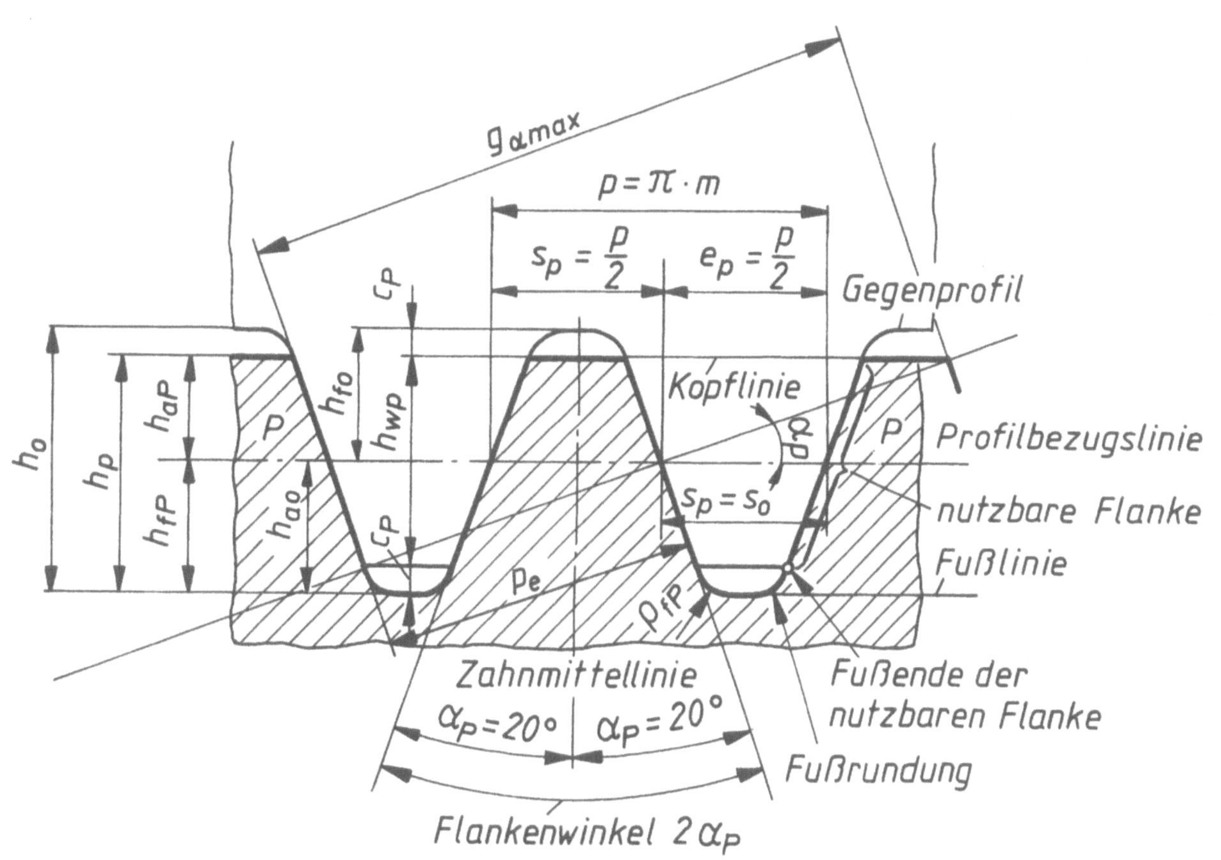

# Zahnräder und Zahnradgetriebe

Benennung am außenverzahnten Stirnrad mit Geradverzahnung

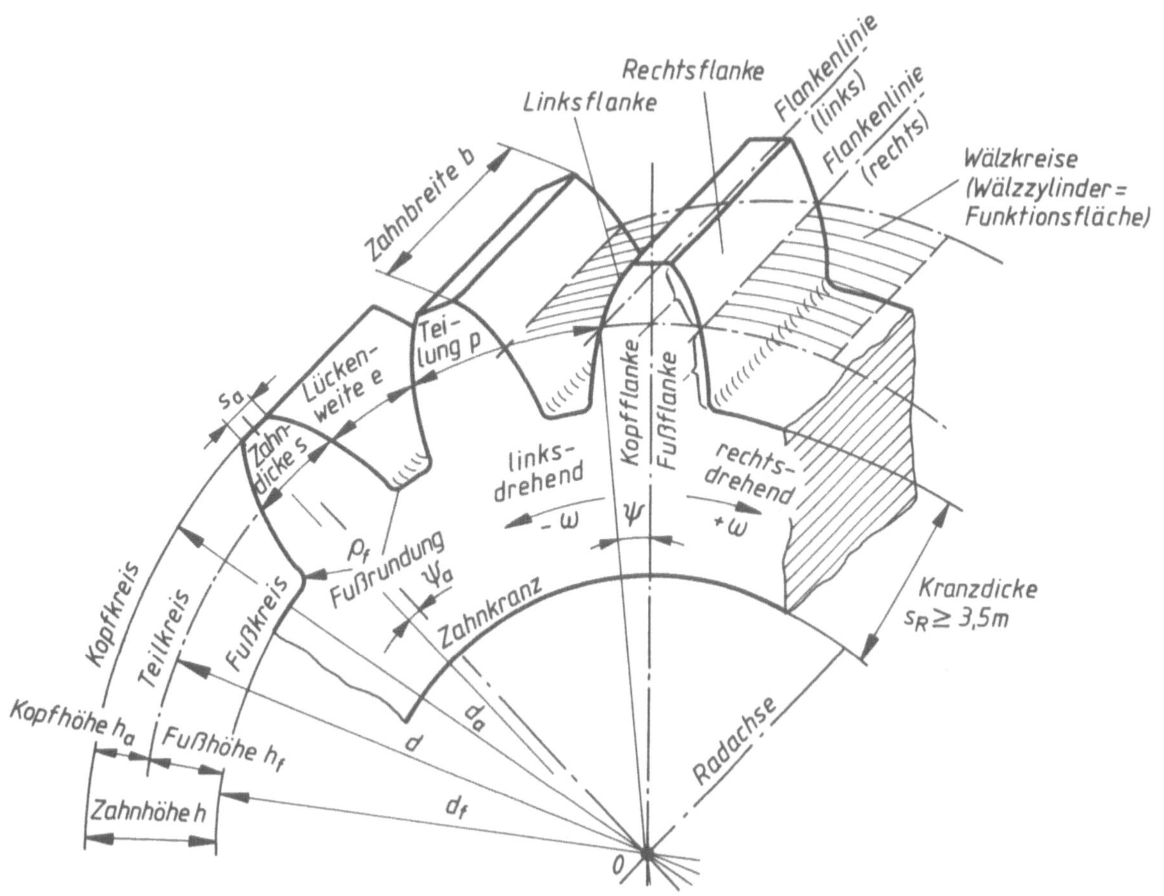



Null-Radpaar: Paarung zweier außenverzahnter Nullräder mit gemeinsamem Bezugsprofil

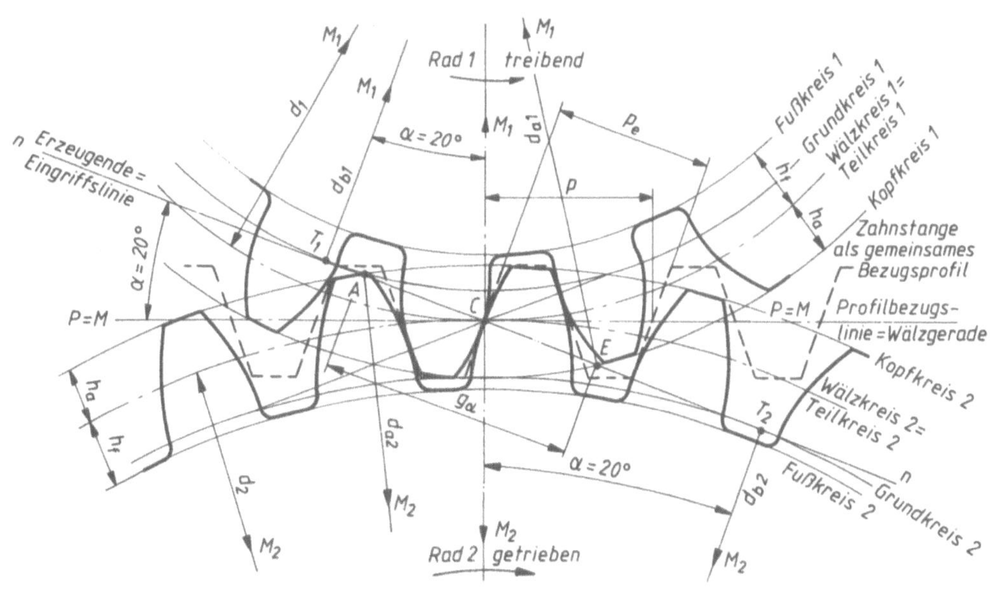

# Zahnräder und Zahnradgetriebe

Entstehung des Unterschnitts

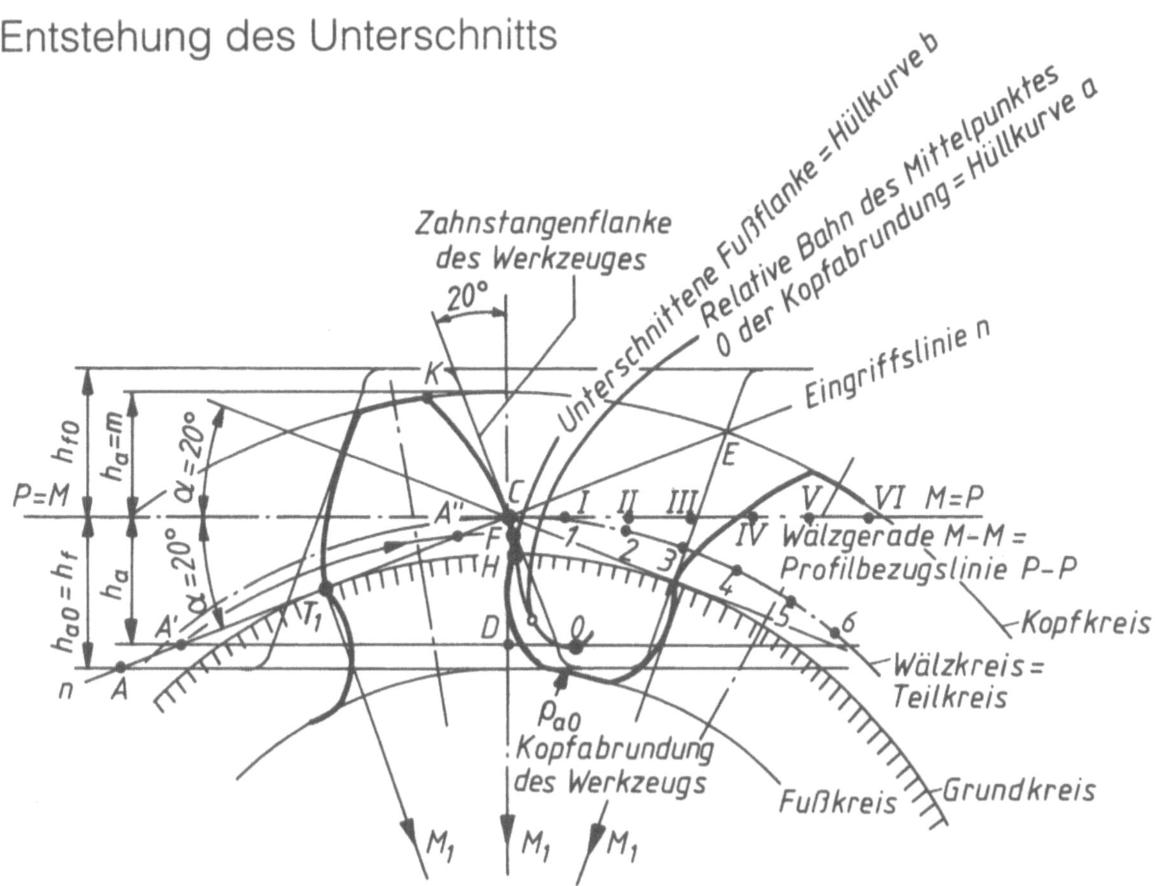



Zahnform in Abhängigkeit von der Profilverschiebung

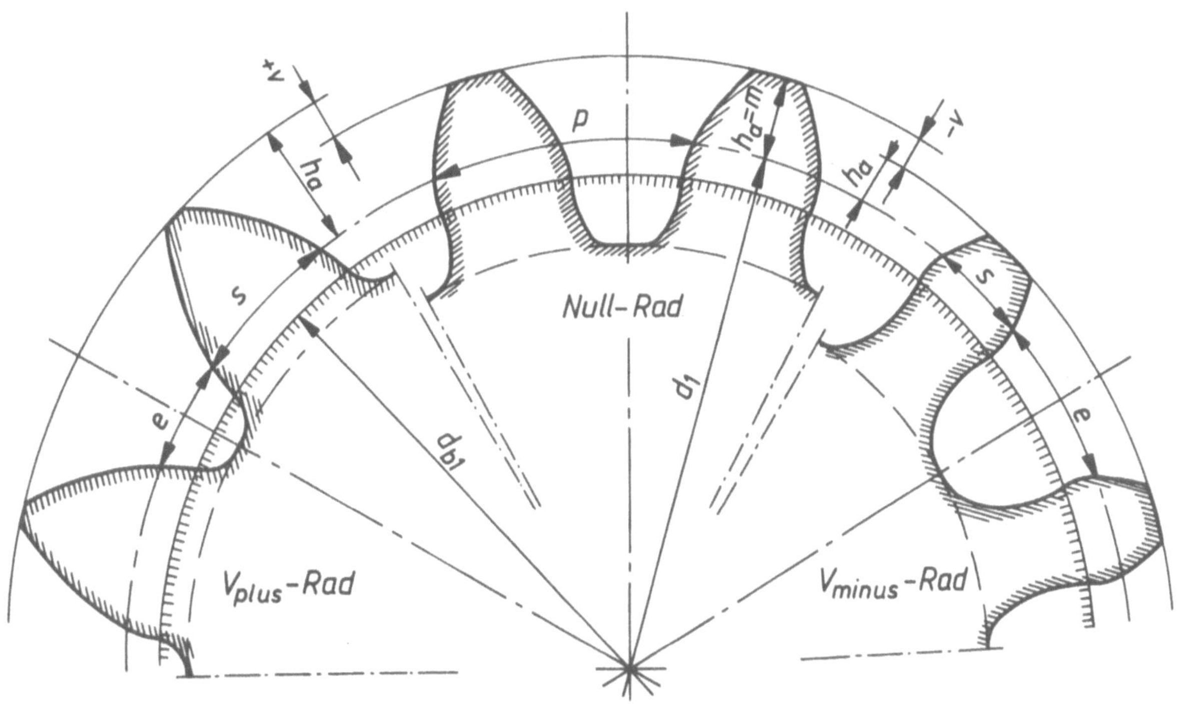

# Zahnräder und Zahnradgetriebe

## Außenverzahnte Geradstirnradpaare bei spielfreiem Eingriff

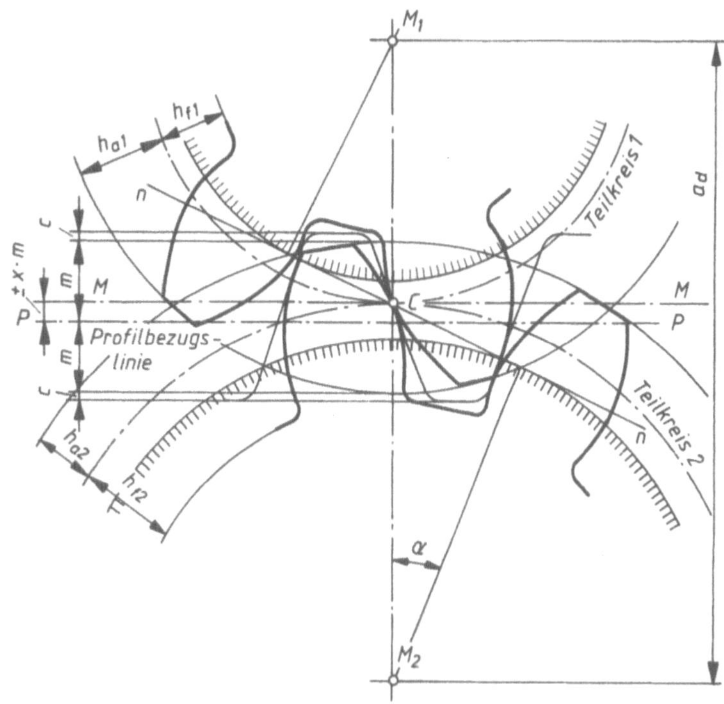



*V*-Null-Getriebe

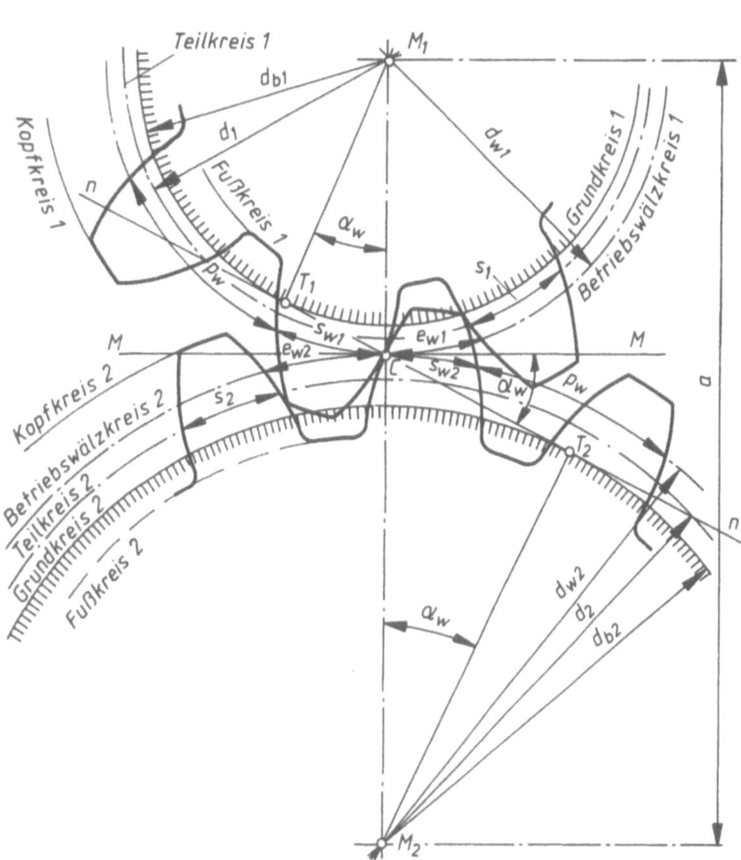



*V*-Getriebe

# Zahnräder und Zahnradgetriebe

Evolventen-Außenverzahnung eines Null-Radpaares

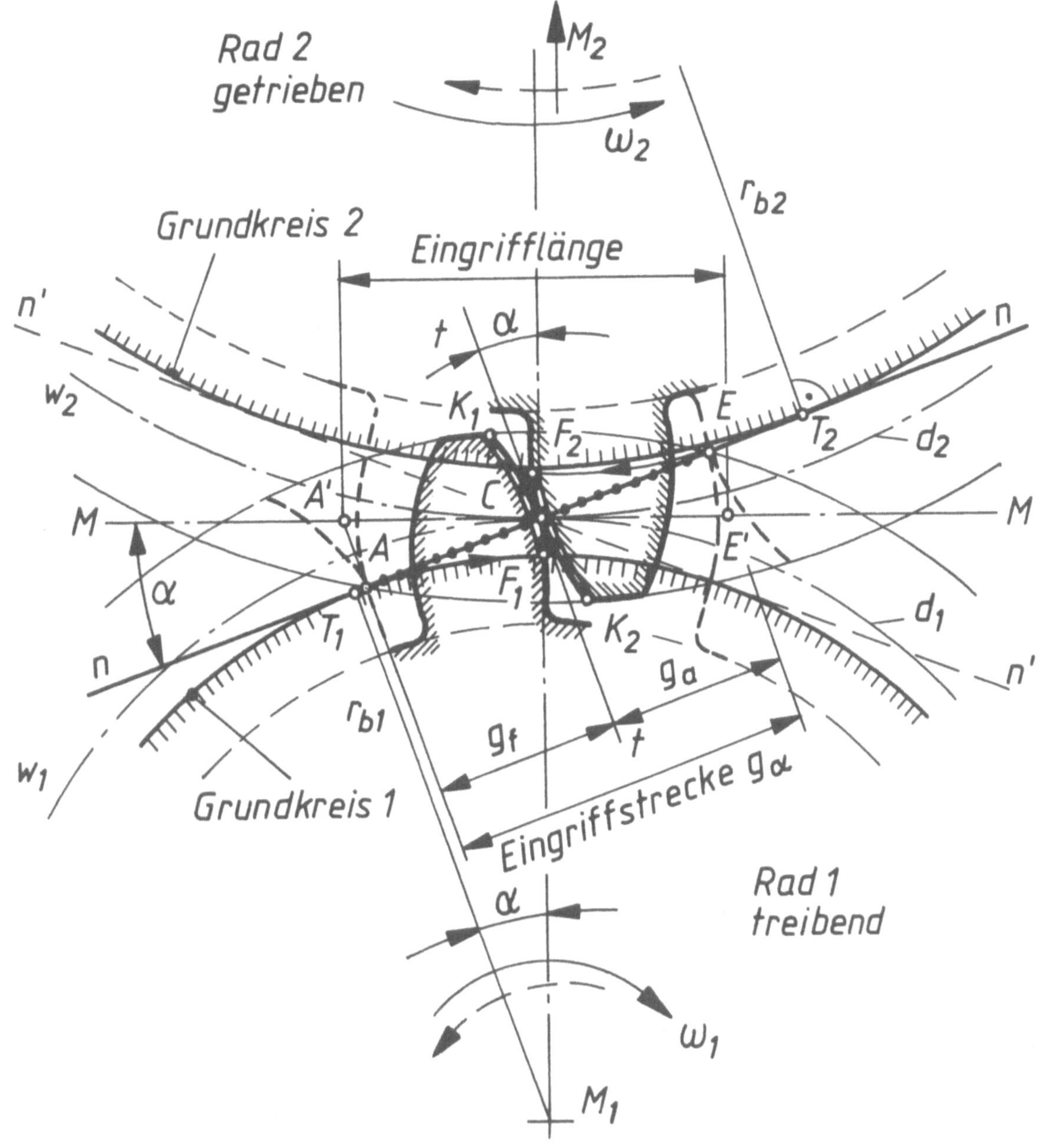

# Zahnräder und Zahnradgetriebe

Wahl der Summe der Profilverschiebungsfaktoren $\sum x = (x_1 + x_2)$

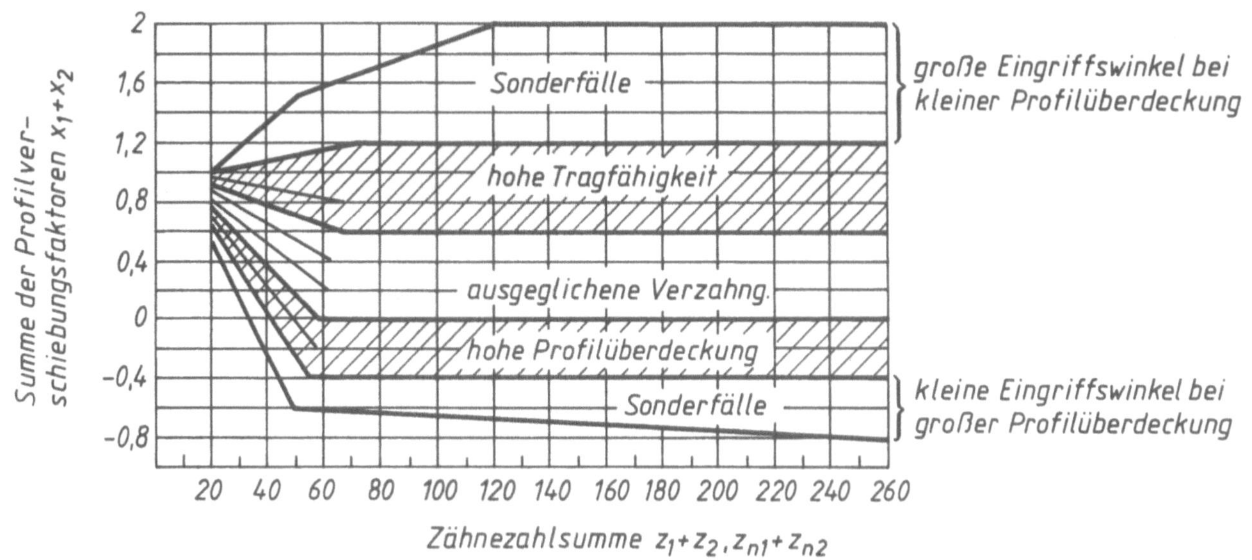


Aufteilung von $\sum x$ in $x_1$ und $x_2$

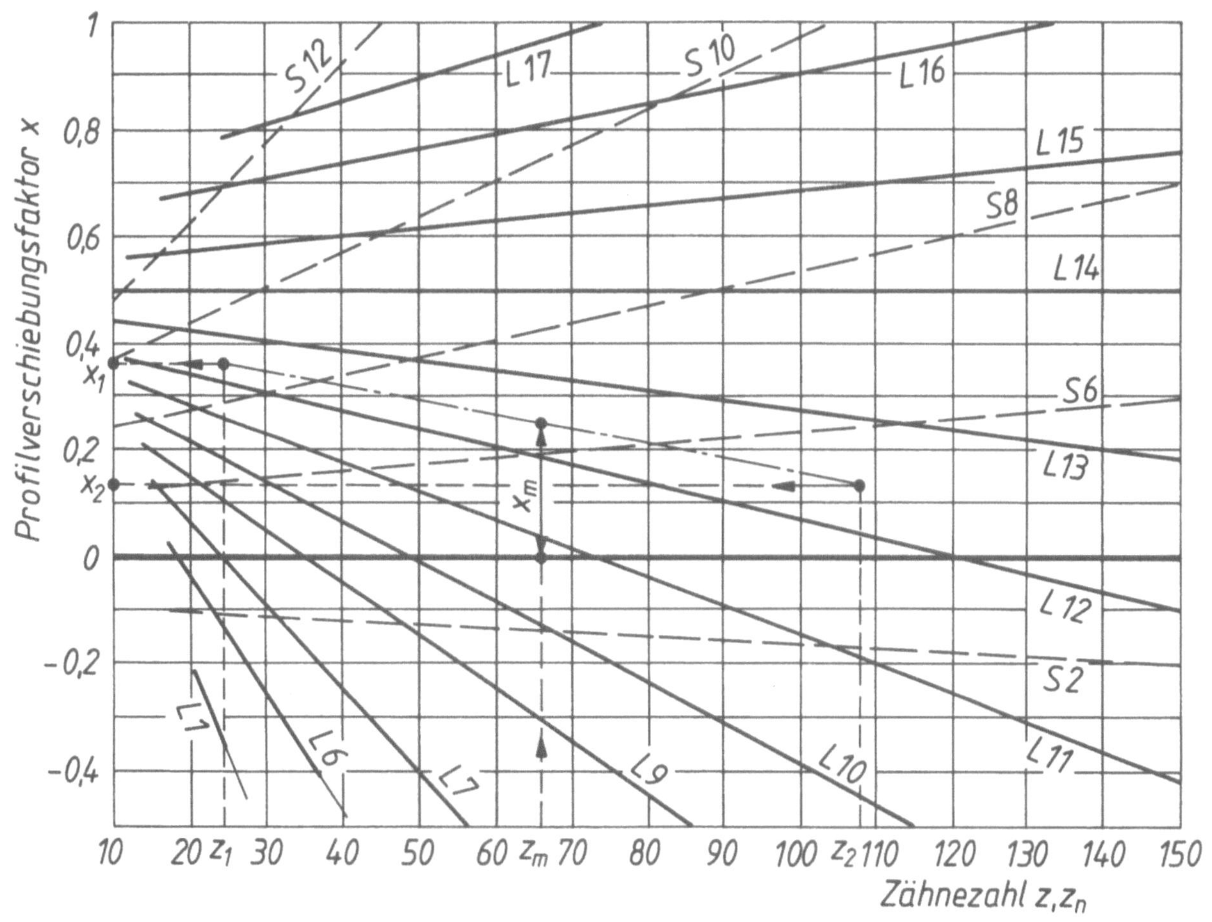

# Zahnräder und Zahnradgetriebe

Geometrie der Schrägstirnräder

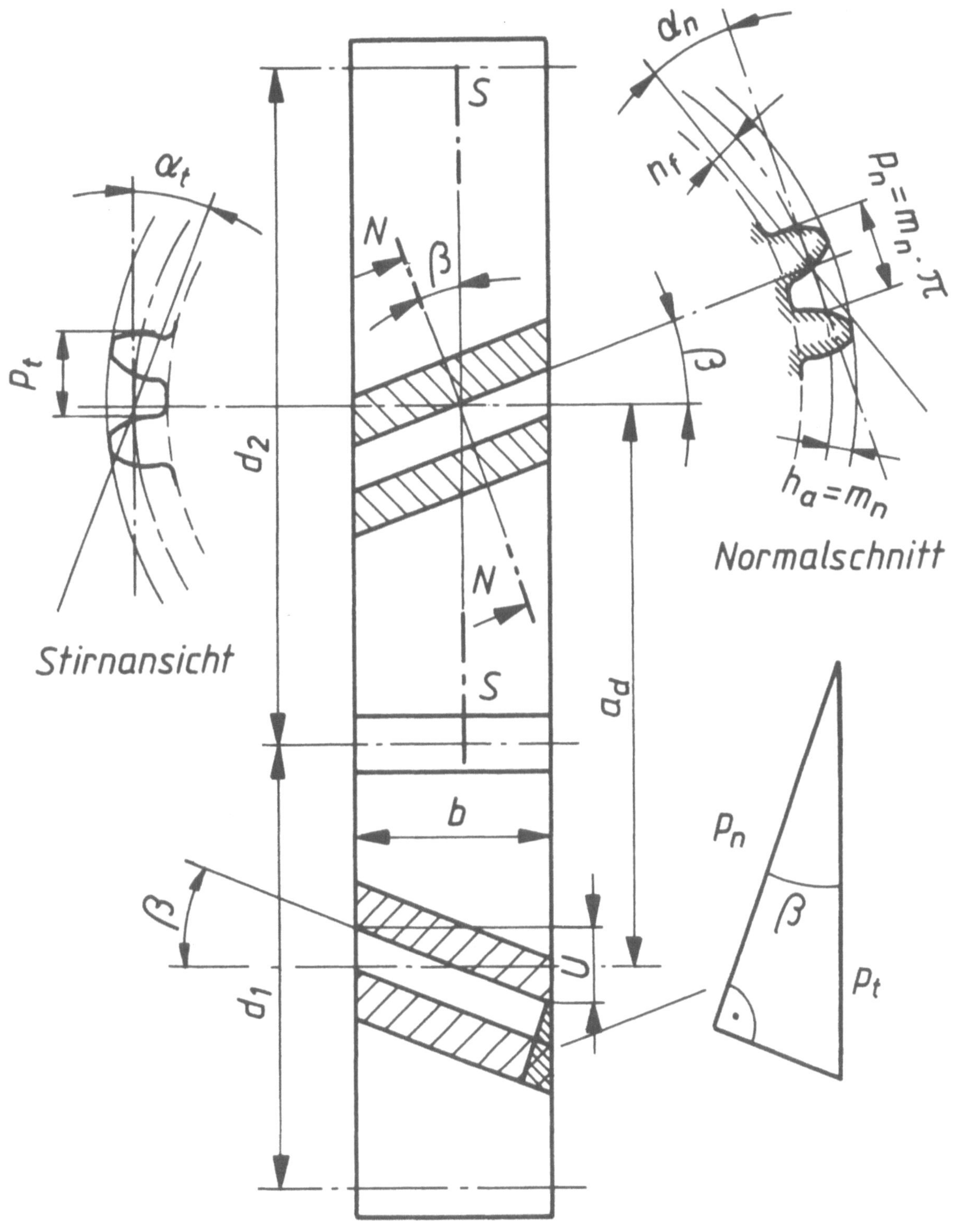

# Zahnräder und Zahnradgetriebe

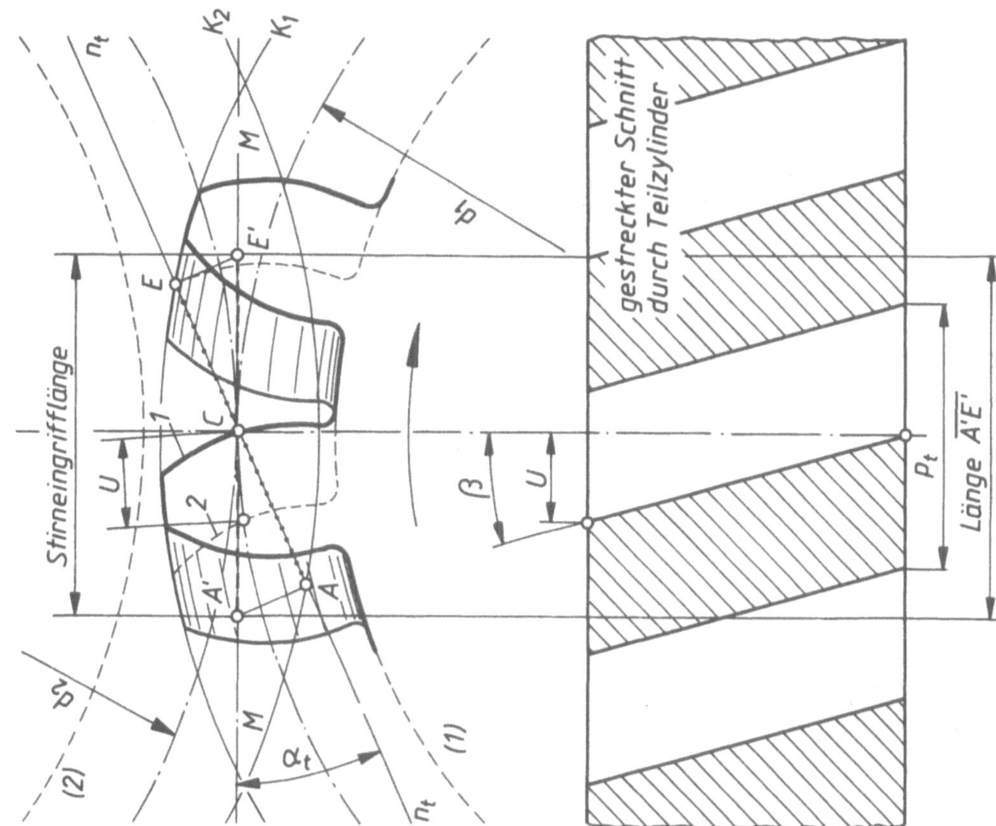


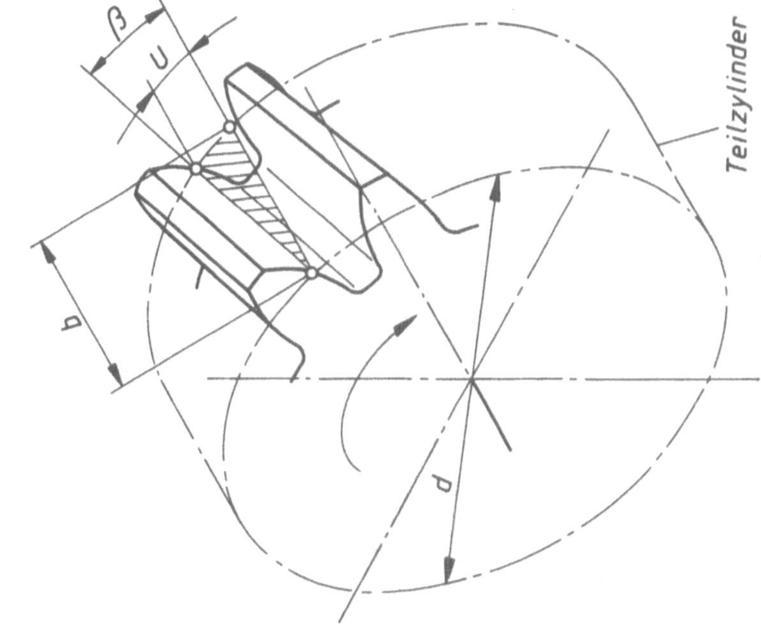

# Zahnräder und Zahnradgetriebe

Geometrie der Schrägstirnräder

Ersatzrad als gedachtes Geradstirnrad

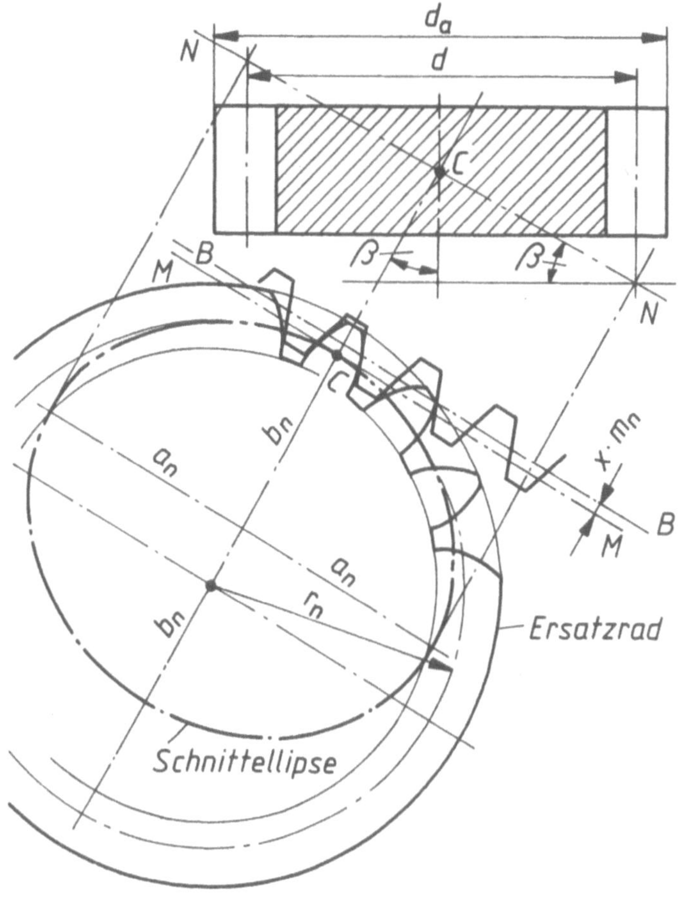



Grenz- und Mindestzähnezahlen für Schrägstirnräder

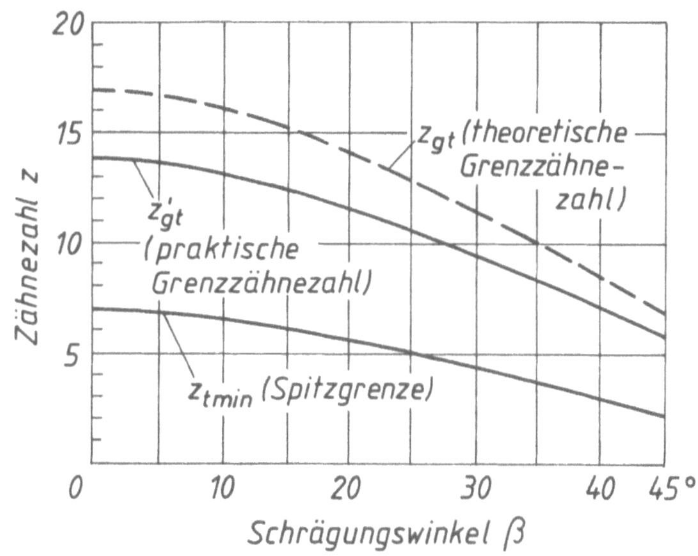

# Zahnräder und Zahnradgetriebe

Kraftverhältnisse

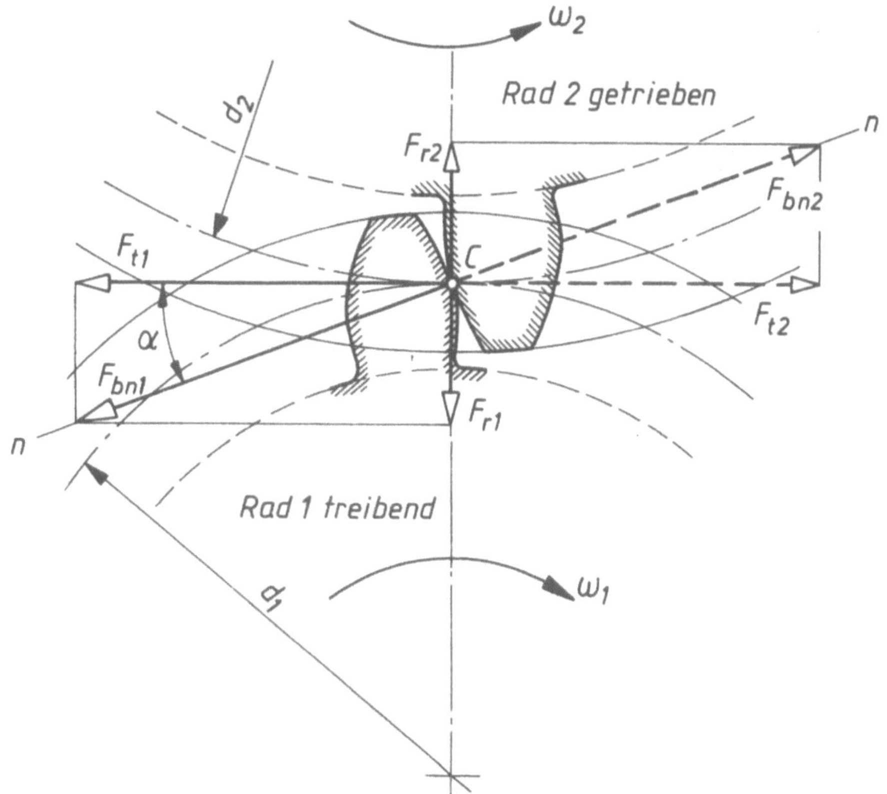



Kräfte am Geradstirnradpaar

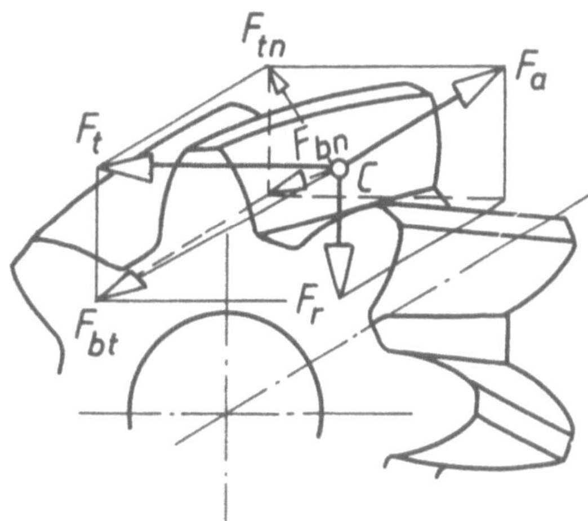



Kräfte am Schrägstirnradpaar

# Zahnräder und Zahnradgetriebe

Kräfte am Schräg-Stirnradpaar

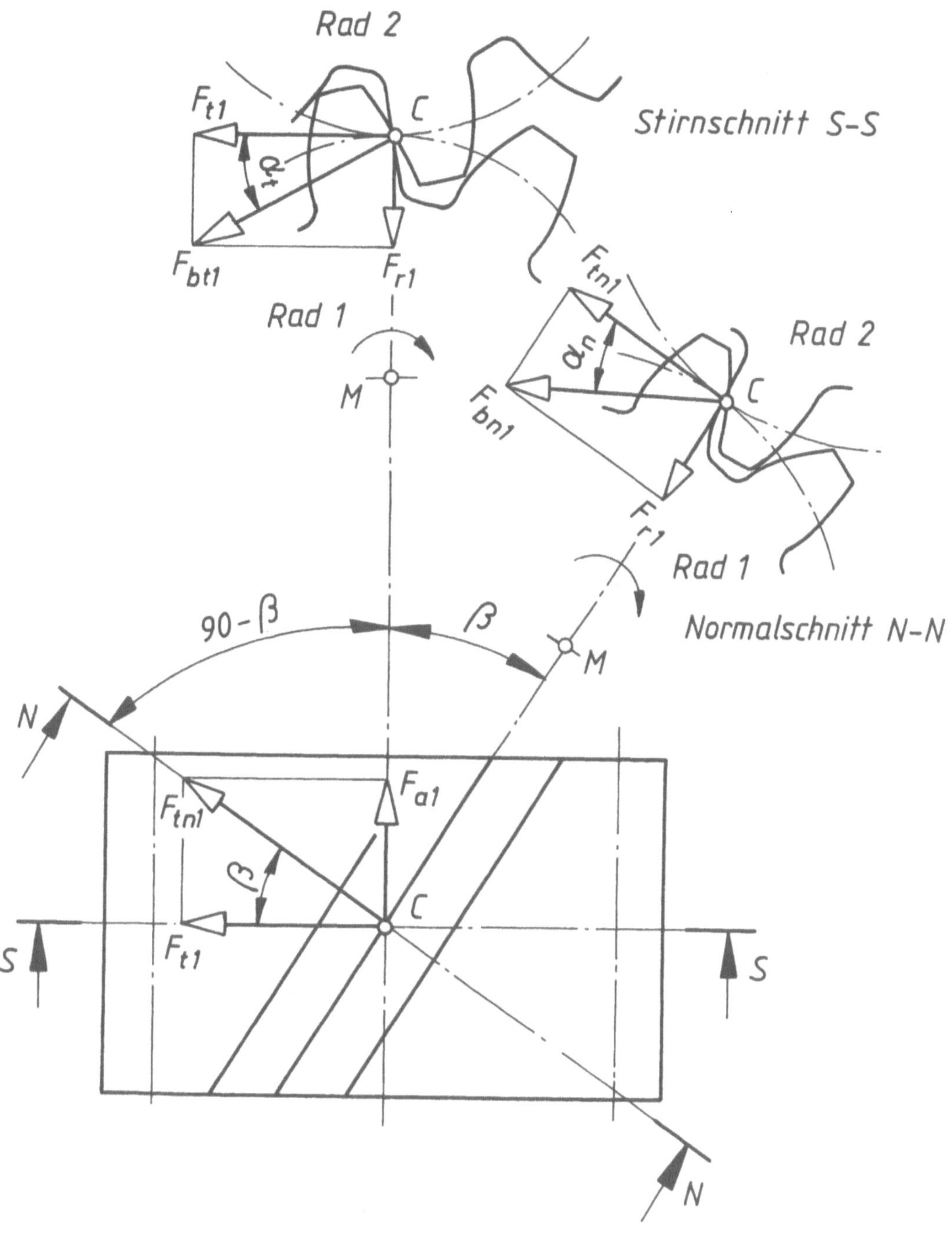

# Zahnräder und Zahnradgetriebe

Tragfähigkeitsberechnung
(Stirnräder)

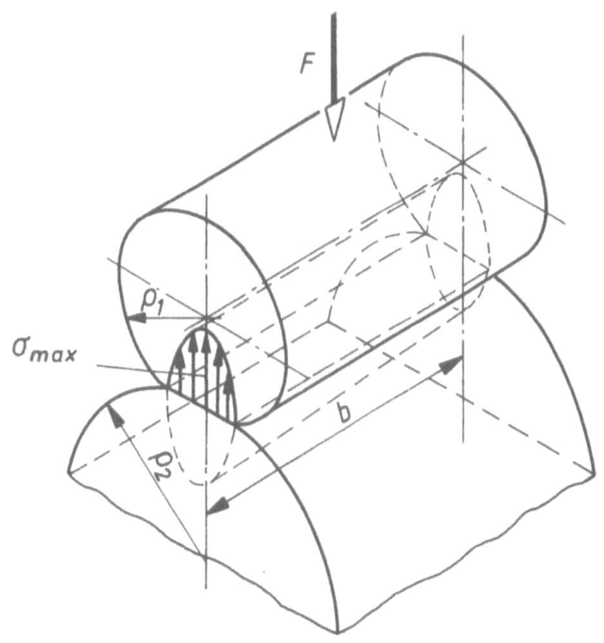


Verlauf der Normalspannungen
am Zahnfluß

Pressung zweier Walzen

# Zahnräder und Zahnradgetriebe

Geometrie der Kegelräder

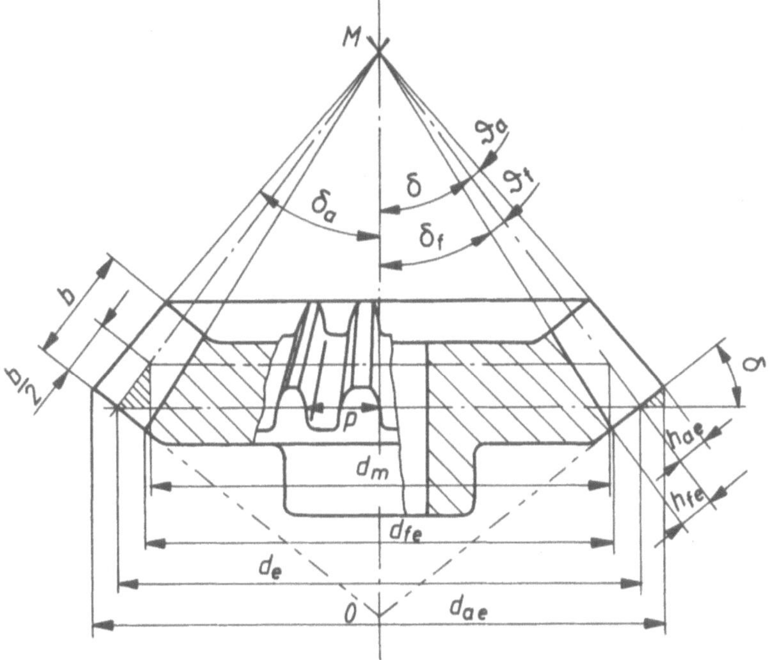



Abmessungen am geradverzahnten Kegelrad

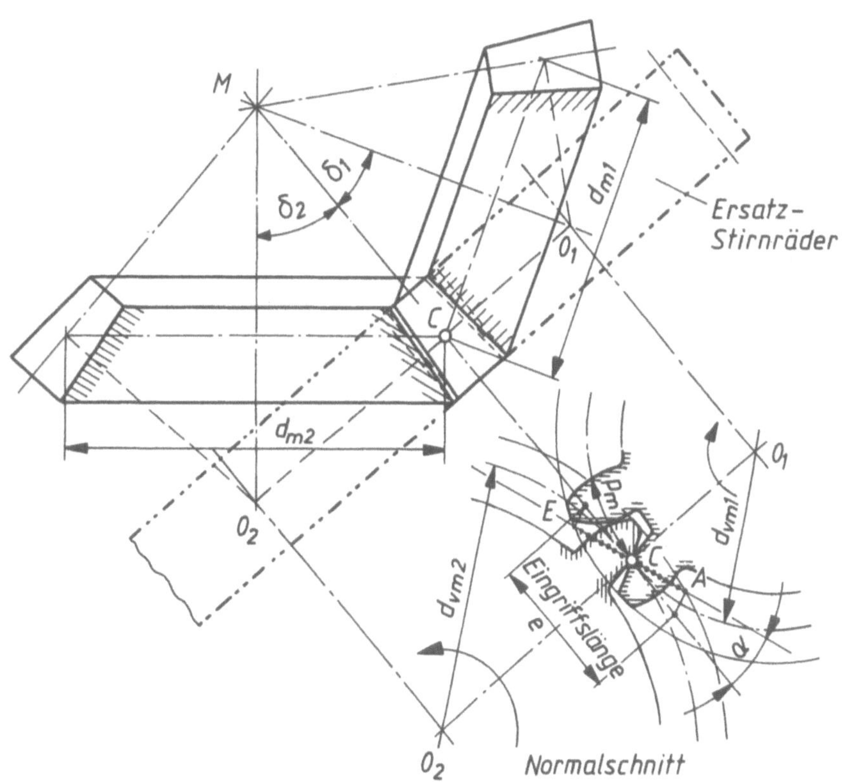



Ersatz-Stirnräder für Kegelräder

# Zahnräder und Zahnradgetriebe

Kraftverhältnisse am geradverzahnten Kegelradpaar ($\Sigma = 90°$)

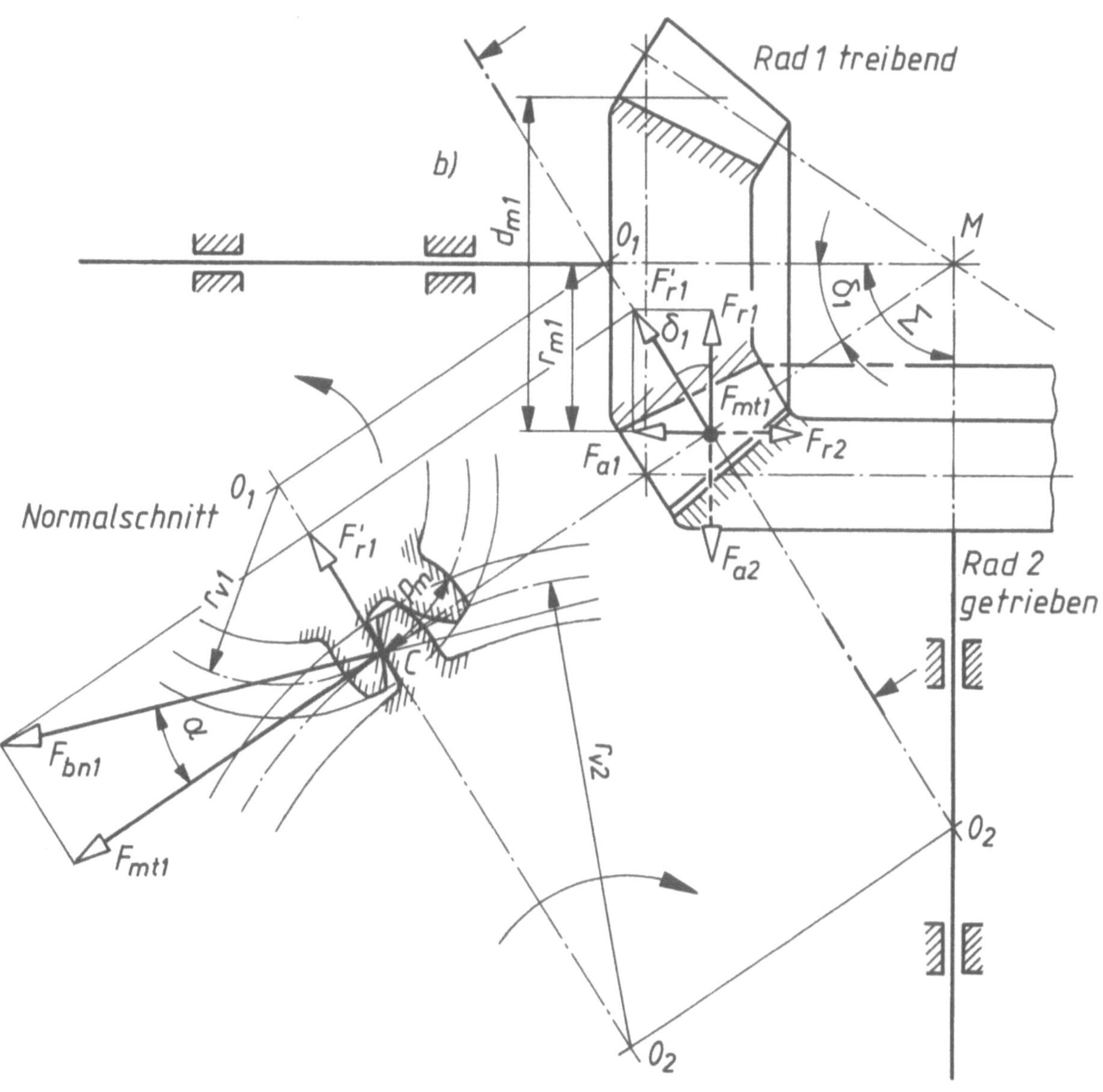

# Zahnräder und Zahnradgetriebe

Geometrische Beziehungen am Schneckengetriebe mit $z_1 = 3$

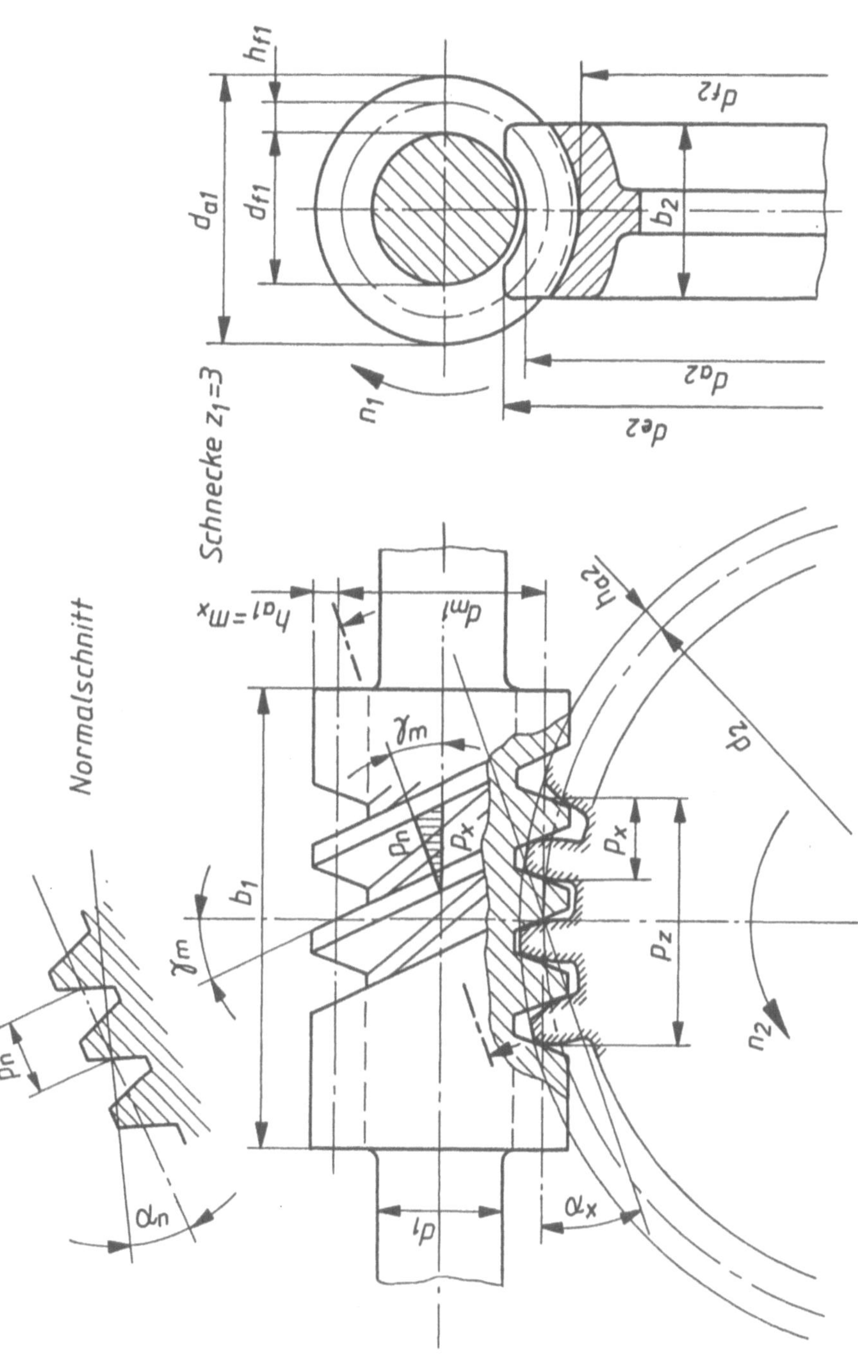

# Zahnräder und Zahnradgetriebe

Darstellung der Kräfte an der Schnecke

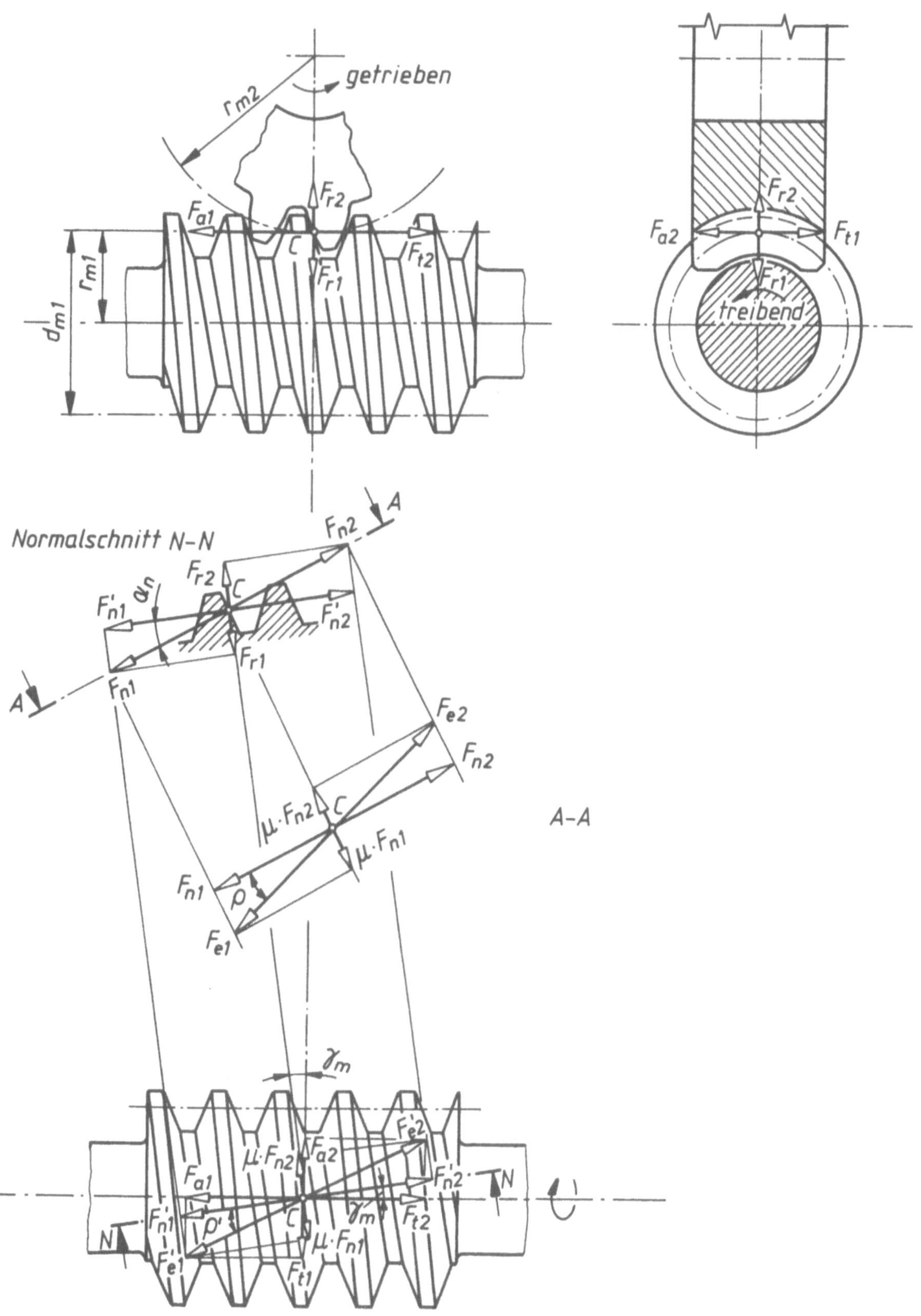

# Riementriebe

Vorspannmöglichkeiten bei Riementrieben

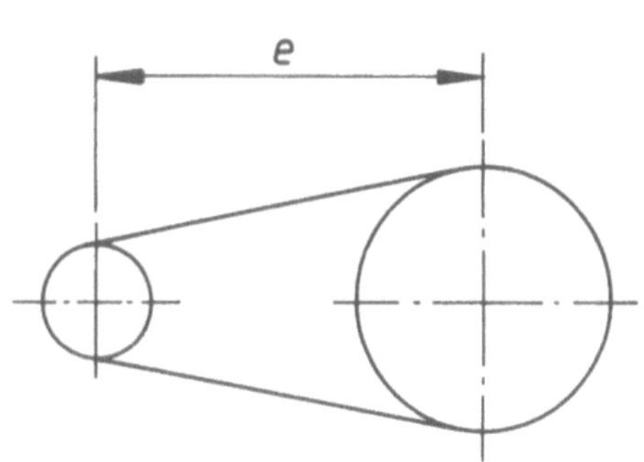

Dehnungsspannung

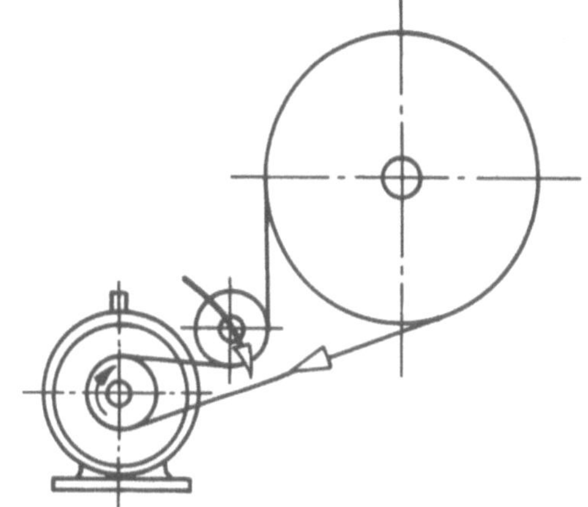

Spannrollen

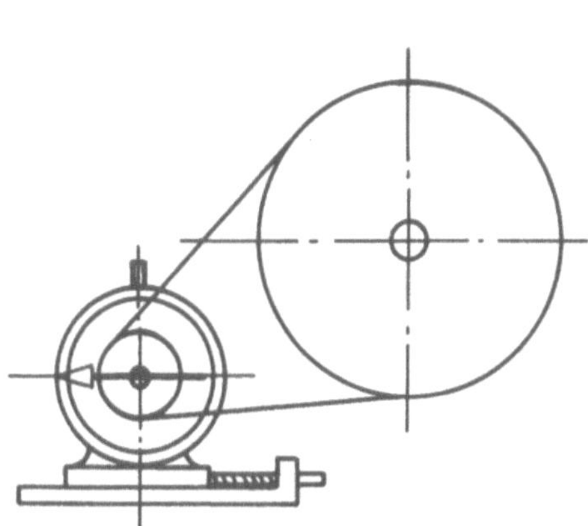

Motor mit Spannschiene

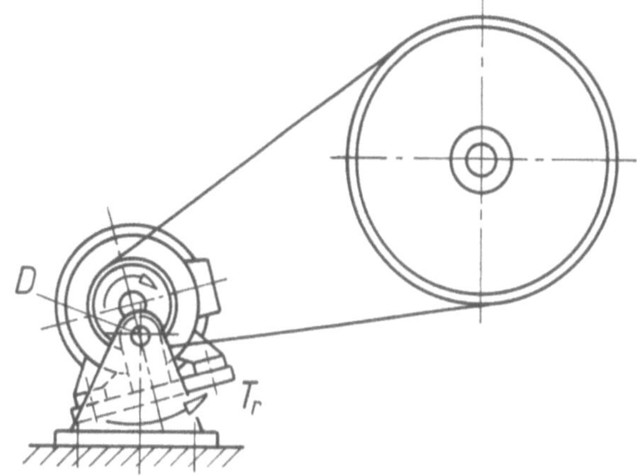


Riemenspannung durch Wippe

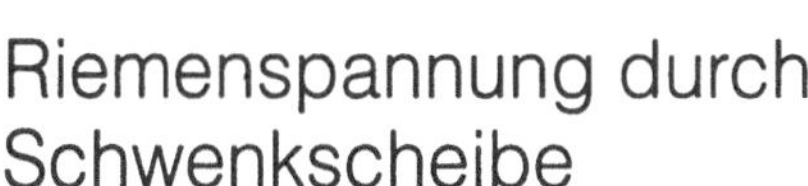

Riemenspannung durch
Schwenkscheibe

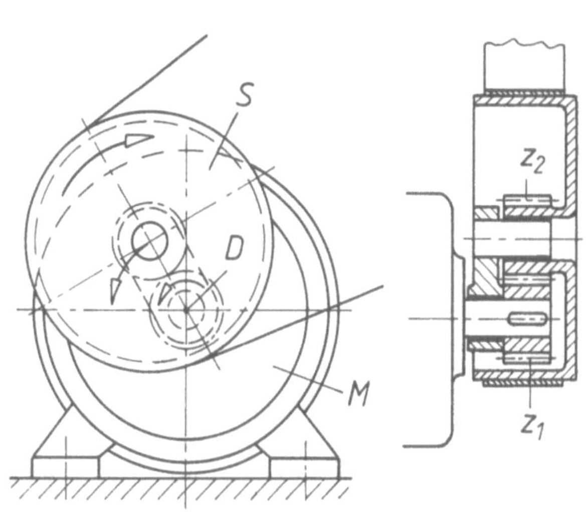

# Riementriebe

Einsatzbereiche der Zugmittel in Abhängigkeit von der Umfangsgeschwindigkeit (schematisch)

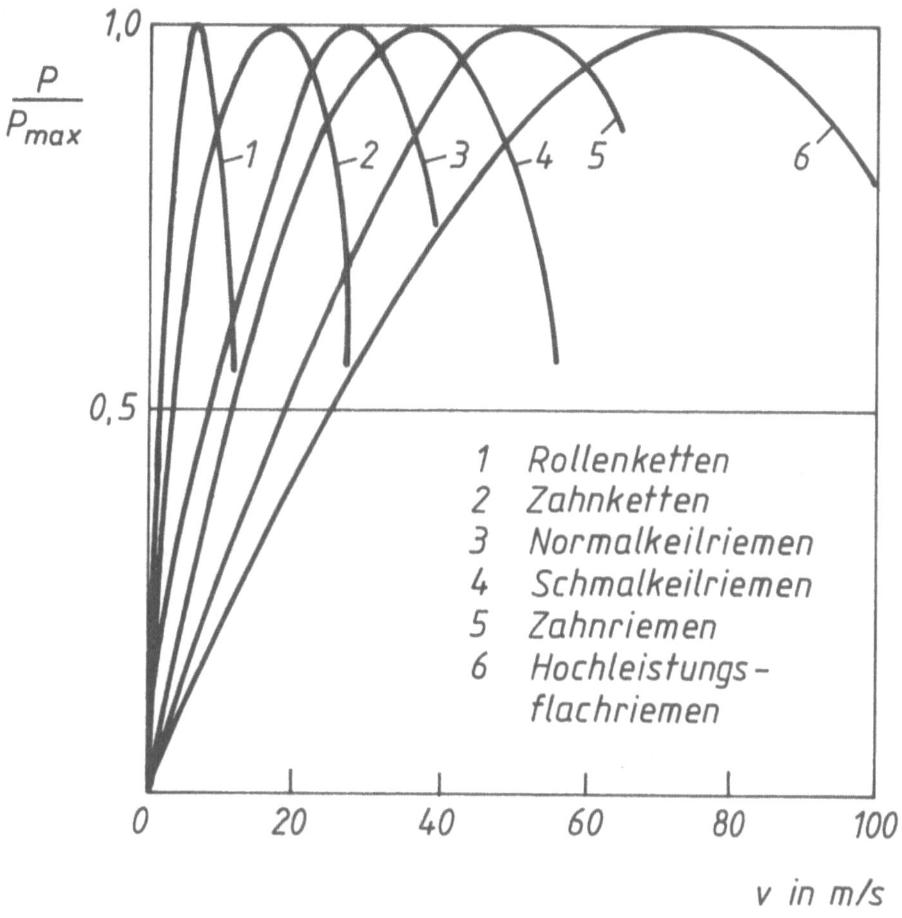

# Riementriebe

Ausführungsarten der Keilriemen

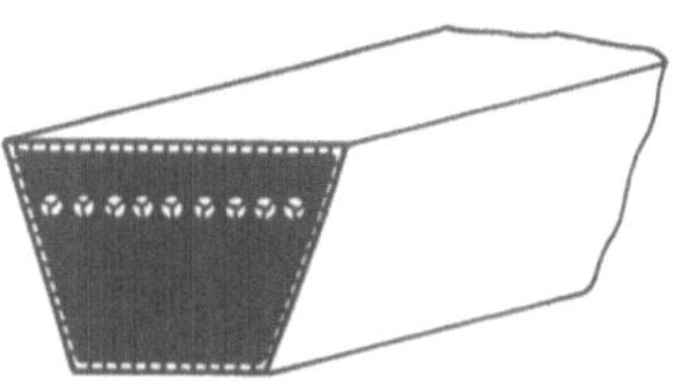

Normal-Keilriemen

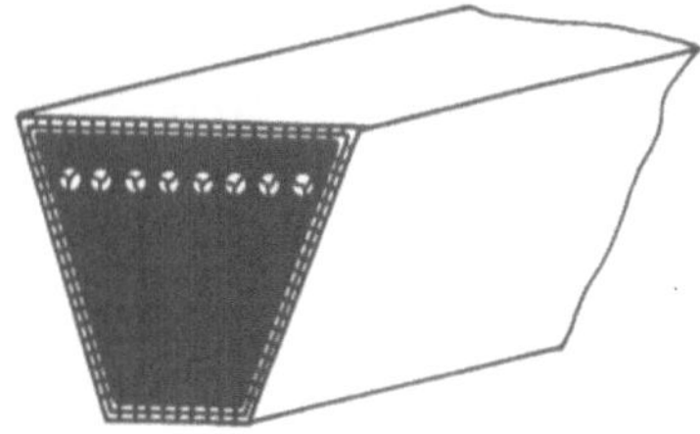

Schmal-Keilriemen

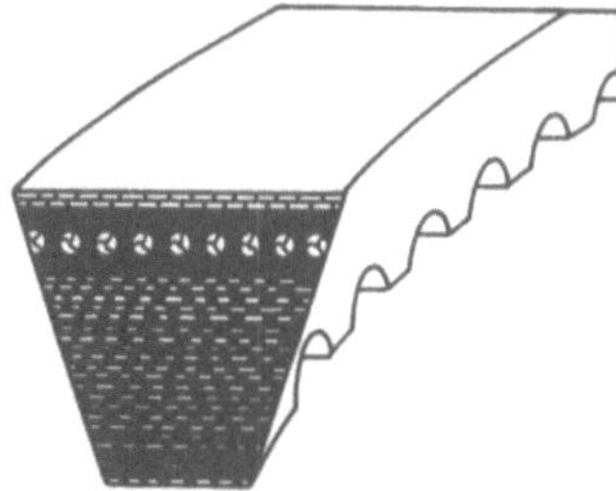

Schmalkeilriemen – flankenoffen, gezahnt

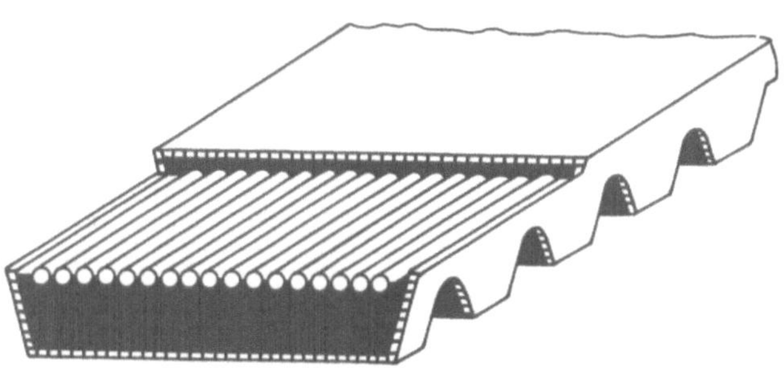

Breitkeilriemen – gezahnt

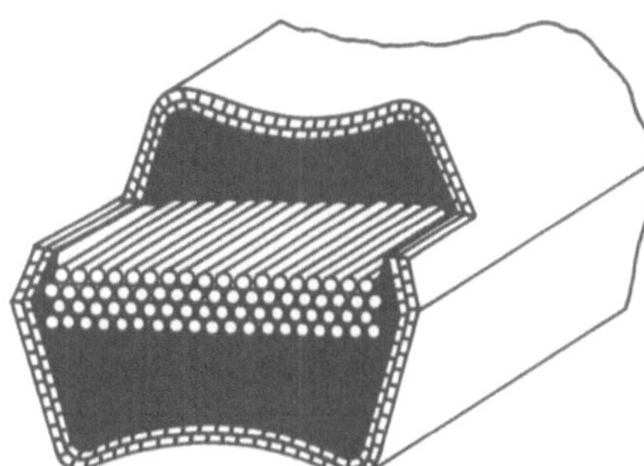

Doppelkeilriemen

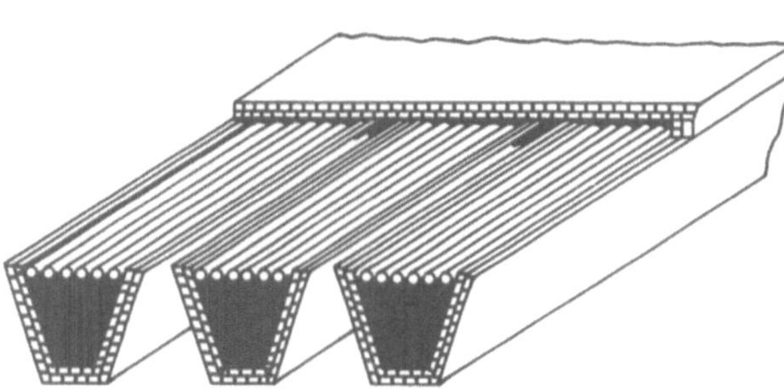

Verbund-Keilriemen

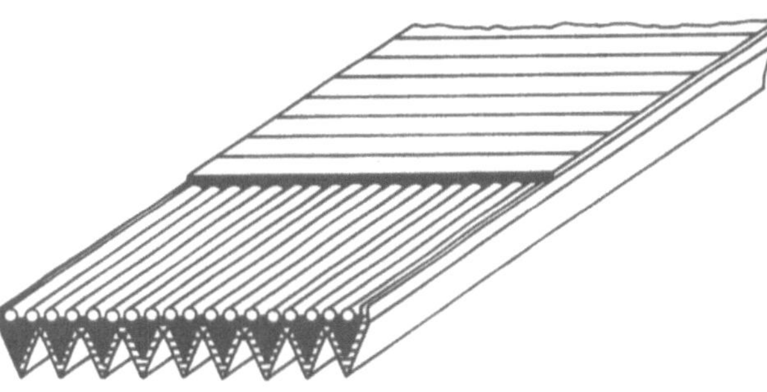

Keilrippenriemen

# Riementriebe

## Berechnung der Flachriementriebe

### Kräfte am offenen Riementrieb

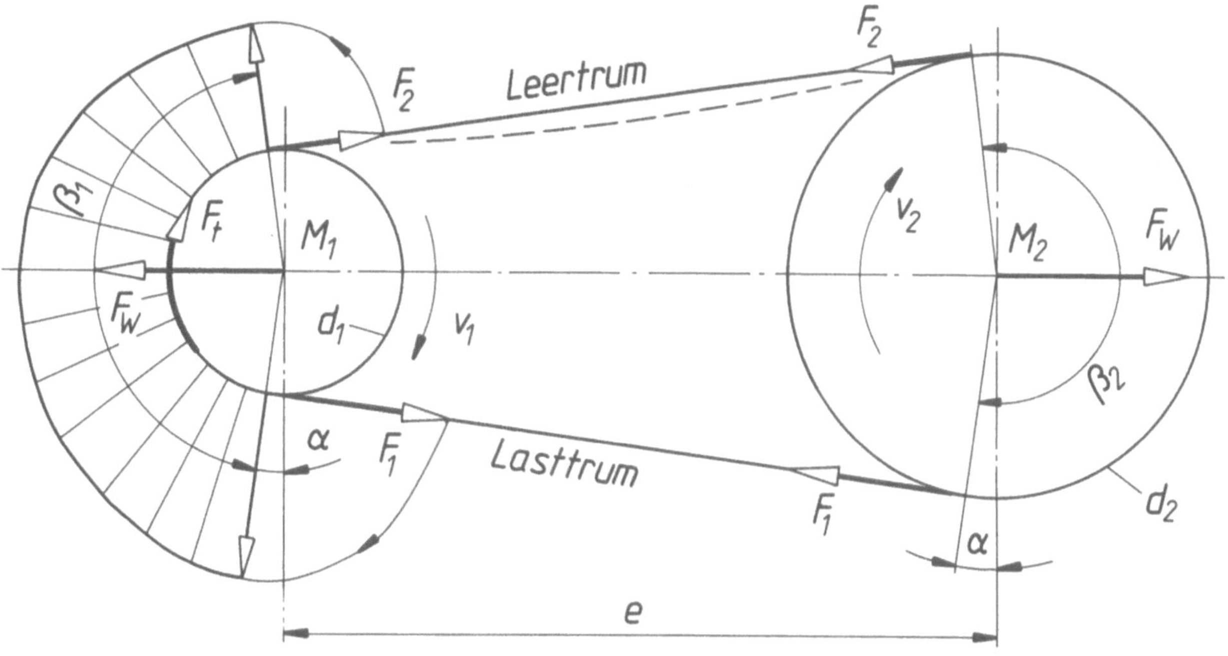


### Spannungen am offenen Riementrieb

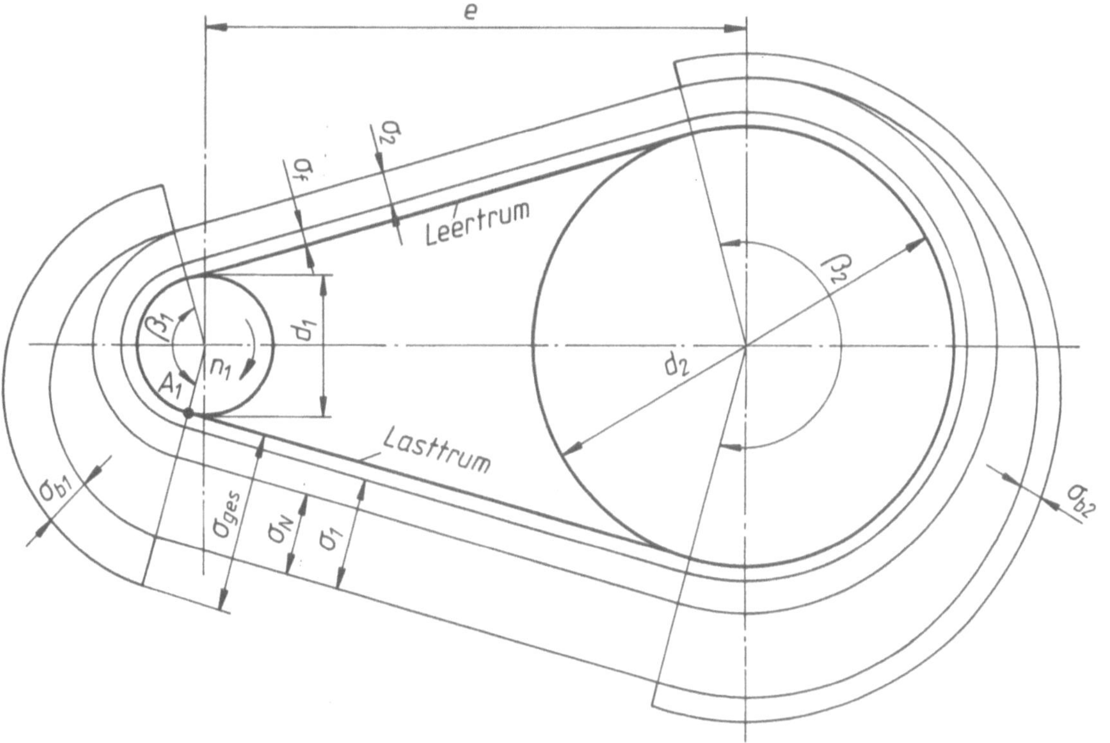

# Riementriebe

Berechnung der Synchroflex-Zahnriemen

Zahnriementrieb, offene Zwei-Scheiben-Ausführung

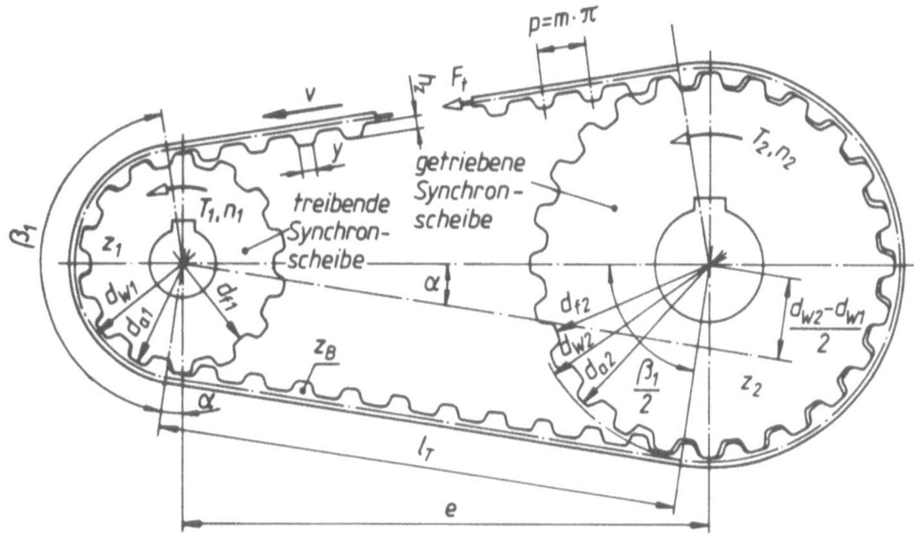



Diagramm für die Größenwahl von Synchroflex-Zahnriemen (Werksnorm)

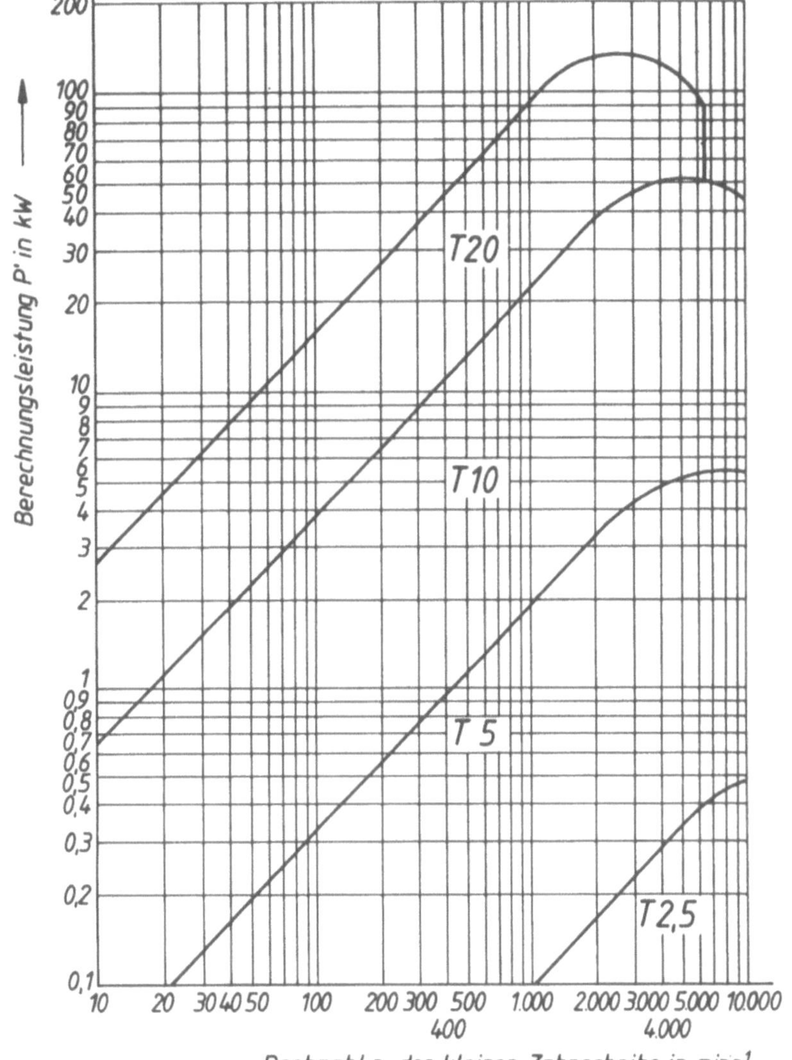

# Riementriebe

Berechnung der Keilriementriebe

Diagramm für die
Auswahl der Normal-
keilriemen

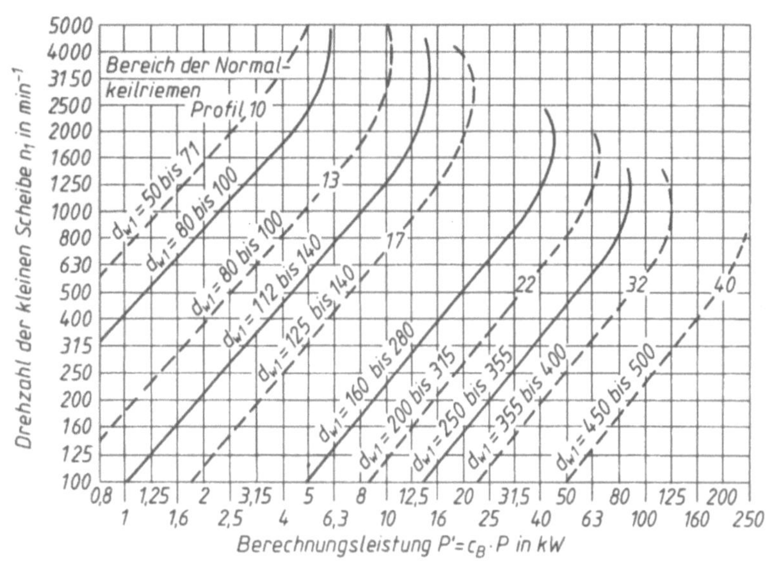


Diagramm für die
Auswahl der Schmal-
keilriemen

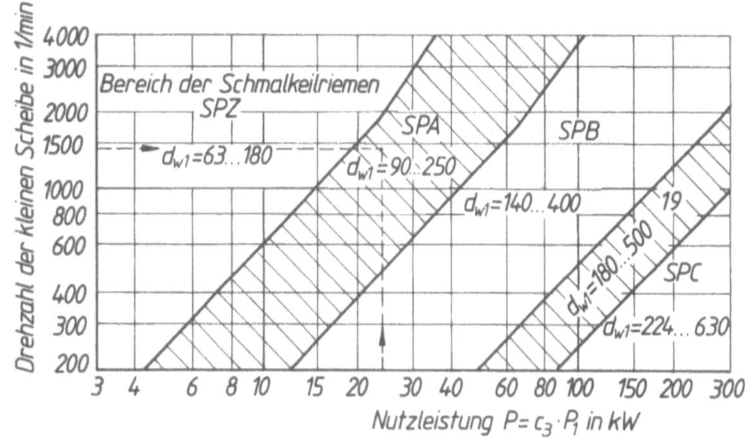


Diagramm für die
Auswahl der Keil-
rippenriemen

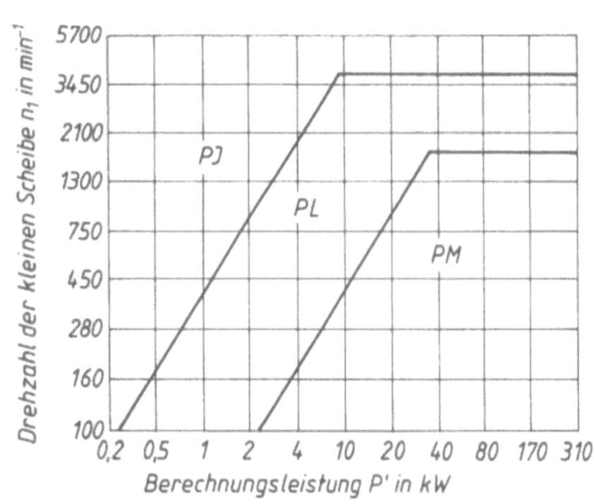

# Riementriebe

## Berechnung der Keilriemen

### Diagramm für die Nennleistung je Riemen für Normalkeilriemen

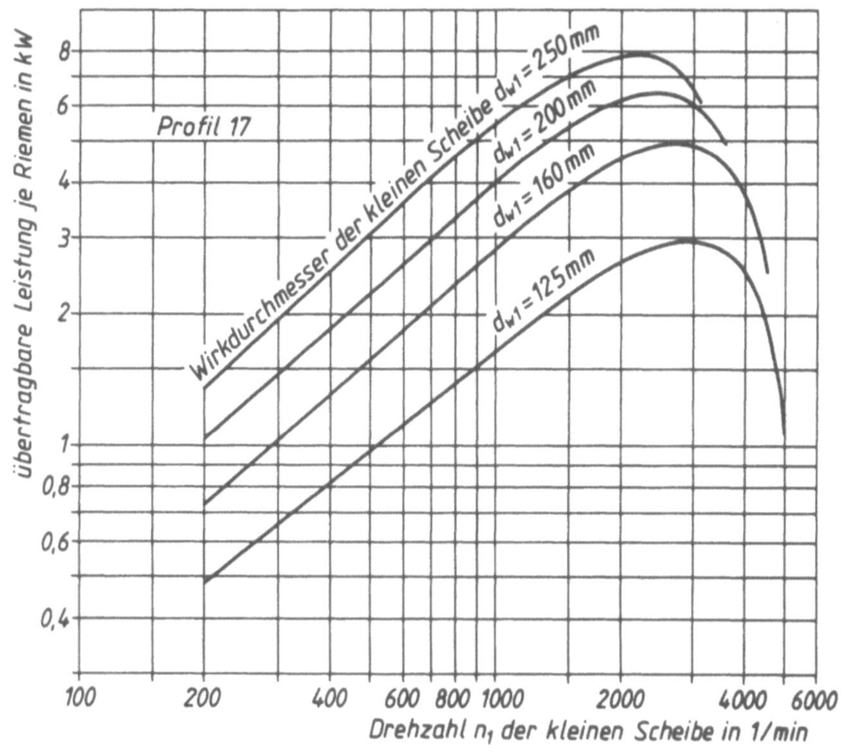


### Diagramm für die Nennleistung je Riemen für Schmalkeilriemen

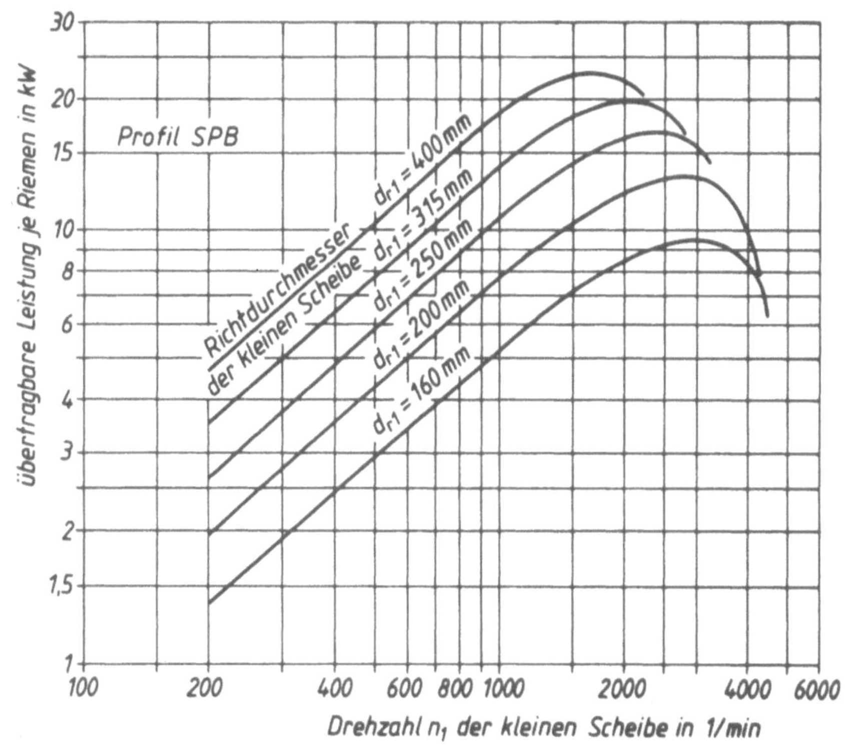

# Riementriebe

Berechnung der Flachriementriebe

Flachriementriebe
Faktor $k$ zur Ermittlung der
Wellenbelastung

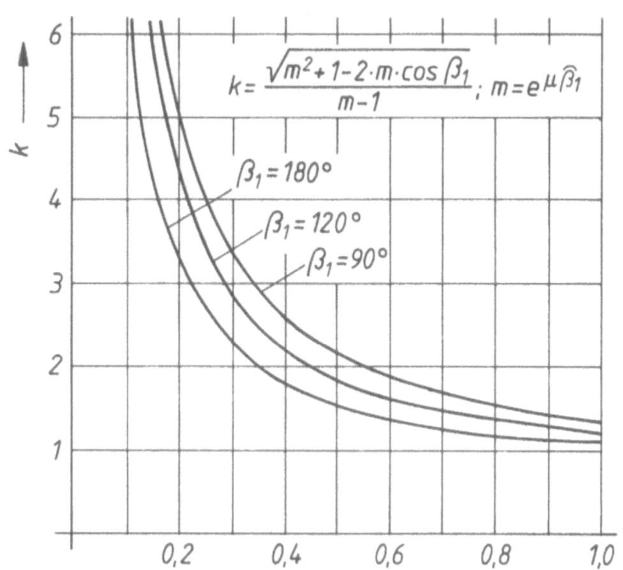



Diagramm zur
Ermittlung von $F'_t$, $\varepsilon_1$,
Riementyp für
Extremultus-Riemen
(nach Fa. Siegling,
Hannover)

$(F'_t \approx 6{,}95 \cdot 10^{-4} \cdot d_1 \cdot \beta_1)$

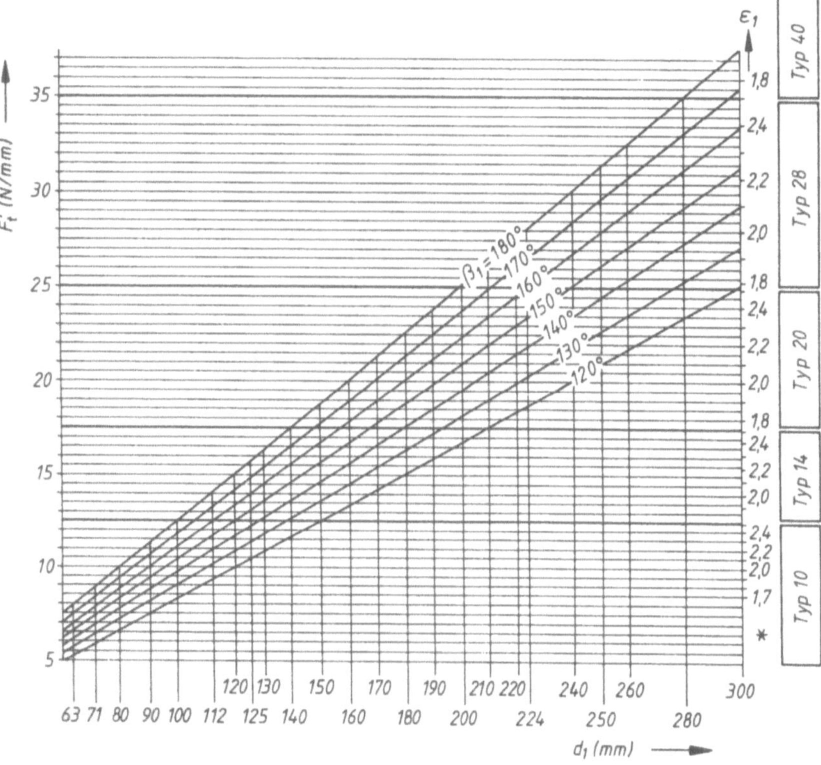



* bei $\varepsilon_1 < 1{,}7$ Rückfrage beim Hersteller

# Kettentriebe

Ungleichförmigkeit der Kettengeschwindigkeit

Polygoneffekt beim Kettentrieb

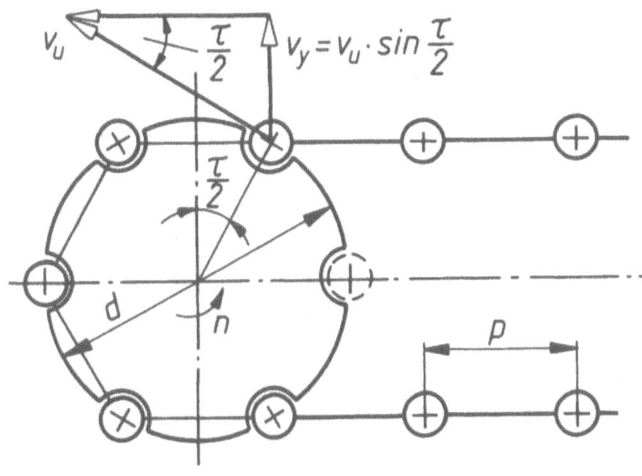


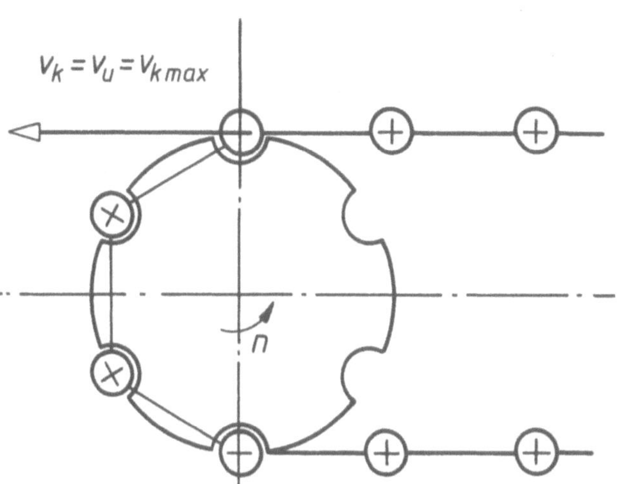


Diagramm für die Ungleichförmigkeit der Kettengeschwindigkeit

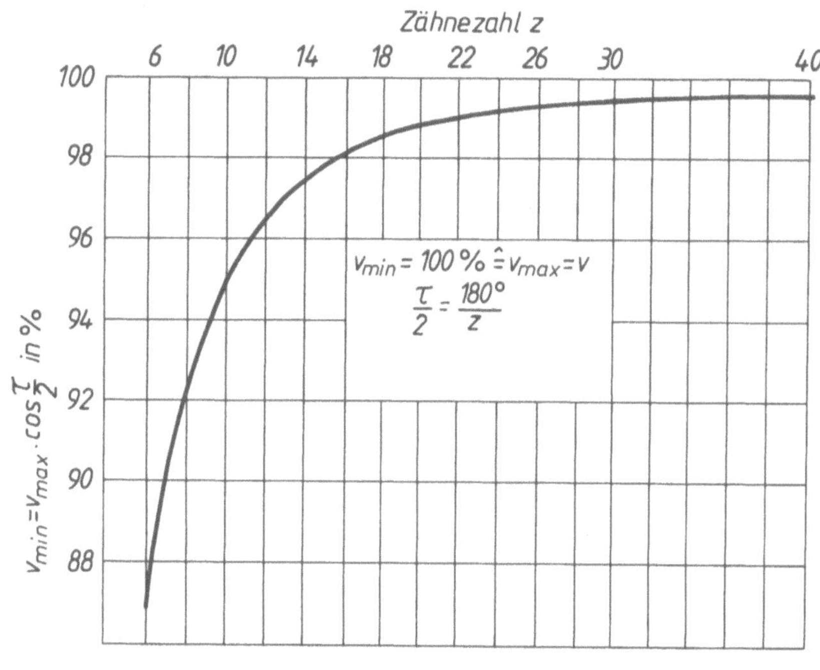

# Kettentriebe

Berechnung der Rollenkettentriebe

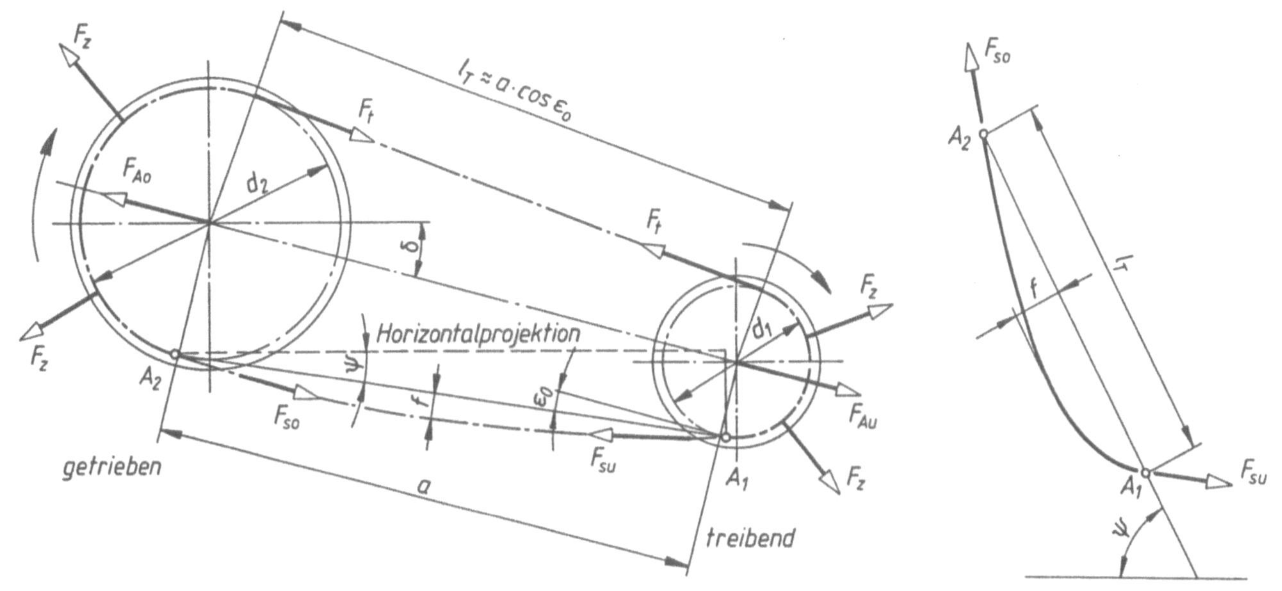


Kräfte an der Kette und an den Kettenrädern

# Kettentriebe

Berechnung der Rollenketten nach DIN 8187

Leistungsdiagramm nach DIN 8195

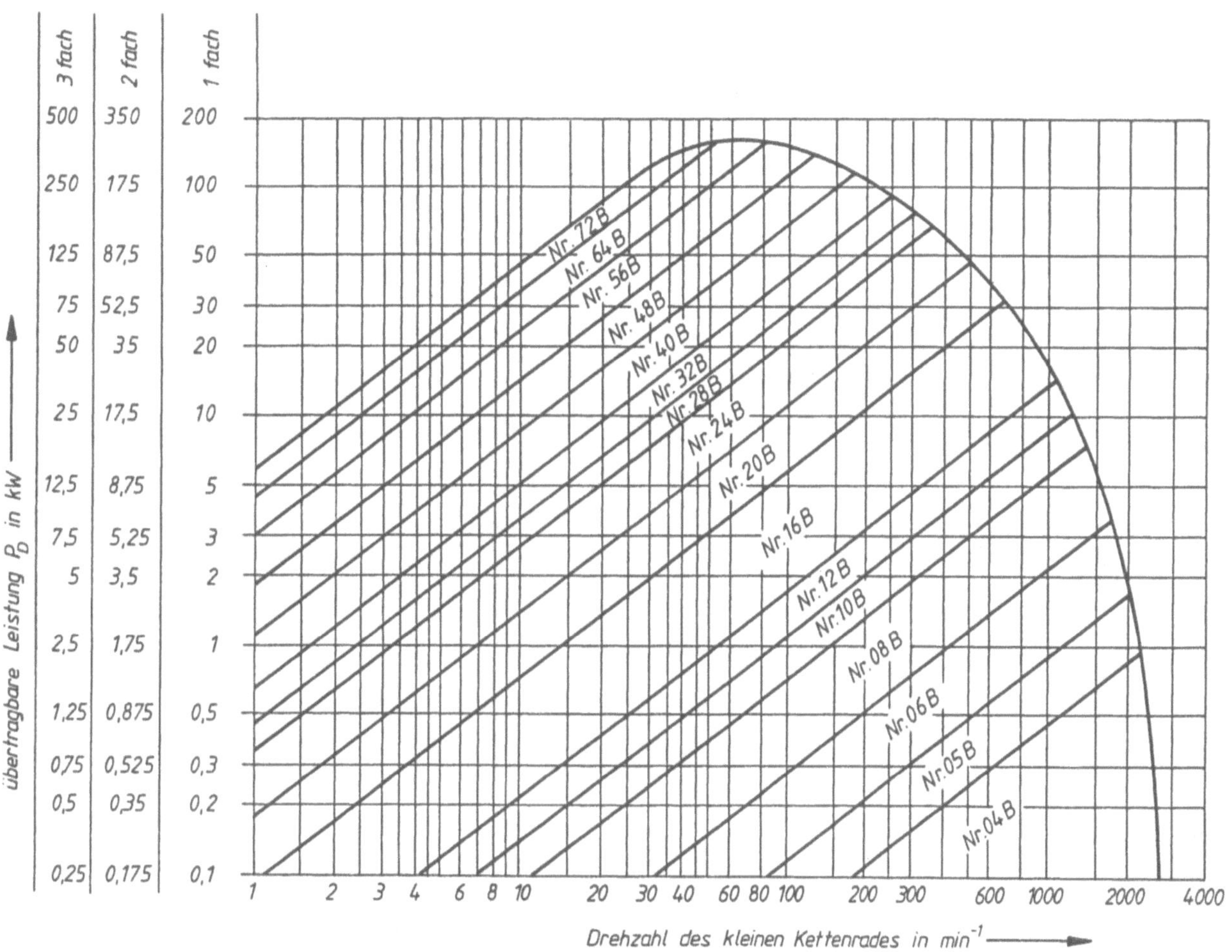

# Rohrleitungen

## Rohrverbindungen

### Stumpfnaht

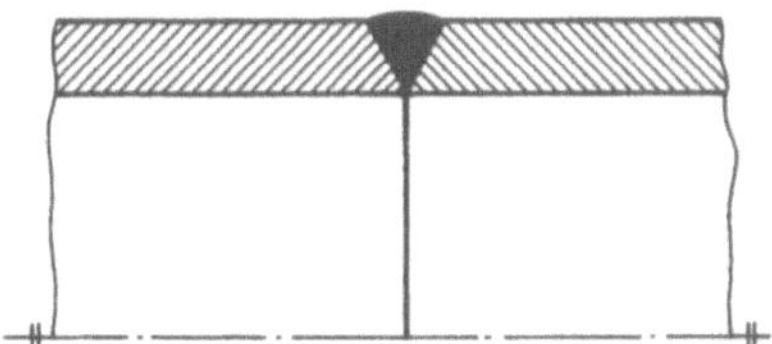

### Überschiebmuffe

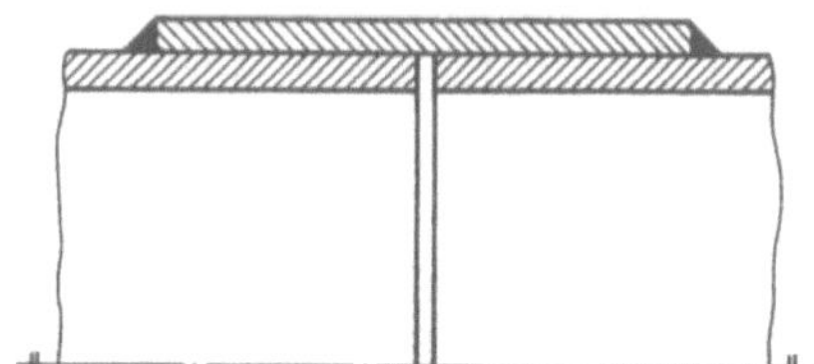

### Kugelschweißmuffe

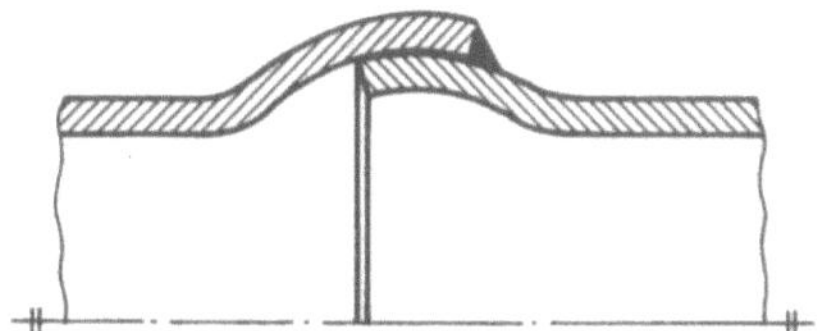

### Nippelschweißmuffe

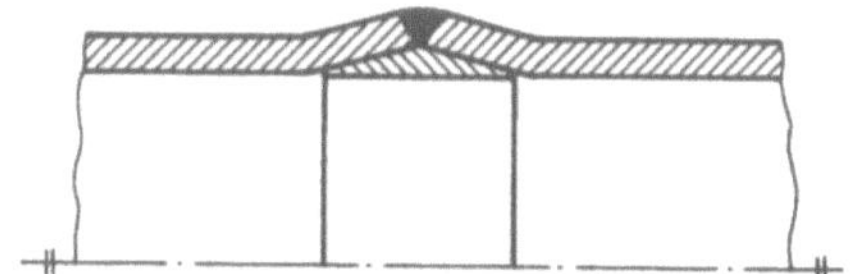

## Genormte Flansche

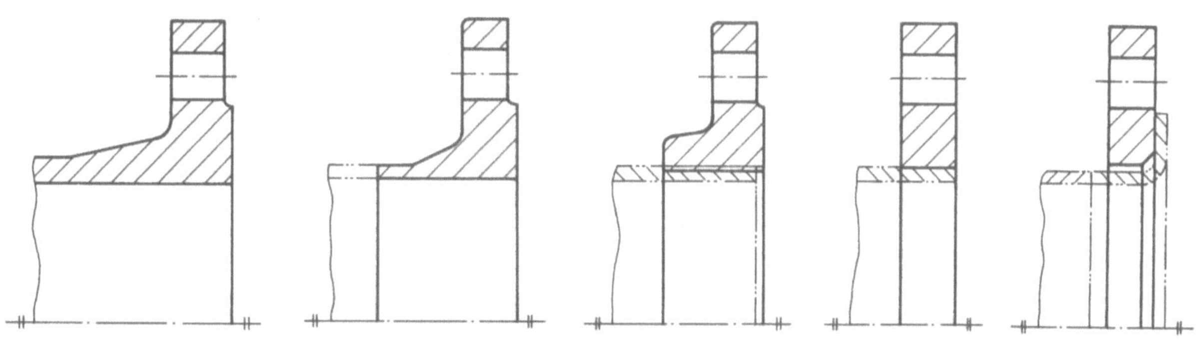

## Formen der Dichtflächen bei Flanschverbindungen

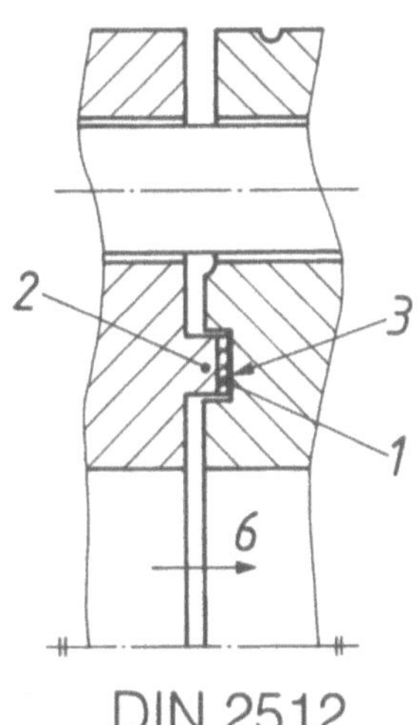


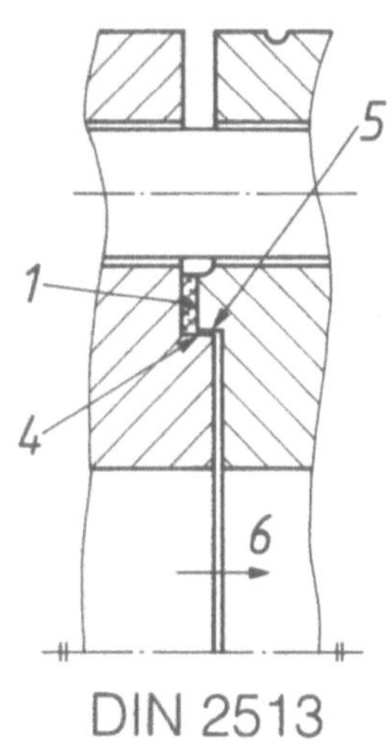


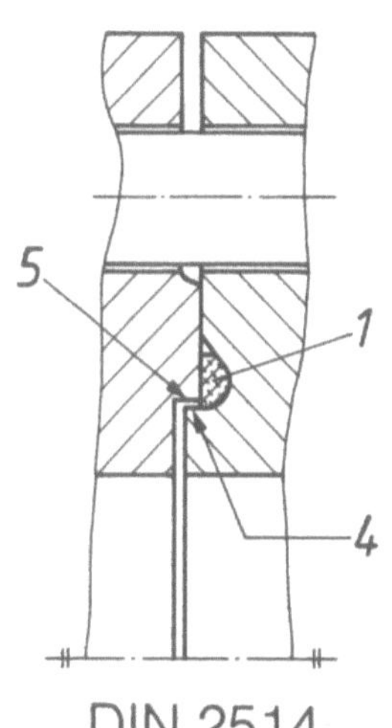

# Rohrleitungen

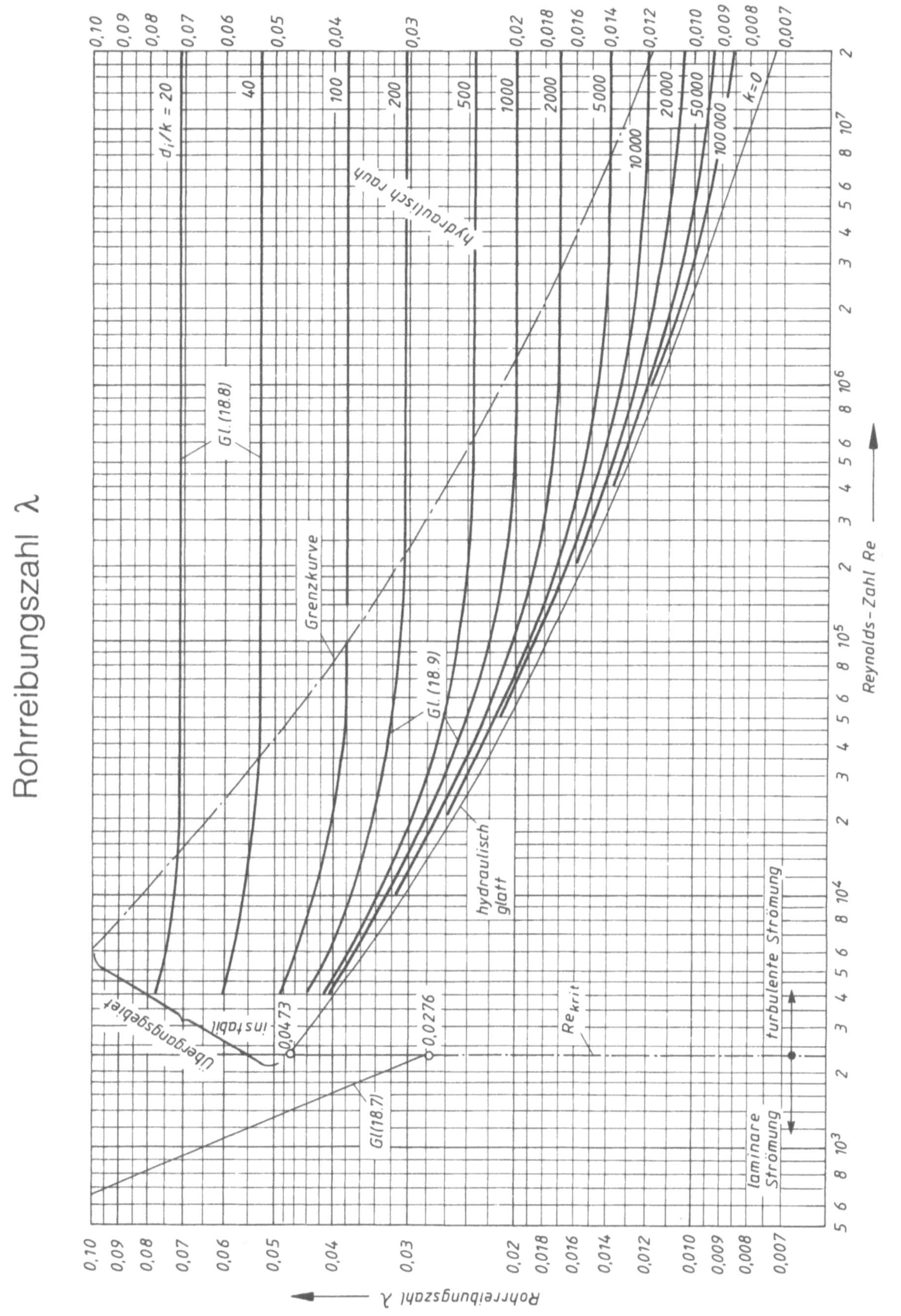

# Vorwort

Mit der vorliegenden **Lehrhilfe Maschinenelemente** erhält der Lehrende Unterlagen zur einfacheren Gestaltung der Lehrveranstaltung. Alle Hinweise auf Bilder und Gleichungen beziehen sich auf das Lehrbuch mit dem Tabellenanhang des **Roloff/Matek Maschinenelemente**.

Die Lehrhilfen bestehen aus

**A**    **Bildvorlagen** zum individuellen Erstellen von OP-Folien. Diese Vorlagen stellen eine sinnvolle Auswahl der Bilder des Lehrbuches **Roloff/Matek Maschinenelemente** dar und sind größtenteils deckungsgleich mit den Bildern des Lehrbuches.

**B**    **Projektaufgaben,** die Lösungswege aufzeigen für die Berechnung und Gestaltung von komplexeren Übungsaufgaben, die einerseits als komplette Aufgaben im Unterricht erarbeitet, andererseits aber auch im Rahmen von Gruppenarbeiten als Hausarbeiten durchgeführt werden können. Die in den Lösungswegen angeführten Gleichungen beziehen sich ebenso wie die Tabellenhinweise auf das oben angeführte Lehrwerk. Im Gegensatz zu den Übungsbeispielen im Lehrbuch – hier wird jedes Maschinenelement für sich allein betrachtet – soll bei den Projektaufgaben das Zusammenspiel der einzelnen Elemente und deren gegenseitige Beeinflussung dargestellt werden (vielfach führen Änderungen eines Teiles bezüglich ihrer Folgewirkung zu Änderungen der Nachbarteile).

**C**    **Programmsammlung** (Arbeitsblätter) zur Berechnung diverser Maschinenelemente. Bei diesen „Programmen" handelt es sich um **Arbeitsblätter**, die für ein LOTUS 1-2-3 kompatibles Tabellenkalkulationsprogramm geschrieben sind und von diesen meistens mit geringfügigen Einschränkungen eingelesen und auch weiterbearbeitet werden können. Auf gleicher Diskette befindet sich das Kalkulationsprogramm „WORDS&FIGURES". Es kann in der vorliegenden Form als Demo-Version zum Arbeiten mit diesen Arbeitsblättern genutzt werden mit folgenden Einschränkungen: 27 Spalten (256 in der Originalversion), 100 Zeilen (9999), Fehlen der Ausdruckoption (Ausdruck des Arbeitsblattes lediglich als „Hardkopy"). Der Aufbau aller Arbeitsblätter ist auf diese Einschränkungen abgestimmt. Der Vorteil beim Arbeiten mit diesen Arbeitsblättern liegt vor allem darin, daß Berechnungsdaten schnell zur Verfügung gestellt werden können. Dies ist besonders dann erforderlich, wenn umfangreiche Berechnungen mehrerer Alternativlösungen den ersten Gestaltungsansätzen vorausgehen und diese Alternativlösungen der einzelnen Arbeitsschritte somit auch zur Entscheidungsfindung vorliegen müssen. Die Projektaufgabe 5 („Berechnung eines koaxialen Stirnrad-Getriebes") ist ein typisches Beispiel für einen sinnvollen Einsatz solcher Arbeitsblätter.

Die Arbeitsblätter können für das Arbeiten in der Schule jedem Studierenden zur Verfügung gestellt werden, ohne Gefahr zu laufen, mit dem Gesetz in Konflikt zu geraten. Beabsichtigt ist ebenfalls, die Studierenden dahingehend zu motivieren, Arbeitsblätter für eigene Aufgabenstellungen selbst zu erarbeiten und im Unterricht sowie bei den Hausarbeiten sinnvoll einzusetzen. Das Erstellen von Arbeitsblättern setzt das Verständnis über die Zusammenhänge bei der Berechnung der Maschinenelemente voraus, so daß eine Vertiefung der im Unterricht erarbeiteten Lernziele gegeben ist.

Wenn auch diese Arbeitsblätter mit großer Sorgfalt erstellt und auch schon vielfach erfolgreich im Unterricht eingesetzt wurden, so kann dennoch für eine Fehlerfreiheit keine Gewähr übernommen werden.

Die Autoren wünschen, daß diese vorliegenden Lehrhilfen eine wertvolle Unterstützung für den Unterrichtseinsatz darstellen. Für Hinweise auf Fehler, vor allem Fehler bei den Arbeitsblättern und Anregungen, die der Vervollständigung und der Verbesserung dienlich sind, sind wir stets dankbar.

Braunschweig, Reutlingen, Hartha, im Juli 1993        *Dieter Muhs, Herbert Wittel, Manfred Becker*

# 1 Fußlager (Gelenk) für Hydraulikzylinder

**Projektaufgabe 1:**
Fußlager (Gelenk) für Hydraulikzylinder

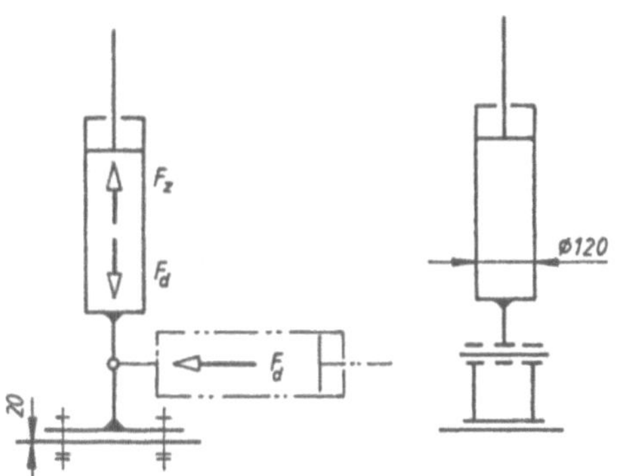


**Bild 1-1** Zylinderlagerung (schematisch)

Das Fußlager für einen schweren Hydraulikzylinder ist nach untenstehender Anforderungsliste zu entwerfen und bis zu einer Gesamtzeichnung auszuarbeiten.

## 1.1 Anforderungsliste

### 1. Funktionsanforderungen

- Schwenklager mit dem Gestell (Schweißkonstruktion aus St 52-3) lösbar verbunden. Alternativ muß eine unlösbare Verbindung (Schweißen) möglich sein.
- Ziehende Kraft $F_z$ = 40 kN und drückende Kraft $F_d$ = 48 kN wirken mit einem Schwenkwinkel ± 1° senkrecht.
- Für einen selten vorkommenden Betriebsfall muß das Gelenk für eine waagerecht wirkende Kraft $F_d$ = 48 kN ausgelegt sein.
- Stoßartige Belastung ist nicht zu erwarten.
- Lasche am Zylinderboden (St 52-3) angeschweißt.

### 2. Betriebsanforderungen

- Gelenk wartungsfrei.
- Während der Gebrauchsdauer von ca. 10 Jahren sind mehr als $5 \cdot 10^6$ Lastwechsel in senkrechter Richtung zu erwarten.

### 3. Umgebungsbedingungen

- Temperaturbereich: – 10 bis + 50 °C.
- Geringer Staubanfall.

### 4. Produktionskennwerte

- Geplante Stückzahl: 4.

### 5. Konstruktionsanforderungen

- Gedrungene Bauweise.
- Anzuwendende Richtlinien: VDI-Richtlinie 2230 und DS 952 01.

## 1.2 Lösungshinweise

Eine Vorgehensweise entsprechend der Konstruktionssystematik VDI 2222 ist bei dieser einfachen Aufgabe, die nur unwesentlich verschiedene Lösungsvarianten zuläßt, nicht erforderlich. Nach einer überschlägigen Ermittlung der wesentlichen Hauptabmessungen wird das Gelenk im 1. Entwurf skizziert. Berechnen und Gestalten gehen dabei Hand in Hand. An Hand der festgelegten Abmessungen kann nun die Beanspruchung der wesentlichen Bauteile genauer nachgewiesen werden. Nicht optimal genutzte oder zu hoch beanspruchte Querschnitte werden ggf. geändert.

## 1.3 Festlegung der wesentlichen Abmessungen

Da der Zylinder nur kleine Schwenkbewegungen ausführt und die Gleitlagerung deshalb im Gebiet der Festkörper- oder Mischreibung arbeitet und überdies ein wartungsfreies Gelenk gefordert ist, soll die Bohrung der Lasche mit einem Trockenlagerwerkstoff ausgebuchst werden (Lehrbuch 14.3.3 und 14.3.8-1). Als Gelenkbolzen wird zunächst ein Bolzen mit Kopf nach DIN 1444 gewählt, s. TB 9-2. Kleine Abmessungen und günstige Reibungs- und Verschleißverhältnisse erhält man mit geschliffenen ($R_z$ < 3 µm) und gehärteten Bolzen. Gewählt wird der Bolzenwerkstoff Cq35 (vergütbar). Wegen seiner guten Schweißbarkeit bei guter Festigkeit wird für die Lasche und das Schwenklager der Standard-Baustahl St 52-3 gewählt.

Der erforderliche Bolzendurchmesser kann nach der Bemessungsgleichung (9.1) bestimmt werden:

$$d \approx k \sqrt{\frac{c_B \cdot F}{\sigma_{b\,zul}}}$$

Mit der größten Stangenkraft $F_d$ = 48 kN, dem Betriebsfaktor $c_B$ = 1,0 (stoßfrei), der zulässigen Biegespannung $\sigma_{b\,zul} \approx 0{,}15 \cdot R_m = 0{,}15 \cdot 600$ N/mm$^2$ = 90 N/mm$^2$ ($R_m$ = 600 N/mm$^2$ für C35 vergütet im Dickenbereich > 16 ≤ 40 mm nach TB 1-4) und dem Einspannfaktor $k \approx 1{,}6$ (Einbaufall 1, und wegen gedrungener Bauweise $t_s/d$ wie für nicht gleitende Flächen) ergibt sich

$$d \approx 1{,}6 \sqrt{\frac{1{,}0 \cdot 48\,000 \text{ N}}{90 \text{ N/mm}^2}} = 36{,}9 \text{ mm}$$

Nach TB 9-2 wird gewählt:

    Bolzen DIN 1444 – B36f8 × 95 × 83 – Cq35
    Scheibe DIN 1440 – 36 – St
    Splint DIN 94 – 8 × 50 – St

Der Augendurchmesser (Laschen- bzw. Gabelbreite) wird nach Lehrbuch 9.2.2–2 erfahrungsgemäß mit $D \approx (2 \cdots 2{,}5)\,d$, also mit $D = b \approx (2 \cdots 2{,}5)\,36$ mm ≈ 75 mm fesgelegt.

Entsprechend gilt für die Dicke der Mittellasche (Stange) $t_S \approx 1{,}0\,d = 1{,}0 \cdot 36$ mm = 36 mm und für die Dicke des Gabelauges $t_G \approx 0{,}5 \cdot d = 0{,}5 \cdot 36$ mm = 18 mm.

In die Laschenbohrung wird eine wartungsfreie Gleitbuchse nach Norm oder nach Herstellerangaben (z.B. Glycodur-Buchse, DU-Lager) eingesetzt, vgl. TB 9-1, Zeilen 1 bis 4.

Die Bezeichnung einer gerollten Buchse von 36 mm Innendurchmesser mit zulässigen Abmaßen für die Gesamtwanddicke nach Reihe A, 39 mm Außendurchmesser und 36 mm Buchsenbreite (gekürzt) aus einem Mehrschichtwerkstoff mit dem Werkstoffschlüssel P1 lautet:

> Buchse DIN 1494 – 36A39 × 36 – P1

Durch einen festen Sitz des Bolzens in der Gabel (Einbaufall 2) könnten die Gelenkabmessung verringert werden. Dabei ginge aber der Vorteil der leichten Montierbarkeit verloren.

Die Vorwahl der Befestigungsschrauben für das Schwenklager ist nach TB 8-13 möglich. Aufgrund der Flächenpressung unter Schraubenkopf und Mutter können für den zu verspannenden Werkstoff St 52-3 nur Sechskantschrauben der Festigkeitsklasse 8.8 vorgesehen werden. Wenn die Verschraubung zentrisch mit 4 Schrauben ausgeführt wird, ergeben sich nach TB 8-13 überschlägig folgende Schraubengrößen,

– bei senkrecht wirkender Betriebskraft:
  dynamisch axial → 40 kN/4 = 10 kN → 8.8 → M10,
– bei waagerechter Betriebskraft:
  quer → 48 kN/4 = 12 kN → 8.8 → M20

Um die Verschraubung nicht reibschlüssig mit den großen Schrauben M20 ausführen zu müssen (Abmessungen!) wird vorgesehen, den Schub mittels Schubleisten bzw. Paßfedern oder Stiften zu übertragen. Eine kostengünstige Lösung erhält man durch den Einsatz von Spannstiften als Scherhülsen entsprechend Lehrbuch Bild 9-31. Bei Verwendung von Spannstiften der schweren Ausführung wird festgelegt:

> 4 Sechskantschrauben ISO 4014 – M10 × 60 – 8.8
> 4 Sechskantmuttern ISO 4032 – M10 – 8
> 4 Spannstifte DIN 1481 – 18 × 36 – St
> 8 Scheiben DIN 7349 – 10.5 – St

Bei einer Abscherkraft von 111 kN (s. DIN 1481) je Stift ist die Verbindung auf Abscheren sehr reichlich dimensioniert. Festigkeitsmäßig weit ausreichend wären bereits Spannstifte der leichten Ausführung nach DIN 7346 (Stiftdurchmesser 13 mm, Scheiben nach DIN 125).

## 1.4  1. Entwurf

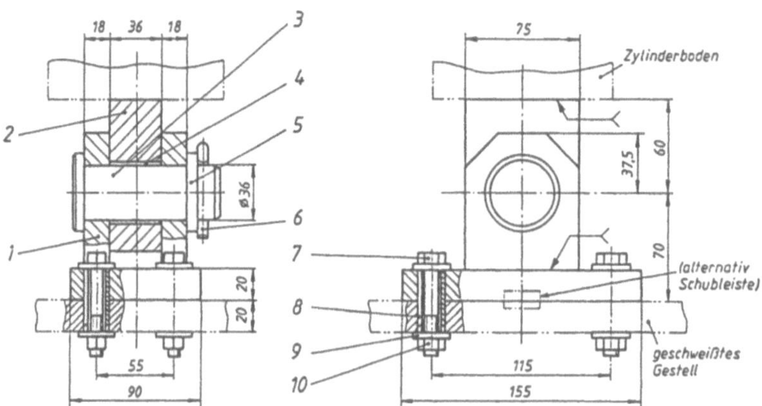

| Pos. | Menge | Benennung | Norm-Kurzbezeichnung | Werkstoff |
|---|---|---|---|---|
| 1 | 1 | Schwenklager, geschweißt | | St 52-3 |
| 2 | 1 | Lasche mit Anschweißende | | St 52-3 |
| 3 | 1 | Bolzen | DIN 1444 – B36f8 × 95 × 83 | Cq35V |
| 4 | 1 | Gleitbuchse, gerollt | DIN 1494 – 36A39 × 36 – P1 | Laufschicht PTFE/Pb |
| 5 | 1 | Scheibe | DIN 1440 – 36 | St |
| 6 | 1 | Splint | DIN 94 – 8 × 50 | St |
| 7 | 4 | Sechskantschraube | ISO 4014 – M10 × 60 | 8.8 |
| 8 | 4 | Spannstift | DIN 1481 – 18 × 36 | St |
| 9 | 8 | Scheibe | DIN 7349 – 10,5 | St |
| 10 | 4 | Sechskantmutter | ISO 4032 –M10 | 8 |

**Bild 1-2** Fußlager für Hydraulikzylinder
1. Entwurf mit vorläufiger Stückliste und Hauptabmessungen

## 1.5 Festigkeitsmäßige Nachprüfung

### 1.5.1 Bolzenverbindung (Gelenk)

Wegen der starken Wechselbelastung und um ein Drehen des Bolzens im Schwenklager (St/St!) zu unterbinden, wird für die endgültige Ausführung ein Bolzen mit Kopf und Gewindezapfen gewählt. Die Kronenmutter wird nur soweit angezogen, daß der Bolzen sich unter Last nicht drehen kann (Ausschlagen, Klappern). Durch die mit einem Splint gesicherte Kronenmutter wird außerdem die Bolzensicherung zuverlässiger.

**1. Kontrolle der Biegespannung im Bolzen**

Für die Biegespannung eines Vollbolzen gilt nach Gl. (9.2)

$$\sigma_b = \frac{c_B \cdot M_b}{W} \le \sigma_{b\,zul}$$

mit $\quad c_B = 1,0$

$$W = \frac{\pi}{32}\, 36^3\,\text{mm}^3 = 4580\,\text{mm}^3$$

$$M_{b\,max} = \frac{48\,000\,\text{N}\,(36,5\,\text{mm} + 2\cdot 17\,\text{mm})}{8}$$

$$= 423\,000\,\text{Nmm (Einbaufall 1)}$$

und $\sigma_{b\,zul} = 90\,\text{N/mm}^2$ (s. unter 1.3) ergibt sich

$$\sigma_b = \frac{1,0\cdot 423\,000\,\text{Nmm}}{4580\,\text{mm}^3} = 92\,\text{N/mm}^2 \approx \sigma_{b\,zul} =$$

$$= 90\,\text{N/mm}^2$$

**2. Kontrolle der Schubspannung im Bolzen**

Für die größte Schubspannung in der Nullinie gilt nach Gl. (9.3)

$$\tau_{max} = \frac{4}{3}\,\frac{c_B \cdot F}{2\cdot S} \le \tau_{a\,zul}$$

mit $\quad c_B = 1,0$

$\qquad F = 48\,\text{kN}$

$$S = \frac{36^2\,\text{mm}^2 \cdot \pi}{4} = 1018\,\text{mm}^2$$

und $\tau_{a\,zul} \approx 0,1 \cdot 600\,\text{N/mm}^2 = 60\,\text{N/mm}^2$ ergibt sich

$$\tau_{max} = \frac{4}{3}\,\frac{1,0\cdot 48\,000\,\text{N}}{2\cdot 1018\,\text{mm}^2} = 31\,\text{N/mm}^2 < \tau_{a\,zul} =$$

$$= 60\,\text{N/mm}^2$$

**3. Kontrolle der Flächenpressung nach Gl. (9.4):**

$$p = \frac{c_B \cdot F}{A_{proj}} \le p_{zul}$$

a) für die Lasche (Stangenkopf)

mit $\quad c_B = 1,0$

$\qquad F = 48\,\text{kN}$

$\qquad A_{proj} = 36\,\text{mm} \cdot 36\,\text{mm} = 1296\,\text{mm}^2$

$\qquad p_{zul} \approx 0,7 \cdot 60\,\text{N/mm}^2 = 42\,\text{N/mm}^2$

nach TB 9-1, Zeile 4, für DU-Lager (Schwellbelastung) ergibt sich

$$p = \frac{1,0\cdot 48\,000\,\text{N}}{1296\,\text{mm}^2} = 37\,\text{N/mm}^2 < p_{zul} = 42\,\text{N/mm}^2$$

b) für die Gabel entsprechend

mit $\quad A_{proj} = 2\cdot 17\,\text{mm} \cdot 36\,\text{mm} = 1224\,\text{mm}^2$

und $\quad p_{zul} = 0,25 \cdot 490\,\text{N/mm}^2 \approx 120\,\text{N/mm}^2$,

mit $\quad R_m = 490\,\text{N/mm}^2$ für St 52-3

und schwellender Belastung, ergibt sich

$$p = \frac{1,0\cdot 48\,000\,\text{N}}{1224\,\text{mm}^2} = 39\,\text{N/mm}^2 < p_{zul} =$$

$$= 120\,\text{N/mm}^2$$

**4. Kontrolle der Kreisringaugen (Stangenköpfe)**

Für die größte Normalspannung am Lochrand des Wangenquerschnitts gilt nach Gl. (9.5)

$$\sigma = \frac{c_B \cdot F}{2c \cdot t}\left[1 + \frac{3}{2}\left(\frac{d_L}{c} + 1\right)\right] \le \sigma_{zul}$$

Für die Lasche (Stange) gilt mit $c_B = 1,0$, $F = F_z = 40\,\text{kN}$, $c = 0,5\,(75\,\text{mm} - 39\,\text{mm}) = 18\,\text{mm}$, $t = 36\,\text{mm}$, $d_L = 39\,\text{mm}$ und $\sigma_{zul} \approx 0,2\,R_m$, mit $R_m = 490\,\text{N/mm}^2$ für St 52-3 bei dynamischer Belastung, also $\sigma_{zul} \approx 0,2 \cdot 490\,\text{N/mm} \approx 100\,\text{N/mm}^2$

$$\sigma = \frac{1,0\cdot 40\,000\,\text{N}}{2\cdot 18\,\text{mm}\cdot 36\,\text{mm}}\left[1 + \frac{3}{2}\left(\frac{39\,\text{mm}}{18\,\text{mm}} + 1\right)\right] =$$

$$= 177\,\text{N/mm}^2 > \sigma_{zul} = 100\,\text{N/mm}^2$$

Die im 1. Entwurf vorgesehene Laschen- = Gabelbreite $b = 75\,\text{mm}$ ist also nicht ausreichend. Wenn die Breite des Gelenkes auf $b = 90\,\text{mm}$ vergrößert wird erhält man

$$\sigma = \frac{1,0\cdot 40\,000\,\text{N}}{2\cdot 25,5\,\text{mm}\cdot 36\,\text{mm}}\left[1 + \frac{3}{2}\left(\frac{39\,\text{mm}}{25,5\,\text{mm}} + 1\right)\right] =$$

$$= 104\,\text{N/mm}^2 \approx \sigma_{zul}$$

Für die Gabelwangen lautet der Festigkeitsnachweis entsprechend

$$\sigma = \frac{1,0\cdot 40\,000\,\text{N}}{2\cdot 2\ 27\,\text{mm}\cdot 17\,\text{mm}}\left[1 + \frac{3}{2}\left(\frac{36\,\text{mm}}{27\,\text{mm}} + 1\right)\right] =$$

$$= 98\,\text{N/mm}^2 < \sigma_{zul}$$

### 1.5.2 Schweißverbindungen

Da dynamische Beanspruchung vorliegt und mehr als $5 \cdot 10^6$ Lastwechsel zu erwarten sind, ist ein Dauerfestigkeitsnachweis nach dem Regelwerk DS 952 erforderlich.

**1. Schweißverbindung Lasche-Zylinderboden**

Als Verbindungsnaht bietet sich die kostengünstige Kehlnaht an. Wegen der gelenkigen Lagerung des Zylinders wird die Naht nur durch Normalkräfte beansprucht (Zug/Druck). Aus schweißtechnischen Gründen empfiehlt es sich, die rundumlaufende Naht mit der Dicke $a \ge \sqrt{36} - 0,5 = 5,5\,\text{mm}$ bzw. da $t > 30\,\text{mm}$, mit $a = 5\,\text{mm}$ auszuführen (vgl. Lehrbuch 6.10.4-2).

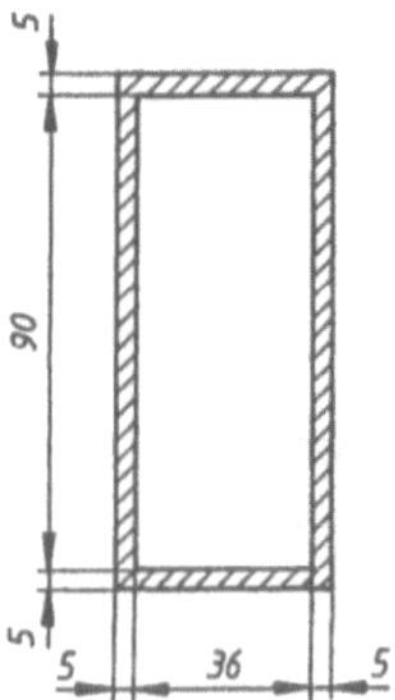

**Bild 1-3** Nahtfläche der Verbindungsnaht Lasche-Zylinderboden

Nach Gl. (6.11) ergibt sich mit der Schweißnahtfläche $S_w = 100$ mm $\cdot$ 46 mm $-$ 90 mm $\cdot$ 36 mm $= 1360$ mm$^2$, $F_d = 48$ kN und $c_B = 1,0$ die Nahtspannung

$$\sigma_\perp = \frac{1,0 \cdot 48\,000 \text{ N}}{1360 \text{ mm}^2} = 35 \text{ N/mm}^2$$

Der mit unbearbeiteten Kehlnähten ausgeführte *T*-Stoß entspricht nach TB 6-10 der Spannungslinie *F* (4).

Mit dem Grenzspannungsverhältnis $\kappa = \sigma_{min}/\sigma_{max} = +40$ kN$/-48$ kN $= -0,83$ findet man in TB 6-11b für den Bauteilwerkstoff St 52-3 im Wechselbereich für die Linie *F*: $\sigma_{w\,zul} \approx 55$ N/mm$^2$. Mit dem Dickenbeiwert $b \approx 0,87$ nach TB 6-12 – wenn er auf die Dicke der zu verschweißenden Bauteile bezogen wird – erhält man den abgeminderten Wert $\sigma_{w\,zul} \approx 0,87 \cdot 55$ N/mm$^2 \approx 48$ N/mm$^2$. Der Schweißanschluß ist also dauerfest, da $\sigma_\perp = 35$ N/mm$^2 < \sigma_{w\,zul} = 48$ N/mm$^2$.

**2. Auf die Grundplatte geschweißte Gabellaschen am Schwenklager**

Aus Fertigungs- und Kostengründen wird versucht, mit der technologischen Mindestkehlnahtdicke $a_{min} \geq \sqrt{20} - 0,5 = 4$ mm auszukommen.

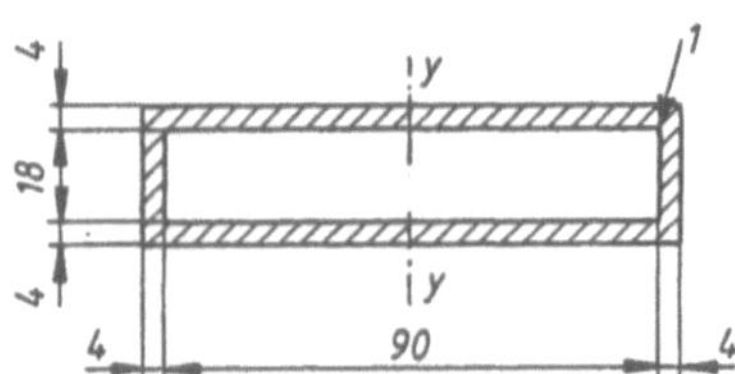

**Bild 1-4** Nahtfläche Schwenklager

Die im Dauerbetrieb auftretende fast vertikal wirkende Wechselbelastung mit $F_z = +40$ kN $/ F_d = -48$ kN führt nach Gl. (6.11) zu folgenden Schweißnahtspannungen:

$$\sigma_\perp = \frac{1,0 \cdot 48\,000 \text{ N}}{2\,(98 \text{ mm} \cdot 26 \text{ mm} - 90 \text{ mm} \cdot 18 \text{ mm})} =$$
$$= 26 \text{ N/mm}^2$$

Mit $\kappa = -0,83$ und dem Kerbfall entsprechend Linie *F* (5) nach TB 6-10 für unbearbeitete Kehlnähte ergibt sich unter Berücksichtigung des Dickenbeiwertes $b \approx 0,93$ nach TB 6-11 eine zulässige Schweißnahtspannung $\sigma_{w\,zul} \approx 0,93 \cdot 55$ N/mm$^2$. Der Kehlnaht-

anschluß ist also dauerfest, da $\sigma_\perp = 26$ N/mm$^2 < \sigma_{w\,zul} = 50$ N/mm$^2$.

Für den selten auftretenden Grenzfall des waagerechten Kraftangriffs werden die Nähte durch das Biegemoment $M_b = 48\,000$ N $\cdot 56$ mm $= 2,688 \cdot 10^6$ Nmm und die Querkraft $F_q = 48$ kN beansprucht. Nach Gl. (6.11) ergibt sich mit $W_w = (26$ mm $\cdot 98^3$ mm$^3 - 18$ mm $\cdot 90^3$ mm$^3)/6 \cdot 98$ mm $= 19\,300$ mm$^3$ eine Randspannung

$$\sigma_\perp = \frac{1,0 \cdot 2,688 \cdot 10^6 \text{ Nmm}}{2 \cdot 19\,300 \text{ mm}^3} = 70 \text{ N/mm}^2$$

Wenn die Querkraftübertragung nur durch die parallel zur Kraftrichtung verlaufenden 90 mm langen Flankennähte erfolgt, ergibt sich für die Nahtecke (Stelle 1, Bild 1-4) mit

$$\sigma_\perp = 70 \text{ N/mm}^2 \frac{45 \text{ mm}}{49 \text{ mm}} = 64 \text{ N/mm}^2 \quad \text{und}$$

$$\tau_\parallel = \frac{1,0 \cdot 48\,000 \text{ N}}{2 \cdot 2 \cdot 90 \text{ mm} \cdot 4 \text{ mm}} = 33 \text{ N/mm}^2$$

nach Gl. (6.23) die Vergleichsspannung

$$\sigma_{wv} = 0,5\,(64 \text{ N/mm}^2 +$$
$$+ \sqrt{(64 \text{ N/mm}^2)^2 + 4\,(33\text{N/mm}^2)^2}) =$$
$$= 78 \text{ N/mm}^2$$

Für die zulässige Spannung gilt wieder die Linie *F*, aber hier die statische Festigkeit, also mit $\kappa = +1,0$: $\sigma_{w\,zul} \approx 0,93 \cdot 155$ N/mm$^2 \approx 145$ N/mm$^2$. Der Schweißanschluß ist ausreichend bemessen, da $\sigma_\perp = 70$ N/mm$^2$ und $\sigma_{wv} = 78$ N/mm$^2 < \sigma_{w\,zul} = 145$ N/mm$^2$.

Ein Nachweis der den Nähten benachbarten großen Bauteilquerschnitte erübrigt sich ($t \gg a$).

Wird zur Verbindung des Schwenklagers mit dem Gestell keine lösbare Verbindung gefordert, so kann dieses auch einfach mit dem Gestell verschweißt werden. Eine rings um die Grundplatte gezogene 5 mm dicke Kehlnaht wäre weit ausreichend.

### 1.5.3 Schraubenverbindung

**1. Dynamische Belastung durch senkrechte Kräfte mit nur kleinem Schwenkwinkel**

Berechnung als vorgespannte Schrauben nach Lehrbuch 8.15.2 entsprechend der VDI-Richtlinie 2230.

**Verschraubungsfall B**

Von den Schrauben sind die wechselnden Zug-Druckkräfte $F_{Bo} = +40$ kN und $F_{Bu} = -48$ kN in Achsrichtung aufzunehmen.

Von der Verwendung von 4 Scherhülsen mit eingezogenen Schrauben wird wegen den ungünstigen Pressungsverhältnissen unter der Kopf- und Mutterauflage Abstand genommen. Gewählt werden stattdessen 2 Spannstife DIN 1481 – 12 × 36. Mit einer Abscherkraft von je 52 kN (TB 9-4) sind sie für die selten auftretende waagerechte Kraft $F_d = 48$ kN ausreichend bemessen.

**B1** Neu gewählt werden Sechskantschrauben ISO 4014 – M10 × 55 – 8.8 mit Sechskantmuttern ISO 4032 – M10 – 8.

Überschlägige Kontrolle der Flächenpressung unter Kopf- und Mutterauflage nach Gl. (8.33)

$$p \approx \frac{F_{sp}/0{,}9}{A_p} \le p_G$$

Mit $F_{sp} = 27{,}3$ kN nach TB 8-14 für $\mu_{ges} \approx 0{,}12$ (leicht geölt) nach TB 8-12a und Festigkeitsklasse 8.8, $A_p = 72{,}3$ mm$^2$ nach TB 8-8 und $p_G \approx 420$ N/mm$^2$ nach TB 8-10 (St 52-3 ähnlich St 50) ergibt sich

$$p \approx \frac{27\,300\ \text{N}/0{,}9}{72{,}3\ \text{mm}^2} = 420\ \text{N/mm}^2 \approx p_G$$

**B2** Bestimmung der elastischen Nachgiebigkeit der Schraube nach Gl. (8.5)

$$\delta_S = \frac{1}{E_S}\left(\frac{0{,}4\,d}{A_N} + \frac{l_1}{A_1} + \frac{l_2}{A_2} + \cdots + \frac{0{,}5\,d}{A_3} + \frac{0{,}4\,d}{A_N}\right)$$

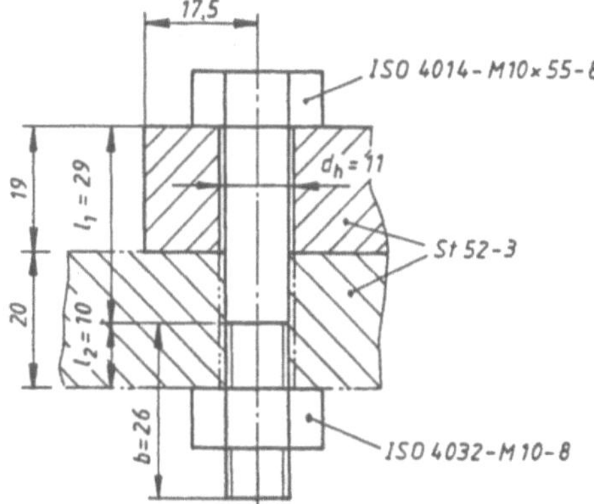


**Bild 1-5** Durchsteckverschraubung, Maße

Mit $E_S = 210\,000$ N/mm$^2$, $d = 10$ mm, $A_N = 10^2$ mm$^2 \cdot \pi/4 = 78{,}5$ mm$^2$, $A_3 = 52{,}3$ mm$^2$ (TB 8-1), $l_1 = 29$ mm und $l_2 = 10$ mm wird somit

$$\delta_S = \frac{1}{210\,000\ \text{N/mm}^2}\left(\frac{0{,}4 \cdot 10\ \text{mm}}{78{,}5\ \text{mm}^2} + \frac{29\ \text{mm}}{78{,}5\ \text{mm}^2} + \right.$$

$$\left. + \frac{10\ \text{mm}}{52{,}3\ \text{mm}^2} + \frac{0{,}5 \cdot 10\ \text{mm}}{52{,}3\ \text{mm}^2} + \frac{0{,}4 \cdot 10\ \text{mm}}{78{,}5\ \text{mm}^2}\right) =$$

$$= 3{,}6 \cdot 10^{-6}\ \frac{\text{mm}}{\text{N}}$$

Ermittlung der Nachgiebigkeit der verspannten Teile (Schwenklager und Gestellwand) nach Gl. (8.7)

$$\delta_T = \frac{l_k}{A_{ers} \cdot E_T}$$

Bei einer flächenmäßigen Ausdehnung der verspannten Teile $d_w \le D_A \le d_w + l_k$, also 14,6 mm < 35 mm < 14,6 mm + 39 mm, gilt für den Ersatzquerschnitt die Gl. (8.6)

$$A_{ers} = \frac{\pi}{4}(d_w^2 - d_h^2) + \frac{\pi}{8}\,d_w(D_A - d_w)\left[(x+1)^2 - 1\right]$$

Mit $d_{w\,min} = 14{,}6$ mm (näherungsweise $SW = 16$ mm), $d_h = 11$ mm, $D_A \approx 2 \cdot 17{,}5$ mm (abgeschätzt als Innenkreisdurchmesser) und

$$x = \sqrt[3]{39\ \text{mm} \cdot 14{,}6\ \text{mm} / 35^2\ \text{mm}^2} = 0{,}77$$

ergibt sich

$$A_{ers} = \frac{\pi}{4}(14{,}6^2\ \text{mm}^2 - 11^2\ \text{mm}^2) +$$

$$+ \frac{\pi}{8} \cdot 14{,}6\ \text{mm}\,(35\ \text{mm} - 14{,}6\ \text{mm})\left[(0{,}77 + 1)^2 - 1\right]$$

$$= 322\ \text{mm}^2$$

und damit

$$\delta_T = \frac{39\ \text{mm}}{322\ \text{mm}^2 \cdot 210\,000\ \text{N/mm}^2} = 0{,}577 \cdot 10^{-6}\,\frac{\text{mm}}{\text{N}}$$

Nun kann zunächst das vereinfachte Kraftverhältnis $\Phi_k = \delta_T / (\delta_S + \delta_T) = 0{,}577 \cdot 10^{-6}$ mm/N/(3,6 $\cdot 10^{-6}$ mm/N + 0,577 $\cdot 10^{-6}$ mm/N) $\approx 0{,}138$ und mit dem Krafteinleitungsfaktor $n \approx 0{,}7$ für Kraftangriff in der Nähe der Kopfauflagefläche nach Gl. (8.14) das Kraftverhältnis ermittelt werden:

$$\Phi = n \cdot \Phi_k = 0{,}7 \cdot 0{,}138 \approx 0{,}10$$

Mit dem Setzbetrag nach Gl. (8.17):

$$f_Z \approx 3{,}29 \left(\frac{39}{10}\right)^{0{,}34} \cdot 10^{-3} \approx 0{,}005\ \text{mm}$$

ergibt sich nach Gl. (8.16) der Vorspannkraftverlust

$$F_Z = \frac{f_Z}{\delta_S + \delta_T} =$$

$$= \frac{0{,}005\ \text{mm}}{3{,}6 \cdot 10^{-6}\ \text{mm}/\text{N} + 0{,}577 \cdot 10^{-6}\ \text{mm}/\text{N}}$$

$$\approx 1{,}2\ \text{kN}$$

Damit läßt sich nach Gl. (8.27) unter Berücksichtigung des Anziehfaktors $k_A \approx 1{,}6$ (TB 8-11) die erforderliche Vorspannkraft berechnen

$$F_{VM} = k_A\left[F_B(1 - \Phi) + F_Z\right] =$$

$$= 1{,}6\left[\frac{40\ \text{kN}}{4}(1 - 0{,}1) + 1{,}2\ \text{kN}\right] = 16{,}3\ \text{kN}$$

Da $F_{VM} = 16{,}3$ kN $\ll F_{sp} = 27{,}3$ kN (M10, 8.8) wären bereits Schrauben M8 mit $F_{sp} = 17{,}2$ kN ausreichend.

Da die Verbindung auch für eine parallel zur Trennfuge angreifende Kraft $F_d = 48$ kN ausgelegt werden muß, wird aus Steifigkeitsgründen der Schraubendurchmesser nicht verringert.

**B3** Mit $M_{sp} = 46$ Nm nach TB 8-14 erhält man für drehmomentgesteuertes Anziehen ein erforderliches Anziehdrehmoment $M_A \approx 0{,}9 \cdot 46$ Nm $\approx 41$ Nm.

**B4** Die maximal zulässige Schraubenkraft wird nicht überschritten, wenn nach Gl. (8.32a) $\Phi \cdot F_B \le 0{,}1 \cdot R_{p0,2} \cdot A_S$ eingehalten wird: 0,1 $\cdot$ 10 kN < 0,1 $\cdot$ 640 N/mm$^2 \cdot$ 58 mm$^2$. Da 1,0 kN < 3,7 kN ist diese Bedingung erfüllt.

Bei dynamischer Beanspruchung muß noch die Dauerhaltbarkeit nach Gl. (8.19) geprüft werden. Die auftretende Ausschlagkraft $F_a$ läßt sich entsprechend Lehrbuch Bild 8-10c nach Gl. (8.12) berechnen:

$$\pm F_a = \pm \frac{F_{Bo} - F_{Bu}}{2} \cdot \Phi,$$

$$\pm F_a = \frac{40\,\text{kN}/4 - (-48\,\text{kN}/4)}{2}\,0{,}1 = 1{,}1\,\text{kN}$$

Mit dem Kernquerschnitt $A_3 = 52{,}3\,\text{mm}^2$ ergibt sich nach Gl. (8.19) die Ausschlagspannung

$$\pm \sigma_a = \pm \frac{1100\,\text{N}}{52{,}3\,\text{mm}^2} = 21\,\text{N/mm}^2$$

Für schlußvergütete Schrauben (SV) erhält man die Ausschlagfestigkeit (s. zu Gl. (8.19))

$$\pm \sigma_{A(SV)} \approx 0{,}75 \left( \frac{180}{d} + 52 \right),$$

$$\sigma_{A(SV)} \approx 0{,}75 \left( \frac{180}{10} + 52 \right) \approx 50\,\text{N/mm}^2$$

Damit bleibt die Ausschlagspannung erheblich unter der Ausschlagfestigkeit, d.h. die Schraubenverbindung ist dauerfest.

**B5** Siehe unter B1.

## 2. Vereinzelte Belastung durch $F_d = 48\,\text{kN}$ parallel zur Trennfuge

Es handelt sich um einen im regulären Betrieb nicht auftretenden Lastfall.

Der Nachweis erfolgt näherungsweise als konsolartiger Anschluß nach Bild 1-6 unter ruhender Belastung, s. Lehrbuch 8.19.5.

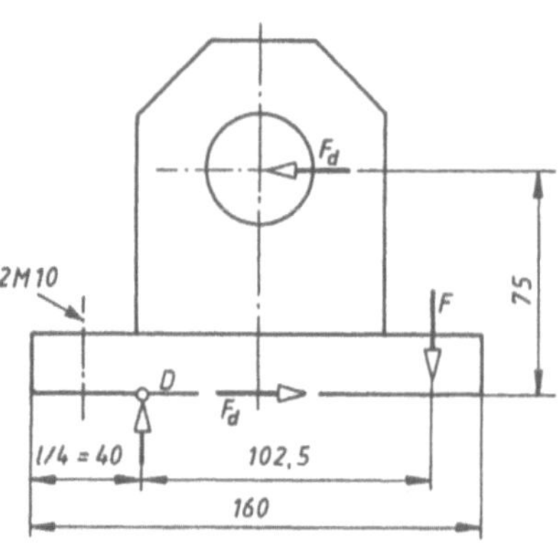

**Bild 1-6** Schwenklager unter exzentrischer Belastung durch Schubkraft $F_d$

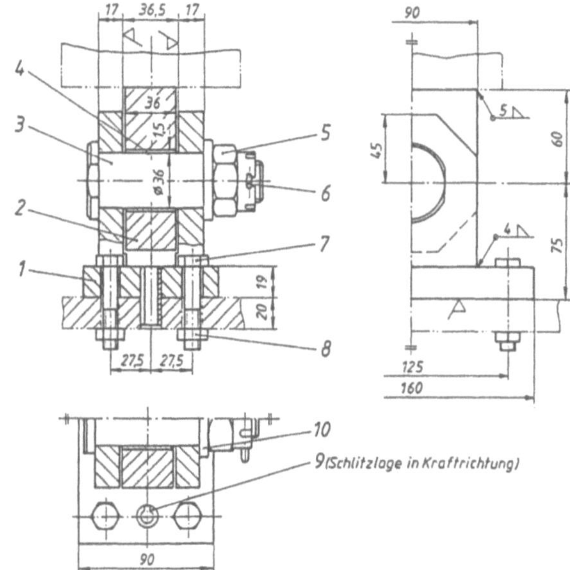

| Pos. | Menge | Benennung | Norm-Kurzbezeichnung | Werkstoff |
|------|-------|-----------|----------------------|-----------|
| 1 | 1 | Schwenklager, geschweißt | DIN 1017 – 90 × 18 × 100<br>DIN 1017– 90 × 20 × 160 | St 52-3 |
| 2 | 1 | Lasche mit Anschweißende | DIN 1543 – Bl 36 × 90 × ·105 | St 52-3 |
| 3 | 1 | Bolzen | DIN 1445 – 36f8 × 74 × 110 | Cq35V |
| 4 | 1 | Gleitbuchse, gerollt | DIN 1494 – 36A39 × 36 – P1 | Laufschicht PTFE/Pb |
| 5 | 1 | Kronenmutter | DIN 935 – M27 | 6 |
| 6 | 1 | Splint | DIN 94 – 5 × 45 | St |
| 7 | 4 | Sechskantschraube | ISO 4014 – M10 × 55 | 8.8 |
| 8 | 4 | Sechskantmutter | ISO 4032 – M10 | 8 |
| 9 | 2 | Spannstift | DIN 1481 – 12 × 36 | St |
| 10 | 1 | Scheibe | DIN 1440 – 36 | St |

**Bild 1-7** Fußlager für Hydraulikzylinder. Endgültige Ausführung mit Stückliste und Hauptabmessungen

Mit dem Moment für die Verbindung $M_b = 48$ kN $\cdot$ 75 mm $= 3,60 \cdot 10^6$ Nmm und dem Abstand der zugbeanspruchten äußeren Schrauben vom Druckmittelpunkt $D$ ergibt sich nach Gl. (8.48) die größte Zugkraft einer Schraube

$$F_{max} = \frac{M_b}{z} \frac{l_1}{l_1^2 + l_2^2 + \cdots + l_n^2} \, ,$$

$$F_{max} = \frac{3,6 \cdot 10^6 \, \text{Nmm}}{2} \frac{102,5 \, \text{mm}}{102,5^2 \, \text{mm}^2} = 17,56 \, \text{kN}$$

Diese Kraft ist wesentlich kleiner als die Spannkraft der Schrauben $F_{sp} = 27,3$ kN.

Würden die Schrauben nicht vorgespannt oder geht die Vorspannkraft verloren, so beträgt die Zugspannung im Gewindeteil der Schrauben nach Gl. (8.49)

$$\sigma_z = \frac{F_{max}}{A_S} \, ,$$

$$\sigma = \frac{17\,560 \, \text{N}}{58 \, \text{mm}^2} = 303 \, \text{N/mm}^2$$

Es liegt dann ungefähr eine zweifache Sicherheit gegen die 0,2 %-Dehngrenze vor ($R_{p0,2} = 640$ N/mm$^2$).

# 2 Auslegung einer Drucklufterzeugungsanlage

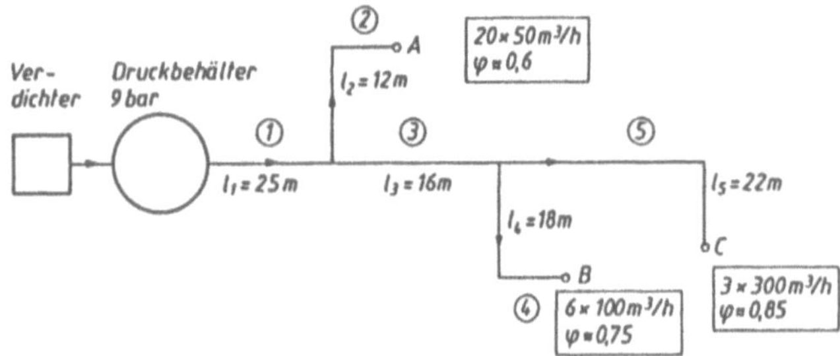


**Bild 2-1** Strangschema einer Druckluftversorgungsanlage (*A*, *B* und *C*: Werkstätten; $\varphi$ geschätzter Gleichzeitigkeitsfaktor)

Für die in Bild 2-1 im Entwurfskonzept dargestellte Druckluftversorgungsanlage eines Betriebes sind die erforderlichen Ausführungsunterlagen auszuarbeiten (Rohrnetz- und Druckbehälterauslegung).

Es ist geplant, alle Werkstätten mit Druckluft von $p_e = 9$ bar zu versorgen. In der Werkstätte *A* liegen 20 Entnahmestellen zu je 50 m³/h, in der Werkstätte *B* 6 Entnahmestellen zu je 100 m³/h und in der Werkstätte *C* 3 Entnahmestellen zu je 300 m³/h. Das Rohrnetz verläuft mit den eingetragenen Längen ungefähr waagerecht. Die auf Grund des Rohrplanes in die einzelnen Teilstrecken 1 bis 5 einzubauenden Rohrleitungselemente (Einzelwiderstände) sind im Bild 2-2 zusammengestellt.

| Teil-strecke | Rohr-bogen 90° (glatt) $R/d = 2$ | Rohr-bogen 60° (glatt) $R/d = 2$ | *T*-Stück (Strom-trennung) | Durch-gangs-ventil (DIN) | Rück-schlag-klappe |
|---|---|---|---|---|---|
| 1 | 4 |   |   | 1 | 1 |
| 2 | 2 | 2 | 1 | 1 |   |
| 3 | 4 |   |   |   |   |
| 4 | 4 |   | 1 | 1 |   |
| 5 | 3 | 2 |   | 1 |   |

**Bild 2-2** Zusammenstellung der wesentlichen Rohrleitungselemente (Einzelwiderstände)

## 2.1 Lösungshinweise

Auf Grund des Druckluftbedarfs kann der Verdichterförderstrom und die Druckbehältergröße ermittelt werden. Die Nennweiten des Rohrnetzes lassen sich mit der wirtschaftlichen Strömungsgeschwindigkeit bemessen, s. Lehrbuch 18.3.1.

Danach können geeignete Rohre nach Lehrbuch 18.2 ausgewählt werden. Anschließend ist nach Lehrbuch 18.3.1 der Druckabfall im Rohrnetz zu kontrollieren. Nach Festlegung der Druckbehälter-Hauptabmessungen können die erforderlichen Wanddicken nach Lehrbuch 6.11.3 berechnet werden. Die unvermeidlichen Aus-

schnitte in der Behälterwand (Mannloch, Stutzen) sind unbedingt, z.B. nach dem Flächenvergleichsverfahren, zu prüfen, s. Lehrbuch 6.11.3–4. Nach der überschlägigen Ermittlung des Behältereigengewichts können dann die für die Behältermontage erforderlichen Tragösen festigkeitsmäßig ausgelegt werden. Nun ist es möglich, vom Behälter eine Schweißgruppenzeichnung anzufertigen. Für die schweißtechnische Gestaltung sind dabei die Richtlinien und Hinweise im Lehrbuch 6.9 und 6.11.4 zu berücksichtigen. Die zeichnerische Darstellung der Nähte erfolgt nach Lehrbuch 6.8.

## 2.2 Berechnung des Verdichterförderstroms

Der Luftbedarf an den Entnahmestellen ist maßgebend für die Auslegung der Verdichter. Die Wahrscheinlichkeit, daß nicht alle Werkzeuge und Geräte gleichzeitig im Betrieb sind, wird durch den Gleichzeitigkeitsfaktor $\varphi$ berücksichtigt. Die Faktoren liegen zwischen ungefähr 0,2 für Laboratorien und 1,0 für Geräte mit ununterbrochenem Betrieb. Die geschätzen Werte für die hier auszulegende Anlage sind in Bild 2-1 eingetragen.

Bei der Größenbestimmung sollte bereits an eine spätere Erweiterung der Anlage gedacht werden. Dieser Gesichtspunkt wird meist durch einen Zuschlag von 50 % des angenommenen Wertes berücksichtigt.

Unvermeidliche Leckverluste können mit einem Zuschlag von 10 % angesetzt werden.

Unter diesen Voraussetzungen errechnet sich der Verdichterförderstrom zu

$$\dot{V}_n = 1,1 \cdot 1,5\,(0,6 \cdot 20 \cdot 50 + $$
$$+ 0,75 \cdot 6 \cdot 100 + 0,85 \cdot 3 \cdot 300)\,\mathrm{m^3/h}$$
$$= 2995\,\mathrm{m^3/h} \approx 50\,\mathrm{m^3/min}$$

Bei größeren Verdichteranlagen ist es zweckmäßig, den ermittelten Druckluftbedarf auf zwei Verdichter aufzuteilen. Dies hat den Vorteil, daß bei Betriebsstörungen eine Reserve verfügbar ist und bei geringer Entnahme mit nur einem Verdichter gearbeitet werden kann.

Gewählt werden zwei Verdichter mit den Ansaugförderströmen 40 und 10 m³/min. Der größere Verdichter übernimmt die Grundlast, der kleinere wird bei Druckabfall automatisch zugeschaltet.

## 2.3 Bestimmung der Druckbehältergröße

Der Druckbehälter erfüllt die Aufgabe eines Speichers. Gleichzeitig werden Druckschwankungen ausgeglichen, die Druckluft beruhigt und abgekühlt.

Bei der verbreitetsten Steuerungsart der Verdichter – der Leerlaufregelung, die hier gewählt werden soll – wird dieser bei Erreichen des Ausschaltdruckes automatisch auf Leerlauf geschaltet und der Bedarf dem Druckbehälter entnommen.

Eine ausreichend genaue Ermittlung der erforderlichen Druckbehältergröße ist mit folgender Gebrauchsformel möglich:

$$V = \frac{\dot{V}_n}{4 \cdot i \cdot \Delta p}$$

| $V$ | $\dot{V}_n$ | $i$ | $\Delta p$ |
|---|---|---|---|
| $m^3$ | $m^3/h$ | $S/h$ | bar |

$\dot{V}_n$    Ansaug-Volumenstrom des Verdichters (Normzustand)

$\Delta p$    Druckdifferenz zwischen Ein- und Ausschaltdruck; Richtwert: $p_1 - p_2 = 1$ bar

$i$    Anzahl der Schaltungen; bei Leerlaufregelung max. 100 Schaltungen/Stunde

$V$    Druckbehälterinhalt

Arbeiten mehrere Verdichter auf einen Druckbehälter, so ist für die Größe des Druckbehälters der Förderstrom des größten Verdichters maßgebend. Die Relais für das Ein- und Ausschalten der Verdichter werden meist auf eine Druckdifferenz $\Delta p = 1$ bar eingestellt. Die Differenz zwischen den Einschaltpunkten der Relais der beiden Verdichter soll 0,2 bar betragen. Die Ausschaltdrücke werden also wie folgt eingestellt: Großer Verdichter (40 m$^3$/min) auf 9 bar, kleiner Verdichter (10 m$^3$/min) auf 8,9 bar. Die entsprechenden Einschaltdrücke betragen 8 bar und 7,8 bar.

Soll eine Häufigkeit von 60 Schaltungen/Stunde nicht überschritten werden, und wird der größte Verdichter mit $\dot{V}_n = 40$ m$^3$/min zugrundegelegt, so ergibt sich eine Druckbehältergröße von

$$V = \frac{60 \cdot 40}{4 \cdot 60 \cdot 1} = 10 \text{ m}^3$$

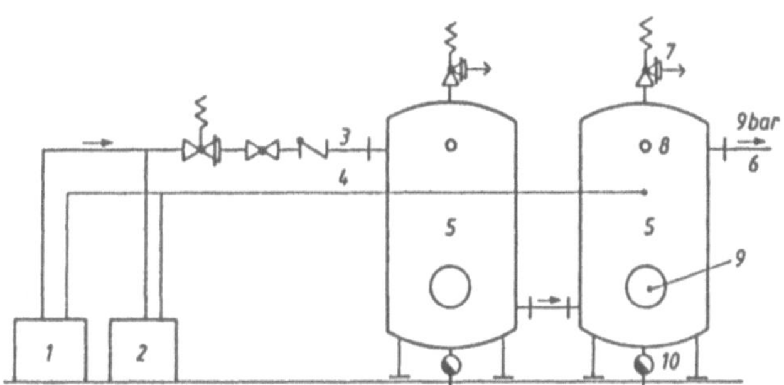

**Bild 2-3** Drucklufterzeugungsanlage (schematisch)
1 Verdichter $\dot{V}_n = 40$ m$^3$/min, 2 Verdichter $\dot{V}_n = 10$ m$^3$/min,
3 Druckleitung, 4 Regelleitung, 5 Druckbehälter 5 m$^3$,
6 Rohrnetz, 7 Sicherheitsventil, 8 Druckmessung, 9 Mannloch,
10 Kondensatablaß

Aus Kosten- und Platzgründen werden zwei stehende Behälter mit je 5 m$^3$ Inhalt hintereinandergeschaltet. Bild 2-3 zeigt schematisch die Drucklufterzeugungsanlage mit getrennt aufgestellten Druckbehältern samt den vorgeschriebenen Ausrüstungsteilen (TRB, AD-Merkblätter), wie Sicherheitseinrichtungen gegen Drucküberschreitung, Öffnungen, Verschlüsse, Druck-meß- und Entwässerungseinrichtungen.

## 2.4 Auslegung des Rohrnetzes

Auf dem Weg vom Druckbehälter zu den Entnahmestellen vermindert sich der Druck durch die Reibung der strömenden Luft und durch die Drosselung infolge Verengungen und Umlenkungen des Luftstroms. Die verdichtete Luft dehnt sich mit dem über die Leitungslänge abnehmenden Druck aus. Bei gleichzeitig vergrößerter Strömungsgeschwindigkeit verringert sich die Dichte der Luft. Es liegt kompressible (expandierende) Strömung vor. Der Druckverlust durch Rohrreibung nimmt zu und es entsteht ein größeres Druckgefälle.

Bei kleinem Druckabfall und damit geringer Expansion, also bei einer geringen Ausdehnung des Rohrnetzes und kleiner Strömungsgeschwindigkeit, kann für die Berechnung des Druckverlustes raumbeständige Fortleitung angenommen werden. Der Druckverlust zwischen dem Druckbehälter und den Entnahmestellen soll daher höchstens 0,1 bar betragen

Der dann bei der Berechnung des Druckverlustes nach Lehrbuch 18.3.1 entstehende Fehler ist gering. Die Tatsache, daß bei gegebenem Volumenstrom der Druckverlust $\Delta p$ der 5. Potenz des Rohrinnendurchmessers umgekehrt proportional ist, zeigt den großen Einfluß von $d_i$ auf eine möglichst verlustfreie Fortleitung.

In der Praxis werden die Rohrinnendurchmesser überschlägig mit der wirtschaftlichen Strömungsgeschwindigkeit (Richtwerte s. TB 18-5) nach Gl. (18.2) ermittelt.

In Druckluftleitungen soll die Strömungsgeschwindigkeit erfahrungsgemäß 10 m/s (bezogen auf den Zustand in der Leitung) nicht überschreiten.

Die praktische Rohrweitenberechnung erfolgt am übersichtlichsten in Tabellenform, Bild 2-4.

| 1 | 2 | 3 | 4 | 5 | 6 | 7 | 8 |
|---|---|---|---|---|---|---|---|
| Teil-strecke<br><br>Bild 2-1 | Volumen-strom (Ent-nahme-stellen) $\dot{V}_n$<br>m$^3$/h | Gleich-zeitig-tigkeits-faktor<br>$\varphi$ | zu erwar-tender Volumen-strom $\dot{V}_n$ [1]<br>m$^3$/h | Volumenstrom bei 9 bar und 20 °C $\dot{V}$ [2]<br>m$^3$/h | <br>m$^3$/s | erforderl. Rohr-durch-messer $d_i$ [3]<br>mm | Nenn-weite DN |
| 1 |  |  | 1815 | 197,2 | 0,0548 | 84 | 100 |
| 2 | 20 × 50 | 0,6 | 600 | 65,2 | 0,0181 | 48 | 50 |
| 3 |  |  | 1215 | 132,1 | 0,0367 | 68 | 80 |
| 4 | 6 × 100 | 0,75 | 450 | 48,9 | 0,0136 | 42 | 50 |
| 5 | 3 × 300 | 0,85 | 765 | 83,2 | 0,0231 | 54 | 65 |

[1] Normzustand    [2] $\dot{V} = \dot{V}_n \dfrac{p_n}{p_1} \dfrac{T_1}{T_n} = 0,1087 \cdot \dot{V}_n$    [3] Nach Gl. (18.2) bei $v = 10$ m/s

**Bild 2-4** Ermittlung der Nennweiten des Rohrnetzes

Zunächst werden die in den einzelnen Teilstrecken (Bild 2-1) zu erwartenden Volumenströme $\dot{V}_n$ (Normzustand) unter Berücksichtigung des Gleichzeitigkeitsfaktors $\varphi$ aufgelistet (Bild 2-4, Spalte 4). Die Teilstrecke 1 muß dabei den größten Volumenstrom bewältigen:

$$\dot{V}_n = 0{,}6 \cdot 20 \cdot 50 \text{ m}^3/\text{h} + 0{,}75 \cdot 6 \cdot 100 \text{ m}^3/\text{h} +$$
$$+ 0{,}85 \cdot 3 \cdot 300 \text{ m}^3/\text{h} = 1815 \text{ m}^3/\text{h}$$

Beim weiteren Berechnungsablauf ist zwischen dem Volumenstrom im Ansaugzustand und im verdichteten Zustand zu unterscheiden. Die in der Aufgabenstellung genannten Volumenströme $\dot{V}_n$ der einzelnen Verbraucher sind auf den unverdichteten Normzustand der Druckluft bezogen, also auf die Normtemperatur $T_n = 273{,}15$ K bzw. $t_n = 0$ °C und den Normdruck $p_n = 101325$ Pa $\approx 1{,}013$ bar (vgl. DIN 1343). Gefördert wird die verdichtete Luft bei $t_1 = 20$ °C und $p_{abs\,1} = p_e + p_{amb} \approx 10$ bar. Der Volumenstrom im verdichteten Zustand läßt sich ausreichend genau berechnen aus der Beziehung:

$$\dot{V}_1 = \dot{V}_n \frac{p_n}{p_1} \frac{T_1}{T_n}$$

Mit $p_n = 1{,}013$ bar, $p_1 \approx 10$ bar, $T_1 = 293$ K und $T_n \approx 273$ K erhält man

$$\dot{V}_1 = \dot{V}_n \frac{1{,}013 \text{ bar}}{10 \text{ bar}} \frac{293 \text{ K}}{273 \text{ K}} = 0{,}1087 \, \dot{V}_n$$

Damit läßt sich der Volumenstrom in verdichtetem Zustand berechnen (Bild 2-4, Spalte 5 und 6) und mit der Gl. (18.2) auch der mindestens erforderliche Rohrinnendurchmesser (Spalte 7) der einzelnen Teilstrecken. Nach TB 18-2 können nun die Nennweiten nach DIN 2402 gewählt werden (Bild 2-4, Spalte 8).
Bis DN 150 sind nahtlose verzinkte Stahlrohre nach DIN 2440 (mittelschwere Gewinderohre) für übliche Druckluftleitungen ausreichend, vgl. TB 18-4.
Sie sind geeignet für PN25 für Flüssigkeiten und PN10 für Luft und ungefährliche Gase. Als Rohrverbindungen kommen Muffen (evtl. Schweißen) und für lösbare Verbindungen Vorschweiß- oder Gewindeflansche in Frage. Durch die Oberflächen-Zinkschicht bleibt die glatte Rohrwandung erhalten und die Korrosionsbeständigkeit wird wesentlich verbessert.
Zur Kontrolle soll für das für die Teilstrecke 1 vorgesehene „Gewinderohr DIN 2440 – DN 100 – nahtlos B" die Wanddicke gegen Innendruck nachgeprüft werden (vgl. Lehrbuch 18.3.2).
Da es sich um eine Rohrleitung mit vorwiegend ruhender Beanspruchung bis 120 °C handelt, beträgt nach Gl. (18.11) die rechnerische Wanddicke

$$t_v = \frac{d_a \cdot p_e}{2 \dfrac{K}{v} \, v_N}$$

Mit dem Rohraußendurchmesser $d_a = 114{,}3$ mm, dem Berechnungsdruck $p_e = 9$ bar $= 0{,}9$ N/mm², der Streckgrenze des Rohrwerkstoffes St 33-2 $R_e = 185$ N/mm² nach TB 1-4, dem Sicherheitsbeiwert $v = 1{,}8$ (ohne Ab-

nahmeprüfzeugnis, $A_s \approx 18$ %) und $v_N = 1{,}0$ wegen nahtlosem Rohr, ergibt sich die rechnerische Wanddicke

$$t_v = \frac{114{,}3 \text{ mm} \cdot 0{,}9 \text{ N/mm}^2}{2 \dfrac{184 \text{ N/mm}^2}{1{,}8} 1{,}0} = 0{,}5 \text{ mm}$$

Die auszuführende Wanddicke beträgt mit der zulässigen Wanddickenunterschreitung $c_1' = 12{,}5$ % (DIN 2440) und dem Zuschlag für Korrosion $c_2 = 0$ (Rohr verzinkt)

$$t = (0{,}5 \text{ mm} + 0) \frac{100}{100 - 12{,}5} = 0{,}57 \text{ mm}$$

Mit der tatsächlich ausgeführten Wanddicke $t = 4{,}5$ mm ist das Rohr weit ausreichend bemessen. Auf einen Festigkeitsnachweis der übrigen Rohrabmessungen kann verzichtet werden.

## 2.5 Ermittlung der Druckverluste im Rohrnetz

Für Rohrleitungen mit abgestuften Durchmessern sind die Druckverluste für jede Teilstrecke gesondert zu ermitteln und entsprechend zu addieren. Bei Annahme einer raumbeständigen Fortleitung (inkompressible Strömung) und weitgehend horizontal verlaufenden Rohrleitungen kann der Druckverlust jeder Teilstrecke nach Gl. (18.5) berechnet werden

$$\Delta p = \frac{\rho \cdot v^2}{2} \left( \frac{\lambda \cdot l}{d_i} + \Sigma \zeta \right)$$

Die Betriebsdichte $\rho_1$ bei $p_{e1} = 9$ bar und $t_1 = 20$ °C läßt sich aus dem Normzustand errechnen aus der Beziehung

$$\rho_1 = \rho_n \frac{p_1}{p_n} \frac{T_n}{T_1}$$

oder mit der Gaskonstanten für Luft

$$R = 287 \text{ m}^2/(\text{s}^2 \cdot \text{K})$$

nach der allgemeinen Gasgleichung

$$\rho = \frac{p}{RT}$$

Mit der Normdichte der Luft $\rho_n = 1{,}293$ kg/m³, dem Betriebsdruck $p_{abs\,1} \approx 10$ bar, dem Normdruck $p_n = 1{,}013$ bar, der Normtemperatur $T_n \approx 273$ K und der Betriebstemperatur $T_1 = 293$ K erhält man die Betriebs-dichte der Luft

$$\rho_1 = 1{,}293 \frac{\text{kg}}{\text{m}^3} \frac{10 \text{ bar}}{1{,}013 \text{ bar}} \frac{273 \text{ K}}{293 \text{ K}} = 11{,}89 \frac{\text{kg}}{\text{m}^3}$$

Zur Bestimmung der Rohrreibungszahl $\lambda$ muß außer dem Verhältnis $d_i/k$ noch die Reynolds-Zahl $Re$ bekannt sein, vgl. TB 18-8.
Da Rostbildung durch die verzinkte Rohrwand wohl bleibend verhindert wird, kann nach TB 18-6 eine mittlere Rauheitshöhe $k \approx 0{,}15$ mm angenommen werden.

Für die Reynolds-Zahl gilt nach Gl. (18.6):

$$Re = v \cdot \frac{d_i}{\nu}$$

Die gesuchte kinematische Viskosität $\nu$ beim Betriebsdruck erhält man durch Dividieren der Werte bei $p = 0{,}981$ bar (aus TB 18-9) durch den Betriebsdruck. Mit den Werten $\nu_{0°} = 13{,}6 \cdot 10^{-6}\,\text{m}^2/\text{s}$ und $\nu_{50°} = 18{,}6 \cdot 10^{-6}\,\text{m}^2/\text{s}$ bei 0,981 bar findet man durch Interpolieren für die Betriebstemperatur von 20 °C:

$$\nu_{20°} \approx 15{,}6 \cdot 10^{-6}\,\text{m}^2/\text{s}$$

Beim Betriebsdruck $p_{abs} \approx 10$ bar beträgt die kinematische Viskosität der verdichteten Luft somit

$$\nu = \frac{15{,}6 \cdot 10^{-6}\,\text{m}^2/\text{s} \cdot 0{,}981\,\text{bar}}{10\,\text{bar}} \approx 1{,}53 \cdot 10^{-6}\,\text{m}^2/\text{s}$$

Da die Rohrreibungszahl nach TB 18-8 im Übergangsgebiet zwischen vollrauhem und glattem Verhalten der Rohrwand liegt, gilt Gl. (18.9). In ihr ist die Rohrreibungszahl implizit enthalten. Die $\lambda$-Werte werden deshalb zweckmäßigerweise in Abhängigkeit von $Re$ und $d_i/k$ unmittelbar aus dem Schaubild TB 18-9 abgelesen.

Damit sind alle zur Berechnung des Druckabfalls erforderlichen Werte bekannt und die Berechnung kann für die einzelnen Teilstrecken durchgeführt werden, Bild 2-5.

Der größte Druckabfall besteht zwischen dem Druckbehälter und der Werkstatt *B*, also auf den Teilstrecken $1 + 3 + 4$. Er beträgt nach Bild 2-5:

$$\Sigma \Delta p = 2650\,\text{Pa} + 1530\,\text{Pa} + 3560\,\text{Pa} = 7740\,\text{Pa}$$

Mit ca. 0,08 bar ist er geringer als die maximal zulässigen 0,1 bar.

## 2.6 Anforderungsliste für die Druckbehälterkonstruktion

Die bisher erarbeiteten Daten werden unter Berücksichtigung der geltenden Vorschriften (AD-Merkblätter, TRB) in einer Anforderungsliste zusammengefaßt.

Speichermedium: Luft

Behälterinhalt: 5000 *l*

zulässiger Betriebsüberdruck: 9 bar (Vakuum wird durch geeignete Einrichtung verhindert)

zulässige Betriebstemperatur: – 10 bis + 50 °C

Werkstoff: unlegierter Stahl

Ausführung: zylindrischer Druckbehälter, stehend

Aufstellung: Innenraum

Anschlüsse
– Ein- und Austrittstutzen: DN 100 mit Vorschweißflansch
– Sicherheitsventil: DN 32 mit Vorschweißflansch
– Kondensatableiter: DN 32 mit Vorschweißflansch
– Manometer- und Relaisanschluß: Nippel G1
– Mannloch (Befahröffnung) 320 × 420 mm

## 2.7 Druckbehälter – Hauptabmessungen

Unter Beachtung wirtschaftlicher Gesichtspunkte lautet die vorliegende Aufgabe: Ein Druckbehälter mit 5 m³ Inhalt bei einem Betriebsdruck von 9 bar ist so zu bemessen, daß die Kosten ein Minimum werden. In der VDI-Richtlinie 2225 Blatt 1 wird dieses Problem mathematisch abgehandelt. Während sich die Herstellkosten aus den Anteilen Materialkosten für den Mantel und die Böden und den Fertigungskosten für die Längs- und Rundnähte zusammensetzen (vgl. Bild 2-6a), sind es bei den Betriebskosten die Kapitalkosten (aus Herstellkosten) und die Raumkosten, also den Kosten für die Miete oder die Abschreibung des vom Druckbehälter beanspruchten Platzes (vgl. Bild 2-6b).

| 1 | 2 | 3 | 4 | 5 | 6 | 7 | 8 | 9 | 10 |
|---|---|---|---|---|---|---|---|---|---|
| Teilstrecke | Länge der Teilstrecke | Volumenstrom (bei 9 bar) | Rohrabmessungen DIN 2440 | Strömungsgeschwindigkeit | Reynoldszahl | Rohrinnendurchmesser/ Rauheitshöhe | Rohrreibungszahl | Widerstandszahl | Druckverlust |
| | $l$ | $\dot{V}$ | $d_a \times l$ | $v$ | Re [1] | $d_i/k$ [2] | $\lambda$ | $\Sigma \zeta$ | $\Delta p$ |
| Bild 2-1 | m | m³/s | mm | m/s | | | | | Pa |
| 1 | 25 | 0,0548 | 114,3 × 4,5 | 6,3 | 433 600 | 702 | 0,022 | ≈ 6,0 | 2650 |
| 2 | 12 | 0,0181 | 60,3 × 3,65 | 8,2 | 284 400 | 353 | 0,027 | ≈ 6,3 | 4960 |
| 3 | 16 | 0,0367 | 88,9 × 4,05 | 7,1 | 375 000 | 539 | 0,023 | 0,56 | 1530 |
| 4 | 18 | 0,0136 | 60,3 × 3,65 | 6,2 | 214 800 | 353 | 0,027 | ≈ 6,4 | 3560 |
| 5 | 22 | 0,0231 | 76,1 × 3,65 | 6,2 | 278 800 | 459 | 0,025 | ≈ 5,1 | 2990 |

[1] $Re = v \cdot d_i/\nu$, mit $\nu = 1{,}53 \cdot 10^{-6}\,\text{m}^2/\text{s}$     [2] $k \approx 0{,}15$ mm

**Bild 2-5** Ermittlung der Druckverluste im Rohrnetz

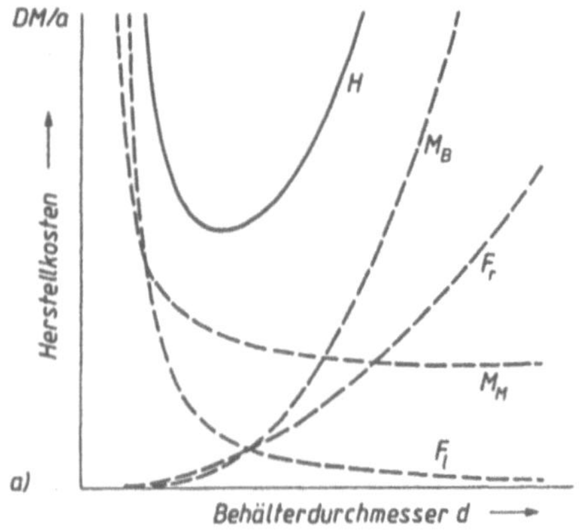

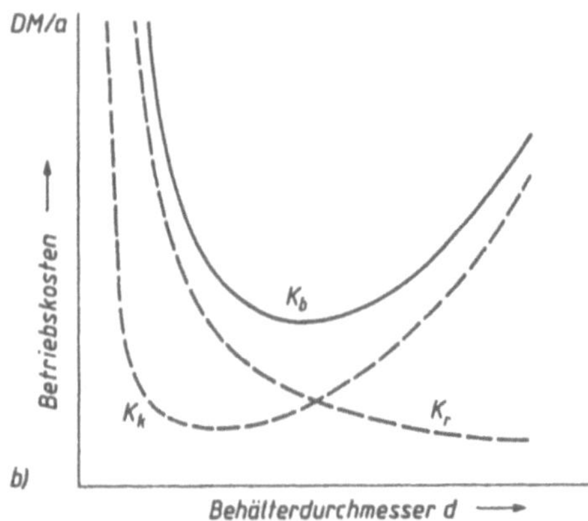

**Bild 2-6** Bemessung von geschweißten Druckbehältern nach Beispiel in VDI-Richtlinie 2225 Blatt 1 (schematisch)

a) Herstellkosten $H$ als Funktion des Behälterdurchmessers $d$ ($M_B$ und $M_M$: Materialkosten der Böden und des Mantels, $F_l$ und $F_r$: Fertigungskosten für Längs- und Rundnähte)

b) Betriebskosten $K_b$ als Funktion des Behälterdurchmessers $d$ ($K_k$ und $K_r$: Kapital- und Raumkosten)

Wenn man die Kosten in Abhängigkeit vom Behälterdurchmesser aufträgt, so weisen beide Kostenarten ein Minimum bei kleinen Behälterdurchmessern auf. Kostenmäßig optimal sind also lange, sehr schlanke Behälter, z.B. mit $l/d = 10$ nach Bild 2-7.

Da solche Druckbehälter aus praktischen Gründen kaum ausgeführt werden, wird das $l/d$-Verhältnis nach den vorliegenden Raumverhältnissen gewählt. Im Hinblick auf übliche Raumhöhen und bereits bestehende Normen wird ein Behälterdurchmesser von 1400 mm

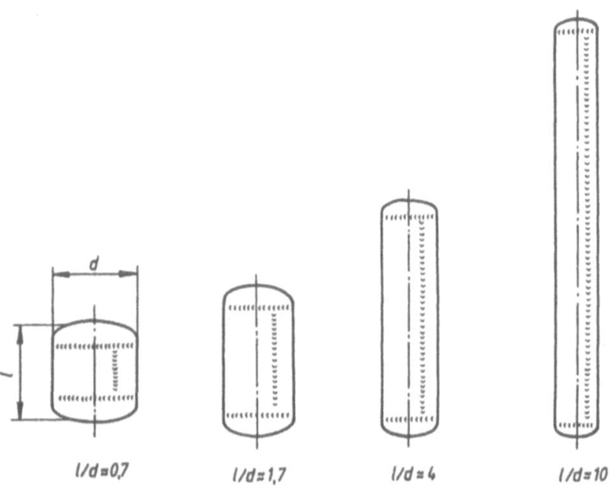



**Bild 2-7** Druckbehälter mit gleichem Volumen, Betriebsdruck und Werkstoff

gewählt (Normzahl Reihe R20). Als Bodenform wird die für die vorliegende Behältergröße und Druckstufe kostengünstige Klöpperform gewählt. Damit kann die Behälterlänge ermittelt werden.

Gesamtvolumen: $\qquad V = \qquad$ 5000 $l$

Volumen der Böden (ohne Bordhöhe):
$$V \approx 2 \cdot 0,1(d_a - 2t)^3 \approx 2 \cdot 0,1 \cdot$$
$$\cdot\ (14\,\text{dm} - 2 \cdot 0,08\,\text{dm})^3 \quad = \qquad \underline{530\ l}$$

Volumen des zylindrischen Teils $\qquad \overline{4470\ l}$

Aus $V = \pi \cdot d_i^2 \cdot h/4$ erhält man die Länge $h$ des zylindrischen Teils

$$h_{zyl} = \frac{4 \cdot V}{\pi \cdot d_i^2} = \frac{4 \cdot 4470\ \text{dm}^3}{\pi \cdot 13,84^2\,\text{dm}^2} = 29,71\ \text{dm}$$

Nach den Angaben zu Lehrbuch Bild 6-35 kann die Behälterlänge wie folgt berechnet werden:

$$h = h_{zyl} + 2h_2 + 2t$$

mit $h_2 = 0,1935 \cdot 1400\,\text{mm} - 0,455 \cdot 8\,\text{mm} = 267,3\,\text{mm}$

und $t \approx 8$ (vorläufig geschätzt) wird

$$h = 2971\ \text{mm} + 2 \cdot 267,3\ \text{mm} + 2 \cdot 8\ \text{mm} =$$
$$= 3522\ \text{mm}$$

Gewählt wird die Gesamtlänge über die Böden $h = 3550$ mm (Normzahl Reihe R20).

## 2.8 Berechnung der Behälter-Wanddicken

Da das Produkt aus dem größten Innendurchmesser $D_i$ in mm des Behälters und dem zulässigen Betriebsüberdruck $p_e$ in bar $D_i \cdot p_e \le 20\,000$ ist, können für Zarge und Böden Baustähle nach EN 10025 (DIN 17100) verwendet werden, s. TB 6-6b. Gewählt wird die kostengünstige Stahlsorte RSt 37-2.

### 1. Zylindrischer Druckbehälter-Mantel

Die erforderliche Wanddicke beträgt bei Zylinderschalen nach Gl. (6.17a) im Bereich der Schweißnähte

$$t = \frac{D_a \cdot p_e}{2\dfrac{K}{v}\,v + p_e} + c_1 + c_2$$

mit  $K$ = 235 N/mm² nach TB 6-6b für RSt 37-2
bei $t = 50\ °\text{C}$

$\quad D_a$ = 1400 mm

$\quad p_e$ = 9 bar = 0,9 N/mm²

$\quad v$ = 1,5 nach TB 6-8 für Walz- und Schmiede-stähle

$\quad \upsilon$ = 0,85 bei verringertem Prüfumfang

$\quad c_1$ = 0,4 mm nach TB 1-7 für warmgewalztes Blech DIN 1543 bzw. EN 10 029 Klasse A, $t < 8$ mm

$\quad c_2$ = 1 mm für ferritische Stähle

wird

$$t = \frac{1400\ \text{mm} \cdot 0,9\ \text{N/mm}^2}{2\dfrac{235\ \text{N/mm}^2}{1,5}\,0,85 + 0,9\ \text{N/mm}^2} +$$
$$+\ 0,4\ \text{mm} + 1,0\ \text{mm} = 6,1\ \text{mm}$$

Der Mantel wird mit der Wanddicke $t_e = 7$ mm ausgeführt.

**2. Klöpperböden**

Für die erforderliche Wanddicke der Klöpperböden gilt im Bereich der am höchsten beanspruchten Krempe nach Gl. (6.18)

$$t = \frac{D_a \cdot p_e \cdot \beta}{4 \dfrac{K}{\nu} \, \upsilon} + c_1 + c_2$$

mit  $D_a = 1400$ mm

$p_e = 9$ bar $= 0,9$ N/mm$^2$

$K = 235$ N/mm$^2$

$\nu = 1,5$

$\upsilon = 1,0$ für Vollboden (ohne Schweißnaht)

$c_1 = 0,5$ mm für $t = 8 \ldots 15$ mm

$c_2 = 1$ mm

$$\beta = 1,9 + \frac{0,0325}{0,00464^{0,7}} + 0,00464 = 3,3 \, ;$$

wobei  $y = \dfrac{8 \text{ mm} - 0,5 \text{ mm} - 1 \text{ mm}}{1400 \text{ mm}}$

$= 0,00464$ (für $t = 8$ mm)

wird

$$t = \frac{1400 \text{ mm} \cdot 0,9 \text{ N/mm}^2 \cdot 3,3}{4 \dfrac{235 \text{ N/mm}^2}{1,5} 1,0} +$$

$$+ \; 0,5 \text{ mm} + 1 \text{ mm} = 8,1 \text{ mm}$$

Um sicher zu gehen, wird eine Bodenwanddicke $t_e = 9$ mm gewählt.

Nach DIN 28011 lautet die Bezeichnung eines Klöpperbodens von Außendurchmesser $D_a = 1400$ mm und Nennwanddicke $t_e = 9$ mm mit Bordkanten Form VA (für $V$-Naht außen) aus der Stahlsorte RSt 37-2:

Boden DIN 28011 – 1400 × 9 – VA – RSt 37-2

Die Bordhöhe $h_1 \geq 3,5 \cdot t$, also $3,5 \cdot 9$ mm, wird mit 35 mm ausgeführt (vgl. Lehrbuch Bild 6-35a). Zur Fertigungserleichterung wird bei der Bestellung die Kennzeichnung der Referenzlinie (Anriß) vereinbart.

## 2.9 Nachweis der Ausschnittverstärkung

Der Nachweis ausreichender Ausschnittverstärkung erfolgt nach dem Flächenvergleichsverfahren, s. Lehrbuch 6.11.3–4.

**1. Ovales Mannloch 320 × 420 mm**

Der Ausschnittverschwächung wird durch eine rohrförmige Verstärkung Rechnung getragen. Gewählt wird ein Hochkanteinschweißring □ 90 × 15 mm.

Mittragende Länge des Behältermantels nach Angaben zu Gl. (8.20):

$$b = \sqrt{(D_i + t_A - c_1 - c_2)(t_A - c_1 - c_2)}$$

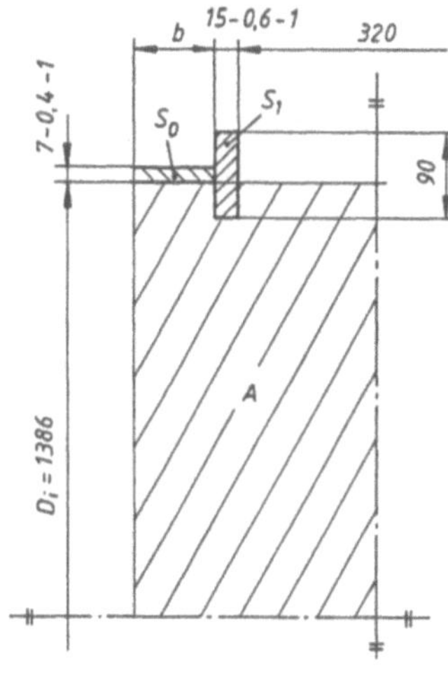

**Bild 2-8**
Ausschnittverschwächung durch Mannloch, Berechnungs-schema

Mit $D_i = 1386$ mm, $t_A = 7$ mm, $c_1 = 0,4$ mm und $c_2 = 1$ mm erhält man

$$b = \sqrt{(1386 \text{ mm} + 7 \text{ mm} - 0,4 \text{ mm} - 1 \text{ mm}) \cdot}$$
$$\overline{\cdot \, (7 \text{ mm} - 0,4 \text{ mm} - 1 \text{ mm})} = 88,3 \text{ mm}$$

Tragende Querschnittsflächen $S = S_0 + S_1$:

$$S = 88,3 \text{ mm} \cdot (7 \text{ mm} - 0,4 \text{ mm} - 1 \text{ mm}) +$$
$$+ \; 90 \text{ mm} \cdot (15 \text{ mm} - 0,6 \text{ mm} - 1 \text{ mm})$$
$$= 1700 \text{ mm}^2$$

Druckbelastete projizierte Fläche:

$$A \approx 0,5 \cdot 1386 \text{ mm} \cdot (88,3 \text{ mm} + 15 \text{ mm} +$$
$$+ \; 0,5 \cdot 320 \text{ mm}) = 182\,470 \text{ mm}^2$$

Bei gleichen Festigkeitskennwerten für den Behältermantel und den Hochkantring lautet die Festigkeitsbedingung nach Gl. (6.20a)

$$\sigma_v = p_e \left( \frac{A}{S} + \frac{1}{2} \right) \leq \frac{K}{\nu}$$

Mit $p_e = 0,9$ N/mm$^2$, $K = 235$ N/mm$^2$ und $\nu = 1,5$ gilt

$$\sigma_v = 0,9 \text{ N/mm}^2 \left( \frac{182\,470 \text{ mm}^2}{1700 \text{ mm}^2} + \frac{1}{2} \right) \leq \frac{235 \text{ N/mm}^2}{1,5}$$

$$\sigma_v = 97 \text{ N/mm}^2 < 157 \text{ N/mm}^2$$

Der Ausschnitt für das Mannloch ist durch den eingeschweißten Hochkantring weit ausreichend verstärkt.

**2. Stutzen DN 100**

Stutzenrohr DIN 2448 – 114,3 × 5,6

Zulässige Wanddickenunterschreitung nach DIN 1629: 10 % der Wanddicke, also 0,56 mm.

Mittragende Längen:

– Behälterwand: $b = 88,3$ mm, wie unter 1.

– Stutzenrohr

$$l_S = 1,25 \sqrt{(103,1 \text{ mm} + 5,6 \text{ mm} - 0,56 \text{ mm} - 1 \text{ mm}) \cdot}$$
$$\overline{\cdot \, (5,6 \text{ mm} - 0,56 \text{ mm} - 1 \text{ mm})} = 26,0 \text{ mm}$$

– nach innen überstehendes Stutzenrohr:

$$l_S' \leq 0,5 \, l_S = 0,5 \cdot 26 \text{ mm} \approx 13 \text{ mm}$$

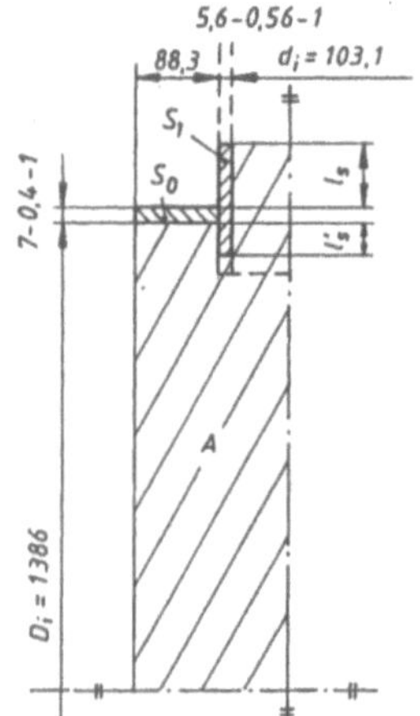

**Bild 2-9**
Ausschnittverschwächung durch
Stutzen, Berechnungsschema

Tragende Querschnittsfläche $S = S_0 + S_1$:

$$S = 88{,}3\,\text{mm}\ (7\,\text{mm} - 0{,}4\,\text{mm} - 1\,\text{mm}) +$$
$$+ (26\,\text{mm} + 5{,}6\,\text{mm} + 13\,\text{mm}) \cdot$$
$$\cdot (5{,}6\,\text{mm} - 0{,}56\,\text{mm} - 1\,\text{mm}) = 674{,}7\ \text{mm}^2$$

Druckbelastete projizierte Fläche:

$$A \approx 0{,}5 \cdot 1386\,\text{mm} \cdot (88{,}3\,\text{mm} + 5{,}6\,\text{mm} +$$
$$+ 0{,}5 \cdot 103{,}1\,\text{mm}) + (26\,\text{mm} + 5{,}6\,\text{mm}) \cdot$$
$$\cdot 0{,}5 \cdot 103{,}1\,\text{mm} \approx 102\,430\,\text{mm}^2$$

Allgemeine Festigkeitsbedingung:

$$\sigma_v = 0{,}9\,\frac{\text{N}}{\text{mm}^2}\left(\frac{102\,430\,\text{mm}^2}{674{,}7\,\text{mm}^2} + \frac{1}{2}\right) \le \frac{235\,\text{N/mm}^2}{1{,}5}$$

$$\sigma_v = 137\,\text{N/mm}^2 < 157\,\text{N/mm}^2$$

Der Ausschnittt in der Behälterwand ist durch das durchgesteckte und mit der Wand verschweißte Stutzenrohr ausreichend verstärkt.

Die übrigen Ausschnitte in der Behälterwand sind ebenfalls ausreichend verstärkt. Auf den Nachweis wird verzichtet.

## 2.10 Überschlägige Ermittlung des Behältereigengewichts

1. Mantel aus Bl. 7
   $$A = \pi \cdot 1{,}4\,\text{m} \cdot 2{,}93\,\text{m} = 12{,}89\,\text{m}^2$$

   $$m = 54{,}95\,\frac{\text{kg}}{\text{m}^2} \cdot 12{,}89\,\text{m}^2 = \qquad 708\,\text{kg}$$

2. Böden aus Bl. 9
   $$A \approx 2\,(0{,}99 \cdot D_a^2 + \pi \cdot D_a \cdot h_1)$$
   $$A \approx 2\,(0{,}99 \cdot 1{,}4^2\,\text{m}^2 + \pi \cdot 1{,}4\,\text{m} \cdot 0{,}035\,\text{m}) = 4{,}19\,\text{m}^2$$

   $$m = 70{,}65\,\frac{\text{kg}}{\text{m}^2} \cdot 4{,}19\,\text{m}^2 \cdot 1{,}1^{\,x)} = \qquad 326\,\text{kg}$$

3. Füße
   4 × 0,36 m Rohr 168,3 × 5,6 → 32,4 kg
   4 × 0,21² m² Bl. 16           → 22,1 kg     55 kg
4. Stutzen und Mannloch (mit Verschluß)        70 kg
5. Laschen, Fabrikschild etc.                   10 kg
   Behältergewicht (ohne Füllung)         ca. 1170 kg

---

$^{x)}$ Faktor 1,1 berücksichtigt die aus fertigungstechnischen Gründen stark streuenden Gewichte

## 2.11 Behälterfüße, Tragösen

Die zum Aufstellen des Behälters notwendigen Tragösen und die Behälterfüße werden nach überwiegend konstruktiven Gesichtspunkten gestaltet. Ein Heranziehen bestehender Normen ist dabei sinnvoll. In Anlehnung an DIN 28081 „Apparatefüße aus Rohr" werden Stahlrohre DIN 2448 – 168,3 × 5,6 – St 37.0 gewählt. Die örtlichen Beanspruchungen der Böden durch die Füße und die Tragösen sind im vorliegenden Fall – auch bei der Wasserdruckprüfung – unbedenklich. Auf einen möglichen rechnerischen Nachweis der zu-sätzlichen Spannungen nach den AD-Merkblättern wird verzichtet. Alle Kehlnähte werden ohne rechnerischen Nachweis mit der technologischen Mindestnahtdicke $a_{\min} \ge \sqrt{t_{\max}} - 0{,}5\,\text{mm}$ ausgeführt (Lehrbuch 6.10.4–2).

Wenn die Tragösen am oberen Boden entsprechend Bild 2-10 angeordnet werden und bei der Montage des Behälters eine Traverse und Schäkel benutzt werden, wird die Tragöse nur in der Blechebene beansprucht.

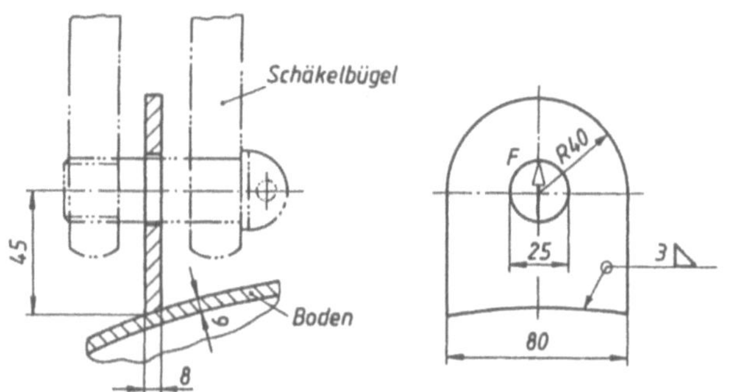


**Bild 2-10**  Tragöse am oberen Behälterboden

Die erforderliche Schäkelgröße für das Behältereigengewicht von ca. 11,5 kN kann entweder dem Normblatt entnommen oder mit Hilfe der Faustformel für den Schäkelbolzen – Durchmesser $d = 4{,}7 \cdot \sqrt{F}$ ($d$ in mm, $F$ in kN) bestimmt werden.

Nach DIN 82101 wären zwei Schäkel der Nenngröße 0,6 ausreichend. Da für die verschiedenen Behältergrößen nur einige Schäkel-Vorzugsgrößen eingesetzt werden, sollen die Tragösen auch das Einsetzen eines Schäkels der Nenngröße 2,5 (Bolzendurchmesser 24 mm) ermöglichen.

Für den an der Traverse hängenden Behälter (leer) soll noch die Beanspruchung der Tragösen (Kreisringaugen) geprüft werden. Nach Lehrbuch 9.2.2–3 werden die Wangen der Tragösen auf Biegung und Zug beansprucht, Bild 2-10 und Lehrbuch Bild 9-7.

Mit den maßlichen Verhältnissen des Bildes 2-10 ergibt sich nach Gl. (9.5) im Wangenquerschnitt am Lochrand die größte Normalspannung

$$\sigma = \frac{1{,}0 \cdot 0{,}5 \cdot 11\,500\,\text{N}}{2 \cdot 27{,}5\,\text{mm} \cdot 8\,\text{mm}}\left[1 + \frac{3}{2}\left(\frac{25\,\text{mm}}{27{,}5\,\text{mm}} + 1\right)\right] =$$

$$= 50\,\text{N/mm}^2$$

       

Für die zulässigen Spannungen können die Verhältnisse im Stahlbau zugrundegelegt werden. In TB 3-3a findet man für den Lastfall H, den Bauteilwerkstoff St 37 bei Zug- und Biegezug $\sigma_{zul} = 160 \text{ N/mm}^2$. Die Tragösen sind also großzügig dimensioniert.

Eine Festigkeitskontrolle des Schweißanschlusses und der Schäkelbolzen erübrigt sich.

## 2.12 Ausführungsunterlagen

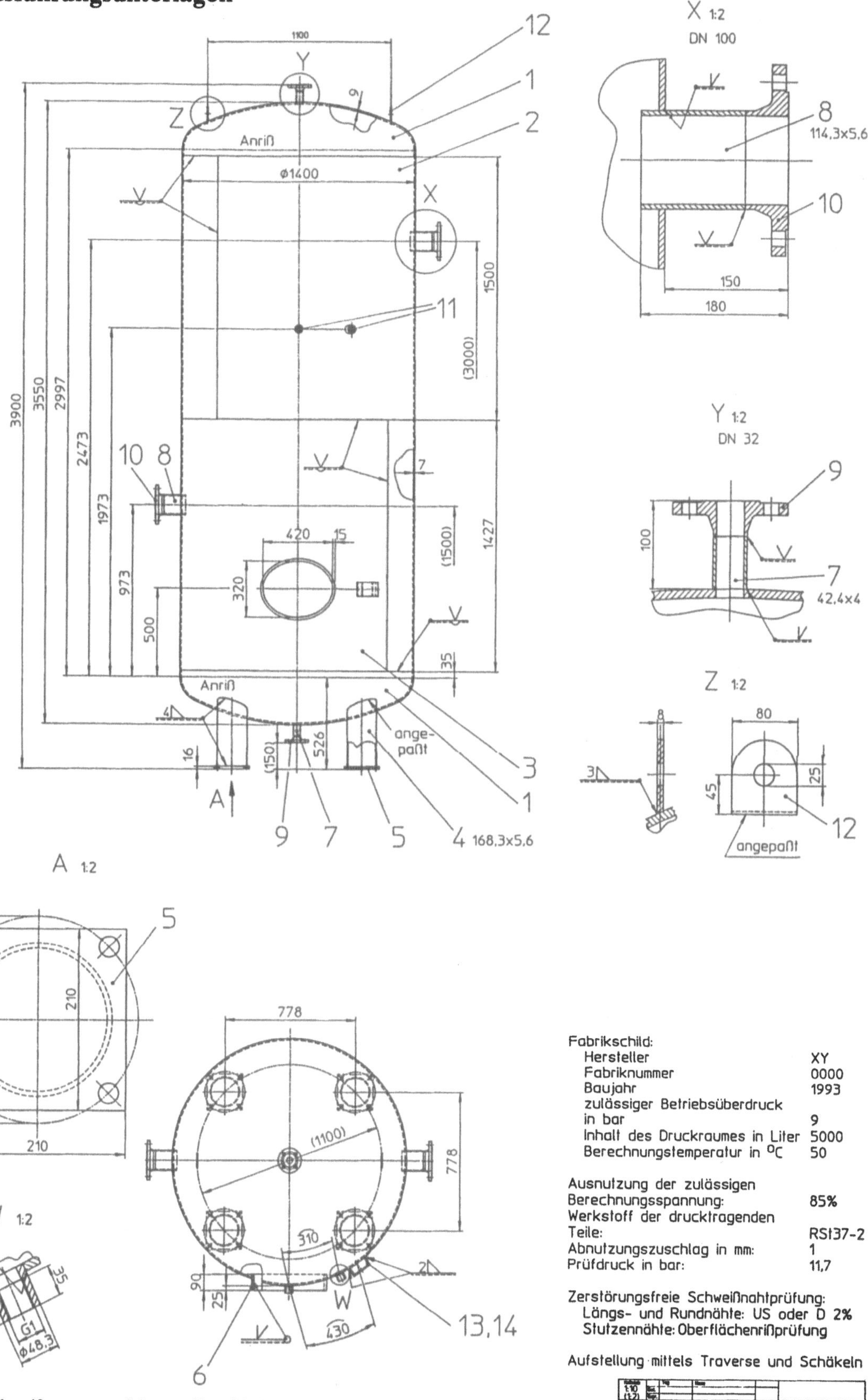


**Bild 2-11** Schweißgruppenzeichnung Druckbehälter

| 1 | 2 | 3 | 4 | 5 | 6 |
|---|---|---|---|---|---|
| Pos. | Menge | Einheit | Benennung | Sachnummer/Norm-Kurzbezeichnung | Bemerkung |
| 1 | 2 | Stück | Klöpperboden | DIN 28 011 – 1400 × 9 – VA | RSt 37-2 |
| 2 | 1 | Stück | Zarge | DIN 1543 – Bl 7 × 1500 × 4376 | RSt 37-2 |
| 3 | 1 | Stück | Zarge | DIN 1543 – Bl 7 × 1427 × 4376 | RSt 37-2 |
| 4 | 4 | Stück | Fußrohr | DIN 2458 – 168, 3 × 5, 6 × 380 | St 37.0 |
| 5 | 4 | Stück | Fußplatte | DIN 1543 – Bl 16 × 210 × 210 | RSt 37-2 |
| 6 | 1 | Stück | Hochkanteinschweißring, nahtlos | I.W. 320 × 420, 90 × 15 | RSt 37-2 |
| 7 | 2 | Stück | Stutzenrohr DN 32 | DIN 2448 – 42,4 × 4 × 60 | St 37.0 |
| 8 | 2 | Stück | Stutzenrohr DN 100 | DIN 2448 – 114,3 × 5,6 × 128 | St 37.0 |
| 9 | 2 | Stück | Flansch | DIN 2633 – C32 × 42,4 | RSt 37-2 |
| 10 | 2 | Stück | Flansch | DIN 2633 – C100 × 114,3 | RSt 37-2 |
| 11 | 2 | Stück | Nippel G1 | DIN 2448 – 48,3 × 10 × 50 | St 37.0 |
| 12 | 2 | Stück | Tragöse | DIN 1543 – Bl 8 × 80 × 85 | RSt 37-2 |
| 13 | 1 | Stück | Schildhalter | DIN 1026 – U120 × 80 | RSt 37-2 |
| 14 | 1 | Stück | Fabrikschild | | CuZn |

**Bild 2-12** Stückliste Druckbehälter

# 3 Antrieb einer Seiltrommel

## 3.1 Aufgabenstellung

Für den unter 3.2.1 dargestellten Seiltrommelantrieb sind zu bestimmen:
- die Zahnradstufe
- der Durchmesser der Seiltrommelachse
- die Wälzlagerung der Seiltrommel
- die Schraubenverbindung zwischen dem Zahnrad $z_2$ und der Seiltrommel
- die Auflager für die Seiltrommelachse sowie deren axiale Lagesicherung

## 3.2 Bekannte Daten

### 3.2.1 Prinzipdarstellung des Seiltrommelantriebes in Perspektive

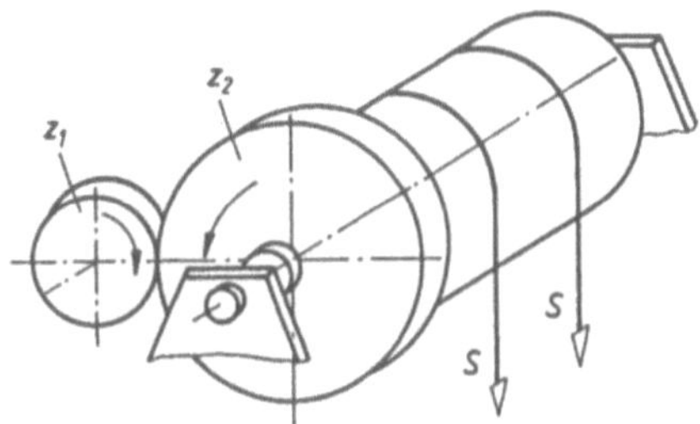

**Bild 3-1** Prinzipskizze

### 3.2.2 Schematische Darstellung des Seiltrommelantriebes in zwei Ansichten

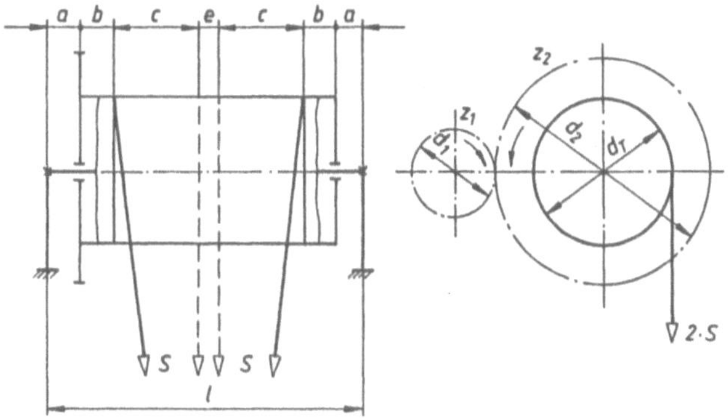

**Bild 3-2** Schemazeichnung

### 3.2.3 Seilkräfte

Die aus der Hublast resultierenden Seilkräfte betragen

$$S = 20 \text{ kN}$$

### 3.2.4 Betriebsfaktor

Beim Anrucken und beim Abbremsen treten Zusatzkräfte auf, die durch einen Betriebsfaktor

$$c_B = 1,4$$

zu berücksichtigen sind.

### 3.2.5 Abmessungen

Ergebnisse der Seilberechnung sind ein Trommeldurchmesser

$$d_T = 355 \text{ mm}$$

und eine Seilwickellagenbreite

$$c = 315 \text{ mm}$$

Davon ausgehend wurden nach entsprechenden Richtwerten der Fördertechnik die Maße

$$a = 80 \text{ mm}; \quad b = 130 \text{ mm}; \quad e = 50 \text{ mm}$$

festgelegt.

Damit wird der Abstand der Auflager für die Seiltrommelachse

$$l = 1100 \text{ mm}$$

### 3.2.6 Zahnräder

Es sind gerad- und nullverzahnte Zahnräder vorzusehen.

### 3.2.7 Drehzahlen

Die erforderliche Drehzahl der Trommel resultierend aus der Hubgeschwindigkeit, muß sein

$$n_T \approx 22,4 \text{ min}^{-1}$$

Der Antrieb erfolgt mit einem Elektro-Getriebebremsmotor, dessen Abtriebsdrehzahl laut Katalog

$$n_M = 71,3 \text{ min}^{-1}$$

beträgt.

## 3.3 Lösungen

### 3.3.1 Bestimmen der Zahnradstufe

Für die Zahnradstufe ist folgende Übersetzung erforderlich

$$i_{erf} = \frac{n_M}{n_T} = \frac{71,3 \text{ min}^{-1}}{22,4 \text{ min}^{-1}} = 3,183$$

Die Ritzelzähnezahl wird nach der Anforderung an das Getriebe gewählt. Für Hubwerkgetriebe ist die Zahnfußtragfähigkeit maßgebend, da ein Zahnbruch hier zu großen Folgeschäden führen kann.

TB 15-12 gibt für Hubwerkgetriebe als günstige Ritzelzähnezahlen $z_1 \approx 14 \dots 20$ an. Gewählt wird:

$$z_1 = 18 \text{ Zähne}$$

Für $z_2$ ergibt das dann die Zähnezahl

$$z_2 = z_1 \cdot i = 18 \cdot 3,183$$
$$z_2 = 57,3$$

gewählt wird $z_2 = 57$ Zähne.

Die tatsächliche Übersetzung wird dann

$$i_{tats} = \frac{z_2}{z_1} = \frac{57}{18}$$

$$i_{tats} = 3,16\overline{6}$$

und die Drehzahl $n_2 = n_T$

$$n_2 = n_T = \frac{n_M \cdot z_1}{z_2} = \frac{71,3 \text{ min}^{-1} \cdot 18}{57}$$

$$n_2 = n_T = 22,5 \text{ min}^{-1}$$

Das ist eine zulässige Abweichung vom geforderten Wert von + 0,5 %. Die Trommel dreht sich dadurch geringfügig schneller und die Hubgeschwindigkeit ist etwas größer.

Unter Berücksichtigung der Verschraubung des Zahnrades mit der Trommel, siehe hierzu die schematische Darstellung, müßte der Teilkreis des Zahnrades schätzungsweise ≥ 470 mm ausgeführt werden. Diese Bedingung erfüllen die Moduln ≥ 9 mm.

Nach TB 15-1 wird vorläufig ein Modul $m$ = 10 mm (Modulreihe 1) gewählt. Damit ergeben sich folgende Teilkreisdurchmesser

$$d_1 = z_1 \cdot m = 18 \cdot 10 \text{ mm}$$

$$d_1 = 180 \text{ mm}$$

$$d_2 = z_2 \cdot m = 57 \cdot 10 \text{ mm}$$

$$d_2 = 570 \text{ mm}$$

Der Achsabstand wird

$$a_d = \frac{d_1 + d_2}{2} = \frac{(570 + 180) \text{ mm}}{2}$$

$$a_d = 375 \text{ mm}$$

Die Kopfkreisdurchmesser werden

$$d_{a1} = d_1 + 2 \cdot m = 180 \text{ mm} + 2 \cdot 10 \text{ mm}$$

$$d_{a1} = 200 \text{ mm}$$

$$d_{a2} = d_2 + 2 \cdot m = 570 \text{ mm} + 2 \cdot 10 \text{ mm}$$

$$d_{a2} = 590 \text{ mm}$$

Bezüglich der Wahl der Werkstoffe für die Zahnräder ist davon auszugehen, daß das Ritzel $z_1$ fliegend auf dem Bremsgetriebemotorzapfen befestigt wird und die Lage des Ritzels zur Lage des Rades durch die Montagegenauigkeit bestimmt wird. Deshalb sind gehärtete Zahnflanken nicht zu empfehlen.

TB 15-14 gibt zur Auswahl Empfehlungen. Danach wird für Hubwerk-Zahnräder bei einer Teilkreisgeschwindigkeit

$$v = \frac{d_2 \cdot \pi \cdot n_2}{60} = \frac{0,570 \text{ m} \cdot \pi \cdot 22,5 \text{ min}^{-1}}{60 \text{ s/min}}$$

$$v = 0,672 \frac{\text{m}}{\text{s}}$$

für das Ritzel ein Vergütungsstahl mit einer Härte 230 … 280 HB, für das Rad ein solcher mit einer Härte von 190 … 230 HB empfohlen. Erfahrungsgemäß können damit ausreichende Flankentragfähigkeiten bei Ritzel-

zähnezahlen $z \geq 25$ Zähne erreicht werden. Da im Beispiel $z_1$ = 18 Zähne festgelegt wurden, werden festere Werkstoffe und zwar nach TB 15-16 ausgewählt.

Für das Ritzel: 34NiCrMo12.8V mit

$$\sigma_{H \text{ lim}} = 750 \cdots 830 \text{ N/mm}^2$$

$$\sigma_{F \text{ lim}} = 240 \cdots 325 \text{ N/mm}^2$$

Für das Rad: 30CrNiMo8V mit

$$\sigma_{H \text{ lim}} = 700 \cdots 780 \text{ N/mm}^2$$

$$\sigma_{F \text{ lim}} = 230 \cdots 320 \text{ N/mm}^2$$

Zu beachten ist, daß bei ungehärteten Zahnrädern die Härte am Ritzel etwa 10 … 20 HB größer zu wählen ist, als am Rad.

Da die Ritzellage, wie bereits erwähnt, von der Montagegenauigkeit abhängig ist, hat es wenig Sinn, die Räder mit einer hohen Genauigkeit zu fertigen. Es wird deshalb die Qualität 9 festgelegt.

Bei fliegend angeordneten und vergütet ausgeführten Zahnritzeln ist das Durchmesser-Breitenverhältnis nach TB 15-13

$$\psi_d = \frac{b_1}{d_1} \leq 0,7$$

zu wählen.

Wegen des festgelegten Abstandes $a$ (siehe Skizze in der Aufgabenstellung) wird die Zahnbreite

$$b_1 = 120 \text{ mm}$$

festgelegt.

Damit wird

$$\psi_d = \frac{b_1}{d_1} = \frac{120 \text{ mm}}{180 \text{ mm}} = 0,667$$

Die Breite des Zahnrades $z_2$ wird 2 mm kleiner ausgeführt, damit sich die Zähne während des Betriebes gleichmäßig über die gesamte Breite abnutzen, also wird

$$b_2 = 118 \text{ mm}$$

Die für die weitere Berechnung erforderlichen Zahnkräfte werden aus dem an der Trommel maximal erforderlichen Drehmoment bestimmt, welches sich aus den Kräften der auf die Trommel auflaufenden Seilen ergibt. Die maximale Kraft durch ein auflaufendes Seil beträgt

$$F_{max} = S \cdot c_B = 20 \text{ kN} \cdot 1,4$$

$$F_{max} = 28 \text{ kN}$$

Damit ergibt sich dann das Trommeldrehmoment

$$T_T = 2 \cdot F_{max} \cdot \frac{d_T}{2} = F_{max} \cdot d_T$$

Dieses Drehmoment auf das Zahnrad $z_1$ reduziert, ergibt

$$T_1 = \frac{F_{max} \cdot d_T}{i \cdot \eta_v \cdot \eta_T}$$

*Anmerkung:* Der Trommelwirkungsgrad $\eta_T$ beträgt nach Erfahrungen der Fördertechnik $\eta_T \approx 0{,}98$ für eine wälzgelagerte Trommel mit zwei auflaufenden Seilen. Hierin ist die Seilreibung in den Rillen und Wälzreibung in den Lagern berücksichtigt. Der Wirkungsgrad für ein gefrästes Zahnflankenpaar beträgt $\eta_v \approx 0{,}99$.

Die Tangentialkräfte an der Verzahnung ergeben sich dann wie folgt:

$$F_{t1} = F_{t2} = \frac{T_1}{\dfrac{d_1}{2}} = \frac{F_{max} \cdot d_T}{\dfrac{d_1}{2} \cdot i \cdot \eta_v \cdot \eta_T} =$$

$$= \frac{F_{max} \cdot d_T}{\dfrac{d_1}{2} \cdot \dfrac{d_2}{d_1} \cdot \eta_v \cdot \eta_T} = \frac{2 F_{max} \cdot d_T}{d_2 \cdot \eta_v \cdot \eta_T}$$

$$F_{t1} = F_{t2} = \frac{2 \cdot 28 \text{ kN} \cdot 355 \text{ mm}}{570 \text{ mm} \cdot 0{,}99 \cdot 0{,}98}$$

$$F_{t1} \approx F_{t2} \approx 35{,}95 \text{ kN}$$

Die Radialkräfte an der Verzahnung werden dann

$$F_{r1} = F_{r2} = F_{t1} \cdot \tan \alpha = 35{,}95 \text{ kN} \cdot \tan 20°$$

$$F_{r1} = F_{r2} = 13{,}08 \text{ kN}$$

*Anmerkung:* Der Zusammenhang zwischen der Tangential-Zahnkraft und der Radial-Zahnkraft ist im Lehrbuch Roloff/Matek, Maschinenelemente, Abschnitt 15.9.3 erläutert.

Im allgemeinen werden für Verzahnungen zwei Nachweise geführt

- der Nachweis der Zahnfußtragfähigkeit
- der Nachweis der Flankentragfähigkeit.

Bei ungehärteten Rädern ist die Flankentragfähigkeit kritischer. Deshalb wird hier dieser zuerst geführt, um bei negativen Ergebnis mit geringsten Änderungsaufwand die Berechnung korrigieren zu können.

Die vorhandene Nenn-Flankenpressung im Wälzpunkt $C$ wird nach Gl. (15.93)

$$\sigma_{HO} = Z_H \cdot Z_E \cdot Z_\varepsilon \cdot \sqrt{\frac{F_t}{b \cdot d_1} \cdot \frac{u + 1}{u}}$$

Nach TB 15-25a) ist der Zonenfaktor bei nullverzahnten Geradstirnrädern

$$Z_H = 2{,}5$$

nach TB 15-25b) bei der Paarung Stahl/Stahl der Elastizitätsfaktor

$$Z_E = 189{,}8 \text{ N/mm}^2$$

und nach TB 15-25c) für $\varepsilon_\alpha = 1{,}66$ nach TB 15-2 (für $z_1 = 18$ Zähne und $u \stackrel{\frown}{=} i = 3{,}167$) und für $\varepsilon_\beta = 0$ (weil Geradverzahnung) der Überdeckungsfaktor

$$Z_\varepsilon = 0{,}88$$

Damit wird die Nenn-Flankenpressung

$$\sigma_{HO} = 2{,}5 \cdot 189{,}8 \sqrt{\text{N/mm}^2} \cdot$$

$$\cdot 0{,}88 \sqrt{\frac{35\,950 \text{ N}}{118 \text{ mm} \cdot 180 \text{ mm}} \cdot \frac{3{,}167 + 1}{3{,}167}}$$

$$\sigma_{HO} = 623 \text{ N/mm}^2$$

Unter Berücksichtigung eines Belastungsfaktors wird die Flankenpressung am Wälzkreis der Zahnräder

$$\sigma_H = \sigma_{HO} \cdot K_{H\,ges}$$

Dieser Belastungsfaktor für die Flankentragfähigkeit wird nach Gl. (15.85) ermittelt

$$K_{H\,ges} = \sqrt{K_A \cdot K_v \cdot K_{H\alpha} \cdot K_{H\beta}}$$

Der Betriebsfaktor $K_A \stackrel{\frown}{=} c_B$ wird hier 1 gesetzt, da bereits $c_B$ bei der Ermittlung der Kräfte berücksichtigt wurde.

Der Dynamikfaktor ist nach Gl. (15.77)

$$K_v = 1 + f_F \cdot (K_{350} \cdot N)$$

Aufgrund der kleinen vorhandenen Teilkreisgeschwindigkeit wird dieser hier

$$K_v = 1$$

Der Stirnfaktor $K_{H\alpha}$ wird nach TB 15-22a) ermittelt. Für die Linienbelastung

$$K_A \cdot \frac{F_t}{b} = \frac{35\,950 \text{ N}}{118 \text{ mm}} \approx 305 \text{ N/mm}^2$$

sowie Geradverzahnung und Verzahnungsqualität 9 ist

$$K_{H\alpha} = 1{,}1$$

Der Breitenfaktor $K_{H\beta}$ wird nach TB 15-21 bestimmt. Dieser Faktor ist neben der Linienbelastung von der Flankenlinienabweichung abhängig.

Die Flankenlinienabweichung durch Verformung wird nach TB 15-19a) für $b = 118$ mm und mittlere Steifigkeit bzw. $F_t/b > 200$ N/mm$^2$

$$f_{sh} = 11 \text{ μm}$$

Die herstellungsbedingte Flankenlinienabweichung wird nach Gl. (15.79)

$$f_{ma} = c \cdot f_{H\beta} = c \cdot 4{,}16 \cdot b^{0{,}14} \cdot q_H$$

Für den vorliegenden Fall ist $c = 1$ zu setzen, da keine Anpassung erfolgt. Der Qualitätseinflußfaktor $q_H$ beträgt nach TB 15-18 für die Qualität 9

$$q_H = 4{,}01$$

Damit wird

$$f_{ma} = 4{,}16 \cdot 118^{0{,}14} \cdot 4{,}01$$

$$f_{ma} = 32 \text{ μm}$$

Die Flankenlinienabweichung vor dem Einlaufen der Zahnradstufe kann damit betragen

$$F_{\beta x} = f_{ma} + 1{,}33 \cdot f_{sh} = 32 \text{ μm} + 1{,}33 \cdot 11 \text{ μm}$$

$$F_{\beta x} = 47 \text{ μm}$$

Für die Dauerfestigkeitswerte $\sigma_{H\,lim} = 780$ N/mm$^2$ für den WS 30CrNiMo8V und $\sigma_{H\,lim} = 830$ N/mm$^2$ für den WS 34NiCrMo12.8V ist nach TB 15-20 jeweils ein Einlaufbetrag von

$$y_{\beta 1} = 19 \text{ μm}$$

$$y_{\beta 2} = 21 \text{ μm}$$

möglich und damit

$$y_\beta = \frac{y_{\beta 1} + y_{\beta 2}}{2} = \frac{(19 + 21)\ \mu m}{2}$$

$$y_\beta = 20\ \mu m$$

zu erwarten.
Die Flankenlinienabweichung beträgt damit nach dem Einlaufen

$$F_{\beta y} = F_{\beta x} - y_\beta = 47\ \mu m - 20\ \mu m$$

$$F_{\beta y} = 27\ \mu m$$

$F_m/b = F_t/b \approx 305\ N/mm^2$ und $F_{\beta y} = 27\ \mu m$ ergibt nach TB 15-21 einen Breiteneinflußfaktor

$$K_{H\beta} = 1{,}75$$

Damit wird der Gesamteinflußfaktor

$$K_{H\ ges} = \sqrt{1 \cdot 1 \cdot 1{,}1 \cdot 1{,}75}$$

$$K_{H\ ges} = 1{,}39$$

Damit wird die Flankenpressung am Wälzkreis der Zahnräder

$$\sigma_H = \sigma_{HO} \cdot K_{H\ ges} = 623\ N/mm^2 \cdot 1{,}39$$

$$\sigma_H = 866\ N/mm^2$$

Die zulässige Flankenpressung wird nach Gl. (15.95)

$$\sigma_{HP} = \frac{\sigma_{H\ lim} \cdot Z_{NT} \cdot Z_L \cdot Z_V \cdot Z_R \cdot Z_W \cdot Z_X}{S_{H\ lim}}$$

Als Dauerfestigkeitswert ist der des weicheren Werkstoffes maßgebend, das ist in diesem Falle der WS 30CrNiMo8V, für den TB 15-16 als oberen Grenzwert $\sigma_{H\ lim} = 780\ N/mm^2$ angibt.
Der Lebensdauerfaktor $Z_{NT}$ ist nach TB 15-26 für eine für Hubwerke übliche Lastwechselzahl $N_L = 10^5$

$$Z_{NT} = 1{,}6$$

Für wälzgefräste Verzahnungen kann nach Lehrbuch Roloff/Matek, Maschinenelemente, Seite 553 das Produkt

$$Z_L \cdot Z_V \cdot Z_R = 0{,}85$$

zugrunde gelegt werden.
Für die Paarung ungehärteter Zahnräder ist der Werkstoffaktor

$$Z_W = 1$$

Für ungehärteten Vergütungsstahl wird nach TB 15-14d) der Größenfaktor

$$Z_X = 1$$

Für den Nachweis der Grübchentragfähigkeit wird eine Mindestsicherheit

$$S_{H\ min} = 1{,}2$$

zugrunde gelegt (siehe Erläuterung zu Gl. (15.95)).
Damit wird die zulässige Flankenpressung

$$\sigma_{HP} = \frac{780\ N/mm \cdot 1{,}6 \cdot 0{,}85 \cdot 1\ 1}{1{,}2}$$

$$\sigma_{HP} = 884\ N/mm^2$$

Nachweis: $\sigma_H = 866\ N/mm^2 < \sigma_{HP} = 884\ N/mm^2$.
Damit sind die gewählten Werkstoffe ausreichend. Da jedoch der obere Grenzwert $\sigma_{H\ lim}$ zugrunde gelegt wurde, ist vom Stahlhersteller eine Festigkeitsgarantie einzuholen.
Für den Nachweis der Zahnfußtragfähigkeit werden die örtlichen Zahnfußspannungen nach der Gl. (15.86) ermittelt.

$$\sigma_{F0} = \frac{F_t}{b \cdot m} \cdot Y_{Fa} \cdot Y_{Sa} \cdot Y_\varepsilon \cdot Y_\beta$$

Der Formfaktor $Y_{Fa}$ wird nach TB 15.23a) bestimmt. Für $z_1 = 18$ Z. und $x = 0$ (weil Nullverzahnung) wird

$$Y_{Fa1} = 3{,}02$$

Für $z_2 = 57$ Z. und $x = 0$ wird

$$Y_{Fa2} = 2{,}3$$

Der Spannungsfaktor $Y_{Sa}$ nach TB 15-23b) ermittelt, ergibt für das Ritzel

$$Y_{Sa1} = 1{,}58$$

für das Rad

$$Y_{Sa2} = 1{,}83$$

Der Überdeckungsfaktor für die Zahnfußtragfähigkeit ist nach Roloff/Matek, Maschinenelemente, Abschnitt 15.9.4.1

$$Y_\varepsilon = 0{,}25 + \frac{0{,}75}{\varepsilon_\alpha}$$

Mit $\varepsilon_\alpha = 1{,}66$ nach TB 15-2 für $z_1 = 18$ Z. und $u \stackrel{\frown}{=} i = 3{,}167$ wird

$$Y_\varepsilon = 0{,}25 + \frac{0{,}75}{1{,}66}$$

$$Y_\varepsilon = 0{,}7$$

Der Schrägenfaktor $Y_\beta = 1{,}0$, da Geradverzahnung vorliegt. Damit ergeben sich die folgenden örtlichen Zahnfußspannungen.
Am Ritzel

$$\sigma_{F01} = \frac{F_t}{b_1 \cdot m} \cdot Y_{Fa1} \cdot Y_{Sa1} \cdot Y_\varepsilon \cdot Y_\beta =$$

$$= \frac{35\ 950\ N}{120\ mm \cdot 10\ mm} \cdot 3{,}02 \cdot 1{,}58 \cdot 0{,}7 \cdot 1{,}0$$

$$\sigma_{F01} = 100\ N/mm^2$$

Am Rad

$$\sigma_{F02} = \frac{F_t}{b_2 \cdot m} \cdot Y_{Fa2} \cdot Y_{Sa2} \cdot Y_\varepsilon \cdot Y_\beta =$$

$$= \frac{35\ 950\ N}{118\ mm \cdot 10\ mm} \cdot 2{,}3 \cdot 1{,}83 \cdot 0{,}7 \cdot 1{,}0$$

$$\sigma_{F02} = 90\ N/mm^2$$

Unter Berücksichtigung eines Einflußfaktors $K_{F\ ges}$, der die Belastungsverhältnisse berücksichtigt, werden die tatsächlichen Zahnfußspannungen

$$\sigma_F = \sigma_{F0} \cdot K_{F\ ges}$$

Dieser Gesamtbelastungseinflußfaktor für die Zahnfußtragfähigkeit wird nach Gl. (15.85) ermittelt

$$K_{F\,ges} = K_A \cdot K_v \cdot K_{F\alpha} \cdot K_{F\beta}$$

Der Betriebseinflußfaktor $K_A \,\widehat{=}\, c_B$ wird hier 1 gesetzt, da $c_B$ bereits bei der Ermittlung der Kräfte berücksichtigt wurde.

Der Dynamikfaktor $K_v$ ist wie bei der Berechnung der Flankentragfähigkeit gleich 1, da die Teilkreisgeschwindigkeit sehr klein ist. Der Stirnfaktor $K_{F\alpha}$ wird nach TB 15-22a) ermittelt und beträgt für Geradverzahnung, Verzahnungsqualität 9 und die Linienbelastung $F_t/b \approx 305 \text{ N/mm}^2$

$$K_{F\alpha} = 1,1$$

Der Breitenfaktor $K_{F\beta}$ wird nach TB 15-21 ermittelt. Für $F_{\beta y} = 27 \text{ μm}$ (Ermittlung siehe Berechnung der Flankentragfähigkeit) und für die Linienbelastung $F_m/b \,\widehat{=}\, F_t/b \approx 305 \text{ N/mm}^2$ wird

$$K_{F\beta} = 1,75$$

Damit wird

$$K_{F\,ges} = 1 \cdot 1 \cdot 1,1 \cdot 1,75 = 1,93$$

und die Zahnfußspannungen
am Ritzel

$$\sigma_{F1} = \sigma_{F01} \cdot K_{F\,ges} = 100 \text{ N/mm}^2 \cdot 1,93$$

$$\sigma_{F1} = 193 \text{ N/mm}^2$$

und am Rad

$$\sigma_{F2} = \sigma_{F02} \cdot K_{F\,ges} = 90 \text{ N/mm}^2 \cdot 1,93$$

$$\sigma_{F2} = 174 \text{ N/mm}^2$$

Die zulässigen Zahnfußspannungen werden nach der vereinfachten Gl. (15.89) ermittelt

$$\sigma_{FP} = \frac{2 \cdot \sigma_{F\,lim} \cdot Y_{NT} \cdot Y_x}{S_{F\,min}}$$

Bei Hubwerken mit $\approx 10^5$ Lastwechseln wird der Lebensdauerfaktor nach TB 15-24a)

$$Y_{NT} = 1,75$$

Der Größenfaktor $Y_x$ wird nach TB 15-24d) für $m = 10 \text{ mm}$

$$Y_x = 0,97$$

Die sicher erreichbaren Zahnfuß-Biegedauerfestigkeiten betragen nach TB 15-16

für den Werkstoff 34NiCrMo12.8V

$$\sigma_{F\,lim} = 240 \text{ N/mm}^2$$

und für den Werkstoff 30CrNiMo8V

$$\sigma_{F\,lim} = 230 \text{ N/mm}^2$$

Als Mindestsicherheit wird im Mittel

$$S_{F\,min} = 1,5$$

gewählt.

Damit werden die zulässigen Zahnfußspannungen

$$\sigma_{FP1} = \frac{2 \cdot 240 \text{ N/mm}^2 \cdot 1,75 \cdot 0,97}{1,5}$$

$$\sigma_{FP1} \approx 540 \text{ N/mm}^2$$

$$\sigma_{FP2} = \frac{2 \cdot 230 \text{ N/mm}^2 \cdot 1,75 \cdot 0,97}{1,5}$$

$$\sigma_{FP2} \approx 520 \text{ N/mm}^2$$

Nachweis:

$$\sigma_{F1} = 193 \text{ N/mm}^2 < \sigma_{FP1} = 540 \text{ N/mm}^2$$

$$\sigma_{F2} = 174 \text{ N/mm}^2 < \sigma_{FP2} = 520 \text{ N/mm}^2$$

Mit den beiden geführten Nachweisen sind die Zahnräder ausreichend dimensioniert.

### 3.3.2 Bestimmen der Seiltrommelachse

Mit den Zahn- und den Seilkräften ergibt sich das folgende Belastungsschema

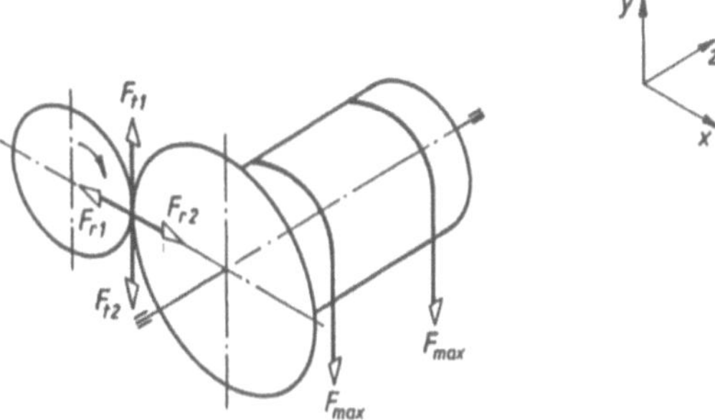

**Bild 3-3**  Belastungsschema

Die Kräfte auf die Achse übertragen und das System freigemacht, zeigen die beiden folgenden Skizzen

*Anmerkung:* $F_{max}$ kann jeweils direkt am Trommellager wirkend angetragen werden, weil die Seile stets symmetrisch auf die Trommel auflaufen.

Die Auflagerkräfte werden mit den bekannten Regeln der Technischen Mechanik bestimmt.

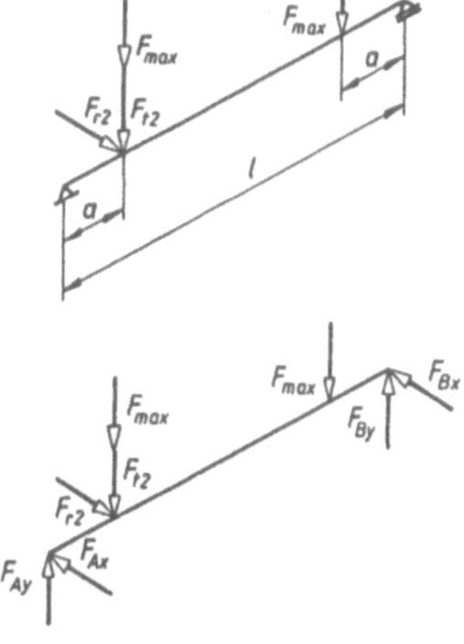

**Bild 3-4**  Kräfte nach dem Freimachen

$x$-$z$-Ebene:

$$\Sigma M \text{ } B = 0: \quad F_{Ax} \cdot l - Fr_2(l - a) = 0$$

$$F_{Ax} = \frac{Fr_2(l - a)}{l} =$$

$$= \frac{13,08 \text{ kN} \cdot (1100 - 80) \text{ mm}}{1100 \text{ mm}}$$

$$F_{Ax} = 12,13 \text{ kN}$$

$$\Sigma F = 0: \quad F_{Ax} + F_{Bx} - Fr_2 = 0$$

$$F_{Bx} = Fr_2 - F_{Ax} = 13,08 \text{ kN} - 12,13 \text{ kN}$$

$$F_{Bx} = 0,95 \text{ kN}$$

$y$-$z$-Ebene:

$$\Sigma M \text{ } B = 0: \quad F_{Ay} \cdot l - (F_{t2} + F_{max})(l - a) -$$

$$- F_{max} \cdot a = 0$$

$$F_{Ay} = \frac{(F_{t2} + F_{max})(l - a) + F_{max} \cdot a}{l} =$$

$$= \frac{(35,95 + 28) \text{ kN} \cdot (1100 - 80) \text{ mm}}{1100 \text{ mm}}$$

$$+ \frac{28 \text{ kN} \cdot 80 \text{ mm}}{1100 \text{ mm}}$$

$$F_{Ay} = 66,15 \text{ kN}$$

$$\Sigma F = 0: \quad F_{Ay} + F_{By} - 2F_{max} - F_{t2} = 0$$

$$F_{By} = 2 \cdot F_{max} + F_{t2} - F_{Ay} =$$

$$= 2 \cdot 28 \text{ kN} + 35,95 \text{ kN} - 66,15 \text{ kN}$$

$$F_{By} = 25,8 \text{ kN}$$

Die resultierenden Auflagerkräfte sind dann:

$$F_A = \sqrt{F_{Ax}^2 + F_{Ay}^2} = \sqrt{(12,13 \text{ kN})^2 + (66,15 \text{ kN})^2}$$

$$F_A = 67,25 \text{ kN}$$

$$F_B = \sqrt{F_{Bx}^2 + F_{By}^2} = \sqrt{(0,95 \text{ kN})^2 + (25,8 \text{ kN})^2}$$

$$F_B = 25,82 \text{ kN}$$

Es ist ersichtlich, daß das maximale Biegemoment an der Achse an der Stelle des linken Trommellagers auftritt.

$$M_{max} = F_A \cdot a = 67,25 \text{ kN} \cdot 80 \text{ mm}$$

$$M_{max} = 5380 \text{ kNmm}$$

Die weitere Berechnung erfolgt nach Roloff/Matek, Maschinenelemente, Ablaufplan nach Bild 11-17.

Für Trommelachsen wird im allgemeinen der Werkstoff St 50-2 gewählt. Da die Achse nicht umläuft, wird sie schwellend auf Biegung beansprucht. Damit gilt für die überschlägige Bestimmung des Durchmessers der Trommelachse:

$$\sigma_{bD} = \sigma_{b \text{ Sch}}$$

Nach TB 3-2 kann zugrunde gelegt werden

$$\sigma_{b \text{ Sch}} = 355 \text{ N/mm}^2$$

Damit ergibt sich überschlägig ein Achsdurchmesser von

$$d' \approx 3,4 \sqrt[3]{\frac{M}{\sigma_{bD}}} = 3,4 \sqrt[3]{\frac{5380\,000 \text{ Nmm}}{355 \text{ N/mm}^2}}$$

$$d' \approx 84,9 \text{ mm}$$

gewählt $d = 85 \text{ mm}$ (zu beachten sind die genormten Bohrungsdurchmesser der Wälzlager).

Für den Nachweis der Achse auf Dauerfestigkeit kann eine Kerbwirkungszahl $\beta_k \approx 1,1$ gewählt werden, da die Achse an der Stelle, an der das maximale Biegemoment wirkt, nicht gekerbt ist und der Wälzlagersitz einen ganz geringen Kerbeinfluß ausübt.

Die Rauheit an Trommelachsen wird im allgemeinen mit $R_z = 25 \text{ } \mu\text{m}$ ausgeführt. Damit wird der Oberflächenbeiwert nach TB 3-11

$$b_1 \approx 0,88$$

Der Größenbeiwert ergibt sich mit den Werten nach TB 3-12

$$k_g \approx 0,84; \quad k_t = 1 \quad \text{und} \quad k_\alpha = 1,1$$

zu

$$b_2 = k_g \cdot k_t \cdot k_\alpha = 0,84 \cdot 1 \cdot 1,1$$

$$b_2 \approx 0,92$$

Damit wird die zulässige Biegespannung

$$\sigma_{b \text{ zul}} = \frac{\sigma_{bG}}{v} = \frac{\sigma_D \cdot b_1 \cdot b_2}{\beta_k \cdot v} = \frac{\sigma_{b \text{ Sch}} \cdot b_1 \cdot b_2}{\beta_k \cdot v}$$

$$\sigma_{b \text{ zul}} = \frac{355 \text{ N/mm}^2 \cdot 0,88 \cdot 0,92}{1,1 \cdot 1,5}$$

$$\sigma_{b \text{ zul}} \approx 175 \text{ N/mm}^2$$

*Anmerkung:* In der Fördertechnik wird im allgemeinen ein Sicherheitswert $v = 1,5$ zugrunde gelegt.

Die vorhandene Biegespannung beträgt

$$\sigma_{b \text{ vorh}} = \frac{M_{max}}{W} = \frac{M_{max}}{\dfrac{d^3 \pi}{32}} = \frac{5380\,000 \text{ Nmm} \cdot 32}{(80 \text{ mm})^3 \cdot \pi}$$

$$\sigma_{b \text{ vorh}} \approx 107 \text{ N/mm}^2 < \sigma_{b \text{ zul}} = 175 \text{ N/mm}^2$$

Der Durchmesser 85 mm ist also überdimensioniert, was zu erwarten war, da eine sehr kleine Kerbwirkung vorliegt. Der Durchmesser kann auf 70 mm verringert werden. Damit ergibt sich eine Biegespannung von

$$\sigma_{b \text{ vorh}} = \frac{M_{max} \cdot 32}{d^3 \pi} = \frac{5380\,000 \text{ Nmm} \cdot 32}{(70 \text{ mm})^3 \cdot \pi}$$

$$\sigma_{b \text{ vorh}} \approx 160 \text{ N/mm}^2 < \sigma_{b \text{ zul}} = 175 \text{ N/mm}^2$$

### 3.3.3 Bestimmen der Wälzlager für die Seiltrommel

Die axialen Kräfte, die durch das nicht rechtwinklige Auflaufen der Seile auf die Trommel auftreten, heben sich auf, weil die Steigungsrichtungen der beiden Wickellagen gegensinnig sind. Damit werden die Lager nur radial belastet und die äquivalente Lagerbeanspruchung ist

$$P = F_A = 67{,}25 \text{ kN} \quad \text{bzw.} \quad P = F_B = 25{,}82 \text{ kN}$$

Es ist zu entscheiden, ob aus Gründen der Einheitlichkeit zwei gleiche Lager oder aus Kostengründen zwei unterschiedliche Lager verwendet werden sollen. Für diese Aufgabe wird für das erstere entschieden.

Nach TB 14-6 wird eine nominelle Lebensdauer von

$$L_{10h} = 15\,000 \text{ h}$$

gewählt.

Hierfür ist nach TB 14-5 der Lebensdauerfaktor

$$f_L \approx 3{,}1$$

Für die Drehzahl der Trommel $n_T \approx 22{,}5 \text{ min}^{-1}$ ist nach TB 14-4 der Drehzahlfaktor

$$f_n \approx 1{,}05$$

Damit wird die erforderliche dynamische Tragzahl für die auszuwählenden Lager

$$C = \frac{P \cdot f_L}{f_n} = \frac{67{,}25 \text{ kN} \cdot 3{,}1}{1{,}05}$$

$$C \approx 200 \text{ kN}$$

Zur Auswahl kommen für einen Bohrungsdurchmesser $d = 70 \text{ mm}$ ($\hat{=}$ Achsdurchmesser) folgende Lager

Zylinderrollenlager

     DIN 5412 – NUP 314E mit $C = 204 \text{ kN}$

Pendelrollenlager

     DIN 635 – 21314 E mit $C = 212 \text{ kN}$

Tonnenlager

     DIN 635 – 20414 mit $C = 270 \text{ kN}$

*Anmerkung:* Die angegebenen Tragzahlen sind aus TB 14-2 bzw. aus FAG-Lieferkatalog entnommen.

Bei Realisierung des Durchmessers $d = 90 \text{ mm}$ wäre das Rillenkugellager DIN 625 – 6418 mit $C = 196 \text{ kN}$ gerade noch einsetzbar.

Es wird entschieden, den Durchmesser der Achse mit 70 mm auszuführen und das Pendelrollenlager DIN 635 – 21314 E einzusetzen.

### 3.3.4 Bestimmen der Schraubverbindung zwischen Zahnrad $z_2$ und Seiltrommel

Einen ersten Entwurf der Schraubenverbindung zeigt die folgende Skizze. Anhand der vorliegenden Abmessungen, wie der Durchmesser der Seiltrommel, des Teil- und des Kopfkreisdurchmessers sowie der Zahnbreite und des Moduls des Zahnrades, wird ein Teilkreisdurchmesser von 400 mm für die Verschraubung festgelegt. Damit die Schraubenköpfe nicht überstehen, wird das Zahnrad ~ 19 mm ausgedreht.

Es wird ferner festgelegt 12 Schrauben vorzusehen und zwar Sechskantschrauben der Festigkeitsklasse 8.8 mit mikroverkapselten Klebstoff. Die Schrauben sollen mit Drehmomentenschlüssel angezogen werden.

An der Verbindungsstelle zwischen Zahnrad und Trommel wirkt das Drehmoment

$$T_{max} = \frac{F_{max} \cdot d_T}{\eta_T} = \frac{28 \text{ kN} \cdot 355 \text{ mm}}{0{,}98}$$

$$T_{max} = 10\,143 \text{ Nmm}$$

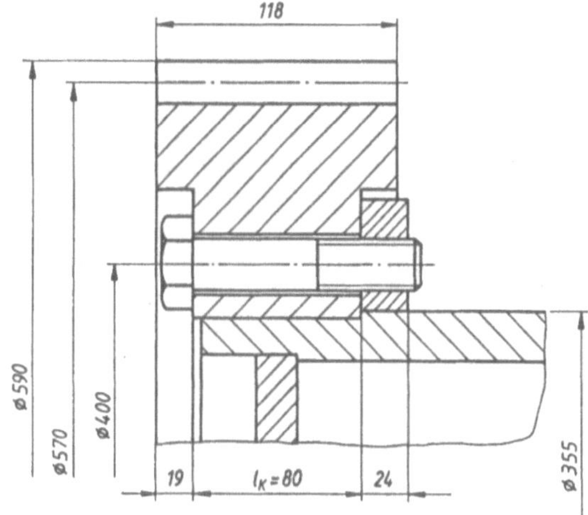


**Bild 3-5** Entwurf der Schraubenverbindung

Bei abgehängter Last wird das Drehmoment, wenn das Eigengewicht des Lastaufnahmemittels (z.B. Hakenflasche) und das hängende Seilgewicht vernachlässigt wird, gleich Null. Das bedeutet also, daß das Drehmoment schwellend wirkt.

Aus dieser Momentenbelastung ergibt sich eine Querkraft $F_{Q1}$, die von der Schraubenverbindung aufgenommen werden muß.

$$F_{Q1} = \frac{T_{max}}{\dfrac{d_s}{2}} = \frac{10\,143 \text{ kNmm}}{\dfrac{400 \text{ mm}}{2}}$$

$$F_{Q1} = 50{,}7 \text{ kN} \approx 51 \text{ kN}$$

Ferner muß die Schraubenverbindung noch die äußeren Querkräfte $F_{t2}$, $F_{max}$ und $F_{r2}$ aufnehmen. $F_{r2}$ wird wegen eines einfachen Lösungsansatzes vernachlässigt (Fehler ~ 5 %).

$$F_{Q2} = F_{t2} + F_{max} = 35{,}95 \text{ kN} + 28 \text{ kN}$$

$$F_{Q2} = 64 \text{ kN}$$

Diese Kräfte überlagert ergibt

$$F_{Q\,ges} = F_{Q1} + F_{Q2} = (51 + 64) \text{ kN}$$

$$F_{Q\,ges} = 115 \text{ kN}$$

Nach Gl. (8.15) ergibt sich die erforderliche Klemmkraft

$$F_{Kl} = \frac{F_{Q\,ges}}{\mu \cdot n}$$

Mit $\mu = 0{,}1$ als Gleitreibungszahl für St auf St bei trockenen und glatten Fugenflächen nach TB 1.3 und der Schraubenanzahl $n = 12$ wird

$$F_{Kl} = \frac{115 \text{ kN}}{0{,}1 \cdot 12}$$

$$F_{Kl} = 96 \text{ kN}$$

Die erforderliche Schraubengröße nach der vereinfachten Berechnungsgleichung (8.36) wird

$$A_s \geq \frac{F_B + F_{Kl}}{\dfrac{R_{p0,2}}{\kappa \cdot k_A} - \beta \cdot E \dfrac{f_Z}{l_k}}$$

$F_B$ ist gleich Null, weil sie bereits in $F_{Kl}$ enthalten ist. Die 0,2 %-Dehngrenze für FK 8.8 ist nach TB 8-4 $R_{p0,2}$ = 640 N/mm$^2$. Der Anziehfaktor bei Anziehen mit Drehmomentenschlüssel ist nach TB 8-11 $k_A$ = 1,6.

Der Reduktionsfaktor ist nach Anmerkung zu Gl. (8.36) $\kappa$ = 1,24 für Schaftschrauben und $\mu_G$ = 0,14 für Schrauben mit mikroverkapselten Klebstoff. Für Schaftschrauben ist nach Anmerkung zu Gl. (8.36) der Nachgiebigkeitsfaktor $\beta$ = 1,1.

Für Stahl beträgt der Elastizitätsmodul $E$ = 2,1 · 10$^5$ N/mm$^2$. Der Setzbetrag ist nach Anmerkung zu Gl. (8.36) $f_Z$ = 0,006 mm. Die Klemmlänge beträgt nach Festlegung des Entwurfs $l_k$ = 80 mm. Damit wird der erforderliche Spannungsquerschnitt für die Schrauben

$$A_s = \frac{96\,000\ \text{N}}{\dfrac{640\ \text{N/mm}^2}{1,24 \cdot 1,6} - 1,1 \cdot 210\,000\ \text{N/mm}^2 \cdot \dfrac{0,006}{80}}$$

$$A_s = 314\ \text{mm}^2$$

Nach TB 8-1 sind damit Schrauben M24 – 8.8 mit $A_s$ = 353 mm$^2$ zu wählen.

Mit dem Spannmoment $M_{sp}$ = 743 Nm nach TB 8-14 bei $\mu_{ges}$ = 0,14 ergibt sich ein erforderliches Anzugsmoment nach TB 8-11 von

$$M_A \approx 0,9 \cdot M_{sp} = 0,9 \cdot 743\ \text{Nm}$$

$$M_A \approx 670\ \text{Nm}$$

Die Flächenpressung unter dem Schraubenkopf wird nach Gl. (8.33)

$$p = \frac{F_{sp}/0,9}{A_p} \leq p_G$$

Die Spannkraft beträgt nach TB 8-14 für $\mu_{ges}$ = 0,14 und Schraube M24 $F_{sp}$ = 168 kN.

Die Fläche der Kopfauflage beträgt nach TB 8-8 bei Durchgangsloch Reihe mittel $A_p$ = 356 mm$^2$.

Die zulässige Grenzflächenpressung beträgt nach TB 8-10 für den Werkstoff 30CrNiMo8V des Zahnrades $p_G$ = 750 N/mm$^2$.

Es ist

$$p = \frac{168\,000\ \text{N}}{0,9 \cdot 356\ \text{mm}^2}$$

$$p = 524\ \text{N/mm}^2 < p_G = 750\ \text{N/mm}^2$$

Die Einschraubtiefe $l_e$ muß bei Werkstoff St 44-2 für den Trommelbord sein

$$l_e = 1,2 \cdot d = 1,2 \cdot 24\ \text{mm}$$

$$l_e = 26,8\ \text{mm}$$

Im Entwurf ist die Bordstärke mit 24 mm festgelegt. Das ist also zu klein und müßte auf 28 mm erhöht werden.

Die vollständige Schraubenbezeichnung lautet dann Sechskantschraube ISO 4014 – M24 × 110 – 8.8 mit Klebstoffbeschichtung.

Für den Sitz des Zahnkranzes auf dem Trommelbord (Zentrierung) ist die Passung H7/k6 zu gewährleisten (siehe hierzu Lehrbuch Roloff/Matek, Maschinenelemente, Bild 2-12).

### 3.3.5 Festlegung der Auflager für die Seiltrommelachse und axiale Sicherung der Achse

Die Trommelachse wird in einer Stegblechlagerung aufgenommen. Die Stegbleche sind mittels Schweiß- oder Schraubenverbindung an einer Stahlkonstruktion befestigt. Versteifungsbleche sind je nach vorliegenden Bedingungen funktionsgerecht vorzusehen. Für die Aufgabe wird deshalb nur der unmittelbare Auflagerbereich betrachtet.

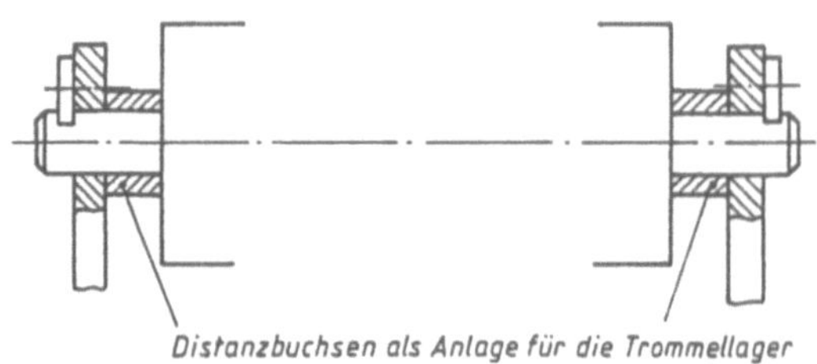


**Bild 3-6** Auflagerbereich

Die axiale Lagesicherung wird durch Achshalter nach DIN 15 058 vorgenommen (siehe hierzu auch Lehrbuch Roloff/Matek, Maschinenelemente, Abschnitt 9.4.4). Bei einem Achsdurchmesser von 70 mm kommt der Achshalter 40 × 10 zur Anwendung. Diese Größe wird mit Sechskantschrauben M16 befestigt.

Die Stegblechdicke wird durch den Pressungsdruck nach Gl. (9.4) bestimmt.

$$p = \frac{c_B \cdot F}{A_{prof}} \cdot p_{zul}$$

$$A_{proj} = d \cdot s$$

Die Stegbleche werden allgemein aus St 37 oder St 44 ausgeführt. Festgelegt wird RSt 37-2 mit $R_m$ = 340 N/mm$^2$ nach TB 1-4.

Nach der Anmerkung zu Gl. (9.4) ist die zulässige mittlere Pressung bei nicht aufeinander gleitenden Flächen und schwellender Belastung

$$p_{zul} = 0,35\ R_m$$

Damit wird

$$p_{zul} = 0,35 \cdot 340\ \text{N/mm}^2$$

$$p_{zul} = 120\ \text{N/mm}^2$$

Die größte Auflagerkraft ist im linken Auflager (Lager A) mit $F_A$ = 67,25 kN (siehe Berechnung unter 1.3.2).

Die erforderliche Blechdicke wird

$$s = \frac{F_A}{d \cdot p_{zul}} = \frac{67\,250\ \text{N}}{70\ \text{mm} \cdot 120\ \text{N/mm}^2}$$

$s = 8$ mm

Für das M16-Gewinde der Achshalter ist diese Blechdicke zu gering. Entweder wird im Bereich des Gewin-
des die Stärke durch Aufschweißen eines zusätzlichen
Blechstreifens verstärkt oder das Blech grundsätzlich
stärker ausgeführt. Für die Aufgabe wird das letztere
gewählt mit $s = 16$ mm.

### 3.3.6 Ausführung der Konstruktion

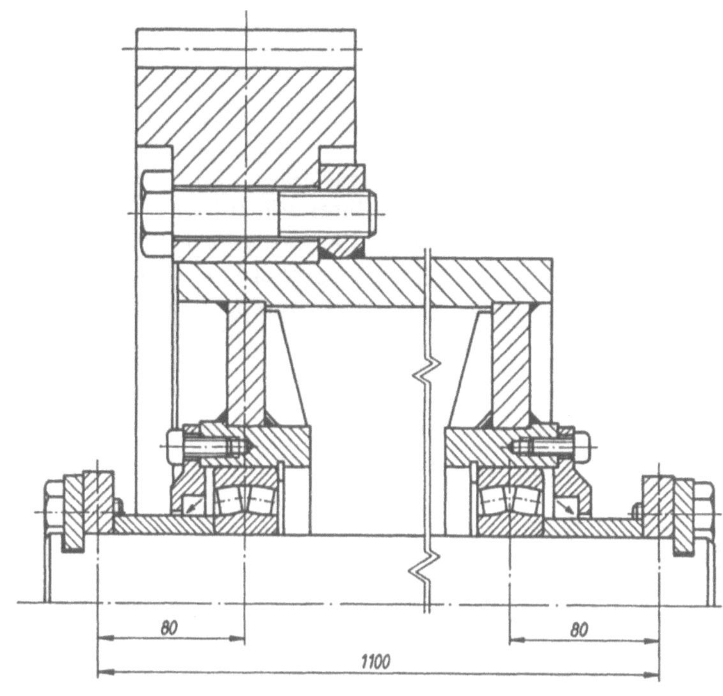


**Bild 3-7** Konstruktionsausführung

# 4 Antrieb eines Maschinenschlittens

## 4.1 Aufgabenstellung

Ein gleitgeführter und mit einer größeren Masse bestückter Maschinenschlitten soll mittels eines Zahnstangentriebes bewegt werden. Aus Platzgründen muß der Antriebsmotor in einem größeren Abstand zu dem Zahnstangentrieb angeordnet werden. Dieser Abstand ist mit einem Zugmitteltrieb zu überbrücken. Die Elemente des Zahnstangen- und des Zugmitteltriebes sind zu bestimmen.

## 4.2 Bekannte Daten

### 4.2.1 Situationsskizze

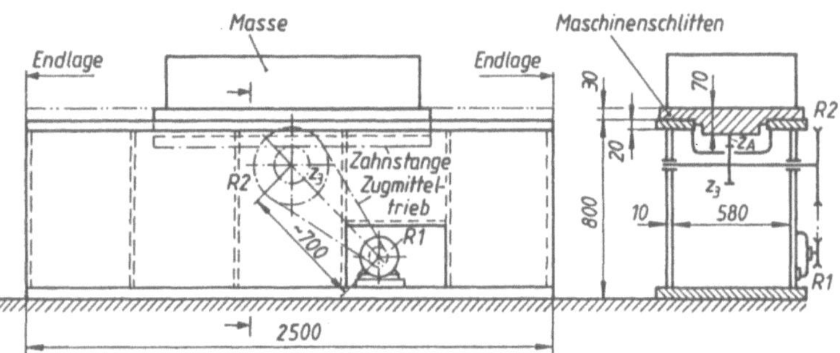


**Bild 4-1** Antriebsschema

### 4.2.2 Schlittengeschwindigkeit

Der Schlitten soll mit einer Geschwindigkeit $v_s = 0,5$ m/s bewegt werden

### 4.2.3 Antriebsleistung

Die Ermittlungen ergaben eine Vollastbeharrungsleistung

$$P_{VA} = F_R \cdot \mu \cdot v_s = 0,5 \text{ kW}$$

### 4.2.4 Betriebsfaktor

Da Aussetzbetrieb mit kurzzeitiger Dauer, öfteren Anläufen und ständig wechselnden Bewegungsrichtungen vorliegt, wird ein Betriebsfaktor

$$c_B = 1,4$$

zugrunde gelegt.

*Anmerkung:* Für die Führung und den Antrieb des Schlittens werden keine besonderen Qualitätsforderungen gestellt.

## 4.3 Lösungen

### 4.3.1 Festlegungen zur Geometrie

Wie aus der Skizze in der Aufgabenstellung zu ersehen ist, sollen die Stegbleche des Grundkörpers für die Lagerung der Welle genutzt werden. Der Mittenabstand der Lagerbohrungen sind von der Größe der Lager abhängig. Diese ist jedoch noch nicht bekannt.

Deshalb muß vorläufig dieser Abstand schätzungsweise festgelegt werden.
Es wird festgelegt:

$$a = 100 \text{ mm}$$

Damit ergibt sich von dieser Wellenmitte bis zur Unterkante des Schlittens das Maß

$$b = 60 \text{ mm}$$

Wird nun vorläufig von Unterkante Schlitten bis zur Teilgeraden der Zahnstange das Maß

$$c = 24 \text{ mm}$$

gewählt, ergibt sich für das Zahnrad $z_3$ ein Teilkreisdurchmesser

$$d_3 = 72 \text{ mm}$$

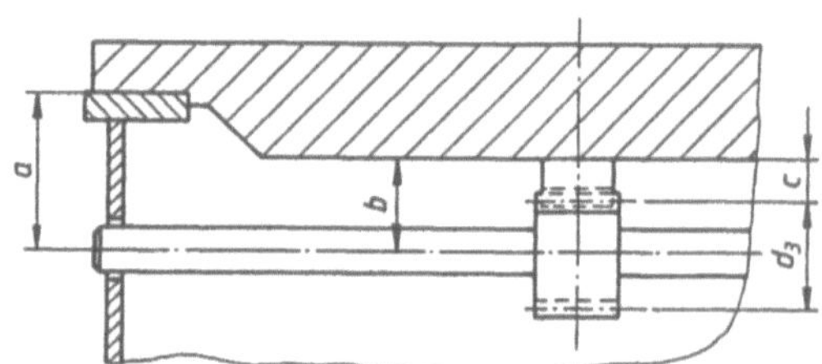


**Bild 4-2** Festlegung der Geometrie

### 4.3.2 Bestimmen der Torsions- und Biegemomente

Mit dem Teilkreisdurchmesser $d_3$ läßt sich das Drehmoment, welches vom Zahnrad und der Welle übertragen werden muß, bestimmen.

Ausgehend von der Vollastbeharrungsleistung, die an der Zahnstange wirksam werden muß, wird die unter Berücksichtigung des Betriebsfaktors und des Wirkungsgrades der Verzahnung vom Zahnrad $z_3$ zu übertragende maximale Leistung

$$P_{3\,max} = \frac{P_{VA} \cdot c_B}{\eta_v} = \frac{0,5 \text{ kW} \cdot 1,4}{0,99}$$

$$P_{3\,max} = 0,71 \text{ kW}$$

Mit der Teilkreisgeschwindigkeit

$$v_{(z_3)} = v_s = 0,5 \text{ m/s}$$

wird die Drehzahl des Zahnrades $z_3$

$$n_3 = \frac{v_s}{d_3 \cdot \pi} = \frac{0,5 \text{ m/s} \cdot 60 \text{ s/min}}{0,072 \text{ m} \cdot \pi}$$

$$n_3 = 132,6 \text{ min}^{-1}$$

Das vom Zahnrad $z_3$ abzugebende maximale Drehmoment wird

$$T_{3\,max} = \frac{9550 \cdot P_{3\,max}}{n_3} = \frac{9550 \cdot 0,71}{132,6}$$

$$T_{3\,max} = 51,12 \text{ Nm}$$

Mit diesem Drehmoment können die Zahnkräfte ermittelt werden, wobei jetzt festgelegt wird, den Zahnstangentrieb mit geradverzahnter Nullverzahnung auszuführen.

$$F_{t3} = \frac{T_{3\,max}}{d_2/2} = \frac{2 \cdot 51,12\,\text{Nm}}{0,072\,\text{m}}$$

$$F_{t3} = 1420\,\text{N}$$

$$F_{bn3} = \frac{F_{t3}}{\cos\alpha} = \frac{1420\,\text{N}}{\cos 20°} = 1511,1\,\text{N}$$

Unter Vernachlässigung der Biegung aus den Kräften des Zugmittelgetriebes ergibt sich an der Welle in der Mitte von $z_3$ ein Biegemoment von

$$M = \frac{F \cdot l}{4}$$

$$M = \frac{1511,1\,\text{N} \cdot 590\,\text{mm}}{4}$$

$$M = 222,9\,\text{Nm}$$

$l$ = Abstand von Mitte bis Mitte Stegblech

$l = (580 + 10)\,\text{mm}$

$l = 590\,\text{mm}$

Nach Gl. (11.7) wird dann das Vergleichsmoment

$$M_v = \sqrt{M^2 + 0,75\,(\alpha_0 \cdot T)^2} =$$

$$= \sqrt{(222,9\,\text{Nm})^2 + 0,75 \cdot (51,12\,\text{Nm})^2}$$

$\alpha_0 = 1$, da Biegung und Torsion wechselnd wirkt

$$M_v = 227\,\text{Nm}$$

### 4.3.3 Bestimmen des Wellendurchmessers

Wird für die Welle der Werkstoff St 50-2 gewählt und für $\sigma_{bD} = \sigma_{bW}$ (weil Biegung wechselnd wirkt) sowie nach Gl. (3.10) $\sigma_{bW} = K_1 \cdot R_m$ gesetzt, wobei nach TB 3-1 $K_1 = 0,5$ und nach TB 1-4 $R_m = 470\,\text{N/mm}^2$ ist, ergibt sich überschlägig der Wellendurchmesser nach Gl. (11.16)

$$d' \approx 3,4 \sqrt[3]{\frac{M_v}{\sigma_{bD}}} = 3,4 \sqrt[3]{\frac{M_v}{\sigma_{bW}}} = 3,4 \sqrt[3]{\frac{M_v}{0,5 \cdot R_m}} =$$

$$= 3,4 \sqrt[3]{\frac{227\,000\,\text{Nmm}}{0,5 \cdot 470\,\text{N/mm}^2}}$$

$$d' \approx 33,6\,\text{mm}$$

Unter Berücksichtigung einer eventuell vorzusehenden Paßfeder wird gewählt $d = 36\,\text{mm}$ (nach DIN 323 Reihe R'20, siehe TB 1-14).

### 4.3.4 Bestimmen der Zahnradabmessungen

Im Abschnitt 2.2.1 wurde der Teilkreisdurchmesser des Zahnrades $z_3$ anhand der Geometrie mit

$$d_3 = 72\,\text{mm}$$

festgelegt.

Die Wahl der Zähnezahl $z_3$ kann nach TB 15-12 erfolgen, wobei die Zähnezahl bei einem Zahnstangentrieb von keiner Übersetzung abhängig ist. Wird eine ausgeglichene Zahnfuß- und Flankentragfähigkeit gewünscht, dann ist zu wählen

$$z = 20 \cdots 30\,\text{Zähne}$$

Gewählt wird

$$z_3 = 24\,\text{Zähne}$$

Damit wird vorläufig der Modul des Zahnstangentriebes

$$m = \frac{d_3}{z_3} = \frac{72\,\text{mm}}{24}$$

$$m = 3\,\text{mm}$$

Für die Zahnstange wird der Werkstoff St 50-2 und für das Zahnrad $z_3$ St 60-2 gewählt (diese Werkstoffe sind im allgemeinen für untergeordnete Schlittenantriebe ausreichend).

Für symmetrische Lagerung, ungehärtete sowie nicht vergütete Räder und eine Werkstoffhärte HB = 160 bzw. 190 (siehe hierzu TB 15-16) kann nach TB 15-13 ein Durchmesser-Breitenverhältnis

$$\psi_d = 1,6$$

für die Verzahnung gewählt werden.

Da die Tangentialkraft $F_t$ relativ gering ist, wird gewählt

$$\psi_d = 0,8$$

Damit ergibt sich die Breite des Zahnrades $z_3$

$$b_3 = \psi_d \cdot d_3 = 0,8 \cdot 72\,\text{mm}$$
$$b_3 = 57,6\,\text{mm}$$

Gewählt wird

$$b_3 = 58\,\text{mm}$$

Die Breite der Zahnstange wird 2 mm schmaler ausgeführt, damit sich an deren Zähne keine Einarbeitungskanten bilden können.

$$b_4 = b_3 - 2\,\text{mm} = 58\,\text{mm} - 2\,\text{mm}$$
$$b_4 = 56\,\text{mm}$$

### 4.3.5 Nachweis der Tragfähigkeit der Verzahnung

*a) Nachweis der Flankentragfähigkeit*

Die vorhandene Nenn-Flankentragfähigkeit im Wälzpunkt $C$ wird nach Gl. (15.93) ermittelt

$$\sigma_{HO} = Z_H \cdot Z_E \cdot Z_\varepsilon \sqrt{\frac{F_t}{b \cdot d_3} \cdot \frac{u+1}{u}}$$

$$\frac{u+1}{u} = 1, \text{weil Zahnstangentrieb}$$

Hierfür ist der Zonenfaktor für nullverzahnte Geradstirnräder nach TB 15-25a)

$$Z_H = 2,5$$

der Elastizitätsfaktor für eine Stahlpaarung nach TB 15-25b)

$$Z_E = 189,8 \text{ N/mm}^2$$

und der Überdeckungsfaktor nach TB 15-25c) für $\varepsilon_\alpha = 1,8$ nach TB 15-2 für $z_3 = 24$ Zähne und $u \stackrel{\frown}{=} i = \infty$ sowie $\varepsilon_\beta = 0$ für Geradverzahnung

$$Z_\varepsilon = 0,86$$

Damit wird die Nenn-Flankenpressung

$$\sigma_{HO} = 2,5 \cdot 189,8 \text{ N/mm}^2 \cdot 0,86 \sqrt{\frac{1420 \text{ N}}{56 \text{ mm} \cdot 72 \text{ mm}} \cdot 1}$$

$$\sigma_{HO} = 242 \text{ N/mm}^2$$

Unter Berücksichtigung eines Belastungsfaktors wird die Flankenpressung im Wälzpunkt $C$ nach Gl. (15.94)

$$\sigma_H = \sigma_{HO} \cdot K_{H \text{ ges}}$$

Der Belastungsfaktor wird nach Gl. (15.85) bestimmt

$$K_{H \text{ ges}} = \sqrt{K_A \cdot K_v \cdot K_{H\alpha} \cdot K_{H\beta}}$$

Der Betriebsfaktor $K_a \equiv c_B$ wird 1 gesetzt, weil $c_B$ bereits bei der Ermittlung der Kräfte berücksichtigt wurde.

Der Dynamikfaktor ist nach Gl. (15.77)

$$K_v = 1 + f_F \cdot (K_{350} \cdot N)$$

und wird aufgrund der geringen Teilkreisgeschwindigkeit

$$K_v = 1$$

Wird für die Verzahnung die Qualität 10 festgelegt, ergibt sich für die Linienbelastung

$$K_A \cdot \frac{F_t}{b} = \frac{1420 \text{ N}}{58 \text{ mm}} \approx 25 \text{ N/mm}$$

nach TB 15-22a) ein Stirnfaktor

$$K_H = 1,2$$

Die Flankenlinienabweichung durch Verformen wird nach TB 15-19a) für $b = 58$ mm und die mittlere Steifigkeit $F_t/b = 25$ N/mm $< 200$ N/mm

$$f_{sh} = 7 \text{ µm}$$

Die herstellungsbedingte Flankenlinienabweichung kann nach Gl. (15.79) bestimmt werden

$$f_{ma} = c \cdot f_H = c \cdot 4,16 \cdot b^{0,14} \cdot q_H$$

Hierbei ist zu setzen:

$c = 1$, weil keine Anpassung vorgesehen ist,

und der Qualitätsfaktor

$$q_H = 6,22$$

für die Qualität 10 nach TB 15-18.
Damit wird

$$f_{ma} = 4,16 \cdot 58^{0,14} \cdot 6,22$$

$$f_{ma} = 46 \text{ µm}$$

Die Flankenlinienabweichung vor dem Einlaufen kann damit betragen

$$F_{\beta x} = f_{ma} + 1,33 f_{sh} = 46 \text{ µm} + 1,33 \cdot 7 \text{ µm}$$

$$F_{\beta x} = 55 \text{ µm}$$

Für Baustahl mit $R_m < 800$ N/mm$^2$ wird der Einlaufbetrag nach TB 15-20

$$y_\beta = \frac{320 \text{ N/mm}^2}{\sigma_{H \text{ lim}}} \cdot F_{\beta x} = \frac{320 \text{ N/mm}^2}{380 \text{ N/mm}^2} \cdot 55 \text{ µm}$$

$$y_\beta \approx 46 \text{ µm} < y_{\beta \text{ max}} = 64 \text{ µm}$$

Somit beträgt die Flankenlinienabweichung nach dem Einlaufen

$$F_{\beta y} = F_{\beta x} - y_\beta = 55 \text{ µm} - 46 \text{ µm}$$

$$F_{\beta y} = 9 \text{ µm}$$

$F_m/b = F_t/b \approx 100$ N/mm (siehe Anmerkung zu Gl. (15.76)) und $F_{\beta y} = 9$ µm ergibt nach TB 15-21 einen Breiteneinflußfaktor

$$K_{H\beta} = 1,85$$

Damit wird

$$K_{H \text{ ges}} = \sqrt{1 \cdot 1 \cdot 1,2 \cdot 1,85}$$

$$K_{H \text{ ges}} = 1,49$$

Die Flankenpressung am Wälzkreis wird dann

$$\sigma_H = \sigma_{HO} \cdot K_{H \text{ ges}} = 242 \text{ N/mm}^2 \cdot 1,49$$

$$\sigma_H \approx 360 \text{ N/mm}^2$$

Die zulässige Flankenpressung wird nach Gl. (15.95) bestimmt.

$$\sigma_{HP} = \frac{\sigma_{H \text{ lim}} \cdot Z_{NT} \cdot Z_L \cdot Z_V \cdot Z_R \cdot Z_W \cdot Z_X}{S_{H \text{ min}}}$$

Als Dauerfestigkeitswert ist der des weicheren Werkstoffs maßgebend, das ist im vorliegenden Fall der St 50-2 mit $\sigma_{H \text{ lim}} = 360$ N/mm$^2$ nach TB 15-16.
Nach TB 15-26 ist für die Annahme einer Lastwechselzahl von $N_L = 2 \cdot 10^6$

$$Z_{NT} \approx 1,5$$

Für wälzgefräste Verzahnung gilt nach Lehrbuch Roloff/Matek, Maschinenelemente, Seite 553)

$$Z_L \cdot Z_V \cdot Z_R = 0,85$$

Für die Paarung ungehärteter Zahnräder ist der Werkstoffaktor

$$Z_W = 1$$

Der Größenfaktor wird nach TB 15-14d) für Baustahl

$$Z_X = 1$$

Für den Nachweis der Flankentragfähigkeit wird nach der Erläuterung zu Gl. (15.95) eine Mindestsicherheit

$$S_{H \text{ min}} = 1,2$$

zugrunde gelegt.

Damit wird die zulässige Flankenpressung

$$\sigma_{HP} = \frac{360 \text{ N/mm}^2 \cdot 1,5 \cdot 0,85 \cdot 1 \cdot 1}{1,2}$$

$$\sigma_{HP} = 380 \text{ N/mm}^2$$

Nachweis:

$$\sigma_H = 334 \text{ N/mm}^2 < \sigma_{HP} = 380 \text{ N/mm}^2$$

*b) Nachweis der Zahnfußtragfähigkeit*

Die örtlichen Zahnfußspannungen werden nach Gl. (15.86) ermittelt.

$$\sigma_{F0} = \frac{F_t}{b \cdot m} \cdot Y_{Fa} \cdot Y_{Sa} \cdot Y_{\varepsilon} \cdot Y_{\beta}$$

Der Formfaktor $Y_{Fa}$ nach TB 15-23a) bestimmt, wird für $z_3 = 24$ Zähne und $x = 0$ (weil Nullverzahnung)

$$Y_{Fa3} = 2,75$$

und für die Zahnstange

$$Y_{Fa4} = 2,03$$

Die Spannungsfaktoren $Y_{Sa}$ werden nach TB 15-23b) bestimmt und ergeben für das Rad $z_3$ mit $z_3 = 24$ Zähne und $x_3 = 0$

$$Y_{Sa3} = 1,64$$

und für die Zahnstange mit $z_4 = \infty$ und $x_4 = 0$

$$Y_{Sa4} = 2,25$$

Nach Lehrbuch Roloff/Matek, Maschinenelemente, Abschnitt 15.9.4.1 kann der Überdeckungsfaktor wie folgt bestimmt werden:

$$Y_{\varepsilon} = 0,25 + 0,75 \frac{1}{\varepsilon_{\alpha}}$$

Die Profilüberdeckung beträgt nach TB 15-2 für $z_3 = 24$ Zähne und $u \stackrel{\frown}{=} i = \infty$

$$\varepsilon_{\alpha} = 1,8$$

Damit ergibt sich

$$Y_{\varepsilon} = 0,25 + 0,75 \cdot \frac{1}{1,8}$$

$$Y_{\varepsilon} = 0,67$$

Weil Geradverzahnung vorliegt, ist der Schrägenfaktor

$$Y_{\beta} = 1,0$$

Die örtlichen Zahnfußspannungen sind dann am Rad $z_3$

$$\sigma_{F03} = \frac{F_t}{b_3 \cdot m} \cdot Y_{Fa3} \cdot Y_{Sa3} \cdot Y_{\varepsilon} \cdot Y_{\beta}$$

$$\sigma_{F03} = \frac{1420 \text{ N} \cdot 2,75 \cdot 1,6 \cdot 0,67 \cdot 1,0}{58 \text{ mm} \cdot 3 \text{ mm}}$$

$$\sigma_{F03} = 24 \text{ N/mm}^2$$

und an der Zahnstange

$$\sigma_{F04} = \frac{F_t}{b_4 \cdot m} \cdot Y_{Fa4} \cdot Y_{Sa4} \cdot Y_{\varepsilon} \cdot Y_{\beta}$$

$$\sigma_{F04} = \frac{1420 \text{ N} \cdot 2,03 \cdot 2,25 \cdot 0,67 \cdot 1,0}{56 \text{ mm} \cdot 3 \text{ mm}}$$

$$\sigma_{F04} = 25,9 \text{ N/mm}^2$$

Die tatsächlichen Zahnfußspannungen unter Berücksichtigung des Belastungsflußfaktors $K_{F\,ges}$ werden

$$\sigma_F = \sigma_{F0} \cdot K_{F\,ges}$$

Dieser Faktor wird nach Gl. (15.85)

$$K_{F\,ges} = K_A \cdot K_v \cdot K_{F\alpha} \cdot K_{F\beta}$$

Der Betriebseinflußfaktor wird hier $K_A \equiv c_B = 1$ gesetzt, weil $c_B$ bereits in der Zahnkraft $F_t$ berücksichtigt ist.

Der Dynamikfaktor $K_v$ nach Gl. (15.76) wird

$$K_v = 1$$

weil die Teilkreisgeschwindigkeit niedrig ist.

Nach TB 15-22a) wird für Geradverzahnung, Qualität 10 und für eine Linienbelastung

$$\frac{F_t}{b} = \frac{1420 \text{ N}}{50 \text{ mm}} \approx 24 \text{ N/mm} < 100 \text{ N/mm}$$

der Stirnfaktor

$$K_{F\alpha} = \frac{1}{Y_{\varepsilon}} = \frac{1}{0,67}$$

$$K_{F\alpha} = 1,49$$

Der Breitenfaktor $K_{F\beta}$ wird nach TB 15-21 für den Grenzwert $F_t/b = 100$ N/mm abgelesen

$$K_{F\beta} = 1,62$$

Damit wird der Gesamtbelastungsfaktor

$$K_{F\,ges} = 1 \cdot 1 \cdot 1,49 \cdot 1,62$$

$$K_{F\,ges} = 2,4$$

und die vorhandenen Zahnfußspannungen am Rad $z_3$

$$\sigma_{F3} = \sigma_{F03} \cdot K_{F\,ges} = 24 \text{ N/mm}^2 \cdot 2,4$$

$$\sigma_{F3} = 57,6 \text{ N/mm}^2$$

und an der Zahnstange

$$\sigma_{F4} = \sigma_{F04} \cdot K_{F\,ges} = 25,9 \text{ N/mm}^2 \cdot 2,4$$

$$\sigma_{F4} = 62,2 \text{ N/mm}^2$$

Die zulässigen Zahnfußspannungen werden nach der vereinfachten Gl. (15.89) bestimmt

$$\sigma_{FP} = \frac{2 \cdot \sigma_{F\,lim} \cdot Y_{NT} \cdot Y_x}{S_{F\,min}}$$

Bei einem maximalen Schlittenweg von 1200 mm und der Annahme von mindestens zwei Schlittenbewegungen pro Minute, einer Betriebsdauer $t_B = 10$ Stunden/

Tag · 300 Tage/Jahr und einer Nutzungsdauer $T_N = 10$ Jahren vollführt das Zahnrad $z_3$

$$n_t = \frac{s}{d_3 \cdot \pi} \cdot S_b \cdot t_B \cdot T_N$$

$$n_t = \frac{1200\ \text{mm}}{72\ \text{mm} \cdot \pi} \cdot 2\ \text{min}^{-1} \cdot 60\ \frac{\text{min}}{\text{h}} \cdot$$

$$\cdot\ 10\ \frac{\text{h}}{\text{T}} \cdot 300\ \frac{\text{T}}{\text{a}} \cdot 10\ \text{a}$$

$$n_t = 1{,}9 \cdot 10^7\ \text{Umdrehungen}$$

Das bedeutet, daß jeder Zahn

$$N_L = 1{,}9 \cdot 10^7$$

Lastwechsel erfährt.

Hierfür ist nach TB 15-24 der Lebensdauerfaktor

$$Y_{NT} = 1{,}0$$

einzusetzen.

Der Größenfaktor $Y_X$ wird nach TB 15-24d) für $m = 3$ mm

$$Y_X = 1{,}0$$

Die Zahnfuß-Biegedauerfestigkeiten betragen nach TB 15-16 für St 50-2

$$\sigma_{F\,\text{lim}} = 140\ \text{N/mm}^2$$

und für St 60-2

$$\sigma_{F\,\text{lim}} = 150\ \text{N/mm}^2$$

Als Mindestsicherheit wird ein Mittelwert

$$S_{F\,\text{min}} = 1{,}5 \quad \text{(siehe Anmerkung zu Gl. (15.89))}$$

festgelegt.

Damit werden die zulässigen Zahnfußspannungen

$$\sigma_{FP3} = \frac{2 \cdot 140\ \text{N/mm}^2 \cdot 1{,}0 \cdot 1{,}0}{1{,}5}$$

$$\sigma_{FP3} = 185\ \text{N/mm}^2$$

$$\sigma_{FP4} = \frac{2 \cdot 150\ \text{N/mm}^2 \cdot 1{,}0 \cdot 1{,}0}{1{,}5}$$

$$\sigma_{FP4} = 200\ \text{N/mm}^2$$

Nachweise:

$$\sigma_{F3} = 57{,}6\ \text{N/mm}^2 < \sigma_{FP3} = 185\ \text{N/mm}^2$$

$$\sigma_{F4} = 62{,}2\ \text{N/mm}^2 < \sigma_{FP4} = 200\ \text{N/mm}^2$$

Mit den beiden geführten Nachweisen a) und b) ist der Zahnstangentrieb ausreichend dimensioniert.

### 4.3.6 Festlegungen und Berechnungen zum Zugmitteltrieb

Die Auswahl der Art des Zugmittels ist von der Anforderung an den Trieb (Laufruhe, Wartungsfreiheit, schlupffreie Drehmomentübertragungen u.a.) und von der Übersetzung abhängig. Die Übersetzung wiederum ist abhängig von der erforderlichen Drehzahl

$= n_{(z_3)} = 132{,}6\ \text{min}^{-1}$ und der Drehzahl des Antriebsmotors. Elektromotoren werden mit den Synchrondrehzahlen 750; 1000; 1500 und 3000 $\text{min}^{-1}$ geliefert (s. hierzu TB 16-25). Wie aus dieser Tabelle zu erkennen ist, bauen bei gleicher Leistung die Motoren mit einer höheren Drehzahl kleiner und sind damit auch billiger, die mit einer niedrigeren Drehzahl größer und sind entsprechend teurer.

Ausgehend von der am Zahnrad $z_3$ geforderten Drehzahl

$$n_3 = 132{,}6\ \text{min}^{-1}$$

wären durch den Zugmitteltrieb bei den jeweiligen Synchrondrehzahlen folgende Übersetzungen zu realisieren:

$$i_I = \frac{n_{M\,I}}{n_3} = \frac{750\ \text{min}^{-1}}{132{,}6\ \text{min}^{-1}} = 5{,}66$$

$$i_{II} = \frac{n_{M\,II}}{n_3} = \frac{1000\ \text{min}^{-1}}{132{,}6\ \text{min}^{-1}} = 7{,}54$$

$$i_{III} = \frac{n_{M\,III}}{n_3} = \frac{1500\ \text{min}^{-1}}{132{,}6\ \text{min}^{-1}} = 11{,}31$$

$$i_{IV} = \frac{n_{M\,IV}}{n_3} = \frac{3000\ \text{min}^{-1}}{132{,}6\ \text{min}^{-1}} = 22{,}62$$

Zu beachten ist, daß bei einem angenommenen Durchmesser der kleinen Scheibe des Zugmitteltriebes von 100 mm, bei I die große Scheibe einen Durchmesser von 560 mm, bei IV von 2262 mm haben würde.

Als Kompromißlösung wird ein Elektromotor mit einer Synchrondrehzahl von 1000 $\text{min}^{-1}$ gewählt. Bei einer Leistung des Motors von 0,75 kW ist nach Katalogangabe die Lastdrehzahl $n_M = 920\ \text{min}^{-1}$.

Damit wird die erforderliche Übersetzung

$$i_{Z\,\text{erf}} = \frac{n_{M\,(\text{Last})}}{n_3} = \frac{920\ \text{min}^{-1}}{132{,}6\ \text{min}^{-1}}$$

$$i_{Z\,\text{erf}} = 6{,}938$$

Diese Übersetzung wäre mit einem Kettentrieb (s. Lehrbuch Roloff/Matek, Maschinenelemente, Abschnitt 17.4.1) gerade noch, mit einem Riementrieb (siehe. TB 16-2) ohne weiteres realisierbar (Ausnahme bildet der Doppelkeilriemen, der aber hier sowieso nicht infrage käme).

Nach Abwägen der Vor- und Nachteile des Ketten- und der Riementriebe sowie der Forderungen an den Antrieb (z.B. kein schlupffreier Antrieb erforderlich), wird ein Trieb mit Keilrippenriemen gewählt.

Die maximal zu übertragende Leistung an der kleinen Riemenscheibe wird

$$P_{1\,\text{max}} = \frac{P_{3\,\text{max}}}{\eta_{\text{ges}}} = \frac{P_{3\,\text{max}}}{\eta_L^2 \cdot \eta_R}$$

Der Wirkungsgrad eines Wälzlagers kann mit $\eta_L = 0{,}998$, der eines Keilrippenriementriebes mit $\eta_R = 0{,}98$ angenommen werden.

Damit wird

$$P_{1\,max} = \frac{0,71\ kW}{0,998^2 \cdot 0,98}$$

$$P_{1\,max} = 0,73\ kW$$

Für diese Leistung und der Drehzahl $n_1 = 920\ min^{-1}$ wird für den Keilrippenriemen nach TB 16-18 das Profil PJ gewählt (zu beachten ist der Hinweis im Lehrbuch Roloff/Matek, Maschinenelemente, Abschnitt 16.6.1).

Für dieses Profil ist der kleinstmögliche Scheibendurchmesser nach Herstellerangaben (s. TB 16-20c) bzw. TB 16-17)

$$d_{b1} = 20\ mm$$

Nach TB 16-25 hat ein Elektromotor mit 0,75 kW Leistung und der Synchrondrehzahl $n_M = 1000\ min^{-1}$ einen Motorzapfen mit einem Durchmesser

$$d_M = 24\ mm \quad (Baugröße\ 90S)$$

Unter Berücksichtigung der Paßfedernut und des Rillenprofils wird nach TB 1-14 ein genormter Bezugsdurchmesser für die kleine Riemenscheibe von

$$d_{b1} = 63\ mm$$

gewählt.

Für die große Riemenscheibe ergibt sich dann

$$d_{b2} = d_{b1} \cdot i_R = 63\ mm \cdot 6,938$$

$$d_{b2} = 437,1\ mm$$

Nach TB 1-14 Reihe R20 wird gewählt

$$d_{b2} = 450\ mm$$

Die tatsächliche Drehzahl am Zahnrad $z_3$ wird dann

$$n_3 = \frac{n_M}{i_R} = \frac{n_M}{\dfrac{d_{b2}}{d_{b1}}} = \frac{920\ min^{-1} \cdot 63\ mm}{450\ mm}$$

$$n_3 = 128,8\ min^{-1}$$

und damit die Teilkreisgeschwindigkeit = Schlittengeschwindigkeit

$$v_3 = v_S = d_3 \cdot \pi \cdot n_3 = 0,072\ m \cdot \pi \cdot 128,8/60\ s$$

$$v_3 = v_S = 0,486\ m/s$$

Das ist eine Abweichung vom geforderten Wert von − 2,8 %. Dieser Wert liegt innerhalb des üblich zulässigen Abweichungsbereiches.

Das vom Rad $z_3$ zu übertragende Drehmoment beträgt nunmehr

$$T_{3\,max} = \frac{9550 \cdot P_{max}}{n_3} = \frac{9550 \cdot 0,71}{128,8}$$

$$T_{3\,max} = 52,64\ Nm$$

Diese geringfügige Abweichung zum Ausgangswert der Berechnung (siehe Zahnkräfte) hat keine größere Auswirkung auf die bereits durchgeführten Berechnungen.

Zur Festlegung des Achsabstandes der beiden Riemenscheiben gilt zu beachten:

- Die Motorbaugröße 90S hat nach TB 16-25 eine Achshöhe

$$h = 90\ mm$$

- Im Handel werden Stahlspannschienen, genormt nach U.T.E.C − 51 − 106, für IEC-Motoren angeboten. Sie haben folgende Abmessungen

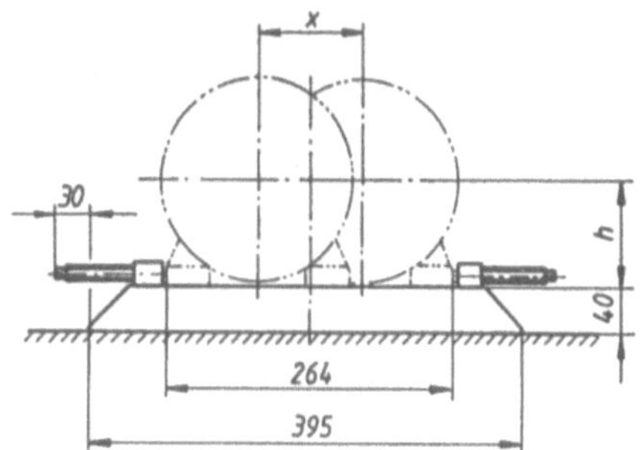


**Bild 4-3** Abmessungen der Stahlspannschienen

- Bei einer Fußbreite des Motors der Baugröße 90S von

$$b_F = 170\ mm$$

wird das Verstellmaß

$$x = 94\ mm$$

- Werden die Spannschienen vorgesehen, dann ergeben sich mit dem vorhandenen Bauraum nach maßstäblichen Aufriß folgende möglichen Mindest- und Maximalabstände für die Riemenscheibenachsen

$$e'_{min} \approx 715\ mm$$

$$e'_{max} \approx 780\ mm$$

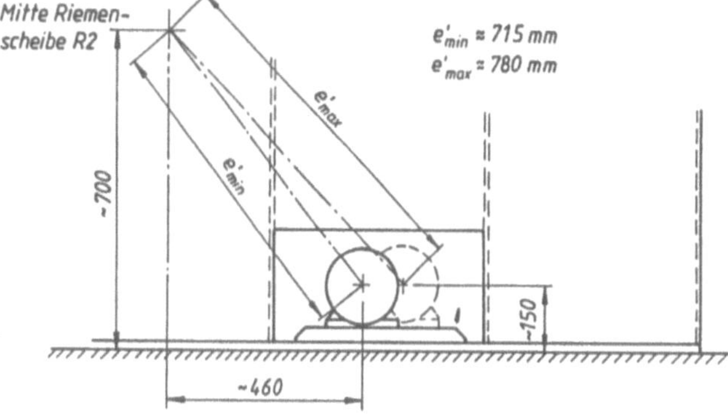


**Bild 4-4** Achsabstände

Für den Mindestabstand $e'_{min} = 715\ mm$ wird die erforderliche Bezugslänge des Keilrippenriemens nach Gl. (16.40)

$$L_{br} \approx 2 \cdot e' + \frac{\pi}{2}(d_{b1} + d_{b2}) + \frac{(d_{b2} - d_{b1})^2}{4 \cdot e'}$$

$$L_{br} \approx 2 \cdot 715\ mm + \frac{\pi}{2}(63\ mm + 450\ mm) +$$

$$+ \frac{(450\ mm - 63\ mm)^2}{4 \cdot 715\ mm}$$

$$L_{br} \approx 2288\ mm$$

Aus TB 16-21 ist die nächstgrößere Standard-Bezugslänge auszuwählen. Diese ist

$$L_b = 2337 \text{ mm}$$

Damit ergibt sich nach Gl. (16.41) ein Wellenabstand

$$e \approx e' + \frac{L_b - L_{br}}{2} = 715 \text{ mm} + \frac{2337 \text{ mm} - 2288 \text{ mm}}{2}$$

$$e \approx 740 \text{ mm}$$

Nach TB 16-21 ist für das spannungslose Auflegen des Riemens bei der Montage eine Verstellung mindestens um das Auflegemaß $s_V = 20$ mm und zum Spannen und Nachspannen um das Spannmaß $s_{Sp} = 30$ mm erforderlich. Das ist bei den nun vorliegenden Verhältnissen gegeben, wie folgt bewiesen:

Erforderlicher Achsabstand beim Auflegen

$$e_V = e - s_V = 740 \text{ mm} - 20 \text{ mm} =$$
$$= 720 \text{ mm} > e'_{min} = 715 \text{ mm}$$

Achsabstand bei maximalen Spannmaß

$$e_{Sp} = e + s_{Sp} = 740 \text{ mm} + 30 \text{ mm} =$$
$$= 770 \text{ mm} < e'_{max} = 780 \text{ mm}$$

Der Umschlingungswinkel $\beta_1$ an der kleinen Riemenscheibe wird nach Gl. (16.43)

$$\beta_1 = 2 \cdot \arccos \frac{(d_{b2} - d_{b1})}{2 \cdot e} =$$
$$= 2 \cdot \arccos \frac{(450 \text{ mm} - 63 \text{ mm})}{2 \cdot 740 \text{ mm}}$$

$$\beta_1 = 149{,}7°$$

Die erforderliche Rippenzahl des Riemens ergibt sich aus Gl. (16.46)

$$z = \frac{P'}{(P_N + \ddot{U}_z) \cdot c_1 \cdot c_2} = \frac{P_{1\,max}}{(P_N + \ddot{U}_z) \cdot c_1 \cdot c_2}$$

für $d_{b1} = 63$ mm; $n_1 = 955$ min$^{-1}$ und $i_R = d_{b2}/d_{b1} = 450/63 = 7{,}44$ wird nach TB 16-20b) die Nennleistung je Rippe $P_N = 0{,}21$ kW und der Übersetzungszuschlag $\ddot{U}_z = 0{,}01$ kW
der Winkelzuschlag wird für $\beta_1 = 149{,}7°$ nach TB 16-19 $c_1 \approx 0{,}98$
der Längenzuschlag beträgt für $L_b = 2337$ mm nach TB 16-21 $c_2 = 1{,}18$

Damit wird

$$z = \frac{0{,}73 \text{ kW}}{(0{,}21 + 0{,}01) \text{ kW} \cdot 0{,}98 \cdot 1{,}18}$$

$$z = 3 \text{ Rippen}$$

Die Bestellangabe für den Keilrippenriemen lautet

Keilrippenriemen DIN 7867 – 3 PJ 2237

Nach Gl. (16.45) ergibt sich eine Riemengeschwindigkeit

$$v = \frac{d_{w1} \cdot n_1}{19\,100} = \frac{(d_{b1} + 2 \cdot h_b) \cdot n_1}{19\,100}$$

für das Profil PJ ist nach TB 16-17 $h_b = 1{,}25$ mm

Es wird dann

$$v = \frac{(63 \text{ mm} + 2 \cdot 1{,}25 \text{ mm}) \cdot 920 \text{ min}^{-1}}{19\,100}$$

$$v = 3{,}15 \text{ m/s}$$

Dieser Wert liegt weit unter $v_{max} = 50$ m/s.
Die Belastung im Lasttrum während des Riemenlaufens wird nach Gl. (16.47)

$$F_1 = \frac{1030 \cdot P'}{c_1 \cdot v} = \frac{1030 \cdot P_{1\,max}}{c_1 \cdot v} = \frac{1030 \cdot 0{,}73 \text{ kW}}{0{,}98 \cdot 3{,}15}$$

$$F_1 = 243{,}6 \text{ N}$$

und die Belastung im Leertrum während des Riemenlaufes wird nach Gl. (16.48)

$$F_2 = \frac{1000 \cdot (1{,}03 - c_1) \cdot P'}{c_1 \cdot v} =$$
$$= \frac{1000 \cdot (1{,}03 - c_1) \cdot P_{1\,max}}{c_1 \cdot v}$$
$$F_2 = \frac{1000 \cdot (1{,}03 - 0{,}98) \cdot 0{,}73}{0{,}98 \cdot 3{,}15}$$

$$F_2 = 11{,}8 \text{ N}$$

Damit ergibt sich nach Gl. (16.49) eine dynamische Wellenkraft

$$F_w = \sqrt{F_1^2 + F_2^2 - 2 \cdot F_1 \cdot F_2 \cdot \cos \beta_1}$$
$$F_w = \sqrt{243{,}6^2 + 11{,}8^2 - 2 \cdot 243{,}6 \cdot 11{,}8 \cdot \cos 149{,}7°}$$
$$F_w = 254 \text{ N}$$

Der Wirkungswinkel dieser Wellenkraft an der Welle ergibt sich aus den geometrischen Gegebenheiten

$$\cos \alpha = \frac{550 \text{ mm}}{740 \text{ mm}}$$

$$\alpha \approx 42°$$

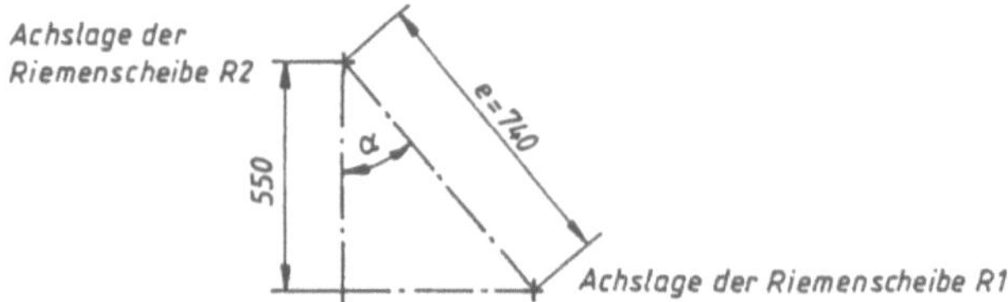


**Bild 4-5** Geometrische Verhältnisse

### 4.3.7 Bestimmen des Durchmessers des Wellenendes zur Aufnahme der Riemenscheibe R2

Dieser Durchmesser wird überschlägig mit dem zu übertragenden Drehmoment $T_{3\,max}$ nach Gl. (11.13) bestimmt

$$d' = 2{,}7 \sqrt[3]{\frac{T}{\tau_{tD}}} = 2{,}7 \sqrt[3]{\frac{T_{3\,max}}{\tau_{tD}}}$$

Es gilt $\tau_{tD} \,\hat{=}\, \tau_{tW} = K_1 \cdot R_m$ (nach Anmerkung zu Gl. (3.10))
$K_1 = 0{,}3$ nach TB 3-1
$R_m = 470$ N/mm$^2$ nach TB 1-4 für St 50-2

Damit wird

$$d' = 2{,}7 \sqrt[3]{\frac{52\,640 \text{ Nmm}}{0{,}3 \cdot 470 \text{ N/mm}^2}}$$

$$d' = 19{,}5 \text{ mm}$$

gewählt $d = 24$ mm (damit gleiches Spannelement wie bei der Befestigung der Riemenscheibe R2 auf dem Motorzapfen verwendet werden kann.

### 4.3.8 Gestaltung der Riemenscheiben

Es wird vorgesehen, die Riemenscheiben mit Tollok-Konus-Spannelementen TLK 200 (siehe hierzu TB 12-9) zu befestigen.

Das Riemenscheibenprofil ist nach DIN 7867 genormt (siehe TB 16-17). Aufgrund des festliegenden Motorzapfens (siehe TB 16-25), erhält die Riemenscheibe R1 folgende Gestalt:

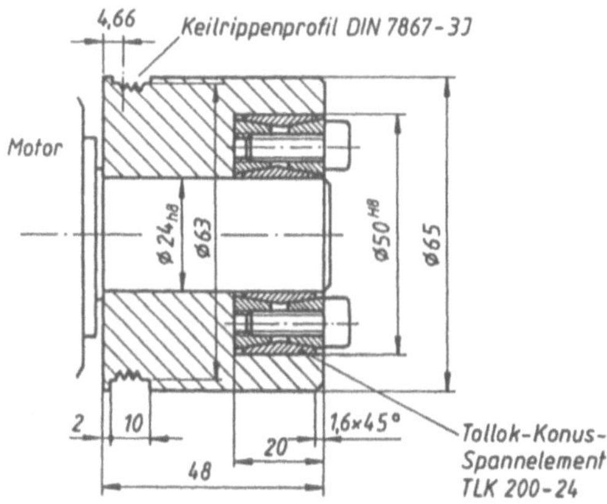


**Bild 4-6** Gestaltung der Riemenscheibe R1

Die Riemenscheibe R2 erhält folgende Gestalt:

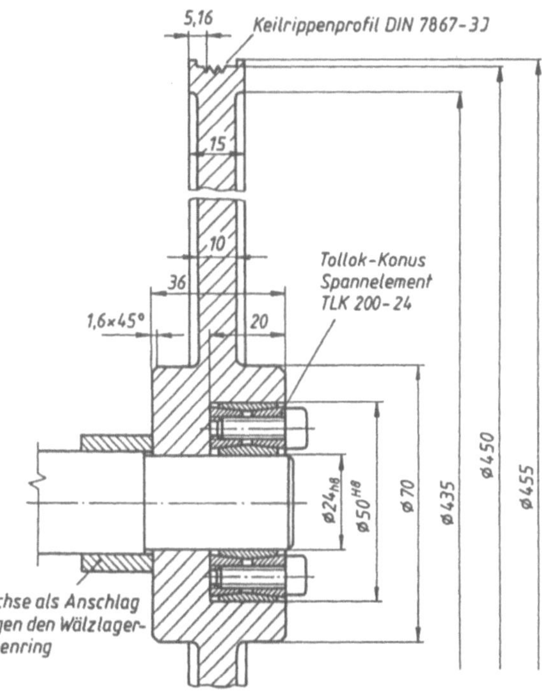


**Bild 4-7** Gestaltung der Riemenscheibe R2

Das Tollok-Konus-Spannelement TLK 200-24 kann nach TB 12-9 ein maximales Drehmoment

$$T = 422 \text{ Nm}$$

übertragen.

Das von der Riemenscheibe R2 zu übertragende Drehmoment beträgt

$$T_{2\,max} = \frac{T_{3\,max}}{\eta_L^2} = \frac{52{,}64 \text{ Nm}}{0{,}998^2}$$

$$T_{2\,max} = 82{,}85 \text{ Nm}$$

und ist damit wesentlich kleiner, als das übertragbare Drehmoment des Spannelementes.

Das zu übertragende Drehmoment der Riemenscheibe R1 ist aufgrund der Übersetzung noch kleiner als $T_{2\,max}$.

### 4.3.9 Befestigung des Zahnrades $z_3$ auf der Welle

Es wird konstruktiv festgelegt, daß Zahnrad $z_3$ mittels Längspreßverband auf der Welle zu befestigen.

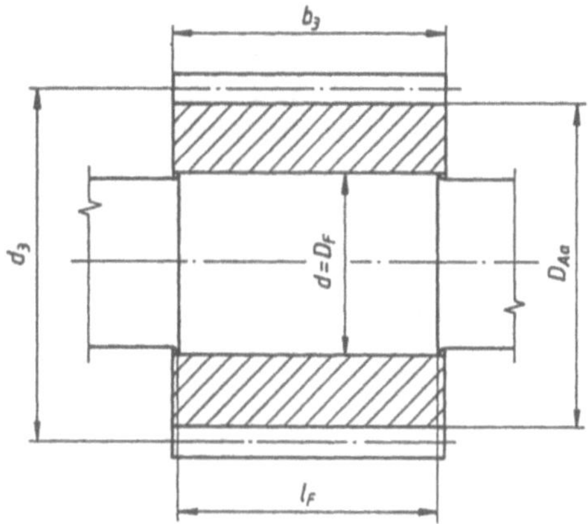


**Bild 4-8** Längspreßverband

Der Fugendurchmesser $D_F$ entspricht dem überschlägig bestimmten Wellendurchmesser (s. Abschnitt 2.3.3)

$$D_F = d = 36 \text{ mm}$$

Für den Außendurchmesser des Außenteils wird der Fußkreisdurchmesser des Zahnrades zugrunde gelegt

$$D_{Aa} = d_{r3} = d_3 - 2 \cdot h_f$$

Für das Zahnprofil II ist nach Anmerkung zu Gl. (15.19)

$$h_f = 1{,}25 \cdot m$$

Damit wird

$$D_{Aa} = d_3 - 2{,}5 \cdot m = 72 \text{ mm} - 2{,}5 \cdot 3 \text{ mm}$$

$$D_{Aa} = 64{,}5 \text{ mm}$$

Der Innendurchmesser des Innenteils wird

$$D_{Ii} = 0$$

da eine Vollwelle vorliegt.

Die Fugenlänge $l_F$ wird zwecks günstigerer Kerbwirkung etwas kleiner ausgeführt als die Zahnradbreite

$$l_F < b_3, \quad b_3 = 58 \text{ mm} \text{ (s. Abschnitt 2.3.4)}$$

$$l_F = 54 \text{ mm} \text{ gewählt}$$

Die Umfangskraft an der Fuge beträgt

$$F_{tF} = \frac{T_{3\,max}}{\dfrac{D_F}{2}} = \frac{2 \cdot 52\,640 \text{ Nmm}}{36 \text{ mm}}$$

$T_{3\,max}$ siehe Abschnitt 4.3.6

$$F_{tF} = 2925 \text{ N}$$

Zur sicheren Übertragung der äußeren Kräfte wird nach Gl. (12.13) eine Rutschkraft

$$F_{Rt} = v_H \cdot F_{tF} = 1,5 \cdot 2925 \text{ N}$$
$$F_{Rt} = 4390 \text{ N}$$

zu beachten ist, daß in $F_{tF}$ bereits $c_B$ berücksichtigt ist, $v_H = 1,5$ gewählt (s. Anmerkung zu Gl. (12.13))

zugrunde gelegt.

Nach Gl. (12.14) muß dann die kleinste erforderliche Fugenpressung sein

$$p_{Fk} = \frac{F_{Rt}}{A_F \cdot \mu} = \frac{F_{Rt}}{D_F \cdot \pi \cdot l_F \cdot \mu}$$

der Haftbeiwert $\mu$ wird nach TB 12-6 für die Paarung St/St, Fügung unter leichter Ölschmierung und für einen Längspreßverband $\mu = 0,08$

Damit wird

$$p_{Fk} = \frac{4390 \text{ N}}{36 \text{ mm} \cdot \pi \cdot 55 \text{ mm} \cdot 0,08}$$

$$p_{Fk} = 9 \text{ N/mm}^2$$

Für Stahl und für das Durchmesserverhältnis $Q_A = D_F/D_{Aa} = 36/64,5 = 0,56$ ergeben sich nach TB 12-7 die Hilfsgrößen

$$K_A = 0,107 \cdot 10^{-4} \text{ mm}^2/\text{N}$$
$$K_I = 0,033 \cdot 10^{-4} \text{ mm}^2/\text{N}$$

Das kleinste Haftmaß wird dann nach Gl. (12.19)

$$Z_k = p_{Fk} \cdot D_F \cdot (K_A + K_I) =$$
$$= 9 \text{ N/mm}^2 \cdot 36 \text{ mm} \cdot (0,107 + 0,033) \cdot 10^{-4} \text{ mm}^2/\text{N}$$
$$Z_k = 0,005 \text{ mm} = 5 \text{ µm}$$

Die beim Fügen auftretende Glättung nach Gl. (12.20) wird für angenommene Rauhtiefen $R_{zAi} = R_{zIa} = 6,3$ µm (für mittelwertige Funktion der Fügefläche und Toleranzklasse 7 nach TB 2-9)

$$G \approx 0,8\,(R_{zAi} + R_{zIa}) = 0,8 \cdot 2 \cdot 6,3 \text{ µm}$$
$$G \approx 10 \text{ µm}$$

Damit wird das vor dem Fügen kleinste erforderliche Übermaß nach Gl. (12.71)

$$P_{Ük} = Z_k + G = 5 \text{ µm} + 10 \text{ µm}$$
$$P_{Ük} = 15 \text{ µm}$$

Mit $R_e = 305 \text{ N/mm}^2$ nach TB 1-4 für den Werkstoff St 60-2 des Außenteils und $Q_A = 0,56$ ergibt sich die größte Fugenpressung nach Gl. (12.22), wenn nach

Anmerkung zu Gl. (12.12) $v_{PA} = 1,2$ zugrunde gelegt wird, zu

$$p_{Fg} = \frac{R_e}{v_{PA}} \cdot \frac{1 - Q_A^2}{\sqrt{3 + Q_A^4}} = \frac{305}{1,2} \cdot \frac{1 - 0,56^2}{\sqrt{3 + 0,56^4}}$$

$$p_{Fg} = 99 \text{ N/mm}^2$$

Damit ergibt sich gemäß Gl. (12.24) das größte zulässige Haftmaß

$$Z_g = p_{Fg} \cdot D_F \cdot (K_A + K_I) =$$
$$= 99 \text{ N/mm}^2 \cdot 36 \text{ mm} \cdot (0,107 + 0,033) \cdot 10^{-4} \text{ mm}^2/\text{N}$$
$$Z_g = 0,05 \text{ mm} = 50 \text{ µm}$$

und das größtzulässige Übermaß nach Gl. (12.25)

$$P_{Üg\,zul} = Z_g + G = 50 \text{ µm} + 10 \text{ µm}$$
$$P_{Üg\,zul} = 60 \text{ µm}$$

Die maximale Paßtoleranz wird nach Gl. (12.26)

$$P_T = P_{Üg\,zul} - P_{Ük\,erf} = 60 \text{ µm} - 15 \text{ µm}$$
$$P_T = 45 \text{ µm}$$

Nach den Festlegungen zu Gl. (12.27) ist die maximale Bohrungstoleranz

$$B_T \approx 0,6 \cdot P_T = 0,6 \cdot 45 \text{ µm}$$
$$B_T \approx 27 \text{ µm}$$

zu wählen.

Danach kommt nach TB 2-1 für den Nennmaßbereich $N > 30 \dots 50$ mm die Toleranzklasse 7 mit der Grundtoleranz $T_g = 25$ µm oder eine feinere Toleranzklasse infrage.

Gewählt wird die Toleranzklasse 7.

Wird das System der Einheitsbohrung zugrunde gelegt, gilt für die Bohrung die Toleranz H7

mit dem unteren Abmaß nach TB 2-3

$$A_{uB} = 0$$

und dem oberen Abmaß

$$A_{oB} = A_{uB} + T_g = T_g \text{ also } A_{oB} = 25 \text{ µm}$$

Das untere Abmaß der Welle muß dann mindestens sein

$$A'_{uW} = A_{oB} + P_{Ük} = 25 \text{ µm} + 15 \text{ µm}$$
$$A'_{uW} = 40 \text{ µm}$$

Für den Nennmaßbereich $N > 30 \dots 40$ mm entspricht dem nach TB 2-2 mindestens die Feldlage $s$ mit

$$A_{uW} = 43 \text{ µm}$$

Das obere Abmaß darf maximal sein

$$A'_{oW} = A_{uB} + P_{Üg} = 0 \text{ µm} + 60 \text{ µm}$$
$$A'_{oW} = 60 \text{ µm}$$

und damit die maximale Wellentoleranz = Grundtoleranz

$$W_{T\,max} = T_{g\,max} = A'_{oW} - A_{uW} = 60 \text{ µm} - 43 \text{ µm}$$
$$W_{T\,max} = T_{g\,max} = 17 \text{ µm}$$

Für den Nennmaßbereich $N > 30 \ldots 50$ mm ist nach TB 2-1 damit die Toleranzklasse 6 oder feiner zu wählen. Gewählt wird die Toleranzklasse 6 mit der Grundtoleranz $T_g = 16$ µm und damit gilt für die Welle die Toleranz s6 mit

$$A_{uW} = 43 \text{ µm} \quad \text{siehe oben}$$

und

$$A_{oW} = A_{uW} + T_g = 43 \text{ µm} + 16 \text{ µm}$$
$$A_{oW} = 59 \text{ µm}$$

Die Passung für den Preßverband ist damit

H7/s6

und entspricht nach TB 2-5 einer zu bevorzugenden Passung. Für diese Passung beträgt vor dem Fügen das kleinstmögliche Übermaß

$$P_{\ddot{U}k} = A_{oB} - A_{uW} = 25 \text{ µm} - 43 \text{ µm}$$
$$P_{\ddot{U}k} = |\, 18 \text{ µm} \,| > P_{\ddot{U}k\,erf} = 15 \text{ µm}$$

und das größtmögliche Übermaß

$$P_{\ddot{U}g} = A_{uB} - A_{uoW} = 0 \text{ µm} - 59 \text{ µm}$$
$$P_{\ddot{U}g} = |\, 59 \text{ µm} \,| < P_{\ddot{U}g\,zul} = 60 \text{ µm}$$

Damit erfüllt die Passung die Bedingungen. Sie ist auch gerade noch für eine Längspreßverbindung geeignet.

### 4.3.10 Entwurf der Baugruppe Antriebswelle

*Vorbemerkung:*

Da die Zahnkräfte und die Riemenkräfte relativ klein sind, wird die Berechnung der Wälzlager offensichtlich auch kleine Abmessungen ergeben. Aufgrund des Preßverbandes Welle/Zahnrad ist zwecks Montage zumindest in einer Gestellwand eine Bohrung von $D_W = 80$ mm vorzusehen (Außendurchmesser des Zahnrades $d_{a3} = d_3 + 2 \cdot m = 78$ mm). Es wird deshalb festgelegt, die Lager in einer Lagerbuchse aufzunehmen. Ferner wird festgelegt, aus Gründen der einheitlichen Ausführung, beide Seiten mit einer Flanschbuchse und gleicher Wälzlagergröße auszubilden. Für den ersten Entwurf wird ein Rillenkugellager DIN 625 – 6005 zugrunde gelegt.

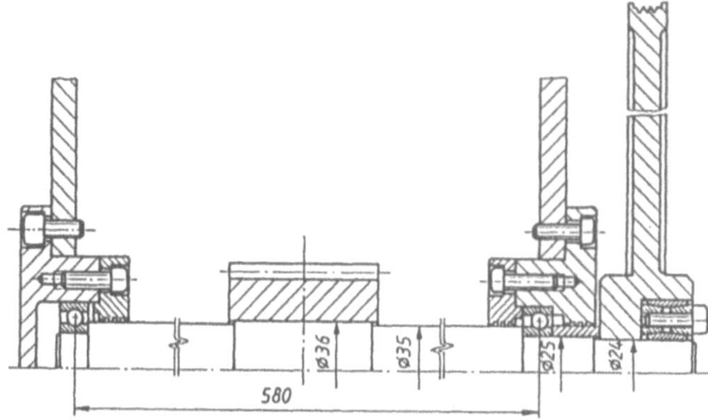

**Bild 4-9** Entwurfszeichnung

### 4.3.11 Bestimmen der Auflagerkräfte

Erfolgt der Antrieb so, daß der Maschinenschlitten nach rechts bewegt wird, dann wirken die Kräfte an der Antriebswelle wie folgend

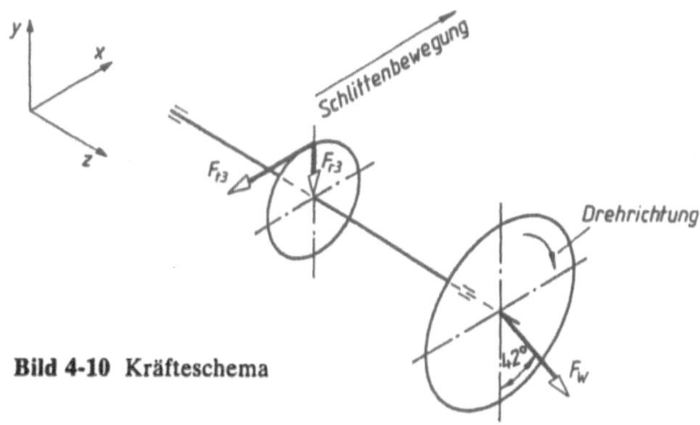


**Bild 4-10** Kräfteschema

Die Zahnradkomponenten betragen

$$F_{t3} = \frac{T_{3\,max}}{\dfrac{d_3}{2}} \cdot \frac{2 \cdot 52\,640 \text{ Nmm}}{72 \text{ mm}}$$

$$F_{t3} = 1740 \text{ N}$$

$$F_{r3} = F_{t3} \cdot \tan \alpha = 1740 \text{ N} \cdot \tan 20°$$

$$F_{r3} = 633 \text{ N}$$

Die Wellenkraft aus der Riemenbelastung in $x$- und $y$-Komponenten zerlegt ergeben

$$F_{Wx} = F_W \cdot \sin 42° = 254 \text{ N} \cdot \sin 42°$$
$$F_{Wx} = 170 \text{ N}$$
$$F_{Wy} = F_W \cdot \cos 42° = 254 \text{ N} \cdot \cos 42°$$
$$F_{Wy} = 189 \text{ N}$$

Damit ergibt sich für die Welle folgendes statisches Kräftesystem

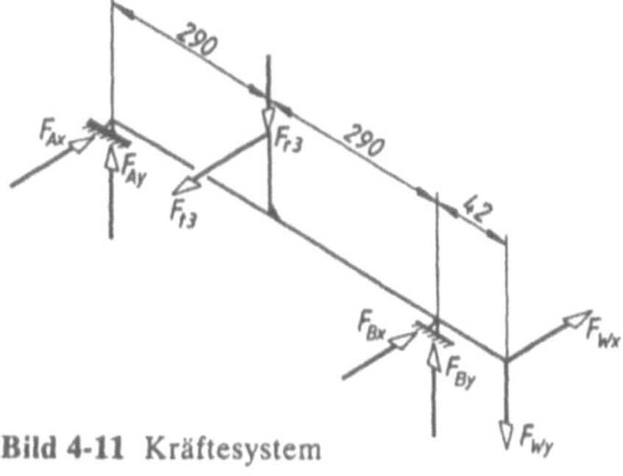


**Bild 4-11** Kräftesystem

Die Auflagerkräfte werden in der $x$-$z$-Ebene

$\Sigma M_A = 0$:

$$-F_{Wx} \cdot 622 - F_{Bx} \cdot 580 + F_{t3} \cdot 290 = 0$$

$$F_{Bx} = \frac{F_{t3} \cdot 290 - F_{Wx} \cdot 622}{580} = \frac{1740 \cdot 290 - 170 \cdot 622}{580}$$

$$F_{Bx} = 688 \text{ N}$$

$\Sigma F = 0$:

$$F_{Ax} - F_{t3} + F_{Bx} + F_{Wx} = 0$$
$$F_{Ax} = F_{t3} - F_{Bx} - F_{Wx} = 1740 - 688 - 170$$
$$F_{Ax} = 882 \text{ N}$$

und in der $y$-$z$-Ebene

$\Sigma M \hat{\,} A = 0$:

$$F_{Wy} \cdot 622 - F_{By} \cdot 580 + F_{r3} \cdot 290 = 0$$

$$F_{By} = \frac{F_{Wy} \cdot 622 + F_{r3} \cdot 290}{580} = \frac{189 \cdot 622 + 6330 \cdot 290}{580}$$

$$F_{By} = 519 \text{ N}$$

$\Sigma F \uparrow = 0$:

$$F_{Ay} - F_{r3} + F_{By} - F_{Wy} = 0$$

$$F_{Ay} = F_{r3} - F_{By} + F_{Wy} = 189 - 519 + 633$$

$$F_{Ay} = 303 \text{ N}$$

Die resultierenden Lagerkräfte betragen dann

$$F_A = \sqrt{F_{Ax}^2 + F_{Ay}^2} = \sqrt{(822 \text{ N})^2 + (303 \text{ N})^2}$$

$$F_A = 933 \text{ N}$$

$$F_B = \sqrt{F_{Bx}^2 + F_{By}^2} = \sqrt{(688 \text{ N})^2 + (519 \text{ N})^2}$$

$$F_B = 862 \text{ N}$$

Bei der Schlittenbewegung nach links ändert sich die Richtung der Zahnkraftkomponente $F_{t3}$. Damit ergibt sich folgendes statisches Kräftesystem:

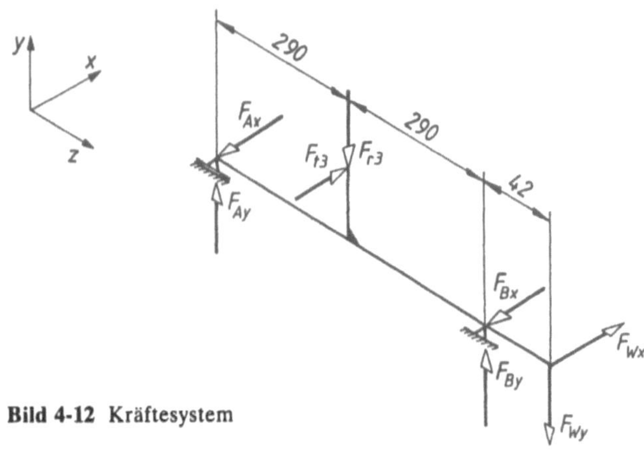


**Bild 4-12** Kräftesystem

Damit ergeben sich die Auflagerkräfte in der $x$-$z$-Ebene

$\Sigma M \hat{\,} A = 0$:

$$-F_{Wx} \cdot 622 + F_{Bx} \cdot 580 - F_{t3} \cdot 290 = 0$$

$$F_{Bx} = \frac{F_{Wx} \cdot 622 + F_{t3} \cdot 290}{580} = \frac{170 \cdot 622 + 1740 \cdot 290}{580}$$

$$F_{Bx} = 1052 \text{ N}$$

$\Sigma F \nearrow = 0$:

$$F_{Ax} - F_{t3} + F_{Bx} - F_{Wx} = 0$$

$$F_{Ax} = F_{t3} + F_{Wx} - F_{Bx} = 1740 + 170 - 1052$$

$$F_{Ax} = 858 \text{ N}$$

und in der $y$-$z$-Ebene

$\Sigma M \hat{\,} A = 0$:

$$-F_{Wy} \cdot 622 + F_{By} \cdot 580 - F_{r3} \cdot 280 = 0$$

$$F_{By} = \frac{F_{Wy} \cdot 622 + F_{r3} \cdot 290}{580} = \frac{189 \cdot 622 + 633 \cdot 290}{580}$$

$$F_{By} = 519 \text{ N}$$

$\Sigma F \uparrow = 0$:

$$F_{Ay} - F_{r3} + F_{By} - F_{Wy} = 0$$

$$F_{Ay} = F_{r3} + F_{Wy} - F_{By} = 633 + 189 - 519$$

$$F_{Ay} = 303 \text{ N}$$

Die resultierenden Lagerkräfte betragen

$$F_A = \sqrt{F_{Ax}^2 + F_{Ay}^2} = \sqrt{(858 \text{ N})^2 + (303 \text{ N})^2}$$

$$F_A = 910 \text{ N}$$

$$F_B = \sqrt{F_{Bx}^2 + F_{By}^2} = \sqrt{(1052 \text{ N})^2 + (303 \text{ N})^2}$$

$$F_B = 1173 \text{ N}$$

### 4.3.12 Nachweis der Wälzlager

Nach den im Abschnitt 2.3.5 getroffenen Festlegungen der Nutzung der Einrichtung wird für die Wälzlager folgende Lebensdauer gefordert

$$L_{10 \text{ gef}} = 1{,}9 \cdot 10^7 = 19 \cdot 10^6 \text{ Umdrehungen} \quad \text{bzw.}$$

$$L_{10 \text{ gef}} = \frac{v}{s} \cdot \frac{2 \min^{-1} \cdot 60 \text{ min/h} \cdot 10 \text{ h/d} \cdot 300 \text{ d/a} \cdot 10 \text{ a}}{3600 \text{ s/h}}$$

$$L_{10 \text{ gef}} = \frac{1{,}2 \text{ m} \cdot 2 \min^{-1} \cdot 60 \text{ min/h} \cdot 10 \text{h/d} \cdot 300 \text{d/a} \cdot 10 \text{a}}{0{,}5 \text{ m/s} \cdot 3600 \text{ s/h}}$$

$$L_{10h \text{ gef}} = 2400 \text{ h}$$

Mit der größten auftretenden Lagerkraft $F_B = 1173 \text{ N} \,\hat{=}$ der äquivalenten Lagerbelastung $P$, da nur Radialbelastung vorliegt, und der dynamischen Tragzahl $C = 10$ kN nach TB 14-2 erreicht das Rillenkugellager DIN 625 – 6005 folgende Lebensdauer

$$L_{10 \text{ err}} = \left(\frac{C}{P}\right)^{\text{p}} = \left(\frac{10\,000 \text{ N}}{1173 \text{ N}}\right)^3 =$$

$$= L_{10 \text{ err}} \approx 620 \cdot 10^6 \text{ Umdrehungen} > L_{10 \text{ gef}} =$$

$$= 19 \cdot 10^6 \text{ Umdrehungen}$$

bzw.

$$L_{10h \text{ err}} = \frac{10^6}{60 \cdot n_3} \cdot \left(\frac{C}{P}\right)^{\text{p}} = \frac{10^6}{60 \cdot 128{,}8} \cdot 620$$

$$L_{10h \text{ err}} \approx 80\,000 \text{ h} > L_{10h \text{ gef}} = 2400 \text{ h}$$

Die Wälzlager sind damit ausreichend.

### 4.3.13 Festigkeitsnachweis der Welle

Nachgewiesen wird der Wellenquerschnitt, mit der größten Biegebeanspruchung, das ist der Querschnitt mittig des Zahnrades $z_3$.

Das Biegemoment an dieser Stelle beträgt

$$M_{b\,max} = F_{A\,max} \cdot 290\ mm = 933\ N \cdot 290\ mm$$

$$M_{b\,max} \approx 2{,}7 \cdot 10^5\ mm$$

und das Torsionsmoment

$$T_{3\,max} \approx 6{,}3 \cdot 10^4\ Nmm$$

Das Vergleichsmoment aus diesen beiden Werten beträgt

$$M_v = M_b^2 + 0{,}75 \cdot (\alpha_0 \cdot T)^2 \quad Gl.\ /11.7/$$

$$M_v = 2{,}7 \cdot 10^5\ Nmm)^2 + 0{,}75 \cdot (6{,}3 \cdot 10^4\ Nmm)^2$$

$$M_v \approx 2{,}8 \cdot 10^5\ Nmm$$

$\alpha_0 = 1$, weil Biegung und Torsion wechselnd wirken

Mit diesem Vergleichsmoment beträgt die Spannung im Querschnitt

$$\sigma_b \,\widehat{=}\, \sigma_v = \frac{M_v}{W} = \frac{M_v}{d^3 \cdot \pi \cdot 32} = \frac{2{,}8 \cdot 10^5\ Nmm \cdot 32}{(36\ mm)^3 \cdot \pi}$$

$$\sigma_b \approx 61\ N/mm^2$$

Für den Wellenwerkstoff St 50-2 mit $R_m = 470\ N/mm^2$ nach TB 1-4 wird die Kerbwirkungszahl nach TB 3-10b

$$\beta_k \approx 1{,}1$$

Der Einflußfaktor der Oberflächenrauheit wird nach TB 3-11 für eine mittlere Rauheit der Welle im Bereich des Preßverbandes (siehe Festlegung im Abschnitt 2.3.9) $R_z = 6{,}3\ \mu m$ und $R_m = 470\ N/mm^2$

$$b_{1\sigma} \approx 0{,}94$$

Der Einfluß der Bauteilgröße wird

$$b_2 \approx 1$$

weil die Kerbwirkungszahlen nach TB 3-10b für einen Bezugsdurchmesser $D = 40\ mm$ gelten.

Weil die Beanspruchung wechselnd wirkt, ist zu setzen

$$\sigma_D \,\widehat{=}\, \sigma_{bW} = K_1 \cdot R_m$$

Nach TB 3-1 ist

$$K_1 = 0{,}5$$

Damit ist die Wechselfestigkeit

$$\sigma_{bW} = 0{,}5 \cdot 470\ N/mm^2$$

$$\sigma_{bW} \approx 235 N/mm^2$$

Die Gestaltfestigkeit wird dann

$$\sigma_G = \frac{\sigma_{bD} \cdot b_1 \cdot b_2}{\beta_k} = \frac{\sigma_{bW} \cdot b_1 \cdot b_2}{\beta_k} =$$

$$= \frac{235\ N/mm^2 \cdot 0{,}94 \cdot 1}{1{,}1}$$

$$\sigma_G \approx 200\ N/mm^2$$

Die Sicherheit gegen Dauerbruch beträgt

$$\nu = \frac{\sigma_G}{\sigma_b} = \frac{200\ N/mm^2}{61\ N/mm^2}$$

$$\nu \approx 3{,}3$$

Damit ist der Querschnitt mehr als ausreichend dimensioniert.

# 5 Stirnradgetriebe in koaxialer Ausführung, Berechnung und Entwurf

Zum Antrieb einer Arbeitsmaschine (Antriebsdrehzahl ca. 100 min$^{-1}$) ist ein Zahnradgetriebe überschlägig zu berechnen und zu entwerfen. Das Getriebe ist in koaxialer Bauweise auszuführen. Die Antriebswelle des Getriebes ist zur Aufnahme einer Kupplung, die Abtriebswelle als Hohlwelle zum Aufstecken auf die Antriebswelle der Arbeitsmaschine ($d$ = 60 mm) auszubilden.

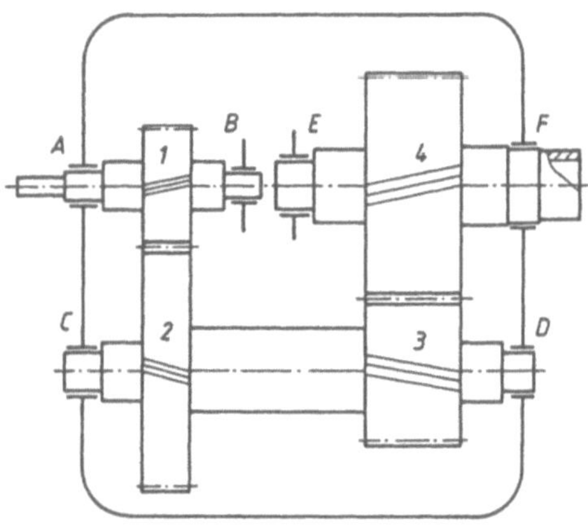

**Bild 5-1** Schematische Darstellung des Getriebes

**Vorbemerkungen**

Bei der Lösung dieser Aufgabe sollen vorwiegend Arbeitsblätter eingesetzt werden (s. Abschnitt C), die es erlauben, ähnliche Aufgabenstellungen insgesamt sowie Teilaufgaben ähnlicher Art zu bearbeiten. Arbeitsblätter erleichtern die Arbeit im Unterricht und stellen rechnerisch ermittelte Konstruktionsdaten schnell zur Verfügung. Die hier vorgestellte Lösung stellt nur eine der vielen Möglichkeiten dar und bietet für jeden auszuführenden Arbeitsschritt ausreichenden Diskussionsstoff zur Belebung des Unterrichts.

Die Vorgehensweise bei der Lösung dieser Aufgabe entspricht dem Konstruktionsalltag; der Konstrukteur muß sich an die Lösung „herantasten". Es führt selten ein *direkter* Weg zum Ziel, vielmehr muß auf der Grundlage der sich im Laufe der Entwurfsarbeit ergebenden neuen Konstruktionsdaten die Berechnung wiederholt werden („**Wiederholung auf höherer Informationsstufe**", s. Lehrbuch Bild 1-9). So wird hier bei der überschlägigen Durchmesserermittlung für die Wellen zunächst ein Werkstoff zugrundegelegt, der sich bei dem Tragfähigkeitsnachweis für die Zahnräder als nicht ausreichend erweisen wird und neu festgelegt werden muß. Inwieweit sich daraus dann zwingend die Forderung ergibt, die Konstruktion insgesamt zu verwerfen und auf der Grundlage der neuen Daten die Entwurfsarbeit zu wiederholen, muß im Unterricht diskutiert und anschließnd darüber entschieden werden. Eine Neuberechnung kann dann als Gruppenarbeit mit unterschiedlichen Vorgaben durchgeführt werden.

## 5.1 Präzisierung der Aufgabe

Folgende Angaben sind zusätzlich zu berücksichtigen:
- Antrieb erfolgt mittels *E*-Motor über eine elastische Kupplung;
- Leistungskennwert $P/n$ = 0,015 kW min (maximale Eingangsdrehzahl des Getriebes = Synchrondrehzahl des Antriebsmotors $n_S$ = 1000 min$^{-1}$);
- konstante Drehrichtung;
- Anlauf erfolgt nicht unter Last;
- hohe Laufruhe erwünscht;
- ungünstige Betriebsbedingungen sind durch einen Betriebsfaktor $c_B$ = 1,2 zu berücksichtigen;
- der Durchmesser des Wellenzapfens der Arbeitsmaschine beträgt $d$ = 60 mm;
- Gehäuseausführung in GG.

## 5.2 Allgemeine Daten

### 5.2.1 Drehmoment, Motorwahl

Für den Leistungskennwert $P/n$ = 0,015 kW min ergibt sich das Nenndrehmoment aus der Zahlenwertgleichung

$$T_{nenn} = P/\omega = P/(2\pi n) \approx 9550*(P/n) \approx 145 \text{ Nm}$$

und unter Berücksichtigung der ungünstigen Betriebsverhältnisse das Betriebsmoment

$$T = c_B * T_{nenn} = 172 \text{ Nm}.$$

Für die maximale Synchrondrehzahl $n_{max}$ = 1000 min$^{-1}$ wird die Motorleistung

$$P_{Motor} = (P/n) * n = \cdots = 15 \text{ kW}.$$

Nach TB 16-25 wird gewählt:

**Motor DIN 42 673 – IM B3 – 160L – 11 – 1000**

mit dem Wellendurchmesser $d$ =48k6.

### 5.2.2 Übersetzungsverhältnisse

Zum Erreichen der Antriebsdrehzahl der Arbeitsmaschine (= Abtriebsdrehzahl des Getriebes) $n_{ab}$ = 100 min$^{-1}$ ergibt sich für eine Eingangsdrehzahl $n_{an}$ = 970 min$^{-1}$ ($\approx$ Betriebsdrehzahl des *E*-Motors) eine Gesamtübersetzung für das Getriebe von

$$i_{ges} = n_{an}/n_{ab} = (970 \text{ min}^{-1})/(100 \text{ min}^{-1}) = 9,7.$$

Die Gesamtübersetzung $i_{ges}$ ist aufzuteilen in die Einzelübersetzungen $i_1$ und $i_2$, wobei aus Erfahrung die erste Übersetzungsstufe etwas größer als die jeweils folgende sein sollte, s. Lehrbuch Bild 15-38. Aus der Beziehung $i_{ges} = i_1 * i_2$ wird vorläufig vorgesehen

$$i_1 = 3,25; \quad i_2 = i_{ges}/i_1 = \cdots = 3.$$

Die endgültigen Werte ergeben sich bei der Festlegung der Zähnezahlen der jeweiligen Zahnradstufe.

## 5.3 Berechnung der Richtdurchmesser

Die Entwurfsdurchmesser werden mit dem Arbeitsblatt **WL-01** ermittelt. Die Eingabe der Werte erfolgt im Dialog. Vor Aufruf des Arbeitsblattes ist der Beanspruchungsverlauf für die jeweilige Welle schematisch darzustellen und es sind die Stellen anzugeben, für die die Berechnung durchgeführt werden soll. Um der Forderung nach einer möglichst kompakten Bauweise des Getriebes nachzukommen, wird die Ausführung der Wellen 1 und 2 als Ritzelwellen vorgesehen. Für die überschlägige Berechnung wird für alle 3 Wellen zunächst St60-2 mit $R_m$ = 570 N/mm$^2$ und $R_{p0,2}$ = 335 N/mm$^2$ zugrundegelegt. Sollte sich bei dem Dauerfestigkeitsnachweis der Wellen oder bei dem Tragfähigkeitsnachweis der Ritzelwellen 1 und 2 herausstellen, daß diese Werkstoffe unzureichend sind, muß eine entsprechende Korrektur hinsichtlich der Werkstoffwahl vorgenommen werden. Eine Änderung der Werkstoffe muß dabei nicht unbedingt eine Änderung der übrigen Konstruktionsdaten zur Folge haben.

### 5.3.1 Antriebswelle

Für die Berechnung der Eingangswelle sind nach Bild 5-2 zwei Querschnitte zu beachten:

a) **Querschnitt 1:** der Antriebszapfen (Variante A des Arbeitsblattes). Die Querschnittsschwächung durch die Paßfedernut ist zu berücksichtigen.

b) **Querschnitt 2:** der Durchmesser zwischen den Lagern (Variante B des Arbeitsblattes).

**Querschnitt 1:**

Das von der Welle zu übertragende Nenndrehmoment beträgt $T_{\text{nenn}}$ ≈ 145 Nm (Zeile 16); der Antriebszapfen wird nur auf Verdrehen beansprucht, s. Bild 5-2; der Betriebsfaktor nach den Angaben zur Aufgabe $c_B$ = 1,2 (Zeile 21); für den vorgesehenen Werkstoff (1 in Zeile

30) werden die statischen Festigkeitswerte $R_m$ und $R_{p0,2}$ mit 570 N/mm$^2$ (Zeile 32) bzw. 335 N/mm$^2$ (Zeile 33) eingegeben; das Durchmesserverhältnis beträgt für eine Vollwelle $k$ = 0 (Zeile 35); damit ergibt sich ein Richtdurchmesser für den Querschnitt 1 (Variante A) von $d'$ = 26 mm. Unter Berücksichtigung der Paßfedernut wird für den Zapfendurchmesser zunächst festgelegt $d'_1$ ≈ 30 … 35 mm.

**Arbeitsblatt WL-01** (s. 5.13.1-1 Variante A)

**Hinweis:** Der Durchmesser des Motorwellenzapfens beträgt nach TB 16-25 $d$ = 48 mm (s. unter 5.2.1); hierbei ist zu bedenken, daß dieser Wellenzapfen für den ungünstigsten Betriebsfall (zusätzliche Biegung durch Riemenzug u.a.) ausgelegt ist und eine weitaus höhere Belastung aufzunehmen hat als der Eingangswellenzapfen des Getriebes, der „nur" auf Verdrehen beansprucht wird. Somit werden für den vorliegenden Fall die Kupplungshälften mit zwei unterschiedlichen Bohrungen auszuführen sein.

**Querschnitt 2:**

Für den Durchmesser zwischen den Lagern (Variante B des Arbeitsblattes) wird ein zusätzliches Biegemoment von der Welle aufzunehmen sein, das aber aufgrund des Fehlens von Zahnradkräften und Lagerabstand zu diesem Zeitpunkt noch nicht ermittelt werden kann. Somit erfolgt die zusätzliche Eingabe **1** (Zeile 17), **2** (Zeile 18) und **0** (Zeile 19). Da die Torsion im Lastfall II und die Biegung im Lastfall III (Umlaufbiegung) auftritt, werden entsprechend die Werte **2** (Zeile 23) und **3** (Zeile 24) eingegeben. In Zeile 38 wird damit der Richtdurchmesser $d'$ ≈ 30 mm ausgewiesen.

**Arbeitsblatt WL-01** (s. 5.13.1-1, Variante B)

| in das Arbeitsblatt sind somit einzutragen in | | | | | | | | | | |
|---|---|---|---|---|---|---|---|---|---|---|
| Zeile | 17 | 18 | 19 | 20 | 22 | 24 | 25 | 31 | 33 | 34 | 36 |
| Querschnitt 1 | 145 | 2 | 2 | 0 | 1.2 | 2 | 3 | 1 | 570 | 335 | 0 |
| Querschnitt 2 | 145 | 1 | 2 | 0 | 1.2 | 2 | 3 | 1 | 570 | 335 | 0 |

### 5.3.2 Zwischenwelle

Die Zwischenwelle kann mit dem gleichen Arbeitsblatt überschlägig ermittelt werden. Das von dieser Welle zu übertragende Nenndrehmoment beträgt

$$T_{2\text{nenn}} = T_{1\text{nenn}} * i_1 = 145 \text{ Nm} * 3{,}25 ≈ 470 \text{ Nm}$$

Biegemomente sind noch unbekannt, ebenso kann von den gleichen Lastfällen ausgegangen werden wie bei der Eingangswelle. Als Wellenwerkstoff wird zunächst ebenfalls St60-2 vorgesehen, da die Zwischenwelle als Ritzelwelle für die zweite Getriebestufe ausgebildet werden soll (beachte Hinweise zur Werkstoffwahl bei der Eingangswelle).

Weitere Angaben siehe **Arbeitsblatt WL-01** (s. 5.13.1-2)

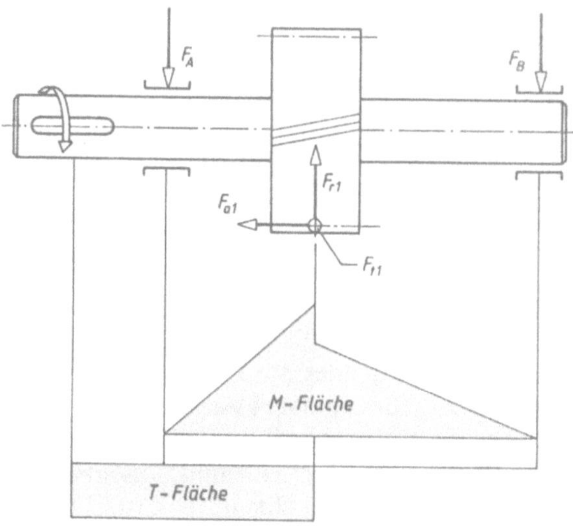


**Bild 5-2** Antriebswelle, schematische Darstellung des Beanspruchungsverlaufes bei Vernachlässigung der Querkraft

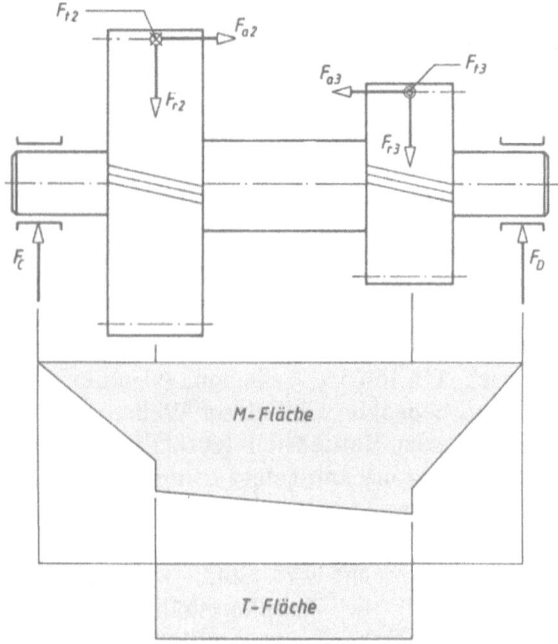

**Bild 5-3** Zwischenwelle,
schematische Darstellung des Beanspruchungsverlaufes bei Vernachlässigung der Querkraftschematische

### 5.3.3 Abtriebswelle

Die Abtriebswelle wird als Hohlwelle ausgeführt. Der Innendurchmesser der Hohlwelle ist mit $d = 60$ mm vorgegeben (s. Aufgabe). Durch entsprechendes Variieren des Durchmesserverhältnisses $k = d_i/d_a$ in Zeile 35 des Arbeitsblattes kann für den vorgegebenen Innendurchmesser $d_i$ der erforderliche Außendurchmesser $d_a' \approx 76$ mm ermittelt werden.
**Arbeitsblatt WL-01** (s. 5.13.1-3).

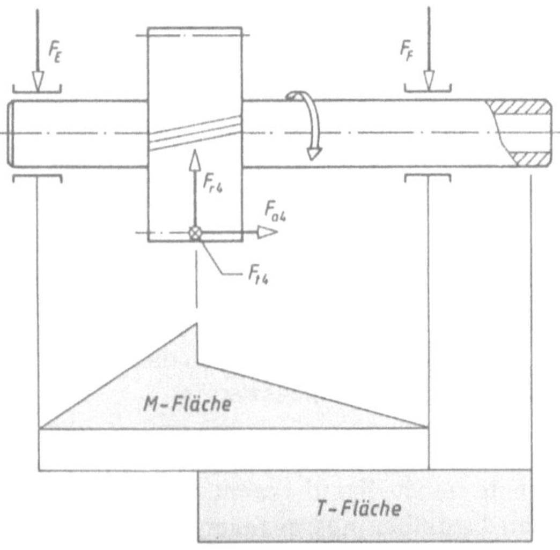

**Bild 5-4** Abtriebswelle,
schematische Darstellung des Beanspruchungsverlaufes bei Vernachlässigung der Querkraft

## 5.4 Zahnradgeometrie

Für die Berechnung der Zahnradgeometrie stehen zwei Arbeitsblätter zur Verfügung:

a) **ZRGEO-1** Zahnradgeometrie bei vorgegebenem Achsabstand;
b) **ZRGEO-2** Zahnradgeometrie für den Fall, daß der Achsabstand noch unbekannt bzw. von untergeordneter Bedeutung ist. Maßgebend für die Auslegung der Getriebestufe ist hier der Wellendurch-messer $d_{sh}$ an der Stelle des Zahnrades und die Klärung der Frage, ob Ritzel und Welle zwei getrennte Bauteile oder aber gemeinsam als Ritzelwelle ausgeführt werden sollen.

Da der Durchmesser $d_{sh} \approx 45$ mm für die Eingangswelle aus dem 1. Entwurf der Ritzelwelle bereits bekannt ist (s. unter 5.3.1), wird für den vorliegenden Fall mit dem Arbeitsblatt **ZRGEO-2** begonnen. Der sich durch den Dialog ergebende Achsabstand $a_d$ (Zeile 82) wird anschließend sinnvoll festgelegt, um dann mit dem Arbeitsblatt **ZRGEO-1** die Verzahnungsdaten für den für beide Stufen maßgebenden Achsabstand $a_1 = a_2 = a$ zu ermitteln. Für beide Getriebestufen sind schräg-verzahnte Stirnräder (Laufruhe) vorzusehen mit dem Schrägungswinkel $10° < \beta < 20°$; die Flanken-richtung ist so festzulegen, daß sich für die Zwischen-welle die Axialkräfte z.T. gegenseitig aufheben. Dies ist der Fall, wenn beide Räder der Zwischenwelle die gleiche Steigungsrichtung der Zahnflanken aufweisen;

**Arbeitblatt ZRGEO-2** (s. 5.13.2)

In Zeile 23 wird der Wellendurchmesser als Schaftdurch-messer mit $d_{sh} = 45$ mm (s.o.) eingegeben und in Zeile 26 die Vorwahl für den Teilkreisdurchmesser $d_1' = 57$ mm des Ritzels für eine Ritzelwelle getroffen. Die Ritzelbreite ist innerhalb der Grenzen der beiden Empfehlungen in Zeilen 30 und 31 einzugeben.

Eine Profilverschiebung ist vorläufig noch nicht erforderlich, so daß $x_1$ und $x_2$ jeweils 0 (Zeilen 39 und 40) einzugeben ist. Mit dem SOLL-IST-Vergleich der Werte für $inv\ \alpha_{wt}$ durch Verändern des Betriebs-eingriffswinkels $\alpha_{wt}$ in Zeile 47 ist die Arbeit mit diesem Arbeitsblatt abgeschlossen. Die Verzahnungs-daten sind damit bekannt. In Zeile 82 wird der Null-Achsabstand $a_d \approx 133$ mm angezeigt. Für beide Getriebestufen wird der Achsabstand sinnvollerweise mit $a_1 = a_2 = a = 135$ mm festgelegt.

**Arbeitsblatt ZRGEO-1** (s. 13.2.2)

Mit dem Arbeitsblatt **ZRGEO-1** können nun mit der Vorgabe des Achsabstandes $a = 135$ mm die Verzahnungsdaten sowohl für die erste (Variante A) als auch für die zweite Getriebestufe (Variante B) festgelegt werden. Die entsprechenden Ein- und Ausgabedaten sind dem Arbeitsblatt zu entnehmen.

## 5.5 Arbeitsskizze zur Festlegung der voraussichtlichen Lagerabstände

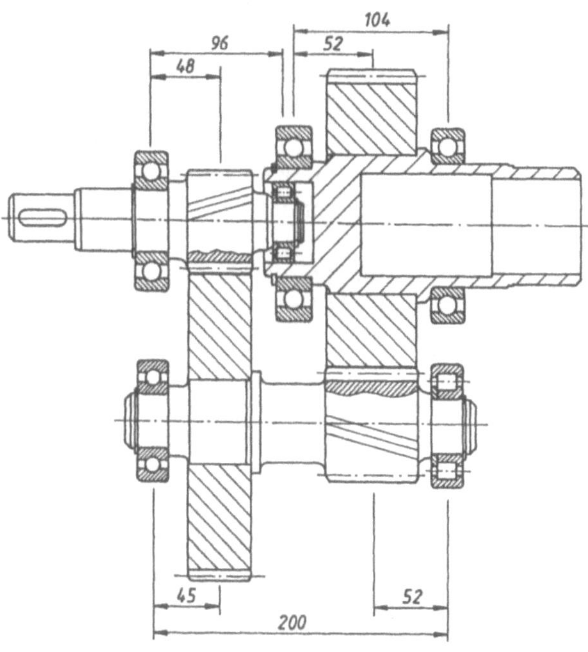

**Bild 5-5** Festlegung der voraussichtlichen Lagerabstände

## 5.6 Zahnradkräfte

An den Zahneingriffsstellen entstehen bei der Übertragung des Drehmoments auf die jeweils nächstfolgende Welle Zahnkräfte, die bei der Schrägverzahnung sich in die drei Komponenten zerlegen lassen: Tangentialkraft $F_t$, Radialkraft $F_r$ und Axialkraft $F_a$. In ihrem Betrag sind diese Kräfte an der jeweiligen Zahneingriffsstelle annähernd gleich, die Richtungen von $F_t$ und $F_r$ dagegen entgegengesetzt. Diese Zahnkräfte bewirken an den Lagerstellen entsprechende Reaktionskräfte, die zusammengefaßt einerseits zur Auslegung der Wälzlager zum anderen aber zur Festigkeitskontrolle der Wellen benötigt werden. Mit dem Arbeitsblatt **ZRKRA-1** können für beide Getriebestufen (Varianten A und B) diese Kräfte ermittelt werden.

### 5.6.1 Getriebestufe 1 (Variante A des Arbeitsblattes):

Da das zu übertragende Drehmoment bekannt ist, kann in Zeile 15 der Betrag eingetragen werden. Der Anwendungsfaktor $K_A$ ist hier gleichzusetzen dem Betriebsfaktor $c_B$ und ist mit dem Wert 1 einzusetzen, wenn dieser bei dem Drehmoment bereits berücksichtigt wurde. In die Zeilen 24 ... 29 sind Verzahnungsdaten der 1. Getriebestufe einzugeben, die dem Arbeitsblatt **ZRGEO-1** zu entnehmen sind. Eine Kontrolle hinsichtlich der Verträglichkeit dieser Werte erfolgt in Zeile 31 durch Anzeige mit ⟨1⟩; bei der ⟨**ERR**⟩-Meldung sind die Daten zu kontrollieren. Die Ausgabe der Zahnradkräfte erfolgt in den Zeilen 37 ... 39.

### 5.6.2 Getriebestufe 2 (Variante B des Arbeitsblattes):

Gegenüber der 1. Getriebestufe ist hier das Drehmoment mit $T_2 = T_1 * i_1$ einzusetzen (bzw. wenn die Leistung $P$ gewählt wird, ist die Drehzahl der Zwischenwelle maßgebend mit $n_2 = n_1/i_1$). Für die Zahnraddaten sind die Werte der zweiten Getriebestufe (Arbeitsblatt ZRGEO-1, Variante B) einzusetzen.

**Arbeitsblatt ZRKRA-1** (s. 5.13.3)

| Zusammenstellung der ermittelten Zahnkräfte in N (ca. Werte) | | | |
|---|---|---|---|
| **Getriebestufe 1** | | **Getriebestufe 2** | |
| Tangentialkraft $F_{t1,2}$ | 5478 | Tangentialkraft $F_{t3,4}$ | 16782 |
| Radialkraft $F_{r1,2}$ | 2074 | Radialkraft $F_{r3,4}$ | 6245 |
| Axialkraft $F_{a1,2}$ | 1571 | Axialkraft $F_{a3,4}$ | 3567 |

## 5.7 Ermittlung der Lagerkräfte

Nach Festlegung der Verzahnungsdaten, der Lagerabstände und der Zahnkräfte an den jeweiligen Eingriffsstellen können mit dem Arbeitsblatt **GZW-6** die die Lagerkräfte für die **Lager A ... F** und die maximalen Biegemomente für die Wellen 1 ... 3 ermittelt werden. Bei diesem Arbeitsblatt ist zu beachten, daß bei Schrägverzahnung die Drehrichtung der der Welle und die Steigungsrichtung der Zahnflanken (in Richtung des Kraftflusses gesehen) ungleich sind und darüber hinaus bei der Zwischenwelle die Steigungsrichtung beider Zahnräder gleich ist.

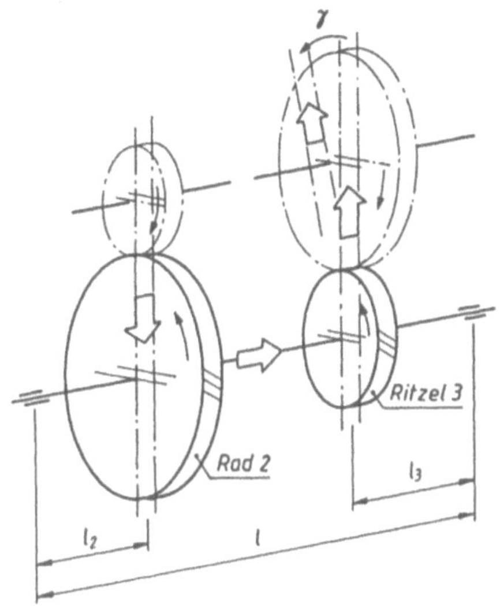


**Bild 5-6** Getriebezwischenwelle (schematische Darstellung zum Arbeitsblatt **GZW-6**)

Bei Drehrichtungsumkehr würden die Richtungen der Zahnkräfte $F_t$ und $F_a$ entgegengesetzt sein, so daß in diesem Fall die Kräfte in den Zeilen 26, 27, 31 und 33 „negativ" einzugeben sind; die Radialkräfte bleiben hiervon unberührt. Da die Drehrichtung der Eingangswelle nicht bekannt ist, wird sinnvollerweise für jede Welle die Berechnung für *beide* Drehrichtungen vorgenommen (Variante A und B) und mit den jeweils größeren Werten der Zeilen 41 ... 45 weitergerechnet.

### 5.7.1 Antriebswelle

Wenn auch das Arbeitsblatt für die Getriebezwischenwelle mit dem Rad 2 der ersten Getriebestufe und dem Ritzel 3 der zweiten Getriebestufe ausgelegt ist, so lassen sich auch die Werte für die Ein- und Ausgangswelle mit jeweils nur einem Zahnrad berechnen. Für die Eingangswelle ist der Abstand $l_3 = 0$ zu setzen, ebenso die Werte für $d_{w3}, \gamma$ und die Kräfte für das „Ritzel 3". In der Ausgabe (Zeilen 41 … 45) wird dann für $M_{max}$" (Stelle Ritzel 3) in der Zeile 45 der Wert Null erscheinen.

Durch die Eingabe der Werte für $- F_t$ und $- F_a$ (mit negativem Vorzeichen) können bei sonst gleichen Werten die Berechnungen für die andere Drehrichtung der Eingangswelle ermittelt werden (Variante B). Die jeweils größeren Werte der ermittelten Lagerkräfte und Biegemomente sind für die Folgerechnung dann maßgebend.

**Arbeitsblatt GZW-6** (s. 5.13.4-1)

| Lagerkräfte für die Welle 1 in N | | | | | |
|---|---|---|---|---|---|
| Dreh- und Steigungsrichtung sind ungleich | | | Dreh- und Steigungsrichtung sind gleich | | |
| Lager A | $F_{Ares}$ (radial) | 2787 | Lager A | $F_{Ares}$ (radial) | 3151 |
| Lager B | $F_{Bres}$ (radial) | 3151 | Lager B | $F_{Bres}$ (radial) | 2787 |
| Festlager | $F_a$ (axial) | 1571 | Festlager | $F_a$ (axial) | 1571 |

### 5.7.2 Zwischenwelle

Für die Getriebezwischenwelle sind die Werte so einzusetzen, wie es das Arbeitsblatt verlangt. Der Versatzwinkel der Zahneingriffsstellen zueinander beträgt 0°.

**Arbeitsblatt GZW-6** (s. 5.13.4-2)

| Lagerkräfte für die Welle 2 in N | | | | | |
|---|---|---|---|---|---|
| Dreh- und Steigungsrichtung sind ungleich | | | Dreh- und Steigungsrichtung sind gleich | | |
| Lager C | $F_{Cres}$ (radial) | 3024 | Lager C | $F_{Cres}$ (radial) | 3442 |
| Lager D | $F_{Dres}$ (radial) | 12377 | Lager D | $F_{Dres}$ (radial) | 12204 |
| Festlager | $F_a$ (axial) | 1996 | Festlager | $F_a$ (axial) | 1996 |

### 5.7.3 Abtriebswelle

Für die Getriebeausgangswelle gilt das gleiche wie unter 5.7.1 ausgeführt.

**Arbeitsblatt GZW-6** (s. 5.13.4-3)

| Lagerkräfte für die Welle 3 in N | | | | | |
|---|---|---|---|---|---|
| Dreh- und Steigungsrichtung sind ungleich | | | Dreh- und Steigungsrichtung sind gleich | | |
| Lager E | $F_{Eres}$ (radial) | 8398 | Lager E | $F_{Eres}$ (radial) | 10673 |
| Lager F | $F_{Fres}$ (radial) | 10673 | Lager F | $F_{Fres}$ (radial) | 8398 |
| Festlager | $F_a$ (axial) | 3567 | Festlager | $F_a$ (axial) | 3567 |

## 5.8 Berechnung und Auswahl der Wälzlager

Für die Lagerung der Getriebewellen werden zunächst Rillenkugellager vorgesehen, da diese Lager das beste Preis-/Leistungsverhältnis haben. Mit dem Arbeitsblatt **LAGER-1** wird die zu erwartende Lebensdauer $L_{10h}$ in Stunden ermittelt nach der Eingabe der entsprechenden Daten wie die

– vom Lager aufzunehmende Radialkraft $F_r$

– vom Lager aufzunehmende Axialkraft $F_a$ (für das Festlager)

– die Drehzahl $n$, mit der das Lager umläuft (eine konstante Drehzahl wird zugrundegelegt)

– die Lagertemperatur $\vartheta$ (Betriebstemperatur mit $\vartheta < 100\ °C$).

Da die Wellendurchmesser an den Lagerstellen bereits bekannt sind (1. Entwurf, vorbehaltlich einer evt. Korrektur), können aus **TB 14-2** für die Maßreihen 00, 02, 03 und 04 jeweils die dynamischen und die statischen Tragzahlen $C$ und $C_0$ in kN abgelesen und in das Arbeitsblatt für die Varianten A, B, C und D übernommen werden. Mit diesen Werten ergeben sich dann für die einzelnen Lager die zu erwartende Lebensdauer $L_{10h}$ in Stunden. Dadurch, daß für alle vier Maßreihen die Lebensdauer gleichzeitig ermittelt werden können, ist die Auswahl des zu wählenden Lagers einfach. Diese Berechnung ist für alle sechs Wälzlagerungen durchzuführen mit den mit Arbeitsblatt **GZW-6** ermittelten Kräften, wobei die jeweils größeren Werte zugrundezulegen sind.

Aus fertigungstechnischen Gründen ist anzustreben, daß die Außendurchmesser der Lager der jeweiligen Welle gleichgroß sind. Eventuelle Mehrkosten des Lagers werden vielfach durch die kostengünstigere Fertigung der Bohrung aufgehoben. Aus diesem Grund wird für den vorliegenden Fall für das Loslager $D$ ein Zylinderrollenlager vorgesehen (s. untenstehende Tabelle). Für das Loslager $A$ wird aus konstruktiven Gründen ebenfalls ein Zylinderrollenlager eingesetzt mit einem möglichst kleinen Außendurchmesser. Dieses Lager wird in die Ausgangswelle eingebaut, s. Entwurf. Die Lebensdauer für die Lager $A$, $C$, $E$ und $F$ werden mit dem Arbeitsblatt gleichzeitig ermittelt.

Für das vorzusehende Zylinderrollenlager $B$ (Loslager) ergibt sich

für die Radialbelastung $F_r = P = 3{,}15\ \text{kN}$, die Drehzahl $n \approx 970\ \text{min}^{-1}$ ($f_n = 0{,}36$ aus TB 14-4), die Lebensdauer $L_{10h} \approx 12000\ \text{h}$ ($f_L = 2{,}6$ aus TB 14-5)

die erforderliche Tragzahl $C \geq P * f_L/f_n = \cdots \approx 23\ \text{kN}$. Hierfür wird gewählt nach TB 14-2: **NU205** mit $C = 29\ \text{kN}$.

Für das Zylinderrollenlager $D$ (Loslager) ist

für die Radialbelastung $F_r = P = 12{,}38\ \text{kN}$, die Drehzahl $n \approx 100\ \text{min}^{-1}$ ($f_n = 0{,}72$ aus TB 14-4), die Lebensdauer $L_{10h} \approx 12000\ \text{h}$ ($f_L = 2{,}6$ aus TB 14-5)

eine Tragzahl erforderlich von

$$C \geq P * f_L/f_n = \cdots \approx 45\ \text{kN}.$$

Gewählt nach TB 14-2: **NU307** mit $C$ = 64 kN (**NU207** mit $C$ = 50 kN wäre hinsichtlich der Lebensdauer zwar ausreichend, jedoch wurde die gleiche Maßreihe für die Lager $C$ und $D$ angestrebt).
**Arbeitsblatt LAGER-1** (s. 5.13.5)

| Zusammenstellung der gewählten Lager | | | |
|---|---|---|---|
| Welle | Lagerstelle (Lagerart) | Bezeichnung des Lagers | Lebensdauer $\approx L_{10h}$ |
| Eingangswelle | A (Festlager) | 6308 | 16 000 |
| | B (Loslager) | NU205 | 27 000 |
| Zwischenwelle | C (Festlager) | 6307 | 19 000 |
| | D (Loslager) | NU307 | 40 000 |
| Ausgangswelle | E (Festlager) | 6214 | 16 000 |
| | F (Loslager) | 6016 | 15 000 |

## 5.9 Dauerfestigkeitsnachweis für die Wellen

Mit dem Festlegen der Lagerungsabstände können die Schnittgrößen in den jeweils gefährdeten Querschnitten ermittelt und damit die vorliegende *Sicherheit gegen Dauerbruch* festgestellt werden. Hierzu dient das Arbeitsblatt **NYD-1**, das aufbaut auf die mit den Verhältniswerten $K_1$ und $K_2$ (TB 3-1) ermittelten Festigkeitswerte. Für die einzelnen Querschnitte sind alle Einflußgrößen (Kerbgeometrie, Bauteilgröße, Oberflächenbeschaffenheit) bekannt.

### 5.9.1 Antriebswelle

Als gefährdeter Querschnitt ist die Stelle 1 (Nutquerschnitt) anzusehen. Dieser Querschnitt wird „nur" auf Verdrehen beansprucht. Der hier vorgesehene Zapfendurchmesser wurde durch die Überschlagsrechnung (s. unter 5.3.1) bestimmt. Alle anderen Querschnitte ergaben sich durch die konstruktive Gestaltung der Eingangswelle und sind aus der Sicht der Festigkeitsbetrachtung erfahrungsgemäß überbestimmt.

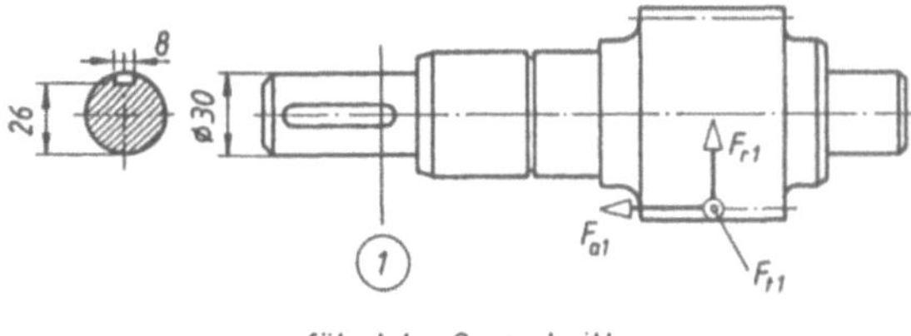


**Bild 5-7** Antriebswelle, gefährdeter Querschnitt

Die vorhandene Sicherheit von ca. 2 bzw. 1,6 (mit $c_B \approx 1,5$) liegt im üblichen Rahmen; Änderungen zunächst nicht erforderlich.
**Arbeitsblatt NYD-1** (s. 5.13.6-1)

### 5.9.2 Zwischenwelle

Die Zwischenwelle ist als Ritzelwelle ausgebildet. Durch eine überschlägige Berechnung wurde der Fußkreisdurchmesser des Ritzels bestimmt (s. unter 5.3.2). Dieser Querschnitt hat im ungünstigsten Fall das volle Torsionsmoment sowie das maximale Biegemoment (neben der vernachlässigbaren Querkraft) aufzunehmen. Für diesen Querschnitt wird der Festigkeitsnachweis geführt. Alle anderen Querschnitte wurden konstruktiv festgelegt, so daß auch hier von einer ausreichenden Sicherheit ausgegangen werden kann. Da eine exakte Bestimmung der tatsächlich aufzunehmenden Momente äußerst aufwendig ist, wird sicherheitshalber mit den Maximalwerten gerechnet. Die vorliegende Sicherheit ist größer als allgemein üblich; eine konstruktive Änderung wäre zu überlegen
**Arbeitsblatt NYD-1** (s. 5.13.6-2)

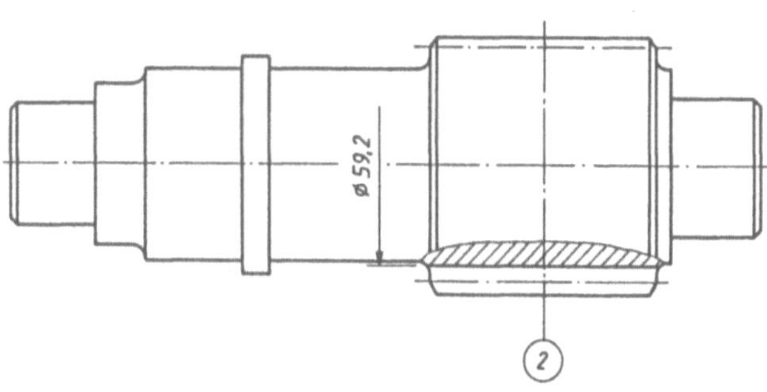


**Bild 5-8** Gefährdeter Querschnitt der Welle 2

### 5.9.3 Abtriebswelle

Die Abtriebswelle ist als Hohlwelle ausgebildet zur Aufnahme des Wellenzapfens der Arbeitsmaschine. Dieser ist mit $d$ = 60 mm vorgegeben. Die größte Beanspruchung dieser Welle ist im Bereich des Rades 4 zu erwarten, da hier neben dem vollen Torsionsmoment $T_{ab} = T_{an} * i_{ges}$ auch die maximale Biegebeanspruchung aufzunehmen ist bei Vernachlässigung der Querkraft $F_Q$. Wie bei den Wellen 1 und 2 wurden auch hier die übrigen Querschnitte konstruktiv festgelegt, so daß an diesen Stellen ebenfalls eine relativ hohe Sicherheit zu erwarten ist (s. auch die Hinweise zu 5.9.2 Zwischenwelle).
**Arbeitsblatt NYD-1** (s. 5.13.6-3)

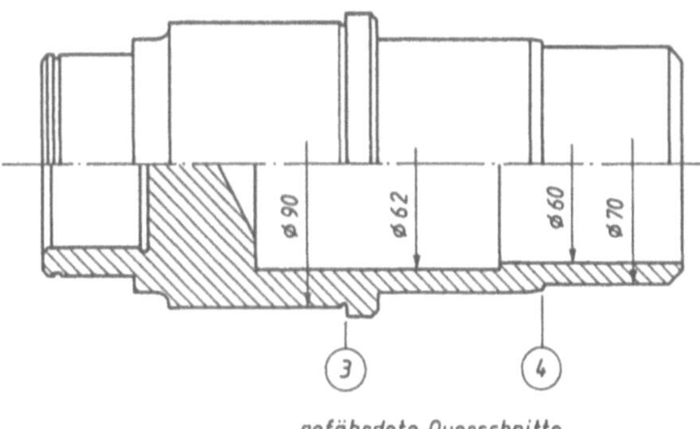


**Bild 5-9** Gefährdete Querschnitte der Welle 3

## 5.10 Tragfähigkeitsnachweis der Zahnräder

Durch einen anschließenden Tragfähigkeitsnachweis stellte sich heraus, daß die vorgewählten Werkstoffe für die Ritzelwellen (für alle Wellen wurde St60-2 vorgesehen) unzureichend sind sowohl hinsichtlich der statischen als auch der dynamischen Festigkeitswerte. Es sind Werkstoffe neu festzulegen, die hinsichtlich $\sigma_{F\,lim}$ und $\sigma_{H\,lim}$ die unten aufgeführten Werte aufweisen. Dies könnte z.B. durch den Vergütungsstahl **42CrMo4** (vergütet) oder den Einsatzstahl **17CrNiMo6** bei entsprechender Härtung sichergestellt werden. Damit würden sich die in der Tafel aufgeführten Sicherheiten ergeben (ca. Werte).

| Tragfähigkeitsnachweis | | | | |
|---|---|---|---|---|
| Werkstoff | | | $S_F$ | $S_H$ |
| Härte HV1 | $\sigma_{Flim}$ | $\sigma_{Hlim}$ | | |
| **Ritzel 1** | ≈ 600 | ≈ 370 | ≈ 1250 | 3,7 | 1,4 |
| **Rad 2** | ≈ 550 | ≈ 320 | ≈ 1200 | 2,9 | 1,3 |
| **Ritzel 3** | ≈ 600 | ≈ 350 | ≈ 1200 | 1,9 | 1,1 |
| **Rad 4** | ≈ 600 | ≈ 350 | ≈ 1200 | 2,3 | 1,1 |

**Anmerkung:**

Durch die Neufestlegung der Werkstoffe für die Ritzelwellen 1 und 2 würden sich aufgrund der höheren Werkstoffestigkeitswerte kleinere Wellendurchmesser ergeben. Damit werden ebenso kleinere Zahnradabmessungen und insgesamt eine kleinere Bauweise des Getriebes zu erwarten sein. Hohe Werkstoffestigkeiten lassen somit zwar eine kompakte Bauweise zu; aber es ist zu bedenken, daß mit kleinerem Betriebswälzkreisdurchmesser der Zahnräder sich für die gleichen Drehmomente die Zahnradkräfte erhöhen, die wiederum größere Wälzlager zur Folge hätten. Die Außendurchmesser der Wälzlager bestimmen in diesem Fall somit die Baugröße des Getriebes. Konstruktiv ist eine Befestigung der beiden Gehäusehälften zwischen den Lagern vorzusehen, da ein zu großer Abstand der Befestigungsschrauben (Flanschrauben) keine ausreichende Dichtung gewährleisten würde.

## 5.11 Berechnung der Preßverbände

Die Räder 2 und 4 werden auf die Wellen aufgeschrumpft. Die erforderlichen Übermaße (Mindest- und Höchstübermaß) sowie die sich damit ergebenden Paßtoleranzen können mit dem Arbeitsblatt **PRES-01** ermittelt werden. Die Festlegung der vorzusehenden Toleranzen sowohl für den jeweiligen Wellensitz als auch für die Nabenbohrungen erfolgt im Anschluß.

| Rad | Welle | Werkstoff | $R_m$ | $R_{p0,2}$ | $E$ | $\nu$ |
|---|---|---|---|---|---|---|
| | | | N/mm² | N/mm² | N/mm² | |
| 2 | | | | | | |
| | 2 | 17CrNiMo6 | 980 | 685 | 210000 | 0,3 |
| 4 | | | | | | |
| | 3 | St60-2 | 570 | 305 | | |

**Arbeitsblatt PRES-01** (s. 5.13.7).

Bei der Eingabe der Werte sind u.a. zu berücksichtigen:

Zeile 15   Hier ist die Tangentialkraft *am Fugenumfang* maßgebend, die sich für Rad 2/Welle 2 ergibt aus

$$F_t = F_{t1} * \frac{d_{w2}}{d_{sh2}} = 5478\,\text{N} * \frac{206,5\,\text{mm}}{55\,\text{mm}} = 20550\,\text{N}$$

Zeile 17   Der Betriebsfaktor ist mit $c_B = 1$ einzusetzen, da die ungünstigen Betriebsverhältnisse bereits bei den Zahnkräften berücksichtigt wurden.

Zeile 20   Für die Außendurchmesser $D_{Aa}$ der Räder wird sinnvollerweise der Teilkreisdurchmesser eingeben.

Zeile 22   Als nutzbare Fugenlänge $l_F$ ist die Zahnradbreite unter Berücksichtigung eines konstruktiv vorzusehenden Überstandes einzusetzen (s. Lehrbuch, Bild 12-10b).

Zeile 26   Es ist der Streckgrenzwert (TB 1-4) für den betreffenden Durchmesserbereich maßgebend.

| Zusammenstellung der Ergebnisse | | | | |
|---|---|---|---|---|
| Paarung | | $P_{Ük}$ µm | $P_{Üg}$ µm | $P_T$ µm |
| **Rad 2** | **Welle 2** | 29 | 204 | 175 |
| **Rad 4** | **Welle 3** | 69 | 196 | 127 |

Mit diesen Werten werden nach den Angaben zu 12.3.1, Lehrbuch, die erforderlichen Toleranzen für die Wellen und die Bohrungen errechnet und festgelegt.

**Rad 2 / Welle 2:**

$T_B ≈ 0,6 * P_T = \ldots ≈ 105$ µm $= ES$ (für System Einheitsbohrung mit $EI = 0$); nach TB 2-1 festgelegt: Toleranzgrad 9 (Toleranzklasse) mit der Grundtoleranz IT $(T_g) = 74$ µm. Damit wird für die Welle

$$ei = ES' + P_u\,(P_{Ük}) = 74\,\text{µm} + 29\,\text{µm} = 103\,\text{µm}.$$

Für $d_F = 55$ mm wird nach TB 2-2 die Feldlage $x$ festgelegt mit $ei' = +122$ µm. Das obere Abmaß der Welle wird $es = P_o\,(P_{Üg}) = 204$ µm und damit

$$T_w = 204\,\text{µm} - 122\,\text{µm} = 82\,\text{µm};$$

nach TB 2-1 festgelegt Toleranzgrad 8 mit IT $(T'_w) = 54$ µm. Damit liegt fest: **H9/x8**.

**Rad 4 / Welle 3:**

In gleicher Weise wird für diese Paarung **H8/u8** ermittelt.

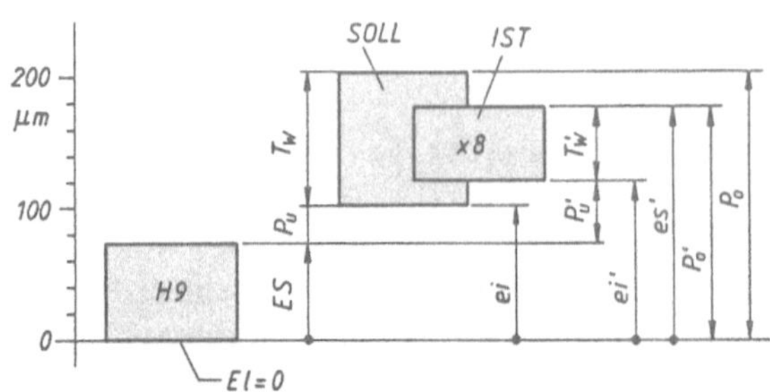


**Bild 5-10** Darstellung der Paßtoleranz Rad 2/Welle 2

## 5.12 Darstellung des Getriebeentwurfs

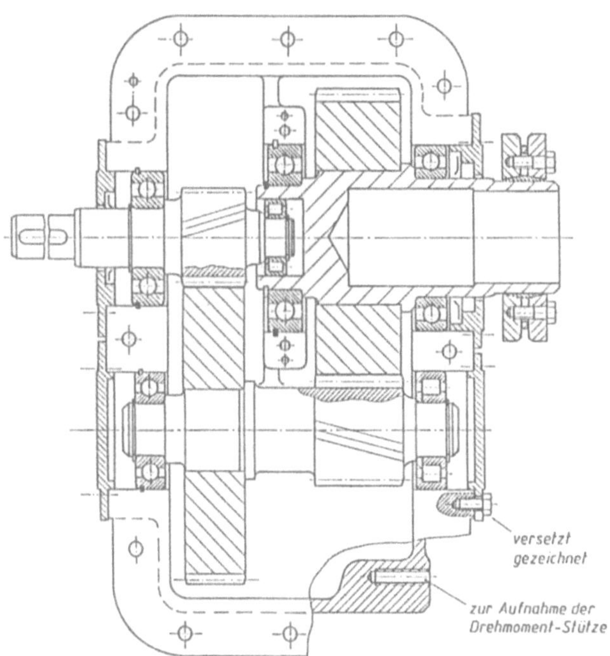



**Bild 5.11** Entwurfszeichnung

## 5.13 Arbeitsblätter mit Berechnungsdaten

### 5.13.1 Überschlägige Ermittlung der Wellendurchmesser
#### 1. Antriebswelle
#### Arbeitsblatt WL-01 (Antriebswelle)

| | | | |
|---|---|---|---|
| Projekt-Nummer: .................. | Koax.-Getriebe | Arbeitsbl: WL_01F | |
| Bearbeiter ....................... | NN | bearb.  20.04.93 | |
| | | | |
| **** WELLE, Entwurfsberechnung **** (siehe Bild 11-17) | Bemerkungen: Berechnung erfolgt unter Zugrunde-legung der Verhältnisw. K1 und K2 aus TB3-1 (Ergebnisse ca.-Werte) | | |
| alle Hinweise beziehen sich auf Roloff/Matek  Maschinenelemente 12. Auflage | | | |

| | Variante | | | |
|---|---|---|---|---|
| ***** EINGABE ***** | A | | B | |
| Nenndrehmoment (Nm) ........ Tnenn | 145 | | 145 | |
| Biegemoment vorh.   ja<1> nein <2> | 2 | | 1 | |
| Biegemoment bekannt ja<1> nein <2> | 2 | | 2 | |
| bei "nein" M=0, sonst (Nm) Mnenn≥0 | 0 | | 0 | |
| maßg. Biegemoment   (Nm) Mnenn | | 0 | | 0 |
| Betriebsfaktor (TB3-6) ...... cB | 1.2 | | 1.2 | |
| Lastfall:   Torsion  II<2>  III<3> | 2 | 2 | 2 | NA |
| Lastfall:   Biegung  II<2>  III<3> | 3 | NA | 3 | 3 |
| maßgeb. Moment (Nm) ....... T,M,Mv | | 174 | | 174 |
| Stahlart: Baustahl<1> Verg-<2> Eins.Stahl<3> | 1 | | 1 | |
| Zugfestigkeit Rm (N/mm²) (TB1-4) | 570 | | 570 | |
| Streckgrenze  Re (N/mm²) (TB1-4) | 335 | | 335 | |
| Durchmesserverh. k=di/da   0<k<1 | 0 | | 0 | |
| Richtdurchmesser (mm)  da' ------------> | 26 | --------> | 30 | |
| di' ------------> | 0 | --------> | 0 | |

### 2. Zwischenwelle
#### Arbeitsblatt WL-01 (Zwischenwelle)

| | | | |
|---|---|---|---|
| Projekt-Nummer: .................. | Koax.-Getriebe | Arbeitsbl: WL_01F | |
| Bearbeiter ....................... | NN | bearb.  20.04.93 | |
| | | | |
| **** WELLE, Entwurfsberechnung **** (siehe Bild 11-17) | Bemerkungen: Berechnung erfolgt unter Zugrunde-legung der Verhältnisw. K1 und K2 aus TB3-1 (Ergebnisse ca.-Werte) | | |
| alle Hinweise beziehen sich auf Roloff/Matek  Maschinenelemente 12. Auflage | | | |

| | Variante | | | |
|---|---|---|---|---|
| ***** EINGABE ***** | A | | B | |
| Nenndrehmoment (Nm) ........ Tnenn | 470 | | NA | |
| Biegemoment vorh.   ja<1> nein <2> | 1 | | NA | |
| Biegemoment bekannt ja<1> nein <2> | 2 | | NA | |
| bei "nein" M=0, sonst (Nm) Mnenn≥0 | 0 | | NA | |
| maßg. Biegemoment   (Nm) Mnenn | | 0 | | NA |
| Betriebsfaktor (TB3-6) ...... cB | 1.2 | | NA | |
| Lastfall:   Torsion  II<2>  III<3> | 2 | NA | NA | NA |
| Lastfall:   Biegung  II<2>  III<3> | 3 | 3 | NA | NA |
| maßgeb. Moment (Nm) ....... T,M,Mv | | 564 | | NA |
| Stahlart: Baustahl<1> Verg-<2> Eins.Stahl<3> | 1 | | NA | |
| Zugfestigkeit Rm (N/mm²) (TB1-4) | 570 | | NA | |
| Streckgrenze  Re (N/mm²) (TB1-4) | 335 | | NA | |
| Durchmesserverh. k=di/da   0<k<1 | 0 | | NA | |
| Richtdurchmesser (mm)  da' ------------> | 44 | --------> | NA | |
| di' ------------> | 0 | --------> | NA | |

## 3. Abtriebswelle
### Arbeitsblatt WL-01 (Abtriebswelle)

|  | |  |  |
|---|---|---|---|
| 1 | | | |
| 2 | Projekt-Nummer: .................. | Koax.-Getriebe | Arbeitsbl: WL_01F |
| 3 | Bearbeiter ....................... | NN | bearb.  20.04.93 |
| 4 | | | |
| 5 | | Bemerkungen: | |
| 6 | ** WELLE, Entwurfsberechnung ** | Berechnung erfolgt unter Zugrunde- | |
| 7 | (siehe Bild 11-17) | legung der Verhältnisw. K1 und K2 | |
| 8 | | aus TB3-1 (Ergebnisse ca.-Werte) | |
| 9 | alle Hinweise beziehen sich auf | | |
| 10 | Roloff/Matek  Maschinenelemente | | |
| 11 | 12. Auflage | | |
| 12 | | | |
| 13 | | Variante | |
| 14 | *** EINGABE *** | | |
| 15 | | A | B |
| 16 | | | |
| 17 | Nenndrehmoment (Nm) ........ Tnenn | 1450 | NA |
| 18 | Biegemoment vorh.   ja<1> nein <2> | 1 | NA |
| 19 | Biegemoment bekannt ja<1> nein <2> | 2 | NA |
| 20 | bei "nein" M=0, sonst (Nm) Mnenn≥0 | 0 | NA |
| 21 | maßg. Biegemoment   (Nm) Mnenn | 0 | NA |
| 22 | Betriebsfaktor (TB3-6) ...... cB | 1.2 | NA |
| 23 | | | |
| 24 | Lastfall:  Torsion  II<2>  III<3> | 2   NA | NA   NA |
| 25 | Lastfall:  Biegung  II<2>  III<3> | 3   3 | NA   NA |
| 26 | maßgeb. Moment (Nm) ....... T,M,Mv | 1740 | NA |
| 27 | | | |
| 28 | | | |
| 29 | | | |
| 30 | Stahlart: | | |
| 31 | Baustahl<1> Verg-<2> Eins.Stahl<3> | 1 | NA |
| 32 | | | |
| 33 | Zugfestigkeit Rm (N/mm²) (TB1-4) | 570 | NA |
| 34 | Streckgrenze  Re (N/mm²) (TB1-4) | 335 | NA |
| 35 | | | |
| 36 | Durchmesserverh. k=di/da  0<k<1 | 0.8 | NA |
| 37 | | | |
| 38 | | | |
| 39 | Richtdurchmesser (mm)  da' -------> | 76  -------> | NA |
| 40 | di' -------> | 61  -------> | NA |
| 41 | | | |
| 42 | | | |

## 5.13.2 Festlegung der Zahnradgeometrie
### 1. Achsabstand nicht vorgegeben
### Arbeitsblatt ZRGEO-1 (Stufe 1 und 2)

|  | |  |  |
|---|---|---|---|
| 1 | | | |
| 2 | Auftrags-Nummer: ............. | Koax.-Getriebe | Datum:    4-Mai-93 |
| 3 | Bearbeiter ................... | NN | Arb.Bl.:  ZRGEO_2H |
| 4 | | | |
| 5 | | VERZAHNUNGSGEOMETRIE | |
| 6 | | (Achsabstand a ist nicht vorgegeben) | |
| 7 | | | |
| 8 | Alle Hinweise beziehen sich auf | Bemerkungen:      $1 \leq i \leq 8$ | |
| 9 | ROLOFF/MATEK Maschinenelemente | Grenzen der Profilverschiebung nach | |
| 10 | 12. Auflage | Lehrb. Bild 15-24 beachten! | |
| 11 | | | |

| # | | Variante A | | Variante B | |
|---|---|---|---|---|---|
| 12 | *** EINGABE *** | EINGABE | EMPFEHLG | EINGABE | EMPFEHLG |
| 13 | | | | | |
| 14 | | | | | |
| 15 | | | | | |
| 16 | Normaleingriffswinkel (°)   αn | 20 | | NA | |
| 17 | Schrägungswinkel     (°)    ß | 15 | | NA | |
| 18 | Übersetzung    (Vorgabe)    i | 3.25 | | NA | |
| 19 | Zähnezahl Ritzel (Vorwahl)  z1 | 21 | | NA | |
| 20 | Zähnezahl Rad              z2 | 68 | 68.25 | NA | NA |
| 21 | Abweichung (%)  delta i | -------> | 0.37 | -------> | NA |
| 22 | | | | | |
| 23 | Wellendurchmesser (Vorgabe) dsh | 45 | | NA | |
| 24 | Ausführung  Ritzelwelle  d1' | -------> | 56.19 | -------> | NA |
| 25 | Ausführung  Zahnrad      d1' | -------> | 91.95 | -------> | NA |
| 26 | Ausführg.Ritzelwelle ? j<1> n<2> | 1 | 56.19 | NA | NA |
| 27 | | | | | |
| 28 | PSI m (TB15-13b).............. | 15 | | NA | |
| 29 | PSI d (TB15-13a).............. | 0.75 | | NA | |
| 30 | Empfehlung   bl' = f(PSI m) | -------> | 39 | -------> | NA |
| 31 | bl''= f(PSI d) | -------> | 42 | -------> | NA |
| 32 | Ritzelbreite   (mm)     b1 | 42 | | NA | |
| 33 | Radbreite      (mm)     b2 | 40 | | NA | |
| 34 | | | | | |
| 35 | Modul n. TB15-1 (mm)     mn | 3 | 2.6 | NA | NA |
| 36 | | | | | |
| 37 | Unterschnittgrenze    x1min | | -0.54715 | | NA |
| 38 | Unterschnittgrenze    x2min | | -3.61489 | | NA |
| 39 | Festlegung des Faktors  x1 | 0 | | NA | |
| 40 | Festlegung des Faktors  x2 | 0 | | NA | |
| 41 | | | | | |
| 42 | inv αwt (Soll) | -------> | 0.016453 | -------> | NA |
| 43 | inv αwt (Ist) | -------> | 0.016453 | -------> | NA |
| 44 | | | | | |
| 45 | αwt in Zeile 47 solange verändern, bis inv αwt(Ist) = inv αwt(Soll) | | | | |
| 46 | | | | | |
| 47 | Betriebseingriffswinkel (°) αwt | 20.6466 | | NA | |
| 48 | | | | | |

| # | | | Variante A | Variante B |
|---|---|---|---|---|
| 81 | Normalmodul (mm) | mn | 3 | NA |
| 82 | Achsabstand (Nullgetriebe) | ad | 138.209 | NA |
| 83 | Achsabstand (V-Getriebe) | a | 138.209 | NA |
| 84 | Kopfspiel    (mm) | c | 0.750 | NA |
| 85 | Kopfkürzung (mm) | k·mn | -0.000 | NA |
| 86 | Sprungüberdeckung | εß | 1.10 | NA |
| 87 | Profilüberdeckung | εα | 1.61 | NA |
| 88 | Gesamtüberdeckung | ε | 2.70 | NA |
| 89 | | | | |

## 2. Achsabstand vorgegeben
### Arbeitsblatt ZRGEO-2 (Stufe 1 und 2)

| # | | Variante A EINGABE | AUSGABE | Variante B EINGABE | AUSGABE |
|---|---|---|---|---|---|
| 2 | Auftrags Nummer: .............   Koax.-Getriebe   Datum: 4-Mai-93 | | | | |
| 3 | Bearbeiter: .................   NN   Vers.: ZRGEO_1L | | | | |
| 5 | VERZAHNUNGSGEOMETRIE | | | | |
| 6 | (Achsabstand ist vorgegeben) | | | | |
| 8 | Alle Hinweise beziehen sich auf    Bemerkungen: | | | | |
| 9 | ROLOFF/MATEK"Maschinenelemente"    $1 \le i \le 8$ | | | | |
| 10 | 12. Auflage    Grenzen von x beachten nach Bild 15-24 | | | | |
| 13 | *** EINGABE *** | | | | |
| 16 | Normaleingriffswinkel (°)   $\alpha n$ | 20 | | 20 | |
| 17 | Schrägungswinkel (°)   $\beta$ | 16 | | 12 | |
| 18 | Achsabstand (Vorgabe) (mm)   a | 135 | | 135 | |
| 19 | Übersetzung (Vorgabe)   i | 3.25 | 3.25 | 3 | 3 |
| 20 | Zähnezahl Ritzel   $z1$ | 20 | | 19 | |
| 21 | Rad   $z2$ | 65 | 65.00 | 57 | 57.00 |
| 22 | Abweichung (%) delta i | -------> | 0.00 | -------> | 0.00 |
| 24 | Psi m (TB15-13b)............--> | 15 | | 15 | |
| 25 | Psi d (TB15-13a)............--> | 0.75 | | 0.75 | |
| 26 | b1' (Empfehlung) | -------> | 46 | -------> | 52 |
| 27 | b1''(Empfehlung) | -------> | 48 | -------> | 51 |
| 28 | b1 (Festlegung) (mm)......--> | 48 | 0 | 53 | 0 |
| 29 | b2 (Festlegung) (mm)......--> | 46 | 0 | 52 | 0 |
| 31 | mn' (Empfehlung) | -------> | 3.05 | -------> | 3.47 |
| 32 | mn (Festlegung n. TB15-1) --> | 3 | | 3.5 | |
| 34 | x1min (bis zum Unterschnitt) | -------> | -0.5010 | -------> | -0.3707 |
| 35 | x2min (bis zum Unterschnitt) | -------> | -3.4811 | -------> | -2.7592 |
| 36 | Summe der PV-Faktoren (x1+x2) | -------> | 0.8335 | -------> | -0.2702 |
| 37 | x1 Empfehlung | -------> | 0.4518 | -------> | 0.1423 |
| 38 | x1 Festlegung (TB15-7) ---> | 0.45 | 0.3835 | 0.14 | -0.4102 |

| # | ZUSAMMENSTELLUNG DER GRÖSSEN | Variante A Rad 1 | Rad 2 | Variante B Rad 1 | Rad 2 |
|---|---|---|---|---|---|
| 45 | radbezogene Ergebnisse | Rad 1 | Rad 2 | Rad 1 | Rad 2 |
| 47 | Zähnezahl   z | 20 | 65 | 19 | 57 |
| 48 | Zähnezahl des Ersatzrades   zn | 22.52 | 73.18 | 20.30 | 60.91 |
| 49 | Zahnradbreite (mm)   b | 48 | 46 | 53 | 52 |
| 51 | Teilkreisdurchmesser (mm)   d | 62.418 | 202.858 | 67.986 | 203.957 |
| 52 | Betriebswälzkreis (mm)   dw | 63.529 | 206.471 | 67.500 | 202.500 |
| 53 | Kopfkreisdurchm. (mm)   da | 70.840 | 210.882 | 75.914 | 208.034 |
| 54 | Fußkreisdurchm. (mm)   df | 57.618 | 197.660 | 60.216 | 192.336 |
| 55 | Grundkreisdurchm. (mm)   db | 58.374 | 189.714 | 63.717 | 191.152 |
| 57 | Profilversch.-Faktor (-)   x | 0.450 | 0.384 | 0.140 | -0.410 |
| 58 | Profilverschiebung (mm)   V | 1.350 | 1.151 | 0.490 | -1.436 |
| 59 | Zahnhöhe (mm)   h | 6.611 | 6.611 | 7.849 | 7.849 |
| 61 | Zahndicke (Stirnschnitt)   st | 5.966 | 5.809 | 5.993 | 4.528 |
| 62 | Zahndicke (Normalschnitt)   sn | 5.695 | 5.550 | 5.854 | 4.453 |
| 63 | Zahndicke am Kopfkreis   sat | 1.868 | 2.456 | 2.352 | 2.991 |
| 64 | Verhältnis   san/mn | 0.598 | 0.787 | 0.657 | 0.836 |

| # | allgemeine Daten | Variante A | Variante B |
|---|---|---|---|
| 68 | Normaleingriffswinkel (°)   $\alpha n$ | 20 | 20 |
| 69 | Schrägungswinkel (°)   $\beta$ | 16 | 12 |
| 70 | Normalmodul (mm)   mn | 3 | 3.5 |
| 71 | Übersetz.-/Zähnezahlverhältnis | 3.250   3.250 | 3.000   3.000 |
| 72 | Abweichung (%) delta i | 0.000 | 0.000 |
| 73 | Achsabstand (Nullgetriebe)   ad | 132.638 | 135.971 |
| 74 | (V-Getriebe)   a | 135.000 | 135.000 |
| 75 | Kopfspiel (mm)   c | 0.750 | 0.875 |
| 76 | Kopfkürzung (mm)   k | -0.139 | -0.026 |
| 77 | Sprungüberdeckung   $\epsilon\beta$ | 1.345 | 0.983 |
| 78 | Profilüberdeckung   $\epsilon\alpha$ | 1.400 | 1.625 |
| 79 | Gesamtüberdeckung   $\epsilon$ | 2.745 | 2.609 |

## 5.13.3 Ermittlung der Zahnradkräfte
### Arbeitsblatt ZRKRA-1 (Stufe 1 und 2)

| # | | Variante A EINGABE | AUSGABE | Variante B EINGABE | AUSGABE |
|---|---|---|---|---|---|
| 2 | Auftrags Nummer: .............   Koax.-Getriebe   Datum: 4-Mai-93 | | | | |
| 3 | Bearbeiter: .................   NN   Vers.: ZRKRA-1D | | | | |
| 5 | STIRNRADGETRIEBE ZAHNRADKRÄFTE | | | | |
| 7 | Alle Hinweise beziehen sich auf    Bemerkungen: | | | | |
| 8 | ROLOFF/MATEK Maschinenelemente    1. Zahneingriffsstelle: --> Variante A | | | | |
| 9 | 12. Auflage    2. Zahneingriffsstelle: --> Variante B | | | | |
| 12 | *** EINGABE *** | | | | |
| 15 | Tnenn bekannt? ja <1> nein <2> | 1 | | 1 | |
| 16 | wenn ja, dann T (Nm) sonst | 145 | 1 | 472 | 1 |
| 17 | zu übertr. Leistung (kW) P1 | - | NA | - | NA |
| 18 | Antriebsdrehzahl (1/min) n | - | NA | - | NA |
| 19 | Anwendungsfaktor   KA | 1.2 | | 1.2 | |
| 20 | maßg. Betriebsmoment (Nm) T | -------> | 174.00 | -------> | 566.40 |
| 22 | -- Daten zur Verzahnungsgeometrie -- | | | | |
| 24 | Normaleingriffswinkel (°)   $\alpha n$ | 20 | | 20 | |
| 25 | Schrägungswinkel (°)   $\beta$ | 16 | | 12 | |
| 26 | Modul (TB15-1) (mm)   mn | 3 | | 3.5 | |
| 27 | Achsabstand (mm)   a | 135 | | 135 | |
| 28 | Zähnezahl Ritzel (1)   z1 | 20 | | 19 | |
| 29 | Rad (1)   z2 | 65 | | 57 | |
| 31 | bei <ERR> m, a, z1,2 kontroll. | | 1 | | 1 |
| 34 | -- Zahnkräfte unter Berücksichtigung des Betriebsfaktors -- | | | | |
| 37 | Umfangskraft (N)   Ft1,2 | -------> | 5478 | -------> | 16782 |
| 38 | Radialkraft (N)   Fr1,2 | -------> | 2074 | -------> | 6245 |
| 39 | Axialkraft (N)   Fa1,2 | -------> | 1571 | -------> | 3567 |

### 5.13.4  Ermittlung der Lagerkräfte und Biegemomente
####      1. Antriebswelle (Lager A und B)
####         Arbeitsblatt GZW-6

#### 2. Zwischenwelle (Lager C und D)
####    Arbeitsblatt GZW-6

**1. Antriebswelle (Lager A und B)**

```
 1
 2  Projekt-Nummer: ..............|Lehrh. Beisp 7 |Datum:     :  4-Mai-93
 3  Bearbeiter: .................|    NN         |Arbeitsbl.:  GZW-6H
 4
 5                                               |Bemerkungen:
 6              GETRIEBEWELLE                     |
 7        (Lagerkräfte, Biegemomente)             |
 8   Rad 2 und Ritzel 3 zw. den Lagern angeordnet |Dreh-/Steigungsrichtung
 9   Dreh- und Steigungsrichtung sind ungleich!   |ungleich: Variante A
10        (in Richtung  Kraftfluß gesehen)        |gleich:   Variante B
11        Radkräfte sind bereits bekannt          |
12
13                                        |Variante |Variante
14            --- EINGABE ---             |   A     |   B
15
16
17  Abstand    Rad 2 - Lager A (mm) ........ l1  |    48   |    48
18  Abstand Ritzel 3 - Lager B (mm) ........ l3  |     0   |     0
19  Abstand  Lager A - Lager B (mm) ........ l   |    96   |    96
20  Wälzkreisdurchmesser       (mm) ........ dw2 |  63.53  |  63.53
21  Wälzkreisdurchmesser       (mm)......... dw3 |     0   |     0
22  Versatz d. Zahneingriffsstelle 3 zu 2 (°) r  |     0   |     0
23
24            ***** KRÄFTE RAD 2  *****
25  Tangentialkraft (N) .................... Ft2 |  5478   | -5478
26  Radialkraft     (N) .................... Fr2 |  2074   |  2074
27  Axialkraft      (N) .................... Fa2 |  1571   | -1571
28
29           ***** KRÄFTE RITZEL 3 *****
30  Tangentialkraft (N) .................... Ft3 |     0   |     0
31  Radialkraft     (N) .................... Fr3 |     0   |     0
32  Axialkraft      (N) .................... Fa3 |     0   |     0
33
34
35
36                                        |Variante |Variante
37            --- AUSGABE ---             |   A     |   B
38
39
40  FAres (result. radiale Lagerkraft)    (N) -> |  2787   |  3151
41  FBres (result. radiale Lagerkraft)    (N) -> |  3151   |  2787
42  vom Festlager aufzunehmende Axialkraft (N) ->|  1571   |  1571
43  Mmax' (Stelle Rad 2)    (Nm) ---------------->| 151.20 | 151.20
44  Mmax''(Stelle Ritzel 3) (Nm) ---------------->|   0.00 |   0.00
45
```

**2. Zwischenwelle (Lager C und D)**

```
 1
 2  Projekt-Nummer: ..............|Koax.-Getriebe |Datum:     :  4-Mai-93
 3  Bearbeiter: .................|    NN         |Arbeitsbl.:  GZW-6H
 4
 5                                               |Bemerkungen:
 6              GETRIEBEWELLE                     |
 7        (Lagerkräfte, Biegemomente)             |
 8   Rad 2 und Ritzel 3 zw. den Lagern angeordnet |Dreh-/Steigungsrichtung
 9   Dreh- und Steigungsrichtung sind ungleich!   |ungleich: Variante A
10        (in Richtung  Kraftfluß gesehen)        |gleich:   Variante B
11        Radkräfte sind bereits bekannt          |
12
13                                        |Variante |Variante
14            --- EINGABE ---             |   A     |   B
15
16
17  Abstand    Rad 2 - Lager A (mm) ........ l1  |    45   |    45
18  Abstand Ritzel 3 - Lager B (mm) ........ l3  |    52   |    52
19  Abstand  Lager A - Lager B (mm) ........ l   |   200   |   200
20  Wälzkreisdurchmesser       (mm) ........ dw2 | 206.47  | 206.47
21  Wälzkreisdurchmesser       (mm)......... dw3 |  67.5   |  67.5
22  Versatz d. Zahneingriffsstelle 3 zu 2 (°) r  |     0   |     0
23
24            ***** KRÄFTE RAD 2  *****
25  Tangentialkraft (N) .................... Ft2 |  5478   | -5478
26  Radialkraft     (N) .................... Fr2 |  2074   |  2074
27  Axialkraft      (N) .................... Fa2 |  1571   | -1571
28
29           ***** KRÄFTE RITZEL 3 *****
30  Tangentialkraft (N) .................... Ft3 | 16782   |-16782
31  Radialkraft     (N) .................... Fr3 |  6245   |  6245
32  Axialkraft      (N) .................... Fa3 |  3567   | -3567
33
34
35
36                                        |Variante |Variante
37            --- AUSGABE ---             |   A     |   B
38
39
40  FAres (result. radiale Lagerkraft)    (N) -> |  3024   |  3442
41  FBres (result. radiale Lagerkraft)    (N) -> | 12377   | 12204
42  vom Festlager aufzunehmende Axialkraft (N) ->|  1996   |  1996
43  Mmax' (Stelle Rad 2)    (Nm) ---------------->| 298.20 | 154.90
44  Mmax''(Stelle Ritzel 3) (Nm) ---------------->| 703.60 | 634.60
45
```

### 3. Abtriebswelle (Lager E und F)
###    Arbeitsblatt GZW-6

| # | | Variante A | Variante B |
|---|---|---|---|
| 2 | Projekt-Nummer: ..............   Koax.-Getriebe   Datum : 4-Mai-93 | | |
| 3 | Bearbeiter: .................   NN   Arbeitsbl.: GZW-6H | | |
| 5–11 | GETRIEBEWELLE / (Lagerkräfte, Biegemomente) / Rad 2 und Ritzel 3 zw. den Lagern angeordnet / Dreh- und Steigungsrichtung sind ungleich! / (in Richtung Kraftfluß gesehen) / Radkräfte sind bereits bekannt    Bemerkungen: / Dreh-/Steigungsrichtung / ungleich: Variante A / gleich: Variante B | | |
| 14 | --- EINGABE --- | Variante A | Variante B |
| 17 | Abstand   Rad 2 - Lager A (mm) ......... $l1$ | 52 | 52 |
| 18 | Abstand Ritzel 3 - Lager B (mm) ......... $l3$ | 0 | 0 |
| 19 | Abstand   Lager A - Lager B (mm) ......... $l$ | 104 | 104 |
| 20 | Wälzkreisdurchmesser   (mm) ........ $dw2$ | 202.5 | 202.5 |
| 21 | Wälzkreisdurchmesser   (mm)........ $dw3$ | 0 | 0 |
| 22 | Versatz d. Zahneingriffsstelle 3 zu 2 (°) $\gamma$ | 0 | 0 |
| 24 | ***** KRÄFTE RAD 2 ***** | | |
| 25 | Tangentialkraft (N) ................... $Ft2$ | 16782 | -16782 |
| 26 | Radialkraft    (N) ................... $Fr2$ | 6245 | 6245 |
| 27 | Axialkraft    (N) ................... $Fa2$ | 3567 | -3567 |
| 29 | ***** KRÄFTE RITZEL 3 ***** | | |
| 30 | Tangentialkraft (N) ................... $Ft3$ | 0 | 0 |
| 31 | Radialkraft    (N) ................... $Fr3$ | 0 | 0 |
| 32 | Axialkraft    (N) ................... $Fa3$ | 0 | 0 |
| 37 | --- AUSGABE --- | Variante A | Variante B |
| 40 | FAres (result. radiale Lagerkraft)   (N) -> | 8398 | 10673 |
| 41 | FBres (result. radiale Lagerkraft)   (N) -> | 10673 | 8398 |
| 42 | vom Festlager aufzunehmende Axialkraft (N) -> | 3567 | 3567 |
| 43 | Mmax' (Stelle Rad 2)    (Nm) ---------------> | 555.00 | 555.00 |
| 44 | Mmax''(Stelle Ritzel 3) (Nm) ---------------> | 0.00 | 0.00 |

### 5.13.5  Ermittlung der Lebensdauer für
###     Rillenkugellager
###     Arbeitsblatt LAGER-1 (Lager A, C, E, F)

| # | | A | B | C | D |
|---|---|---|---|---|---|
| 2 | Auftrags Nummer: .............   Koax.-Getriebe   Datum : 4-Mai-93 | | | | |
| 3 | Bearbeiter: .................   NN   Arb.Bl.: Lager_1C | | | | |
| 5–6 | Rillenkugellager / Ermittlung der Lebensdauer | | | | |
| 8–10 | Alle Hinweise beziehen sich auf ROLOFF/MATEK Maschinenelemente 12. Auflage    Bemerkungen: / Festlager A <A> ; Festlager C <B> / Festlager E <C> ; Loslager F <D> | | | | |
| 12–14 | *** EINGABE *** | Variante A | B | C | D |
| 16 | Radialkraft   (kN)    Fr | 3.151 | 3.442 | 13.67 | 10.673 |
| 17 | Axialkraft   (kN)    Fa | 1.571 | 1.996 | 3.567 | 0 |
| 18 | Drehzahl   (1/min)    n | 970 | 300 | 100 | 100 |
| 19 | Temperatur   (°)    $\vartheta$ | 60 | 60 | 60 | 60 |
| 21 | gewähltes Lager    (TB14-2)..... | 6308 | 6307 | 6214 | 6016 |
| 22 | dynam. Tragzahl C  (TB14-2)..... | 42.5 | 33.5 | 62 | 47.5 |
| 23 | stat.   Tragzahl Co (TB14-2)..... | 25 | 19 | 44 | 40 |
| 26 | zu erwart. Lebensdauer L10h ---> | 16000 | 19000 | 16000 | 15000 |

### 5.13.6  Dauerfestigkeitsnachweis der Wellen
###     1. Antriebswelle
###     Arbeitsblatt NYD-1

| # | | Querschnitt 1-1 | | Querschnitt 2-2 | |
|---|---|---|---|---|---|
| 2 | Projekt-Nummer: ...................   Koax.-Getriebe   Datum: 5-Mai-93 | | | | |
| 3 | Bearbeiter .......................   NN   Arb.Bl.: NYD_1E | | | | |
| 5–11 | ** WELLE, Spannungsnachweis ** / (siehe Bild 11-18) / alle Hinweise beziehen sich auf Roloff/Matek Maschinenelemente 12. Auflage    Bemerkungen: / Berechnung erfolgt mit den Verhältniszahlen K1 und K2 der Tafel TB3-1 / (Ergebnisse ca.-Werte) / Eingangswelle aus St50-2 (Vorwahl) / (Nutquerschnitt 1-1) | | | | |
| 14 | *** EINGABE *** | | | | |
| 16 | Nenndrehmoment (Nm) ........ Tnenn | 145 | | NA | |
| 17 | Biegemoment     (Nm) ........ Mnenn | 0 | | NA | |
| 18 | Betriebsfaktor ............... cB | 1.2 | | NA | |
| 20 | maßgeb. Moment (Nm) ....... T,M,Mv | | 174.0 | | NA |
| 22 | Lastfall:    Torsion   II<2>   III<3> | 2 | 2 | NA | NA |
| 23 | Lastfall:    Biegung   II<2>   III<3> | 3 | NA | NA | NA |
| 25 | Querschnitt n. TB11-3    Z. 1,2,3,4 | 1 | | NA | |
| 26 | Durchmesser (mm) .............. D | 0 | NA | NA | NA |
| 27 | Durchmesser (mm) .............. d | 30 | | NA | |
| 29 | maßgeb. Widerstandsm.(mm3)    W,Wp | | 5301 | | NA |
| 31 | vorh. Spannung (N/mm²)............. | | 33 | | NA |
| 35–36 | Stahlart: / Baustahl<1> Verg-<2> Eins.Stahl<3> | 1 | | NA | |
| 38 | Zugfestigkeit Rm (N/mm²) (TB1-4) | 470 | | NA | |
| 39 | Streckgrenze Re (N/mm²) (TB1-4) | 295 | | NA | |
| 41 | obere Grenzsp. (N/mm²)   $\sigma O = f(Kappa)$ | | 171 | | NA |
| 45–46 | Bauteilgeometriewerte zur Ermittl. der Gestaltfestigkeit | | | | |
| 48 | maßg. Durchmesser TB11-3 (mm) d(D) | | 30 | | NA |
| 49 | Rauhtiefe     (µm)    Rz | 10 | | NA | |
| 50 | Kerbwirk.zahl (TB3-9/10) (-)    βk | 1.8 | | NA | |
| 52 | Gesamteinflußgröße    $\tau = b1*b2/\beta k$ | | 0.47 | | NA |
| 54 | obere Grenzsp. (N/mm²) $\sigma G = f(Kappa)$ | | 80 | | NA |
| 58 | vorh. Sicherh.gegen Dauerbruch nyD ---------> | | 2.45 | | NA |

## 2. Zwischenwelle
### Arbeitsblatt NYD-1

| Zeile | | Querschnitt 1-1 | | Querschnitt 2-2 | |
|---|---|---|---|---|---|
| 1 | | | | | |
| 2 | Projekt-Nummer: ................... Koax.-Getriebe | Datum: 5-Mai-93 | | | |
| 3 | Bearbeiter ....................... NN | Arb.Bl.: NYD_1E | | | |
| 4 | | | | | |
| 5 | | Bemerkungen: | | | |
| 6 | ** WELLE, Spannungsnachweis ** | Berechnung erfolgt mit den Verhält- | | | |
| 7 | (siehe Bild 11-18) | niszahlen K1 und K2 der Tafel TB3-1 | | | |
| 8 | | (Ergebnisse ca.-Werte) | | | |
| 9 | alle Hinweise beziehen sich auf | | | | |
| 10 | Roloff/Matek Maschinenelemente | Zwischenwelle aus St50-2 (Vorwahl) | | | |
| 11 | 12. Auflage | | | | |
| 12 | | | | | |
| 13 | | Querschnitt | | Querschnitt | |
| 14 | *** EINGABE *** | 1-1 | | 2-2 | |
| 15 | | | | | |
| 16 | Nenndrehmoment (Nm) ........ Tnenn | 564 | | NA | |
| 17 | Biegemoment (Nm) ........ Mnenn | 703.6 | | NA | |
| 18 | Betriebsfaktor ............... cB | 1 | | NA | |
| 19 | | | | | |
| 20 | maßgeb. Moment (Nm) ....... T,M,Mv | | 782.3 | | NA |
| 21 | | | | | |
| 22 | Lastfall: Torsion II<2> III<3> | 2 | 2 | NA | NA |
| 23 | Lastfall: Biegung II<2> III<3> | 3 | 3 | NA | NA |
| 24 | | | | | |
| 25 | Querschnitt n. TB11-3 Z. 1,2,3,4 | 1 | | NA | |
| 26 | Durchmesser (mm) ............. D | 0 | NA | NA | NA |
| 27 | Durchmesser (mm) ............. d | 59.2 | | NA | |
| 28 | | | | | |
| 29 | maßgeb. Widerstandsm.(mm3) W,Wp | | 20369 | | NA |
| 30 | | | | | |
| 31 | vorh. Spannung (N/mm²)........... | | 38 | | NA |
| 32 | | | | | |
| 33 | | | | | |
| 34 | | | | | |
| 35 | Stahlart: | | | | |
| 36 | Baustahl<1> Verg-<2> Eins.Stahl<3> | 1 | | NA | |
| 37 | | | | | |
| 38 | Zugfestigkeit Rm (N/mm²) (TB1-4) | 470 | | NA | |
| 39 | Streckgrenze Re (N/mm²) (TB1-4) | 295 | | NA | |
| 40 | | | | | |
| 41 | obere Grenzsp. (N/mm²) σO=f(Kappa) | | 235 | | NA |
| 42 | | | | | |
| 43 | | | | | |
| 44 | | | | | |
| 45 | Bauteilgeometriewerte | Querschnitt | | Querschnitt | |
| 46 | zur Ermittl. der Gestaltfestigkeit | 1-1 | | 2-2 | |
| 47 | | | | | |
| 48 | maßg. Durchmesser TB11-3 (mm) d(D) | | 59.2 | | NA |
| 49 | Rauhtiefe (µm) Rz | 10 | | NA | |
| 50 | Kerbwirk.zahl (TB3-9/10) (-) ßk | 1.2 | | NA | |
| 51 | | | | | |
| 52 | Gesamteinflußgröße r=b1*b2/ßk | | 0.65 | | NA |
| 53 | | | | | |
| 54 | obere Grenzsp. (N/mm²) σG=f(Kappa) | | 153 | | NA |
| 55 | | | | | |
| 56 | | | | | |
| 57 | | | | | |
| 58 | vorh. Sicherh.gegen Dauerbruch nyD --------> 3.99 | | | NA | |
| 59 | | | | | |

## 3. Abtriebswelle
### Arbeitsblatt NYD-1

| Zeile | | Querschnitt 1-1 | | Querschnitt 2-2 | |
|---|---|---|---|---|---|
| 1 | | | | | |
| 2 | Projekt-Nummer: ................... Koax.-Getriebe | Datum: 5-Mai-93 | | | |
| 3 | Bearbeiter ....................... NN | Arb.Bl.: NYD_1E | | | |
| 4 | | | | | |
| 5 | | Bemerkungen: | | | |
| 6 | ** WELLE, Spannungsnachweis ** | Berechnung erfolgt mit den Verhält- | | | |
| 7 | (siehe Bild 11-18) | niszahlen K1 und K2 der Tafel TB3-1 | | | |
| 8 | | (Ergebnisse ca.-Werte) | | | |
| 9 | alle Hinweise beziehen sich auf | | | | |
| 10 | Roloff/Matek Maschinenelemente | Abtriebswelle aus St50-2 (Vorwahl) | | | |
| 11 | 12. Auflage | Mnenn=M/cB | | | |
| 12 | | | | | |
| 13 | | Querschnitt | | Querschnitt | |
| 14 | *** EINGABE *** | 1-1 | | 2-2 | |
| 15 | | | | | |
| 16 | Nenndrehmoment (Nm) ........ Tnenn | 1540 | | 1540 | |
| 17 | Biegemoment (Nm) ........ Mnenn | 462.5 | | 462.5 | |
| 18 | Betriebsfaktor ............... cB | 1.2 | | 1.2 | |
| 19 | | | | | |
| 20 | maßgeb. Moment (Nm) ....... T,M,Mv | | 1250.2 | | 1250.2 |
| 21 | | | | | |
| 22 | Lastfall: Torsion II<2> III<3> | 2 | 2 | 2 | 2 |
| 23 | Lastfall: Biegung II<2> III<3> | 3 | 3 | 3 | 3 |
| 24 | | | | | |
| 25 | Querschnitt n. TB11-3 Z. 1,2,3,4 | 2 | | 2 | |
| 26 | Durchmesser (mm) ............. D | 88 | 88 | 75 | 75 |
| 27 | Durchmesser (mm) ............. d | 62 | | 60 | |
| 28 | | | | | |
| 29 | maßgeb. Widerstandsm.(mm3) W,Wp | | 50419 | | 24453 |
| 30 | | | | | |
| 31 | vorh. Spannung (N/mm²)........... | | 25 | | 51 |
| 32 | | | | | |
| 33 | | | | | |
| 34 | | | | | |
| 35 | Stahlart: | | | | |
| 36 | Baustahl<1> Verg-<2> Eins.Stahl<3> | 1 | | 1 | |
| 37 | | | | | |
| 38 | Zugfestigkeit Rm (N/mm²) (TB1-4) | 470 | | 470 | |
| 39 | Streckgrenze Re (N/mm²) (TB1-4) | 295 | | 295 | |
| 40 | | | | | |
| 41 | obere Grenzsp. (N/mm²) σO=f(Kappa) | | 235 | | 235 |
| 42 | | | | | |
| 43 | | | | | |
| 44 | | | | | |
| 45 | Bauteilgeometriewerte | Querschnitt | | Querschnitt | |
| 46 | zur Ermittl. der Gestaltfestigkeit | 1-1 | | 2-2 | |
| 47 | | | | | |
| 48 | maßg. Durchmesser TB11-3 (mm) d(D) | | 88 | | 75 |
| 49 | Rauhtiefe (µm) Rz | 10 | | 10 | |
| 50 | Kerbwirk.zahl (TB3-9/10) (-) ßk | 2.5 | | 2.5 | |
| 51 | | | | | |
| 52 | Gesamteinflußgröße r=b1*b2/ßk | | 0.29 | | 0.29 |
| 53 | | | | | |
| 54 | obere Grenzsp. (N/mm²) σG=f(Kappa) | | 67 | | 69 |
| 55 | | | | | |
| 56 | | | | | |
| 57 | | | | | |
| 58 | vorh. Sicherh.gegen Dauerbruch nyD --------> 2.72 | | | 1.34 | |
| 59 | | | | | |

### 5.13.7 Preßverbände, Bestimmung der Paßtoleranz Arbeitsblatt PRES-01

```
 1 ┌──────────────────────────────────────────────────────────────┐
 2 │ Projekt Nummer: ..│ Koax.-Getriebe      │ Datum:   4-Mai-93  │
 3 │ Bearbeiter: ......│ NN                  │ Vers.:   PRES_01C  │
 4 ├──────────────────────────────┬───────────────────────────────┤
 5 │         PRESSVERBAND         │ Bemerkungen:                  │
 6 │   (Übermaße und Paßtoleranz) │                               │
 7 ├──────────────────────────────┤                               │
 8 │ Hinweise bezieh.sich auf die 12.Aufl.                        │
 9 │    Roloff/Matek Maschinenelemente                            │
10 ├──────────────────────────────┬───────────────────────────────┤
11 │                              │           Variante            │
12 │        ** EINGABE **         ├──────────┬──────────┬─────────┤
13 │                              │    A     │    B     │    C    │
14 ├──────────────────────────────┴──────────┴──────────┴─────────┤
15 │ Tangentialkraft (N) ...................Ft   20550   37760  NA │
16 │ Längskraft       (N) ...................Fl    1571    3567  NA │
17 │ Betriebsfaktor  (TB3-6) .............cB          1       1  NA │
18 │ Haftsicherheit  (1.5 ... 2) .........nyH     1.75    1.75  NA │
19 │ Fugendurchmesser       (mm) .........DF        55      90  NA │
20 │ Außendurchmesser Nabe  (mm) .........DAa       203     204  NA │
21 │ Innendurchmesser Welle (mm) .........DIi         0      62  NA │
22 │ nutzbare Fugenlänge    (mm) .........lF        45      52  NA │
23 │ Rauhtiefe Nabe         (my) .........RzA       6.3     6.3  NA │
24 │ Rauhtiefe Welle        (my) .........RzI       6.3     6.3  NA │
25 │ Streckgrenze Nabenwerkstoff (TB1-4)                          │
26 │ (bei GG ist Rm/2 anzugeben) ..........ReA      685     685  NA │
27 │ Streckgrenze Wellenwerkstoff(N/mm2) ..ReI      685     385  NA │
28 │ E-Modul Nabe  (N/mm2)  (TB3-1) ........EA   210000  210000  NA │
29 │ E-Modul Welle (N/mm2)  (TB3-1) ........EI   210000  210000  NA │
30 │ Querdehnzahl Nabe      (TB12-6b) .....nyA      0.3     0.3  NA │
31 │ Querdehnzahl Welle     (TB12-6b) .....nyI      0.3     0.3  NA │
32 │ Haftbeiwert            (TB12-6a) ......µ      0.14    0.14  NA │
33 │ Sicherh.g.plast.Verformen (1...1,2).. Spl       1       1  NA │
34 ├──────────────────────────────────────────────────────────────┤
35 │                                                              │
36 ├──────────────────────────────────────────────────────────────┤
37 │  Kontrolle pFg>pFk                                           │
38 │ pFg>pFk <1> sonst <ERR> Neuwahl erf.        1       1     NA │
39 │  Kontrolle Uk<Ug                                            │
40 │ Uk>Ug bzw.<0  <1> sonst <ERR>               1       1     NA │
41 ├──────────────────────────────────────────────────────────────┤
42 │                                                              │
43 │                                                              │
44 ├──────────────────────────────┬───────────────────────────────┤
45 │                              │           Variante            │
46 │        ** AUSGABE **         ├──────────┬──────────┬─────────┤
47 │                              │    A     │    B     │    C    │
48 ├──────────────────────────────┴──────────┴──────────┴─────────┤
49 │ erforderl. Kleinstübermaß (µm)  Uk ->       29      69    NA │
50 │ zulässiges Größtübermaß    (µm)  Ug ->      204     196    NA │
51 │ zulässige Paßtoleranz      (µm)  Tp ->      175     127    NA │
52 └──────────────────────────────────────────────────────────────┘
```

## 5.14 Schlußbetrachtung

Mit diesem Übungsbeispiel sollte eine Anregung gegeben werden, im Rahmen des projektbezogenen Unterrichts unter Benutzung von entsprechenden Arbeitsblättern eine komplexere Aufgabe durchzuarbeiten. Erfahrungsgemäß fällt es jedem Anfänger in der Praxis schwer, den Übergang zu finden, von der Detaillösung eines Einzelproblems (alle Werte sind vielfach gegeben, die gesuchten Größen sind klar umrissen) hin zur Bewältigung größerer Aufgaben, bei denen anfangs nur wenige „Eingangsgrößen" bekannt sind und sich der Studierende (Konstrukteur) an die Lösung erst herantasten muß. Der Studierende muß lernen, eigenverantwortlich Annahmen zu treffen, die durch spätere Nachberechnungen bestätigt oder aber auch wieder verworfen werden.

Die hier dargestellte Lösung ist nur eine von den vielen denkbaren Alternativlösungen und sie kann somit auch nicht den Anspruch erheben, die optimale Lösung zu sein. Die vorgestellte Lösung läßt daher auch für den Unterricht genügend Spielraum, die konstruktive Ausführung des Getriebes, z.B. im Rahmen einer Gruppenarbeit, in vielfältiger Hinsicht zu variieren. Auch bietet jeder einzelne Berechnungsabschnitt genügend Diskussionsstoff, um das Für und Wider der gemachten Arbeitsschritte (mit den jeweils getroffenen Annahmen) zu erörtern. Im Rahmen des Unterrichts können auch die einzelnen Gestaltungsschwerpunkte des Getriebeentwurfs Diskussionschwerpunkte ergeben (dies ist ja auch beabsichtigt und erwünscht), die somit zur Optimierung dieser beitragen können. Es wurde ganz bewußt keine endgültige Lösung dieser Aufgabe vorgestellt, um dem Lehrer eine genügend große Handlungsfreiheit einzuräumen; das schnelle Bereitstellen neuer Berechnungsergebnisse mit Hilfe der Arbeitsblätter läßt eine individuelle Lösung jedoch schnell herbeiführen.

Umschlaggestaltung: Klaus Birk, Wiesbaden

Gedruckt auf säurefreiem Papier

ISBN 978-3-663-16324-4     ISBN 978-3-663-16323-7 (eBook)
DOI 10.1007/978-3-663-16323-7

# Inhaltsverzeichnis: Projektaufgaben

# C Programmsammlung

## 1 Vorbemerkungen

Die nachfolgend beschriebenen Arbeitsblätter sind erstellt mit Hilfe eines Tabellenkalkulationsprogramms und sind somit nur lauffähig, wenn ein entsprechendes (LOTUS 1-2-3 kompatibles) Programm installiert ist (u.a. auch die Shareware „ASEASYAS"). Die dieser „Lehrhilfe" beiliegende Diskette enthält ein solches Tabellenkalkulationsprogramm (hier Words & Figures) in der Form einer **DEMO-Version.** Diese Demo-Version ist gegenüber der Vollversion beschränkt durch die Arbeitsblattgröße (27 Spalten und 100 Zeilen) und die fehlende Ausdruckoption (die Vollversion ist zu beziehen von der Firma Volkswriter-Software, Starnberger Weg 12, 8034 Germering).Abgesehen von diesen Einschränkungen ist die beiliegende DEMO-Version voll funktionsfähig. Der Aufbau der Arbeitsblätter ist auf diese Einschränkungen abgestimmt.

Für das Arbeiten mit diesem Tabellenkalkulations-Programm werden benötigt:

**Hardware:** PC mit Prozessor 8086 oder höher, Arbeitsspeicher mit mindestens 256 KB RAM, Grafikkarte: Hercules, CGA, EGA, VGA, 5,25 Zoll Diskettenlaufwerk 1,2 MB

**Software:** Betriebssystem PC-, MS- oder DR-DOS

Alle nachfolgend aufgeführten **Arbeitsblätter** (es sind keine „Programme" in dem eigentlichen Sinne) sind ausschließlich für den Unterricht gedacht, um dem Lehrenden und auch dem Studierenden beim Berechnen von Maschinenelementen und beim Konstruieren in der Entwurfsphase schnell und einfach entsprechendes Zahlenmaterial zur Verfügung zu stellen. Diese Arbeitsblätter unterscheiden sich von den für die Studierenden finanziell vielfach nicht erschwinglichen „Profi"-Programmen durch ihre Einfachheit im Aufbau und die Möglichkeit, sie ohne Schwierigkeiten auf die eigenen Bedürfnisse im Unterricht umzustellen. Die Arbeitsblätter sind auf das Lehrbuch Roloff/Matek „Maschinenelemente" (12. Auflage) abgestimmt; sie stellen lediglich eine Verknüpfung der für die Berechnung von Standardaufgaben erforderlichen und im Lehrbuch ausgewiesenen Gleichungen dar und sollen vor allem den Studierenden auch motivieren, *eigene* Arbeitsblätter für individuelle Aufgabenstellungen zu erstellen. Die Einfachheit dieser Arbeitsblätter bringt es andererseits aber auch mit sich, daß die Ansprüche, die an ein solches „Programm" zu stellen sind, gegenüber einem „Profi"-Programm geringer sein werden sowohl im Hinblick auf den Komfort beim Umgang mit dem Arbeitsblatt sowie bei der Absicherung, vor allem gegenüber „unsinniger" Eingabewerte. Vom Benutzer dieser Arbeitsblätter wird vorausgesetzt, daß er über die Grundkenntnisse des jeweiligen Maschinenelements verfügt und somit auch „unsinnige" Ergebnisse (vielfach als Folge unsinniger Eingaben) zu deuten weiß und entsprechend reagiert. Die Arbeitsblätter können für das Arbeiten in der Schule jedem Studierenden zur Verfügung gestellt werden, ohne Gefahr zu laufen, mit dem Gesetz in Konflikt zu geraten.

Wenn auch diese Arbeitsblätter mit größter Sorgfalt erstellt und auch schon vielfach erfolgreich im Unterricht eingesetzt wurden, so kann dennoch für eine Fehlerfreiheit keine Gewähr übernommen werden. Für Hinweise auf evtl. Fehler sowie für Verbesserungsvorschläge sind wir jederzeit dankbar.

## 2 Laden der Programme

### 2.1 Laden des Trägerprogramms

Einlegen der Diskette in das Laufwerk „A" und starten durch Eingabe von **WAF** und drücken der ⟨Enter⟩-Taste. In einigen Fällen könnte die Anpassung des Monitors noch erforderlich sein (s. Bildschirmanweisung); in diesem Fall Aufruf der Konfigurationsdatei durch Eingabe von **Config** ⟨Enter⟩ (diese Datei befindet sich ebenfalls auf der Diskette) und Festlegen des Monitors durch entsprechende Eingabe (s. Bildschirmanweisung); nach Rückkehr zum DOS anschließend wieder mit **WAF** ⟨Enter⟩ das Trägerprogramm (Demo-Version) starten. Im jetzt erscheinenden Bild wird am oberen Bildschirmrand die Hauptmenü-Ebene **(Spreadsheet-Text-New-Exit)** angezeigt. Mit den Pfeiltasten die Option **Spreadsheet** anfahren und mit ⟨Enter⟩ den Wechsel zur Arbeitsblattebene (Spreadsheet) auslösen (alternativ durch Eingabe von **S**). Von der Arbeitsblattebene können die einzelnen, nachfolgend beschriebenen Arbeitsblätter eingeladen werden (siehe weiter unten). Das Beenden des Programms erfolgt von der Hauptmenü-Ebene aus durch Anfahren der Option **Exit** und Drücken der ⟨Enter⟩-Taste (Bildschirmanzeige befolgen).

**Anmerkung:** Die mit Sicherheit vielfach gestellte Frage, weshalb hier mit einem Programm der älteren Generation gearbeitet wird und nicht – wie heute fast selbstverständlich – mit einem Programm unter Windows oder mit einer recht ansprechenden Bedienoberfläche unter DOS soll hier gleich dahingehend beantwortet werden, daß uns Autoren daran gelegen ist, eine *lauffähige Version* (wenn auch mit o.a. Einschränkungen) eines Tabellenkalkulationsprogramms dieser Lehrhilfe *zusammen* mit den Arbeitsblättern auf **einer** Diskette beizulegen, so daß der Benutzer dieser Arbeitshilfe schnell und ohne viel Aufwand zur eigentlichen Arbeit mit den Arbeitsblättern kommt. Dieses hier beigelegte Programm in seiner DEMO-Version bietet darüber hinaus noch einen so großen Funktionsumfang, der selten vom Benutzer voll genutzt wird. Auf eine 3-D Darstellung sowie auf die Bedienung mittels einer „Maus" u.a. soll hier bewußt verzichtet werden zugunsten eines geringen Speicherbedarfs, denn an 1 + 1 = 2 ändert auch ein Programm mit dem tollsten Outfit nichts und zu diesem Ergebnis kommt auch dieses Programm.

## 2.2 Aufruf der Arbeitsblätter

Durch Drücken der ⟨ESC⟩-Taste (alternativ mit der Schrägstrich-Taste (/) wird das Hauptmenü aufgerufen, das in der ersten Zeile des Bedienfeldes eine Reihe von Befehlen aufweist. Mit dem Menüzeiger können die verschiedenen Optionen angewählt werden. Diese Hauptmenü-Befehle bieten ihrerseits Wahlmöglichkeiten (Untermenüs), die in der zweiten Zeile des Bedienfeldes erscheinen. Durch wiederholtes Drücken der ⟨ESC⟩-Taste kehrt man zur Arbeitsblatt-Ebene zurück. Zum Einladen der Arbeitsblätter wird mit den Pfeiltasten das Untermenü **File** angesteuert und durch Drücken der ⟨Enter⟩-Taste wird die Auswahlbox mit den einzelnen Arbeitsblättern angezeigt.

In dieser Auswahlbox wird das betreffende Arbeitsblatt mit den Pfeiltasten angefahren und durch Drücken der ⟨Enter⟩-Taste aufgerufen. Im Arbeitsblatt können mit dem Cursor (Pfeiltasten) die einzelnen Arbeitsblattzellen angesteuert werden. Die für die Eingabe vorgesehenen Zellen sind farblich (u.U. auch durch unterschiedliche Grauabstufungen) hervorgerufen; die übrigen Zellen sind für eine Eingabe gesperrt. Die mit geänderten Eingabewerten erstellten Arbeitsblätter können anschließend unter einem neuen Namen abgespeichert werden durch die Tastenfolge ⟨ESC⟩-⟨F⟩-⟨S⟩ (F steht für „File" und S für „Save") mit der anschließenden Aufforderung zur Eingabe eines Namens. Ein Ausdruck des Arbeitsblattes mit der Option ⟨ESC⟩-⟨P⟩-⟨P⟩-⟨G⟩ („Escape"-„Print"-„Printer"-„Go") ist mit dieser Demo-Version nicht möglich (s.o.).

## 3 Beschreibung der einzelnen Arbeitsblätter

### 3.1 DFK-1
**Ermittlung der Dauerfestigkeitswerte (ca.-Werte)**

Die diesem Arbeitsblatt zugrundeliegenden Gleichungen beschreiben das Dauerfestigkeitsschaubild nach Smith (s. auch Gl. (3.10) sowie das Bild 3-18 des Lehrbuches). Mit den Verhältniswerten $K_1$ und $K_2$ nach TB 3-1 können mit diesem Arbeitsblatt für die jeweilige Stahlart (Baustahl, Vergütungs- und Einsatzstahl) und für die Beanspruchungen (Zug/Druck, Biegung, Torsion) die Dauerfestigkeitswerte $\sigma_O$ und $\sigma_A$ (bzw. $\tau_O$

und $\tau_A$) als ca-Werte ermittelt werden. Ebenso lassen sich die Dauerfestigkeitswerte in Abhängigkeit von dem Spannungsverhältnis $\kappa$ oder der Mittelspannung $\sigma_m$ errechnen.

Nach der Eingabe in

Zeile 12 Stahlart: 1 für Baustahl, 2 für Vergütungsstahl, 3 für Einsatzstahl und

Zeile 18 Beanspruchungsart: 1 für Zug/Druck, 2 für Biegung, 3 für Torsion werden ausgewiesen in der

Zeile 22 die Fließgrenze (Lastfall I, $\kappa = +1$)

Zeile 23 die Schwellfestigkeit (Lastfall II, $\kappa = 0$)

Zeile 24 die Wechselfestigkeit (Lastfall III, $\kappa = -1$)

Neben diesen „klassischen" Dauerfestigkeitswerten können sowohl für das Spannungsverhältnis $-1 < \kappa \leq +1$ (Eingabe in Zeile 26) als auch für die Mittelspannung $\sigma_O \leq \sigma_m \leq \sigma_F$ (Eingabe Zeile 31) die jeweilige obere Grenzspannung $\sigma_O$ und die Ausschlagfestigkeit $\sigma_A$ ermittelt werden. Die Ausgabe der Werte erfolgt in den Zeilen 28 und 29 bzw. 33 und 34.

**Anmerkung:** Bei der Eingabe von $\kappa$ ist darauf zu achten, daß der Wert in den Grenzen $-1 < \kappa \leq +1$ liegt; bei der Eingabe von $-1$ erfolgt eine ERR-Meldung (der Nenner in der Gleichung (3-10) wird 0!).

### 3.2 DFK-2
**Ermittlung der Dauer- und Gestaltfestigkeitswerte (ca.-Werte)**

Dieses Arbeitsblatt unterscheidet sich vom Arbeitsblatt **DFK-1** durch die zusätzliche Möglichkeit, neben der Ermittlung der Dauerfestigkeitswerte auch die Gestaltfestigkeit zu bestimmen. Das Arbeitsblatt ist dann einzusetzen, wenn die Bauteilgeometrie bereits bekannt ist (Rauhtiefe, Bauteildurchmesser, Kerbwirkungszahl). Hiermit läßt sich sehr schön der Einfluß der einzelnen Größen darstellen, die zusammengefaßt als *Gesamteinflußfaktor* $\gamma$ in Zeile 44 ausgewiesen werden. Unter Berücksichtigung dieses Gesamteinflußfaktors werden die Gestaltfestigkeitswerte $\sigma_{GO}$ und $\sigma_{GA}$ entsprechend der in den Zeilen 27 und 32

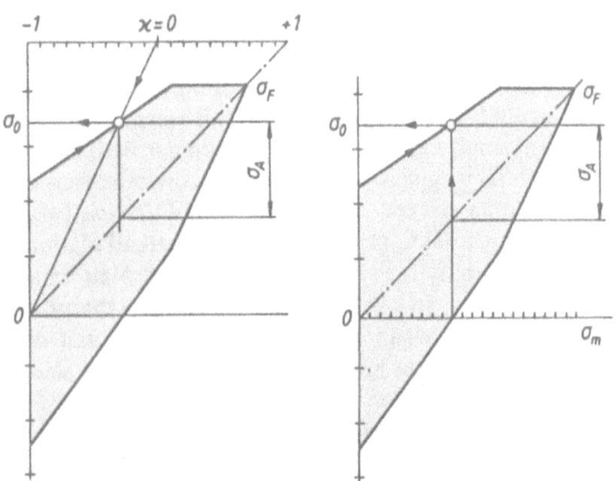

**Bild 3-1** DFK-Schaubild nach Smith
a) Grenzspannung $\sigma_O = f(\kappa)$
b) Grenzspannung $\sigma_O = f(\sigma_m)$

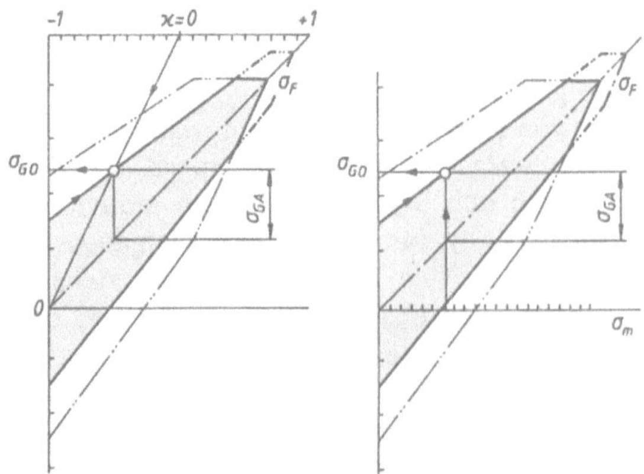

**Bild 3-2** Gestaltfestigkeits-Schaubild
a) Gestaltfestigkeit $\sigma_{GO} = f(\kappa)$
b) Gestaltfestigkeit $\sigma_{GO} = f(\sigma_m)$

vorgegebenen $\kappa$- und $\sigma_m$-Werte in den Zeilen 52 ... 53 bzw. 57 ... 58 angezeigt.

### 3.3a FEDRU-1
**Berechnung einer statisch belasteten Schraubendruckfeder**

Der Aufbau des Arbeitsblattes zur Berechnung *statisch* belasteter Schraubendruckfedern unterscheidet sich prinzipiell nicht von dem Arbeitsblatt zur Berechnung der *dynamisch* belasteten Schraubendruckfedern, so daß vielfach auch die Berechnung dieser Federn mit dem Arbeitsblatt **FEDRU-2** durchgeführt werden könnte. Die Auswahl der Drahtwerkstoffe beschränkt sich beim Arbeitsblatt **FEDRU-1** auf die Drahtsorten A, B, C und D; ebenso sind für die Ermittlung der Mindestabstände zwischen den einzelnen Windungen kleinere Werte zulässig, was auch zu kleineren Abweichungen hinsichtlich der Gesamtlänge der Feder führt, so daß in einzelnen Fällen die Berechnung dieser Federn mit dem Arbeitsblatt **FEDRU-1** sinnvoll sein kann. Weiterhin ist bei den statisch belasteten Schraubendruckfedern mit der jeweiligen „ideellen" und nicht – wie bei den dynamisch belasteten Federn – mit der „korrigierten" Schubspannung zu rechnen, so daß sich – bedingt durch die geringere Anforderung an den Werkstoff – u.U. ein kleinerer Drahtdurchmesser ergeben könnte (siehe auch die Beschreibung des Arbeitsblattes **FEDRU-2**).

### 3.3b FEDRU-2
**Berechnung einer dynamisch belasteten Schraubendruckfeder**

In den meisten Fällen sind für die Auslegung von *dynamisch* belasteten Druckfedern die Federkräfte $F_{min}$ und $F_{max}$, der zugehörige Federweg $s_h \hat{=} \Delta s$ (damit ist die Federrate $R_{(Soll)} = \Delta F / \Delta s$ festgelegt) und der Durchmesser des Federkörpers $D_e$ oder $D_i$ bekannt. Für diese Eingangsgrößen sind die Abmessungen der Feder zu berechnen und sinnvoll festzulegen. Das Arbeitsblatt **FEDRU-2** ist für eine solche Aufgabenstellung ausgelegt. Die Berechnung der einzelnen Abmessungen erfolgt für die Eingangsgrößen (Zeilen 16 ... 24) im Dialog mit dem Bearbeiter; so wird in Zeile 28 für den vorzusehenden Drahtdurchmesser $d$ ein Vorschlag (Empfehlung) unterbreitet, der vom Bearbeiter entweder zu bestätigen oder aber in gleicher Zeile als feste Größe (nach TB 10-2a) einzugeben ist. Mit diesem Wert werden im weiteren Dialog in den Zeilen 29 ... 31 die Größen $D$, $n$ und $L_0$ festgelegt. In den Zeilen 34 und 35 werden die Werte $R_{(Soll)}$ und $R_{(Ist)}$ gegenübergestellt.Durch Änderung der Eingabewerte in den vorhergehenden Zeilen kann im Bedarfsfall eine weitere Annäherung von $R_{(Ist)}$ an $R_{(Soll)}$ erreicht werden. Hierbei ist jedoch zu bedenken, daß durch die festgelegten Werte (z.B. genormter Drahtdurchmesser $d$, Windungszahl $n$) eine volle Annäherung bzw. Übereinstimmung von $R_{(Soll)}$ und $R_{(Ist)}$ u.U. nicht erreicht werden kann (was in den meisten Anwendungsfällen auch gar nicht erforderlich ist). Nach der Festlegung der Federgeometrie wird in den Zeilen 38 und 39 die Werkstoffwahl getroffen, die in den Zeilen

44, 47 und 50 mit $\langle 1 \rangle$ als „gut" ausgewiesen wird oder durch die $\langle$ERR$\rangle$-Meldung zur Neuwahl auffordert. In den Zeilen 41 ... 49 werden die jeweiligen Spannungen (Betriebsspannungen kleine Indices, Grenzspannungen des Drahtwerkstoffes große Indices) angezeigt. Neben der Festigkeitskontrolle wird anschließend entsprechend der vorgesehenen Einspannung für die Feder die Kontrolle hinsichtlich der Sicherheit gegen Ausknicken geführt. Hierbei sind die Knickfälle 1 ... 4 nach TB 10-13 maßgebend.

Das Arbeitsblatt bietet zugleich die Möglichkeit, eine zweite Lösungsvariante (Variante B) darzustellen, so daß auf dem Bildschirm gleich zwei Alternativlösungen zur Beurteilung und Entscheidungshilfe ermittelt werden können.

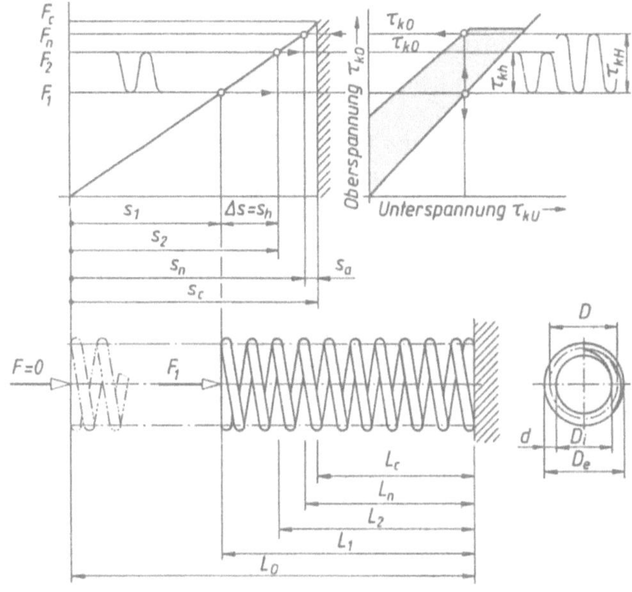


**Bild 3-3** Schraubendruckfeder

### 3.4 GZW-6
**Ermittlung der Lagerkräfte und Biegemomente bei einer Getriebewelle**

Im Kopf des Arbeitsblattes sind die für die Arbeit einschränkenden Angaben aufgeführt:

Bei einer Getriebezwischenwelle sind sowohl das Rad der ersten Getriebestufe als auch das Ritzel der zweiten Getriebestufe *zwischen* den Lagern angeordnet (s. Bild 3-4); die Dreh- und Steigungsrichtung (in Richtung des Kraftflusses gesehen) sind *ungleich*; die Flankenrichtung der Verzahnung ist für beide Räder *gleich*, damit sich die auftretenden Axialkräfte teilweise (oder ganz) aufheben; die Radkräfte an den jeweiligen Zahneingriffsstellen sind aus vorhergehenden Berechnungen bereits bekannt.

Für diese Bedingungen wurde das Arbeitsblatt erstellt. Im Gegensatz zum Arbeitsblatt zur Berechnung der zylindrischen Druckfeder (hier erfolgte die Dateneingabe zur Lösung der Aufgabe im *Dialog* zwischen „Programm" und Bearbeiter) ist das Arbeitsblatt **GZW-6** ein reines Rechenblatt, das nach Eingabe der notwendigen Größen (Zeilen 17 ... 32) und Betätigung von ⟨F9⟩ zur Durchführung der Berechnung alle relevanten Ergebnisse im Ausgabeteil (Zeilen 40 ... 44) ausweist. Ab Zeile 48 sind die Hilfsgrößen aufgeführt, so daß die einzelnen Zwischenwerte bei einer konventionellen Berechnung ein Nachvollziehen der Berechnung selbst und des Arbeitsblatt-Aufbaus ermöglichen. Einen hohen Rechenaufwand erfordert eine Anordnung der beiden Zahnräder, deren Krafteinleitungspunkte nicht in einer Ebene sondern um den Winkel $0° \leq \gamma \leq 360°$ zueinander versetzt sind In diesem Fall ist lediglich der „Versatzwinkel $\gamma$" in Zeile 22 einzutragen, siehe auch Bild 3-4.

Neben der Berechnung der Getriebezwischenwelle mit schrägverzahnten Stirnrädern unter den o.a. Bedingungen lassen sich ebenso Berechnungen mit geradverzahnten Rädern mit dem Schrägungswinkel $\beta = 0°$ durchführen (die Axialkraft wird somit $F_a = 0$). Bei Umkehr der Drehrichtung (in diesem Fall sind Dreh- und Steigungsrichtung *gleich*) ist zu bedenken, daß sich die Richtungen von $F_t$ und $F_a$ jeweils umkehren. Auch für diesen Fall kann das Arbeitsblatt eingesetzt werden, indem die Werte für $F_t$ und $F_a$ negativ einzusetzen sind.

Für Riemen- und Kettentriebe können die Lagerbelastungen sowie die maximalen Biegemomente ebenfalls mit diesem Arbeitsblatt ermittelt werden; hier sind sowohl $F_t$ als auch $F_a$ jeweils mit 0 einzugeben, die die Welle belastende Kraft $F_w$ wirkt radial und kann somit anstelle $F_r$ eingesetzt werden. Auch für Mischsysteme (Zahnrad mit Abtrieb über Riemen bzw. Kette oder umgekehrt) lassen sich die Werte berechnen, solange beide Räder zwischen den Lagern A und B sitzen.

**Anmerkung:** Für Anwendungsfälle, bei denen die Räder außerhalb der Lager sitzen oder das eine Rad zwischen den Lagern und das andere Rad fliegend angeordnet ist, kann als Übung ein weiteres Arbeitsblatt erstellt werden.

### 3.5 LAGER-1
**Rillenkugellager, zu erwartende Lebensdauer**

Dieses Arbeitsblatt ist ausschließlich zur Ermittlung der zu erwartenden Lebensdauer dynamisch belasteter Rillenkugellager bestimmt. Die vom Lager aufzunehmende Radial- und Axialkraft $F_r$ und $F_a$, die Drehzahl $n$, mit der die Welle umläuft, und auch der Lagerinnendurchmesser = Wellendurchmesser $d$ an der Lagerstelle und evtl. die zu erwartende Betriebstemperatur (ca. Wert) sind meist aus vorhergehenden Berechnungen oder aus der Entwurfszeichnung bekannt, so daß mit diesen Werten die zu erwartende Lebensdauer bestimmt werden kann. Der Radial- und Axialfaktor X und Y zur Ermittlung der äquivalenten Lagerbelastung $P$ wird nach den Angaben zu TB 14-3a (Fußnote) errechnet. Der Gültigkeitsbereich dieser Tabelle $0,02 \leq (F_a/C_0) \leq 0,5$ ist zu beachten! Zur Entscheidungsfindung für die endgültigen Festlegung des Lagers ist es vielfach vorteilhaft, die zu erwartende Lebensdauer für die Lager der Reihe 60, 62, 63 und 64 gleichzeitig zu ermitteln und gegenüberzustellen. So können in die Zeilen 21 ... 23 die Lagergrößen und die Tragzahlen ($C$ und $C_0$) für alle Maßreihen der infrage kommenden Lager eingegeben werden, damit entsprechend der ermittelten Lebensdauer in Stunden (Ausgabe in Zeile 26) die endgültige Wahl getroffen werden kann.

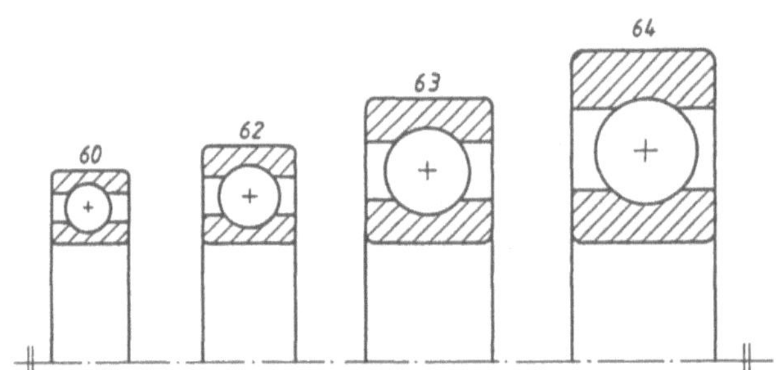


**Bild 3-5** Darstellung der Lagerreihen 60, 62, 63 und 64

### 3.6 NYD-1
**Dauerfestigkeitsnachweis für zylindrische Bauteile**

Für überschlägig berechnete und anschließend konstruktiv ausgelegte Bauteile wie Achsen und Wellen muß vielfach noch der Nachweis auf Dauerhaltbarkeit geführt werden. In Anlehnung an das Bild 11-19 (Lehrbuch) ist für Achsen und Wellen das Arbeitsblatt **NYD-1** erstellt worden. Vor der Anwendung dieses Arbeitsblattes sind der Beanspruchungsverlauf darzustellen (s. Lehrbuch, Bilder 11-5 und 11-12) und die kritischen Querschnitte aufzuzeigen, für die der Dauerfestigkeitsnachweis geführt werden soll.

Mit den Nennwerten für das zu übertragende Drehmoment ($T_{nenn}$) und/oder Biegemoment ($M_{nenn}$) sowie des Betriebsfaktors $c_B$ (Zeilen 16 ... 18) wird in Zeile 20 nach Eingabe der jeweiligen Lastfälle (II oder III) für Biegung und Torsion (Zeilen 22 und 23) das für die Berechnung maßgebende Vergleichsmoment $M_v$ ausgewiesen. Je nach vorliegender Querschnittsform (Vollwelle, Hohlwelle ...) wird nach den Angaben zu

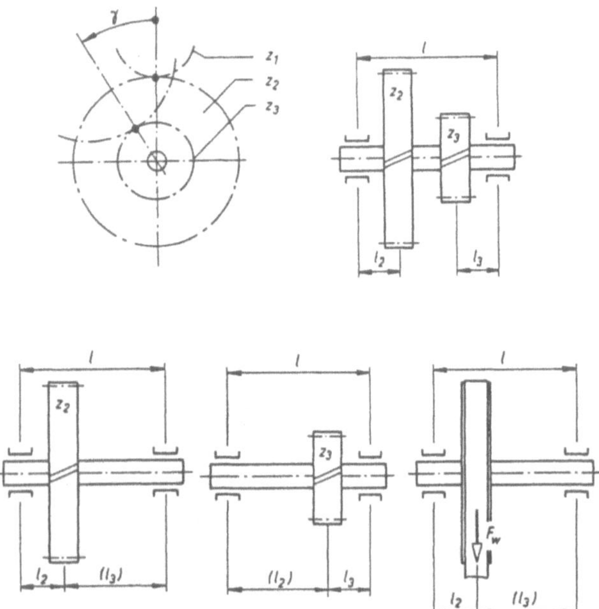

**Bild 3-4** Anordnungsbeispiele für das Arbeitsblatt **GZW-6**

TB 11-3 die jeweilige Zeilennummer 1 ... 4 und die entsprechenden Werte für die Durchmesser $D$ und $d$ (Zeilen 25 ... 27) eingegeben. Mit den jetzt vorliegenden Daten wird die im Querschnitt vorhandene Spannung in Zeile 31 angezeigt. Für die Ermittlung der oberen Grenzspannung $\sigma_O$ mit den Verhältniswerte $K_1$ und $K_2$ (s. TB 3-1) wird entsprechend des durch die Lastfälle angegebenen Spannungsverhältnisses $\kappa = \sigma_u/\sigma_o$ in Zeile 41 der Wert für $\sigma_O$ angezeigt. Mit den zusätzlichen Bauteilgeometriewerten $R_z$ und $\beta_k$ (Zeilen 49 und 50) ergibt sich die Gesamteinflußgröße $\gamma$ (Zeile 52), die obere Grenzspannung (Zeile 54) und damit in Zeile 58 die vorhandene Sicherheit gegen Dauerbruch $\nu_D$.

**Anmerkung:** Die in Zeile 54 ausgewiesene Grenzspannung wurde vereinfacht mit den erwähnten Verhältniswerten $K_1$ und $K_2$ aus TB 3-1 ermittelt. Die angezeigte Sicherheit in Zeile 58 kann somit nur als Ungefährwert angesehen werden. In der Praxis sollten möglichst statistisch abgesicherte Dauerfestigkeitswerte diesem Dauerfestigkeitsnachweis zugrundegelegt werden.

### 3.7 PRES-1
**Berechnung zylindrischer Preßverbände**

Grundlage für dieses Arbeitsblatt ist das Bild 12-15 des Lehrbuches. Nach Eingabe der Belastungsdaten (Zeilen 15 ... 18), der geometrischen Daten für die Verbindung (Zeilen 19 ... 24), der Werkstoffdaten (Zeilen 25 ... 32) und der Sicherheit gegen plastisches Verformen der Bauteile (Zeile 33) erfolgt die Ausgabe der Mindestpassung $P_u$ und der Höchstpassung $P_o$ sowie die zulässige Paßtoleranz $P_T$ in den Zeilen 49 ... 51. Eine Aufteilung dieser Paßtoleranz sowie die Festlegung der Toleranzfelder für die Bohrung (Innenpaßfläche) und die Welle (Außenpaßfläche) erfolgt nach den Angaben zum Lehrbuch Kapitel 12.3.1-2.

Mit diesem Arbeitsblatt kann, wie auch bei allen anderen Arbeitsblättern angedeutet, der jeweilige Einfluß der einzelnen Eingabegrößen dargestellt und beurteilt werden!

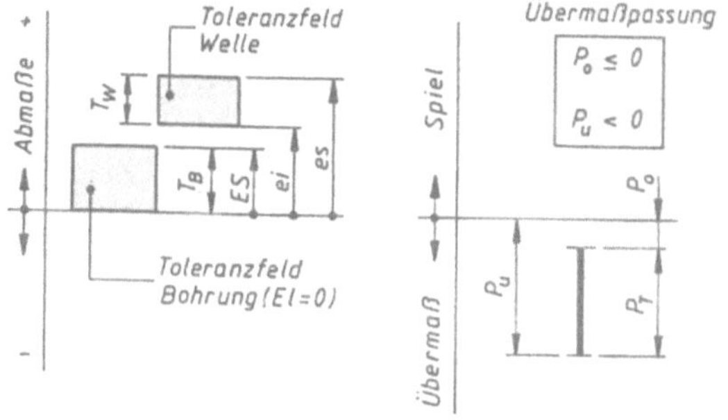


**Bild 3-6** Darstellung der Paßtoleranz $P_T$ sowie der Mindest- und Höchstpassung $P_u$ und $P_o$

### 3.8a RIEF-1
**Auslegung eines Siegling-Flachriementriebes (Achsabstand fest vorgegeben)**

Eine typische Standardaufgabe im Konstruktionsalltag ist die Auslegung eines Riementriebes, bei dem der Wellenabstand fest vorgegeben ist. Die zur Erzeugung der erforderlichen Riemenspannung notwendige Anpreßkraft erfolgt in diesem Fall durch die Dehnung des Riemens beim Auflegen auf die Riemenscheibe; der Riemen wird gegenüber seiner theoretischen Riemenlänge (Zeile 76) um einen bestimmten Betrag verkürzt bestellt und angeliefert (Zeile 63).

Als Eingangsdaten werden bei diesem Arbeitsblatt vorausgesetzt: die zu übertragende Leistung $P$, der Betriebsfaktor $c_B$, die Drehzahl der kleinen Scheibe $n_1$, das Übersetzungsverhältnis $i_{(Soll)}$ sowie der „feste" Achsabstand (Wellenmittenabstand) $e$ (Zeilen 18 ... 22). Alle anderen Größen ergeben sich im Dialog mit dem Arbeitsblatt.

Bei der Festlegung der Scheibendurchmesser (Zeile 32) ist zu unterscheiden, ob die Antriebsscheibe auf dem Zapfen eines Elektromotors sitzt (der Zapfendurchmesser und damit auch die zulässige Belastung ist somit vorgegeben) oder aber ob die Scheibe auf einen noch zu dimensionierenden Wellenzapfen aufzusetzen ist. Für den $E$-Motor sollte der für den Motor vorgesehene kleinste Scheibendurchmesser (TB 16-25) möglichst nicht unterschritten werden, da in einem solchen Fall aufgrund der dann zu erwartenden größeren Tangentialkraft $F_t = T/(d/2)$ und damit die wellenbelastende Kraft $F_W \approx (2 \cdots 2{,}5) \cdot F_t$ die Lebensdauer der Wellenlagerung vermindert und auch die Sicherheit des Wellenzapfens gegenüber Dauerbruch unzulässig klein werden könnte. Wird die Scheibe nicht auf einen Motorwellenzapfen aufgesetzt, ist der kleinste zulässige Scheibendurchmesser nach Angaben des Riemenherstellers nach TB 16-6 für den Leistungskennwert $(P/n)$ zu wählen.

### 3.8b RIEF-2
**Auslegung eines Siegling-Flachriementriebes (Achsabstand frei wählbar)**

Im Gegensatz zum Arbeitsblatt **RIEF-1** (Achsabstand ist fest vorgegeben) kann bei diesem Arbeitsblatt der Achsabstand (Wellenmittenabstand) $e$ in angezeigten Grenzen (Zeilen 37 und 38) frei gewählt werden (Zeile 39). Für den so gewählten Wellenabstand wird die Riemenlänge ermittelt, die entweder als Bestelllänge beibehalten werden kann oder aber auf eine sinnvolle Größe festgelegt werden sollte (Zeile 50). Der sich mit der Bestelllänge ergebende (u.U. geringfügig geänderte) Wellenabstand wird in Zeile 67 ausgewiesen. Als Eingangsdaten sind mit Ausnahme des Wellenabstandes diejenigen Werte Voraussetzung, wie sie beim Arbeitsblatt **RIEF-1** angegeben sind (Zeilen 18 ... 21).

Die zur Erzeugung der notwendigen Anpreßkraft erforderliche Dehnung des Riemens erfolgt durch Vergrößerung des Wellenmittenabstandes mittels Spannschienen oder dgl. Der vorzusehende (Mindest-)Spannweg wird in Zeile 66 angezeigt, ebenso der sich damit maximal ergebende Wellenabstand. Es ist zu beachten, daß der berechnete Spannweg immer in Verlängerung der Wellenmitten angegeben wird (Vergrößerung des Wellenabstandes); der erforderliche Verstellbetrag *in Richtung des Verstellweges* kann sich u.U. davon unterscheiden, s. Bild 3-6! Die Größe des Verstellweges (für die Auslegung der Spannschienen erforderlich) wird durch die baulichen Gegebenheiten bestimmt (Lage der Wellenmitten zur Richtung des Verstellweges).

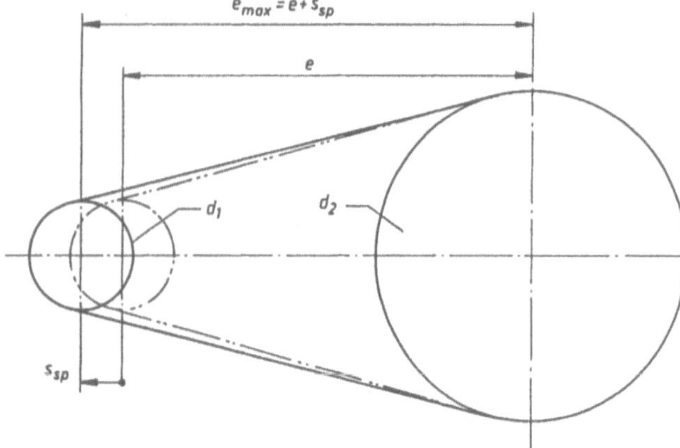

**Bild 3-7** Schematische Darstellung des Riementriebes im gespannten Zustand

## 3.9 WL-1
### Ermittlung des Entwurfdurchmessers von Wellen und Achsen

Vielfach kann der Durchmesser der Wellen und Achsen nicht direkt bestimmt werden, weil das Biegemoment noch nicht ermittelt werden kann, das wiederum von der konstruktiven Auslegung des Bauteiles (z.B. Lagerabstand) abhängt. Ausgehend von dem Drehmoment $T$ kann überschlägig nach den Angaben zum Lehrbuch Kapitel 11.3 und Bild 11-17 der Richtdurchmesser $d'$ als Entwurfdurchmesser bestimmt werden. Dieser Durchmesser ist Grundlage für die weitere Entwurfsarbeit. Eine anschließende Nachprüfung gefährdeter Querschnitte kann mit dem Arbeitsblatt **NYD-1** erfolgen.

Vor Aufruf des Arbeitsblattes **WL-1** ist der Beanspruchungsverlauf für die jeweilige Welle schematisch darzustellen (s. Lehrbuch Bild 11-12) und es ist die Stelle anzugeben, für die die Berechnung durchgeführt werden soll. Die Berechnung der Richtdurchmesser erfolgt mit den Verhältniswerten $K_1$ und $K_2$ der Tabelle TB 3-1; die Ergebnisse können somit lediglich nur ca.-Werte sein. Für das Arbeitsblatt **WL-1** erfolgt die Berechnung des Richtdurchmessers $d'$ im Dialog. Die Eingabe des von der Welle zu übertragenden Drehmoments $T$ erfolgt in Zeile 17. Liegt für den Querschnitt eine reine Verdrehbeanspruchung vor, so wird unter Berücksichtigung des Betriebsfaktors $c_B$ (Zeile 22) das für die Berechnung maßgebende Moment in Zeile 26 ausgewiesen. Vielfach wird vom Bauteilquerschnitt ein zusätzliches Biegemoment aufzunehmen sein (Bestätigung mit ⟨1⟩ in Zeile 18), das entweder schon berechnet (Bestätigung mit ⟨1⟩ in Zeile 19), oder aber aufgrund von fehlenden Konstruktionsdaten noch nicht bestimmt werden kann (Bestätigung mit ⟨2⟩ in Zeile 19). Dieses Biegemoment wird zusammen mit dem Torsionsmoment zum Vergleichsmoment $M_v$ (Zeile 26) zusammengefaßt. In den Zeilen

24 und 25 sind für die Beanspruchungen Torsion und Biegung die jeweils vorliegenden Lastfälle anzugeben, die für die Berechnung des Anstrengungsverhältnisses $\alpha_0$ bei der Ermittlung des Vergleichsmoments $M_v$ maßgebend sind (die Angabe „NA" zeigt lediglich an, daß betreffende Werte nicht verfügbar bzw. für die Berechnung nicht relevant sind). Für die Festlegung der Festigkeitswerte sind in den Zeilen 31, 33 und 34 die entsprechenden Werte einzugeben (Stahlart, Zugfestigkeit $R_m$ und Streckgrenze $R_e$ bzw. $R_{p0,2}$). In der Zeile 36 wird nach dem Durchmesserverhältnis $k = d_i/d_a$ gefragt. Dieser Wert ist für die Vollwelle (bzw. Vollachse) mit 0 ($d_i = 0$) einzugeben, anderenfalls ist der Wert $0 \leq k \leq 1$ einzusetzen. Die Ausgabe für den Richtdurchmesser erfolgt in den Zeilen 39 ($d_a$) und 40 ($d_i$).

## 3.10a ZRGEO-1
### Verzahnungsgeometrie der Stirnräder; Achsabstand $a$ ist fest vorgegeben

Zahnradgetriebe werden heute vielfach als komplette Baueinheiten ab Lager gekauft und als Bauteil in die Konstruktion integriert. Nicht selten aber wird vom Konstrukteur eine individuelle Getriebestufe auszulegen sein, nach deren Angaben die Zahnräder in dafür eingerichteten Firmen hergestellt werden. Diese Firmen verfügen über reiche Erfahrungen im Fertigen von Zahnrädern; ebenso sind Programme vorhanden, die eine komplette Berechnung der Getriebestufen inklusive des Tragfähigkeitsnachweises bzw. die Werkstoffwahl ermöglichen. Der Konstrukteur wird sich sicherlich diese Erfahrungen zunutze machen. Dennoch wird es ihm im Konstruktionsalltag nicht erspart bleiben, die *Verzahnungsgeometrie* zu bestimmen, denn auf diese baut sich vielfach das gesamte Konstruktionsumfeld auf.

Das Arbeitsblatt **ZRGEO-1** erlaubt die Berechnung der kompletten Verzahnungsgeometrie für gerad- und schrägverzahnte Stirnräder (Schrägungswinkel $\beta \geq 0°$) mit $1 \leq i \leq 8$. Die Eingabe erfolgt teilweise im Dialog, wobei von dem Programm Empfehlungen angezeigt werden, die vom Bearbeiter möglichst mit naheliegenden Werten übernommen werden sollten. Dieses Arbeitsblatt setzt voraus, daß der Achsabstand z.B. aus zwingenden Gründen vorgegeben ist (z.B. bei Schaltgetrieben) oder durch eine überschlägige Ermittlung als Vorgabe eingegeben werden kann (Zeile 18). In den Zeilen 24 ... 29 werden unter Berücksichtigung der Empfehlungen (Zeilen 26 und 27) die Breiten für das Ritzel und für das Rad als ca. mittlerer Wert der Empfehlung (anderenfalls ERR-Meldung) festgelegt, wobei die Ritzelbreite zum Ausgleich von Fertigungstoleranzen etwas größer als die Radbreite gewählt werden sollte. Der Modul im Normalschnitt als die geometriebestimmende Größe wird nach Empfehlung (Zeile 31) nach DIN 780 (TB 15-1) in Zeile 32 eingegeben. Hierbei ist zu beachten, daß in fast allen Fällen eine Verzahnungskorrektur vorzunehmen ist, da der Achsabstand $a$ vorgegeben wurde und dieser sich in der Regel nicht mit dem „Nullabstand $a_d$" deckt. Die erforderlichen Profilverschiebungsfaktoren $x_1$ und $x_2$

werden in den Zeilen 34 ... 36 ermittelt und aufgrund der Empfehlung in Zeile 37 wird $x_1$ in Zeile 38 eingegeben (siehe Lehrbuch, TB 15-7); $x_2$ wird vom Arbeitsblatt dann automatisch ausgewiesen. Die Zeilen 34 und 35 weisen die Grenzwerte für $x_1$ und $x_2$ aus bis zum beginnenden Unterschnitt; dies können sowohl positive Werte sein (wenn $z < z_{grenz}$, d.h. das Rad *muß* positiv um mindestens den angegebenen Wert korrigiert werden) und auch negative Werte (wenn $z > z_{grenz}$, d.h. das Rad *kann* negativ korrigiert werden bis zum beginnenden Unterschnitt). Die Grenzen für die Profilverschiebung nach Lehrbuch, Bild 15-24 (Bereich der ausführbaren Evolventenverzahnungen für Außenverzahnung nach DIN 3960) sind auf alle Fälle zu beachten. Nach Festlegen des Faktors $x_1$ ist die Eingabe für dieses Arbeitsblatt abgeschlossen und die Verzahnungsdaten für Ritzel und Rad können den Zeilen 47 ... 64; die allgemeinen Verzahnungsdaten den Zeilen 68 ... 79 entnommen werden. Auch hier ist die Möglichkeit der Gegenüberstellung von zwei Varianten gegeben, um eine geeignete Lösung zu erhalten. Ebenso kann die Variante B für die Berechnung einer weiteren Getriebestufe bei einem mehrstufigen Getriebe herangezogen werden.

### 3.10b ZRGEO-2
**Verzahnungsgeometrie der Stirnräder; Achsabstand *a* ist nicht vorgegeben**

Dieses Arbeitsblatt unterscheidet sich vom Arbeitsblatt ZRGEO-1 dadurch, daß der Achsabstand nicht vorgegeben ist, sondern vom Arbeitsblatt aufgrund von anderen Geometriedaten errechnet wird. Der Aufbau des Arbeitsblattes ergibt sich aus dem Ablaufplan nach Bild 15-40 des Lehrbuches. Hier ist der Wellendurchmesser $d_{sh}$ für das Ritzel (Ausführung entweder als Ritzelwelle oder aber als „eigenständiges" Ritzel; Eingabe in Zeile 26 nach Empfehlung in Zeilen 24 und 25) für die Berechnung der Verzahnungsdaten ausschlaggebend. Neben der Eingabe des Wellendurchmessers $d_{sh}$ ist vom Benutzer die Zähnezahl des Ritzels $z_1$ nach Angaben zu TB 15-12 sowie die Breitenverhältnisse $\psi_m$ und $\psi_d$ nach TB 15-13 vorzuwählen und nach Festlegung der Breiten $b_1$ und $b_2$ (Zeilen 32 und 33) wird vom Arbeitsblatt in Zeile 35 für den zu wählenden Modul $m_n$ ein rechnerischer Wert als Empfehlung ausgewiesen, der dann, ebenfalls in Zeile 35, als fester Wert nach DIN 780 (TB 15-1) einzugeben ist. In den Zeilen 37 und 38 werden die Grenzen einer möglichen Zahnkorrektur angegeben (s. auch zum Arbeitsblatt ZRGEO-1). Diese Angaben beschreiben die Korrektur bis zur Unterschnittsgrenze und es *muß* korrigiert werden, wenn der ausgewiesene Wert $x > 0$ ist; darüber hinaus *kann* korrigiert werden, wenn z.B. eine hohe Tragfähigkeit oder eine hohe Profilüberdeckung angestrebt werden soll (s. TB 15-6). Die Eingabe für die Korrektur erfolgt in den Zeilen 39 und

40. Die Grenzen für die Profilverschiebung nach Lehrbuch, Bild 15-24 (Bereich der ausführbaren Evolventenverzahnungen für Außenverzahnung nach DIN 3960) sind auf alle Fälle zu beachten.

Mit den so ermittelten Daten ergibt sich ein ganz bestimmter Betriebseingriffswinkel $\alpha_{wt}$, für den der Involutwert in Zeile 42 als in $\alpha_{wt\,(Soll)}$ ausgewiesen wird. Der für die Weiterrechnung maßgebende Betriebseingriffswinkel $\alpha_{wt\,(Ist)} = \alpha_{wt\,(Soll)}$ wird nun durch wiederholte Eingabe in Zeile 47 ermittelt, so daß die beiden Werte in den Zeilen 42 und 43 weitestgehend übereinstimmen (diese Vorgehensweise ist aufgrund der Beschränkung der verwendeten Demo-Version des Programms sinnvoll). Damit ist der Dialog zwischen Benutzer und dem Arbeitsblatt abgeschlossen. Die kompletten Zahnraddaten können für Ritzel und Rad in den Zeilen 50 ff. eingesehen werden.

### 3.11 ZRKRA-1
**Zahnradkräfte bei Stirnradgetrieben**

Bei der Übertragung einer Leistung $P$ (bei der Drehzahl $n_1$ der Welle mit dem Ritzel $z_1$) oder eines Drehmomentes $T_1$ ergeben sich an der Zahneingriffstelle die Kraftkomponenten $F_t$, $F_r$ und $F_a$ (bei Geradverzahnung mit $\beta = 0°$ wird $F_a = 0$). Für das Arbeitsblatt **ZRKRA-1** ist zunächst in Zeile 15 anzugeben, ob das Drehmoment $T$ oder die Leistung $P$ (bei der Drehzahl $n$) der Weiterrechnung zugrundezulegen ist. Unter Berücksichtigung des Anwendungsfaktors $K_A$ nach TB 15-17 (entspricht in etwa dem Betriebsfaktor $c_B$ nach TB 3-6) wird in Zeile 20 das maßgebende Betriebsmoment $T$ ausgewiesen. Der Anwendungsfaktor ist $K_A = 1$ zu setzen, wenn das Drehmoment $T$ bzw. die Leistung $P$ bereits unter Berücksichtigung des Betriebsfaktors $c_B$ bestimmt wurde. In die Zeilen 24 ... 29 sind die Zahnradgeometriedaten des Rades einzugeben für das die Berechnung ausgeführt werden soll und für das die o.a. Eingangsdaten gelten (Drehzahl $n_1$ bzw. Drehmoment $T_1$). Die in den Zeilen 37 ... 39 ausgewiesenen Kräfte sind dann sowohl für das Ritzel mit der Zähnezahl $z_1$ ($F_{t1}\,F_{r1}\,F_{a1}$) und als Reaktionskräfte auch für das Rad mit der Zähnezahl $z_2$ ($F_{t2}\,F_{r2}\,F_{a2}$) gültig.

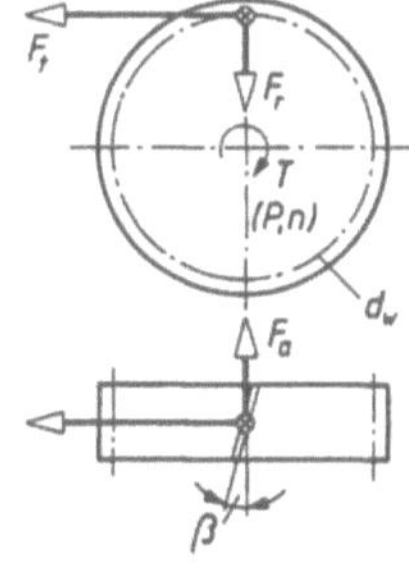


**Bild 3-8** Zahnradkräfte bei einem schrägverzahnten Stirnrad